石油石化职业技能培训教程

油气管线安装工

（上册）

中国石油天然气集团有限公司人事部　编

石油工业出版社

内 容 提 要

本书是由中国石油天然气集团有限公司人事部统一组织编写的《石油石化职业技能培训教程》中的一本。本书包括油气管线安装工应掌握的基础知识、初级工操作技能及相关知识、中级工操作技能及相关知识,并配套了相应等级的理论知识练习题,以便于员工对知识点的理解和掌握。

本书既可用于职业技能鉴定前培训,也可用于员工岗位技术培训和自学提高。

图书在版编目(CIP)数据

油气管线安装工. 上册/中国石油天然气集团有限
公司人事部编. —北京:石油工业出版社,2020.3
石油石化职业技能培训教程
ISBN 978−7−5183−3560−2

Ⅰ. ①油… Ⅱ. ①中… Ⅲ. ①石油管道−管道施工−
技术培训−教材 Ⅳ. ①TE973.8

中国版本图书馆 CIP 数据核字(2019)第 196254 号

出版发行:石油工业出版社
　　　　(北京安定门外安华里 2 区 1 号楼　100011)
　　　　网　　址:www. petropub. com
　　　　编辑部:(010)64252978
　　　　图书营销中心:(010)64523633
经　　销:全国新华书店
印　　刷:北京中石油彩色印刷有限责任公司

2020 年 3 月第 1 版　2020 年 3 月第 1 次印刷
787×1092 毫米　开本:1/16　印张:27.75
字数:700 千字

定价:90.00 元
(如出现印装质量问题,我社图书营销中心负责调换)

《石油石化职业技能培训教程》

编 委 会

主 任：黄 革

副主任：王子云

委 员（按姓氏笔画排序）：

丁哲帅	马光田	丰学军	王正才	王勇军
王 莉	王 焯	王 谦	王德功	邓春林
史兰桥	吕德柱	朱立明	朱耀旭	刘子才
刘文泉	刘 伟	刘 军	刘孝祖	刘纯珂
刘明国	刘学忱	李忠勤	李振兴	李 丰
李 超	李 想	杨力玲	杨明亮	杨海青
吴 芒	吴 鸣	何 波	何 峰	何军民
何耀伟	邹吉武	宋学昆	张 伟	张海川
陈 宁	林 彬	罗昱恒	季 明	周宝银
周 清	郑玉江	赵宝红	胡兰天	段毅龙
贾荣刚	夏申勇	徐周平	徐春江	唐高嵩
常发杰	蒋国亮	蒋革新	傅红村	褚金德
窦国银	熊欢斌			

《油气管线安装工》编审组

主　　编　林士军

副 主 编　敬希军　林　阳

编写人员　（按姓氏笔画排序）：

　　　　　王　亮　井　睿

参审人员　（按姓氏笔画排序）：

　　　　　王文晶　王　伟　向科才　许　强

　　　　　孙付营　孙保东　孙　彪　严长林

　　　　　佟林华　赵英明　贾晓升　秘玉宏

　　　　　唐　勇　葛　伟　董新民　鲁　辉

　　　　　赖亚洲

随着企业产业升级、装备技术更新改造步伐不断加快,对从业人员的素质和技能提出了新的更高要求。为适应经济发展方式转变和"四新"技术变化要求,提高石油石化企业员工队伍素质,满足职工鉴定、培训、学习需要,中国石油天然气集团有限公司人事部根据《中华人民共和国职业分类大典(2015年版)》对工种目录的调整情况,修订了石油石化职业技能等级标准。在新标准的指导下,组织对"十五""十一五""十二五"期间编写的职业技能鉴定试题库和职业技能培训教程进行了全面修订,并新开发了炼油、化工专业部分工种的试题库和教程。

教程的开发修订坚持以职业活动为导向,以职业技能提升为核心,以统一规范、充实完善为原则,注重内容的先进性与通用性。教程编写紧扣职业技能等级标准和鉴定要素细目表,采取理实一体化编写模式,基础知识统一编写,操作技能及相关知识按等级编写,内容范围与鉴定试题库基本保持一致。特别需要说明的是,本套教程在相应内容处标注了理论知识鉴定点的代码和名称,同时配套了相应等级的理论知识练习题,以便于员工对知识点的理解和掌握,加强了学习的针对性。此外,**为了提高学习效率,检验学习成果,本套教程为员工免费提供学习增值服务,员工通过手机登录注册后即可进行移动练习。**本套教程既可用于职业技能鉴定前培训,也可用于员工岗位技术培训和自学提高。

油气管线安装工教程分上、下两册,上册为基础知识,初级工操作技能及相关知识,中级工操作技能及相关知识;下册为高级工操作技能及相关知识,技师操作技能及相关知识。

本工种教程由大庆油田有限责任公司任主编单位,参与审核的单位有辽河油田分公司、西南油气田分公司、锦西石化分公司、吉林石化分公司、锦州石化分公司、乌鲁木齐石化分公司、管道分公司、中国石油管道局工程有限公司等。在此表示衷心感谢。

由于编者水平有限,书中不妥之处在所难免,请广大读者提出宝贵意见。

编者

CONTENTS 目录

第三部分　中级工操作技能及相关知识

理论知识练习题

附 录

第一部分

基础知识

模块一　工程识图、制图

项目一　投影三视图

一、投影与正投影

(一)投影法

管道工程图同机械图、建筑图一样,是用投影方法画出来的。为了绘制和识读管道工程图,必须首先建立投影概念。在日常生活中日光或灯光照射物体,就会在地上或墙上产生影子,这种使物体在平面上形成影子的现象称为投影现象。制图中参照这一自然现象,用一组假想光线将物体的形状投射到一个面上去,并且光线可以穿过物体,在影子范围内由线条来显示物体的完整形象,这种投射线通过物体,向选定的平面进行投射,并在该面上得到图形的方法,称为投影法。

一个物体进行投影,要有投射的光线和承受影子的平面,投射的光线称为"投影线",承受影子的平面称为"投影面",在该面上得到的图形称为"投影"或"投影图"。由于投射线的不同,物体的投影也不同。

(二)投影法的分类

1. 中心投影法

投影线由投影中心一点射出,通过物体与投影面所得的图形称为中心投影,这种投影方法称为中心投影法,如图1-1-1(a)所示。

2. 平行投影法

假设光源发出的光线是平行的,则投影线就平行地通过物体与投影面相交,所得的图形称为平行投影,这种投影方法称为平行投影法,如图1-1-1(b)所示。平行投影法又分为正投影法和斜投影法两种。

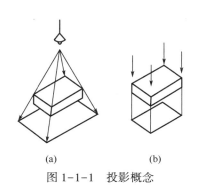

(a) (b)

图1-1-1　投影概念

(三)正投影的概念及特性

1. 概念

在平行投影中,投影线垂直于投影面时,物体在投影面上所得到的投影称为正投影,这种投影方法称为正投影法,按正投影方法画出的投影图称为正投影图,如图1-1-2所示。正投影图直观性不强,但能准确反映物体的真实形状和大小,图形量度性好,便于尺寸标注。正投影法就是平时经常说的"正对着"物体去看而投影的方法。

管道工程图大部分是利用正投影法画出来的,因此,学习绘制和识读管道工程图,必须掌握正投影法的原理,并运用这些原理去解决图样中的问题。本书以后提到的投影,如无特殊注明,均为正投影,投影图均为正投影图。

2. 特性

（1）被投影的物体在观察者与投影面之间,即保持人、物、投影面的相对位置关系。

（2）投影线相互平行,且垂直于投影面。

（3）当直线段倾斜于投影面时,直线段仍然是直线,但与原线段比要短。

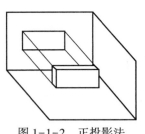

图 1-1-2　正投影法

（4）正投影不受人与物体及物体与投影面之间距离的影响。

（5）当平面图形垂直于投影面时,平面图形的投影积聚成直线。

二、三视图

CAA002 三视图的形成

（一）三视图的形成

机械制图中三面投影图和六面投影图都是正投影图,简称三视图和六视图。而三视图是应用最广的。

三视图是将物体放在三个相互垂直的投影面组成的三面投影体系中分别向三个投影面进行正投影,是为了反映物体的三个向度。三个视图的名称为:主视图、俯视图和左视图,如图 1-1-3 所示。在三个相互垂直的平面内,平行于 OZ 轴的向度为物体的高度,如图 1-1-4 所示。

物体的正面投影,即 V 面,称为主视图,是从物体的前方向后投影（即 A 向投影）得到的图形。

物体的水平面投影,即 H 面,称为俯视图,是从物体的上方向下投影（即 B 向投影）得到的图形。

物体的侧面投影,即 W 面,称为左视图,是从物体的左方向右投影（即 C 向投影）得到的图形。

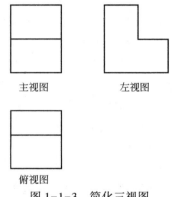

图 1-1-3　简化三视图

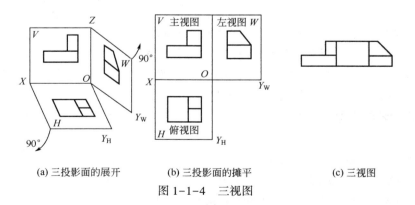

(a) 三投影面的展开　　　(b) 三投影面的摊平　　　(c) 三视图

图 1-1-4　三视图

为了把三个视图画在同一张图样上,规定 V 面不动,将 H 面和 W 面旋转到与 V 面同一平面内,得到的一组视图称为三视图,如图 1-1-4 所示。

视图之间的位置关系是不能改变的,俯视图在主视图的下边,左视图在主视图的右边,视图之间要相互对齐、对正。

CAA003 三视图的投影特性

（二）三视图的特性

在三视图中,将物体放置在三面投影体系中分别向三个投影面进行正投影,即得到反映物体的三视图。主、左视图表示物体的上下,主、俯视图表示物体的左右,左、俯视图表示物体的前后,靠近主视图的一面是物体的后面,远离主视图的一面是物体的前面。三视图的投影规律,不仅适用于整个物体的投影,还适用于物体的局部投影。

如果把物体左右方向称为长,上下方向称为高,前后方向称为宽,则在三视图上,主、俯视图就反映了物体的长度,主、左视图就反映了物体的高度,俯、左视图就反映了物体的宽度,将 H、W 面绕轴旋转,使三个投影面摊平,这就决定了三视图的位置关系。

三视图在投影时的对应特性:主视图和俯视图,长对正;主视图和左视图,高平齐;俯视图和左视图,宽相等,简称长对正,高平齐,宽相等。这三等关系是识图和绘图必须熟练掌握的最基本的投影规律和法则,必须熟练运用。

（三）点、线、面及形体的投影基本特性

（1）点在进行正投影时,它的投影仍然为点。

（2）直线、平面进行正投影时,具有三种特性,即积聚性、真实性和类似性,如图 1-1-5 所示。

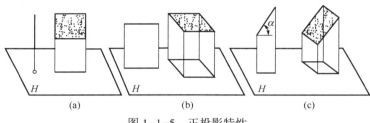

图 1-1-5　正投影特性

① 积聚性。

当直线和平面垂直于投影面时,直线积聚成一点,平面图形的投影积聚成一段直线,如图 1-1-5(a)所示。

② 真实性。

当直线段或平面图形平行于投影面时,则投影反映线段的实长和平面图形的真实形状,如图 1-1-5(b)所示。

③ 类似性。

当直线段或平面图形倾斜于投影面时,直线段的投影仍然是直线段,但比实际长度短;平面图形的投影仍然是平面图形,但不反映实际形状,而是原平面图形的类似形状,如图 1-1-5(c)所示。

CAA004 一般位置线的投影特性

（3）一般位置线的投影特性。

直线在三投影面体系中,由于所处的位置不同可分为一般位置线、投影面平行线和投影面垂直线。一般位置线是在空间处于同三个投影面都不平行的倾斜位置。一般位置线与投影面中所对应的投影轴都不平行也不垂直。一般位置线较多地出现在国际项目施工图纸中。

一般位置线在空间处于同三个投影面都不平行的倾斜位置。从直线的投影特性可知，它在三个投影面上的投影都是倾斜投影，其长度短于实长。一般位置线的投影特性见表1-1-1。

表 1-1-1　一般位置线的投影特性

名称	空间位置	投影图	投影特性
一般位置线			（1）三个投影都不反映实长； （2）三个投影对投影轴都不平行也不垂直

（4）投影面平行线的投影特性。

投影面平行线的三种位置：

① 正垂线——直线垂直于正立面；

② 水平线——直线平行于水平面；

③ 侧平线——直线平行于侧面。

投影平行线与它平行的投影面上的投影是倾斜的，但反映实际长度。投影面平行线处于水平线位置，定 H 面为水平面，反映实际长度。当投影面平行线处于侧平线位置时，定 W 面为侧面，反映实际长度。投影面平行线在其余两个投影面上的投影是水平线或垂铅线，且长度缩短，小于实际长度，投影面平行线的投影特性见表1-1-2。

表 1-1-2　投影面平行线的投影特性

名称	空间位置	投影图	投影特性
正平线			（1）V 面投影反映实际长度，位置倾斜； （2）H、W 面投影分别为水平线和铅垂线，且长度短于实际长度
水平线			（1）H 面投影反映实际长度，位置倾斜； （2）V、W 面投影都是水平线，且长度短于实际长度

CAA006 投影面垂直线的投影特性

（5）投影面垂直线的投影特性。

垂直于某一投影面，也就是对另两个投影面处于平行位置的直线，称为投影面垂直线。

投影面垂直线有三种位置：

① 正垂线——直线垂直于立面；

② 铅垂线——直线垂直于水平面；

③ 侧垂线——直线垂直于侧面。

投影垂直线的特性是在与它垂直的投影面上的投影积聚为一点。投影垂直线在投影面上定为一个垂直面，而在其余两个投影面上的投影反映实际长度。

投影面垂直线的投影特性见表 1-1-3。

表 1-1-3　投影面平行线的投影特性

名称	空间位置	投影图	投影特性
正垂线			（1）V 面投影积聚为一点； （2）H、W 面投影分别为水平线和铅垂线，且反映实际长度
铅垂线			（1）H 面投影积聚为一点； （2）V、W 面投影都是铅垂线，且反映实际长度
侧垂线			（1）W 面投影积聚为一点； （2）V、H 面投影都是水平线，且反映实际长度

CAA007 一般位置面的投影特性

（6）一般位置面的投影特性。

一般位置面是指在空间处于同三个投影面都不平行的倾斜位置。一般位置面的在三个投影面上的投影一般都是通过正投影法得到的。在三投影面体系中，平面由于所处的位置不同也可分为三种。一般位置面在三个投影面上的投影仍是平面图形。一般位置面在三个投影面上所得到的投影图形要比原图形小。一般位置面在投影面上的投影都不积聚为直线。

一般位置面的投影特性见表1-1-4。

表1-1-4　一般位置面的投影特性

名称	空间位置	投影图	投影特性
一般位置面			1. 三个投影都为平面图形，但形状缩小； 2. 三个投影都不积聚为直线

CAA008 投影面平行面的投影特性

（7）投影面平行面的投影特性。

平行于一个投影面，对另两个投影面处于垂直位置的平面，称为投影面平行面。

投影面平行面的三种位置：

① 正平面——平面平行于正立面；

② 水平面——平面平行于水平面；

③ 侧平面——平面平行于侧面。

投影面平行面在三面投影中，至少有一个面平行于一个投影面。确定与平面平行的投影面后，其余两个投影面上的投影积聚为水平线或铅垂线。投影面水平面在与平面平行的投影面上反映实际形状。

投影面平行面的投影特性见表1-1-5。

表1-1-5　投影面平行面的投影特性

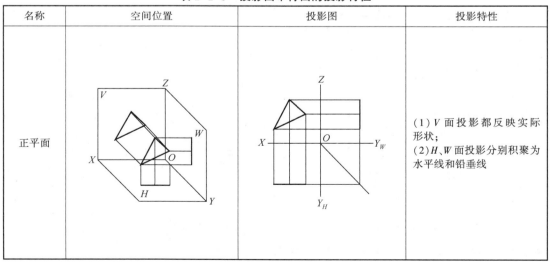

名称	空间位置	投影图	投影特性
正平面			（1）V 面投影都反映实际形状； （2）H、W 面投影分别积聚为水平线和铅垂线

名称	空间位置	投影图	投影特性
水平面			(1) H 面投影都反映实际形状; (2) V、W 面投影都积聚为水平线
侧平面			(1) W 面投影都反映实际形状; (2) V、H 面投影都积聚为铅垂线

（8）投影面垂直面的投影特性。

垂直于某一个投影面对另两个投影面处于倾斜位置的平面称为投影面垂直面。

投影面垂直面的三种位置：

① 正垂面——平面垂直于正立面；

② 铅垂面——平面垂直于水平面；

③ 侧垂面——平面垂直于侧面。

投影面垂直面在与平面垂直的投影面上的投影积聚为倾斜的直线。

投影面垂直面在其余两个投影面上的投影仍为平面图形,但形状缩小,投影面垂直面的投影特性见表 1-1-6。

CAA009 投影面垂直面的投影特性

表 1-1-6　投影面垂直面的投影特性

名称	空间位置	投影图	投影特性
正垂面			(1) V 面投影为直线; (2) H、W 面投影仍为平面图形,但形状缩小

名称	空间位置	投影图	投影特性
铅垂面	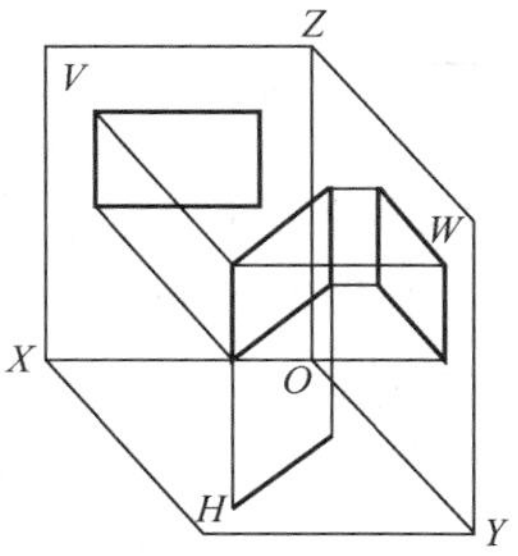	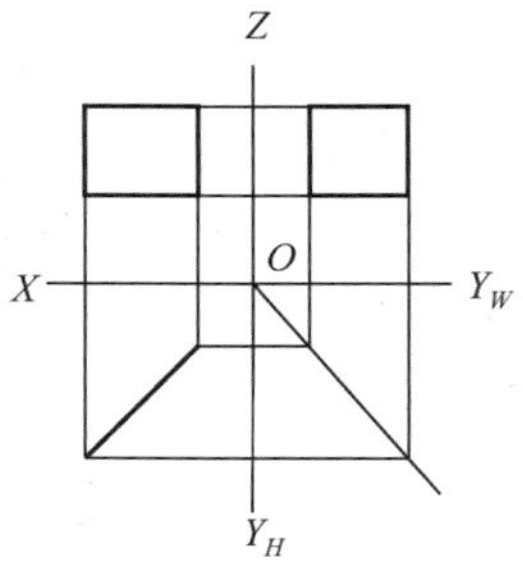	（1）H 面投影为直线； （2）V、W 面投影仍为平面图形，但形状缩小
侧垂面	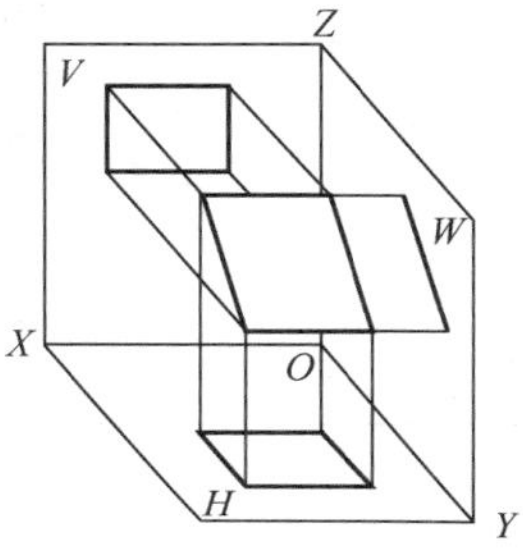	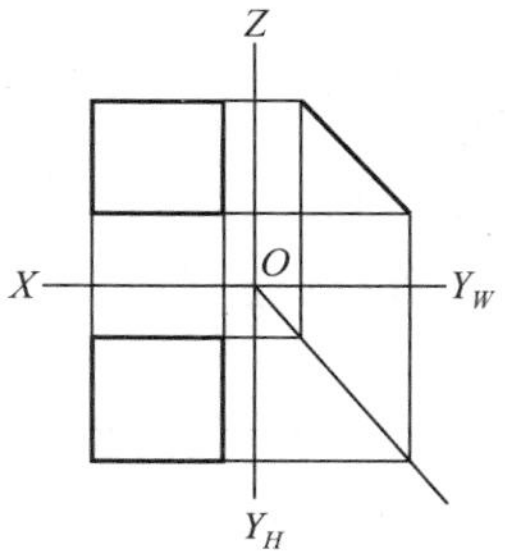	（1）W 面投影为直线； （2）V、H 面投影仍为平面图形，但形状缩小

CAA010 基本形体的特性

（9）基本形体的特性。

管道工程图中所接触的形体都是由基本形体组成的。平面立体是由若干平面多边形图形围成的。由于正棱柱体的棱线相互平行，且与上、下底相互垂直，因此棱柱体的投影也是平行的。当棱柱体的上、下底为正多边形，侧面为矩形时，该棱柱体称为正棱柱。竖向旋塞式龙头是由圆柱、圆锥台、棱柱和球等基本形体组成的。

CAA011 曲面立体的特性

（10）曲面立体的特性。

曲面立体是由曲面或曲面与平面所围成的。曲面是由直线或曲线在空间按一定规律运动形成的，当直线或曲线绕固定轴线作回转运动形成曲面体时，称为回转体。

圆柱体是由圆柱面和上、下端面（平面）所围成的。圆柱体在三视图中，主视图和左视图是一个矩形线框，俯视图是一个圆。

圆环是一个以圆心为对称中心的中心对称图形。圆环在三视图中主视图和左视图是两段水平直线与圆相切而成的图形。俯视图是两个同心圆。

圆锥体是由一个平面和圆锥面所围成。侧面是圆锥曲面，底面是平面圆形。

球体是由球面所围成的。它的三面投影都是与球直径相等的圆。当直线或曲线绕固定轴线作回转运动形成曲面体时，称为回转体。

项目二 轴测图、偏置管、剖面图

一、轴测图

（一）轴测图的概念与分类

1. 概念

轴测图又称立体图,它是根据轴测投影原理绘制而成的,也就是用一组平行的投影线将物体连同三个坐标轴一起投在一个新的投影面上。所谓坐标轴是指在空间交于一点而又相互垂直的三条直线,利用这三条直线来确定物体在空间上下、左右、前后的位置和具体尺寸。所以它能反映物体的长、宽、高三个向度,能清晰完整、一目了然地把整个管线系统的空间走向和位置反映出来,让施工人员容易看懂,很快就能建立起立体概念来,如图1-1-6所示。

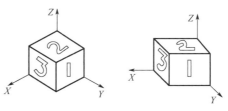

图1-1-6 立方体的轴测图

2. 分类

轴测图根据投影线与投影面的不同位置可分为正等轴测图和斜等轴测图。物体长、宽、高三个方向的坐标轴 X、Y、Z 在轴测图中的投影称为轴测轴(简称轴)。轴测轴的方向简称轴向。轴测轴之间的夹角称为轴间角。

（二）轴测图的作用与特点

CAA012 轴测图的作用

1. 作用

管道轴测图就是为了能让施工操作人员能够更快地建立起立体概念,可根据轴测投影原理绘制管道立体图,它能把平、立面图的管线走向在一个图面里形象、直观地反映出来,若一个系统里有许多纵横交错的管线,轴测图就能更好地体现出它所独有的作用。在给排水、采暖通风及化工工艺的管道施工图中,轴测图更占有着重要的地位。在国际管道工程的设计上已全面推广模型设计,采用以单线形式表示的管道轴测图。

CAA013 轴测图的基本特点

2. 特点

现场施工时,所接触到的管道图经常使用正等侧、正面斜等侧和正面斜二等侧,绘图时常采用简化的轴向伸缩系数,采用平行投影法,能同时反映物体三个方向的形状。

轴测图中正等轴测图的三个坐标轴的变形系数的平方和为1,物体上的直线在轴测图中,仍为直线,切记:轴测图不能如实地反映物体的全部形状。

（三）正等轴测图

1. 正等轴测投影的概念

设有一立方体,让投影线方向穿过立方体的对顶角,并垂直于轴测投影面。把立方体 X、Y、Z 轴放在同一投影面的倾角都相等时,所得到的轴测投影图称为正等轴测图。

ZAA011 正等轴测图的形成

2. 正等轴测图的形成

在直角坐标系中,应用平行投影法,来同时反映物体长、宽、高三个方向的形状,将一个空间直角坐标系向一个平面投影,转动空间直角坐标系,沿三个坐标轴的尺寸,投影到正等轴测坐标上时,在相对应的坐标方向上,长度要缩短。所以说轴测图是根据三视图转变而来的。三个坐标轴的交点称为坐标原点,在这种图中,不仅三条坐标轴与轴测投影面的倾角相等,三个坐标面与轴测投影面的倾角也相等。沿坐标系各坐标轴的方向测量点的位置,再根据轴测投影的轴向压缩系数,在轴测坐标系中确定该点的位置,这也是"轴测投影"名称的由来。

ZAA012 绘制
正等轴测图的
方法

3. 绘制正等轴测图的方法

绘制正等轴测图时,通常将 OZ 轴画成垂直的位置,OX、OY 轴各与水平线成 30°的夹角,轴间角互成 120°,三个轴都有一定的缩短,即物体的实际长度在轴测投影中长度缩短。

缩短率的表示为:缩短率＝投影长度/实际长度。三个坐标轴的轴向变形系数的平方和为 2。

绘制时,缩小的标准坐标轴放在绘图纸的右上角,而辅助坐标轴放在图纸中间位置。空间的直线相互平行时,绘制在正等轴测图也平行,平行于轴测投影面的圆,其轴测投影一般也为圆,绘制时应根据形体特点灵活应用坐标法和切割法来进行绘制。

例如,图 1-1-7 中,根据立面图和平面图画出其正等测图。在立面图中的立管 1、4 为垂直走向,在正等测图中与 OZ 轴方向一致,平面图中管段 2、5 为前后走向与 OX 轴方向一致,那么左右走向的管段 3、6 与 OY 轴方向一致,其正等测图如图 1-1-7 所示。

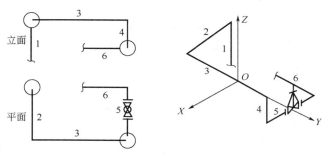

图 1-1-7　某管段的正等测图

（四）斜等轴测图

ZAA013 斜等
轴测图的形成

1. 斜等轴测投影的概念及形成

把正立方体的正立面及其两个坐标轴放在平行于投影面的位置进行斜投影所得到的轴测图称为斜轴测图。为画图方便,在斜轴测图中,一般把 OZ 轴放在垂直位置,并把坐标面 XOZ 放成平行于轴测投影面的位置,这样轴测轴 OX 为水平方向的轴,OZ 轴为垂直方向的轴,轴间角 XOZ 为 90°,轴间角 XOY 和 YOZ 均为 135°,三轴的轴向缩短率都是 1∶1,并且物体上平行于坐标面 XOZ 的图形,在斜轴测图中均反映实际图形,这样的斜轴测图称为斜等轴测图,如图 1-1-8 所示。

ZAA014 绘制
斜等轴测图的
方法

2. 绘制斜等轴测图的方法

（1）OZ 轴一般画成垂直位置,OY 轴放在与 OZ 轴成 135°的另一侧位置上。

（2）轴测轴的方向可以取相反方向,画图时轴测轴可以向

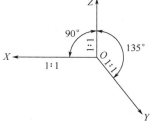

图 1-1-8　斜等轴测图的选定

相反方向任意延长。

（3）物体上的直线画在轴测图上仍为直线，空间直线平行于某一坐标轴时，画它的轴测投影时仍应平行于相应的轴测轴。

（4）空间两直线互相平行，画在斜等轴测图上仍然平行。平行于坐标面的圆的斜等轴测图由平行投影的实形性可知，平行于 XOZ 平面的任何图形，在斜等轴测图上均反映实际图形。

（5）画平行于坐标面 XOZ 的圆的斜等轴测图时，作出圆心的轴测图后，按实际图形画圆就可以。如果画平行于坐标面 XOY，YOZ 的圆的斜等轴测图时，其轴测投影为椭圆。

画管道斜等轴测图时，也依据以上几条原则，但因管线投影的复杂性和表现形式的特殊性，常把 OX 轴选定为前后走向的轴，OY 轴选定为左右走向的轴，OZ 上下走向不变。当斜投影的方向与轴测投影面的倾角为135°时，则 Y 轴的变形系数为0.5，在立方体斜等轴测投影中，正面保持不变，侧面和顶面的正方形变成平行四边形，圆变成椭圆，当物体上有较多的圆或圆弧平行于 XOZ 坐标面时，采用斜等轴测图表示是最为方便的。

二、偏置管

1. 偏置管的概念

空间管道系统的管道走向主要是上下、前后和左右六个方向，即管道系统中的立管、前后水平管道和左右水平管道，这些管道在空间均平行于某个坐标轴，同时垂直于某一投影面，如立管平行于 OZ 轴，垂直于水平投影面；前后管线平行于 OY 轴，垂直于正立投影面；左右管线平行于 OX 轴，垂直于侧立投影面。

为了使不同位置、不同标高的设备能用管道连接起来，管道系统有时会出现用45°弯管、斜三通、斜四通等管件使管道转换方向，从而与相关设备连接，这些不平行于某个坐标的斜管道称为偏置管。

ZAA015 绘制
偏置管的方法

2. 偏置管的画法

由于偏置管不平行于坐标轴，因而在画正等测图时必须加辅助线，为了将管道走向表示清楚，必须在辅助线与管线投影之间形成的三角形内画上阴影线（平行细实线）。《技术制图 管路系统的图形符号 管路、管件和阀门等图形符号的轴测图画法》（GB/T6567.5—2008）规定如下：

当管道或管段不平行于直角坐标轴时，在轴测图上应同时画出其在相应坐标平面上的投影及投射平面。

（1）由于偏置管不平行于坐标轴，因而在画正等轴测图时必须加辅助线。

（2）当管道或管段所在平面平行于直角坐标平面的垂直面时，应同时画出其在水平面上的投影及投射平面，如图1-1-9所示。

（3）当管道或管段的所在平面平行于直角坐标平面的水平面时，应同时画出其在垂直面上投影及投射平面，如图1-1-10所示。

（4）绘制偏置管时，管道或管段的投影出现偏置时，一般用直角三角形来表示，也允许用长方形或长方体表示。

图 1-1-9　管段平面平行于 *XOZ* 平面时的表示方法

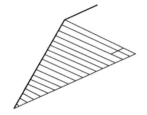

图 1-1-10　管段平面平行于水平投影面时的表示方法

（5）绘制偏置管时，管道或管段的投影及投射平面及投射平面的平行线均用细实线绘制。

三、剖面图

(一)剖面图的概念

在施工中，油气管道安装工对管道施工图要求图样一定要完整、清楚地反映各路管道的真实形状和具体尺寸。按管道施工图的规定，看不见的管道、管件或机械设备、仪表、电器等都用虚线表示。当管道、机械设备比较密集或比较复杂时，视图上的虚线、实线就纵横交错难以辨认，内外层次不清，甚至无法识读，因而增加了读图和画图的困难，而且也不便于标注尺寸。为了解决这方面的问题，实践中人们创造出了剖视图和剖面图。

为了清楚地反映管道、设备的真实形状及管件阀件的内部或被遮盖部分的结构形状，可以采用一个假想平面，把需要表达清楚的部位用假想平面剖切开来并把处在观察者和剖切平面之间的部分物体移去，将留下来的那部分与剖切平面用正投影的方法重新投影，并在切断面上画出剖面符号，这种在切断面上画出剖面线的图形，称为剖面图，简称剖面。剖面图和剖视图的区别在于：剖面图只画出与剖切平面相接触的平面上的图形，而不画出剖切平面后方未被剖切部分的投影，如图 1-1-11 所示。

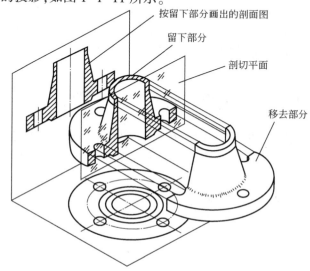

图 1-1-11　法兰剖面图

在图 1-1-11 中,把高颈法兰切开的假想平面称为剖切平面。剖切平面同物体(管段、管件或阀件)接触的部分称为断面,断面应画剖面符号。剖面符号画成倾斜 45°的细实线,使断面同未被剖切部分相区别。

例如,在剖切高颈法兰之前,应先确定剖切位置。在平面图上,对照剖切的位置,注上剖切位置线并标注剖切符号和剖面编号。然后假想沿此剖切位置线用一个平行于正立投影面的剖切平面将它切开,移去剖切平面前面部分,将留下的部分向正立投影面重新进行投影(得到的图形仍是立面图),并在剖切平面剖到的地方,画上 45°细斜线,这样就得到了高颈法兰的剖面图,如图 1-1-12 所示。

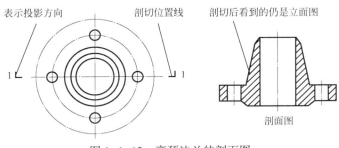

图 1-1-12 高颈法兰的剖面图

(二)剖视图的标注

一组剖切符号一般包括三方面内容,即剖切位置、投射方向和剖面的宽度。为了达到识图时清楚、明了的目的,应在投影图中,把所要画的剖面图的剖切位置和投射方向用剖切符号表示出来,再对每一个剖面图加上编号,一般有以下规定:

(1)剖切位置线是用来表示剖切平面位置的,剖切位置线用断开的两短粗实线表示,长度宜为 6~10mm,绘图时剖切位置线不应与其他图线相接触。在剖切位置线两端的同侧各画一段与它垂直的短粗实线,表示投射方向,这条线就是投射方向线,也称投影方向线,长度应短于剖切位置线,宜为 4~6mm。

(2)剖切符号的编号宜采用阿拉伯数字或拉丁字母,按顺序连续编排,需要转折的剖切位置线在转折处加注相同的编号,如图 1-1-13 所示。在剖面图的下方应标出相应的编号,例如,1-1、2-2 或 A-A、B-B 剖面图。图 1-1-13(a)为房屋建筑图表示法,图 1-1-13(b)为技术制图表示法,两种表示方法在管道图中均有使用。

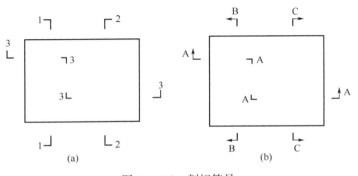

图 1-1-13 剖切符号

（三）管道剖面图的识读

管道剖面图是根据管道平面图上剖切符号画出来的管道立面图。管道剖面图的画法仍旧遵循正投影图的画法要求，因此，对于管道剖面图的识读应掌握以下几点：

（1）充分理解管道正投影图的画法，特别是管道单、双线图的表示方法。对于管道在空中的布置和走向必须能通过视图表达出来，掌握立管、左右走向水平横管、前后走向水平横管的表示方法，同时对于不同管道的空中变化如何反映到平、立、侧面图也必须理解。

（2）识读管道剖面图时，首先要在平面图上找到剖切符号的具体位置和投射方向，据此识读管道剖面图。

（3）剖面图应与平面图对照看，同时参照其他视图（如正立面图、侧立面图），以便对管道逐根进行分析，解决管道的空间位置和走向，将几根管道连接起来，明确管道的组合情况。

（4）设备配管的剖面图识读时，首先明确设备的布置情况、管道接口位置以及设备之间的相互位置关系，然后逐个对设备及其管道进行细致查看，同时与平面图及其他视图比对，解决管道的空间布置。

（5）识图时应注意同一根管道在不同的图面上画法不同，识图时必须有管道立体走向概念。

例如，图 1-1-14 是一组管道的平、立面图和 1-1、2-2 剖面图。

（6）对平、立面图粗略识读，了解管路的组成和走向。图 1-1-14 中共有管道 18 条，90°弯管 13 个，三通 4 个，阀门 5 个，中间法兰 1 副，异径管 1 个。管道走向从右边看起，自右向左返低再向前，转弯向左，这条水平管道上有中间法兰、异径管，开两路三通接支管，一路向下接阀门，另一路向上接阀门，再转弯向后向上接门形弯管和阀门。水平干管在左边转弯向上，立管上开三通，向后接支管，转弯向左接阀门，再转弯向后向下。向上的立管接门形弯管，并在另一立管上开三通，向左接带阀门的支管。

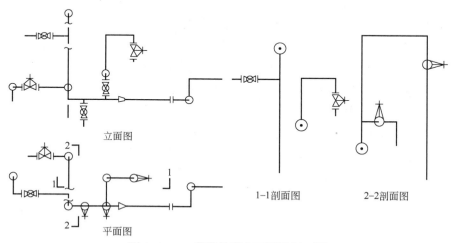

立面图

1-1剖面图　　2-2剖面图

平面图

图 1-1-14　管路的平立面图及剖面图

（7）在平面图上查找剖切符号。这组管道上有两组剖切符号 1-1 和 2-2。

（8）识读 1-1 剖面图。从平面图可知，1-1 剖面图是水平阶梯剖画而来，可参照立面图理解。1-1 剖面图上有两组图形，左边是 90°弯管与三通的组合，右边是门形弯管和 90°弯管的组合。两个图面与立面图进行比较,原来的弯管背变成了小圆圈加点的管口,这是由于两根前后走向管道被剖切平面剖切所致。

(9)识读2-2剖面图。2-2剖面图是剖切在平面图中部,从右向左投影而来的右视图。参照平、立面图去理解,从右向左看是一个门形弯管,其右面立管上开三通,看到三通背,这根水平管上装设阀门;左面立管下部接90°弯管,由于管线被剖切,看到管口形成小圆圈加点,立管中部开三通接来回弯再向下,水平管上设有阀门。

四、制图工具的使用

ZAA010 制图工具的使用方法

(一)圆规

圆规为画圆及画圆周线的工具,其形状不一,通常有大、小两类。圆规的一侧是固定针脚,另一侧是可以装铅笔及直线笔的活动脚。另外,有画较小半径圆的弹簧圆规及小圈圆规(或称点圆规)。弹簧圆规的规脚间有控制规脚宽度的调节螺钉,以便于量取半径,使其所能画圆的大小受到限制;小圈圆规是专门用来作半径很小的圆及圆弧的工具。绘图时,圆规的针脚与铅芯应尽量与纸面垂直。

(二)曲线板

曲线板是用来绘制曲率半径不同的非圆曲线的工具。绘制非圆曲线时,可用曲线板或由可塑性材料和柔性金属芯条制成的柔性曲线尺来绘制。绘图时,若采用曲线板进行曲线连接,应先确定曲线上若干点,然后选择曲线板上曲率吻合部分逐段贴合,每画一段线,都要比曲线板边与曲线贴合的部分稍短一些,这样才能使画的曲线光滑地过渡。

(三)丁字尺

丁字尺又称T形尺,由互相垂直的尺头和尺身构成为画水平线和配合三角板作图的工具。丁字尺一般有600mm、900mm、1200mm三种规格。其正确使用方法如下:

(1)应将丁字尺尺头放在图板的左导边,并与边缘紧贴,可上下滑动使用;

(2)只能在丁字尺尺身上侧画线,画水平线必须自左至右;

(3)绘图时,一副三角板与丁字尺可绘制各种特殊角度的斜线;

(4)丁字尺放置时宜悬挂,以保证丁字尺尺身平直。

(四)比例尺

比例尺是用以缩小或放大线段长度的尺子。比例尺通常有平行及三角形两种,三角形比例尺又称三棱尺,在它的三个棱面上有六种不同比例的刻度。

在使用比例尺时,应注意缩小或放大比例尺与实际长度的比例关系。比例尺上刻度所标注的长度,代表了要度量的实物长度,比例尺只能用来量取尺寸,不能用来画线。

项目三　管道工程常见图例

一、管道工程图常用的线型

CAA016 施工图中常用线型

在日常设计中,施工图上的管道及管件多采用统一的线型来表示,各种不同的线型所表示的含义和作用不同,常见的几种线型见表1-1-7。

表 1-1-7　管道图中常用的线型

序号	名称	线型	宽度	适用范围及说明
1	粗实线	——	b	(1)主要管线或新设管线； (2)图框线
2	中实线	——	$b/2$	(1)主要管线； (2)图框线
3	细实线	——	$b/3$	(1)管件、阀件的图线； (2)建筑物及设备轮廓线； (3)尺寸线、尺寸界线及引出线等
4	粗点画线	—·—·—	b	主要管线(在同一图样中，区别于粗实线所代表的管线)
5	点画线	—·—·—	$b/3$	(1)定位轴线； (2)中心线
6	粗虚线	- - - -	b	(1)地下管线； (2)被设备所遮盖的管线
7	虚线	- - - -	$b/2$	(1)设备内辅助线； (2)自控仪表连接线； (3)不可见轮廓线
8	波浪线	～～～	$b/3$	(1)管件、阀件断裂处的边界线； (2)表示构造层次的局部界线

ZAA002 管道施工图图例的应用范围

管道图中，用来绘制管道的粗实线的宽度一般在1mm。施工图上的管件和阀件均采用规定的图例来表示，它只是示意性地表示具体的设备或管件，不完全反映实物的形象。

CAA017 施工图中管路代号

二、管道工程图管道的代号

管道施工图中，输送液体和气体的管道一般用实线表示。为了区别各类管道，在线的中间须注上汉语拼音字母的规定符号，见表1-1-8。

表 1-1-8　液体与气体管道的代号

序号	名称	规定符号	序号	名称	规定符号	序号	名称	规定符号
1	给水管	J	9	煤气管	M	17	乙炔管	YI
2	排水管	P	10	压缩空气管	YS	18	二氧化碳管	E
3	循环水管	XH	11	氧气管	YQ	19	鼓风管	GF
4	污水管	W	12	氮气管	DQ	20	通风管	TF
5	热水管	R	13	氢气管	QQ	21	真空管	ZK
6	凝结水管	N	14	氩气管	YA	22	乳化剂管	RH
7	冷冻水管	L	15	氨气管	AQ	23	油管	Y
8	蒸汽管	Z	16	沼气管	ZQ			

在管道施工图中，如果只有一种管道或在同一图上大多数是相同的管道，其符号可以省略不标注，但需在图样说明中加以说明。

另外,管道施工图中还有一些字母符号,例如,$R(r)$ 表示管道弯曲半径,i 表示管道坡度,G 表示管螺纹,ϕ 表示无缝钢管外径,D 表示焊接钢管内径,d 表示铸铁管或非金属管内径,DN 表示焊接钢管、阀门及管道的公称直径等。

三、管道施工常见的图例

管道施工图中,常见的管道和阀件多数采用规定的图例来表示,各专业施工图都有各自不同的图例符号,现将互相通用的图例符号归纳如下,见表 1-1-9。

表 1-1-9　管道施工常见图例

序号	名称	图例	说明
1	管道	———————	用于一张图内只有一种管道
		——— J ——— ——— P ———	用汉语拼音字头表示管道类别
		▬ - ▬ - ▬ - ▪	用图例表示管道类别
2	地沟管	═══════	
3	保温管	∿∿∿∿∿	也适用于防凝结管
4	防护套管	——▭——	
5	拆除管	——×××——	
6	坡向	——▶	
7	流向	——▶	
8	波形补偿器	—◇—	
9	套管补偿器	—▭—	
10	方形补偿器	┼┌─┐┼	
11	球形补偿器	—○—	
12	软管	∿∿∿	
13	滑动支架	═══	
14	固定支架	×——×	
15	阀门	—▷◁—	用于一张图内只有一种阀门
16	角阀	▷	
17	闸阀	—▷◁—	

续表

序号	名称	图例	说明
18	截止阀		
19	三通阀		
20	四通阀		
21	止回阀		
22	球阀		
23	旋塞阀		
24	电磁阀		
25	电动阀		
26	液动阀		
27	气动阀		
28	减压阀		左侧低压;右侧高压
29	弹簧式安全阀		
30	平衡锤式安全阀		
31	蝶阀		
32	隔膜阀		
33	压力表		
34	温度计		
35	流量孔板		

项目四　管道施工图

一、管道施工图

（一）管道施工图的概念及特点

ZAA001 管道
施工图的概念

1. 概念

管道施工图是管道工程中用来表达和交流技术思想的重要工具,设计人员用它来表达设计意图,施工人员依据它来进行预制和施工,所以人们往往把管道施工图称为工程的语言。

2. 特点

CAA014 管道施工图的特点

管道施工图属于建筑图和化工图的范畴,但化工管道施工图既有独立性的一面,又有与化工设备相关的一面,它是化工设备的一部分,通过图线将各个化工设备连接起来,形成了化工装置。管道施工图具有以下特点:

(1)以不同线型表示不同介质、不同材质的管道;

(2)管件、设备等用图例符号来表示;

(3)只表示设备、管件的安装位置,不反映实际现场安装的尺寸和要求,即示意性和附属性。

ZAA003 管道施工图的内容

(二)识读管道施工图的方法与步骤

工艺管道施工图是一种用图线、图例、符号和代号,按正投影和轴测投影原理绘制而成的象形图。它是由基本图和详图两部分组成的,其中基本图包括工艺流程图、设备布置图、管道布置图、图纸目录、施工图说明、设备材料表;详图包括节点图、大样图和标准图。

(1)工艺流程图。

① 掌握设备种类、名称、位号(编号)及型号。

② 了解物料介质的流向及由原料转变为半成品或成品的来龙去脉,也就是工艺流程的全过程。

③ 掌握管子、管件、阀门的规格、型号及编号。

④ 对于配有自动控制仪表装置的管路系统还要掌握控制点的分布状况。

(2)管路平面图。

管路平面图是管道安装施工图中应用最多、最关键的一种图样,通过管路平面图的识读可以了解和掌握以下内容:

① 整个工艺的平面布置及定位尺寸;

② 整个厂房或装置的机器设备平面布置、定位尺寸及设备编号和名称;

③ 管道的平面布置、定位尺寸、编号、规格和介质流向箭头及每根管子的坡度坡向,有时还注出横管的标高等数据;

④ 管配件、阀件及仪表控制点等的平面布置及定位尺寸;

⑤ 管架或管墩的平面布置及定位尺寸。

(3)管路立面图。

管路布置在平面图上不能清楚明了表达的部位,可采用剖(立)面图来补充表示。大多针对需要表达的部位,采用剖切方式,力求表达的既简单又清楚,故从某种意义上来说,管道图中的立面图和剖面图概念上是很接近的。

(4)管段图。

管段图是表达一个设备或另一个设备(或另一管段)间的一段管道及其所附管件、阀件、仪表控制点等具体配置情况的立体图样。图面上往往只画整个管道系统中的一路管道上的某一段,并用轴测图的形式来表示,使施工人员在密集的管道中能清晰看到每一路管道的具体走向和安装尺寸,便于材料分析和制作安装施工。

工艺管道的管段图大多采用正等轴测投影的方法来画,图样中的管件、阀件等大致按比例来画,而管道长度则不一定按比例来画出,可根据其具体情况而定。因此,识读管段图时,一般不能用比例尺来计算管线的实际长度。

CAA015 识读管道施工图的方法

1. 识读管道施工图的方法

各种管道施工图的识图方法一般都遵循从整体到局部，从大到小，从粗到细的原则，同时要将图样与文字对照来看，以便逐步深入和逐步细化，识图过程是一个从平面到空间的过程，必须利用投影还原的方法，再现图纸上各种线条、符号所代表的管道、附件、器具、设备的空间位置及管道走向。

识图顺序是首先看图纸目录，了解建设工程性质、设计单位、管道种类，明确这套图纸一共有多少张、有哪几类图纸及图纸编号；其次是看施工说明书、材料表、设备表等一系列文字说明，然后按照工艺流程图（原理图）、管道平面图、管道（立）剖面图、管段图的顺序，逐一详细阅读。由于图纸的复杂性和表示方法的不同，各种图纸之间应该相互补充，相互说明，所以识图过程不能死板地一张一张看，而应该将内容相同的图样对照起来看。

对于每一张图纸，看图时首先看标题栏，了解图纸名称、比例、图号、图别及设计人员，其次是看图纸上所画的图样、文字说明和各种数据，明确管道编号、管道走向、介质流向、坡度坡向、管径大小、连接方法、尺寸标高、施工要求；对于管道中的管道、管件、附件、支架、器具（设备）等应明确材质、名称、种类、规格、型号、数量、参数等。同时还要明确管道与建筑物、设备之间的相互依存关系和定位尺寸。

ZAA007 识读管道流程图的方法

2. 识读管道流程图的方法

工艺流程图又称流程示意图或流程简图，是用来表达整个工厂或车间生产流程的图样，也是设计人员绘制设备布置图和管路布置图的主要依据。工艺流程图是一种示意性的展开图，即按工艺流程顺序，把设备和流程线自左到右都展开在同一平面上。其图面主要包括工艺设备和工艺流程线。在流程图中，用点画线来表示物料介质的去向。必须注意的是，流程图只能定性地说明物料介质的运行程序。

（1）识读管道工艺流程图的步骤。

① 了解标题栏和图例说明，了解工程名称，图纸张数，管道标注及管材、物料、仪表、设备等代号。

② 了解设备的数量名称和编号。

③ 着重明确每根管道的编号、规格及管道上的管件，阀门控制点的部位和名称。

（2）识读管道布置图的方法。

① 以平面图为主，配合剖视图和带控制点的流程图。

② 了解厂房构造及尺寸，然后明确设备的编号，名称、定位尺寸，按管方位及标高。

③ 明确管道的走向、编号、规格，平面定位尺寸、标高以及阀门管件等的位置。

ZAA008 识读室内给排水施工图的方法

3. 识读室内给排水施工图的方法

建筑给排水管道施工图的图纸主要包括目录、设计说明、平面图、剖面图、平面放大图、系统图、详图等，此外还有设备材料表、预算书等。其中，室内给排水管道平面布置图是施工图纸中最基本和最重要的图样，常用的比例有 1∶100 和 1∶50 两种，它主要表明建筑物内给水和排水管道及有关卫生器具或用水设备的平面布置。

给排水管道系统图是根据各层平面布置图中用水设备、管道等平面布置图及竖向标高用 45° 正面斜轴测图的方式来表达的一种立体图，在室内往往用粗实线来表示给水管道，用粗虚线来表示排水管道。给排水管道展开系统图可不受比例和投影法则限制。根据给排水施工图估算材料时,可以结合详图,用比例尺度量进行计算。

4. 识读室内外采暖工艺图的方法

采暖供热工程由热源、室外热力管网和室内采暖系统组成。热源一般是指生产热能的部分,即锅炉房、热电站等;室外热力管网是指输送热能到各个用户的部分;室内采暖系统则是指以对流或辐射的方式将热量传递到室内空气中的采暖管道和散热器。

ZAA009 识读室内外采暖工艺图的方法

采暖管道施工图有些画法是示意性的,在识读平面图和系统图的同时,根据需要还应查看部分标准图,要注意干管是敷设在最高层、中间层还是底层。在识读室内采暖系统中的散热器安装位置时,暗装或半暗装一般都在图纸说明书中注明,室内采暖散热器一般布置在各个房间的外墙窗台下,根据需要也可以沿着走廊内墙布置。在采暖管道施工图中,立管编号的标志是内径为 8~10mm 的圆圈,圆圈内用阿拉伯数字编号,单层且建筑简单的系统有的不进行编号,一般用小圆圈表示供水、回水立管。

ZAA005 识读管道立、剖面布置图的方法

5. 识读管道立面、剖面布置图的方法

在复杂的管道施工图中,往往有多根管道、管件、阀门、设备纵横交错,布置密集,影响识读,为了完整、清楚地反映各管道的真实结构和具体尺寸,一般采用管道剖视图来解决,用来表明设备及管道在垂直方向上安装位置的相互关系。

管道剖面图是根据管道平面图上剖切符号画出来的管道立面图,管道剖面图的画法仍遵循正投影的画法要求,因此识读时,应掌握以下几点:

(1)充分理解管道正投影图的画法,特别是管道单线、双线图的表示方法。对于管道在空中的布置和走向,必须能通过识图表达出来,起码要掌握立管、左右走向水平横管、前后走向水平横管的表示方法。图中的剖视方向表示投影所指方向,是用垂直于两短画线的细实线来表示的。

(2)识读管道剖视图时,应以地面为基准,阅读管道的安装标高,并且要和平面图对照看,同时参照给出的其他视图,以便对管道进行逐根分析,解决管道的空间位置和走向,将几根管道连接起来,明确管道的组合情况。

(3)设备配管的剖视图识读时,首先明确设备的布置情况、管道接口位置及设备之间的相互位置关系,然后逐个对设备及其管道进行细致查看,同时与平面图及其他视图比对来看,解决管道的空间布置。

(4)识图时要注意同一根管道在不同的图面上画法是不一样的,识图时必须有管道立体走向概念。

ZAA006 识读钢结构施工图的方法

6. 识读钢结构施工图的方法

(1)钢结构的概念。

钢结构是指用钢板、角钢、工字钢、槽钢、钢管和圆钢等热轧钢材或冷加工成型的薄壁型钢制造而成的结构。钢结构的制作工艺简单,施工周期短。

(2)识读钢结构施工图的步骤。

① 钢结构一般用于跨度较大的厂房、高架站、电力线跨越塔架。识图时,应首先看图样项目,明确金属结构的种类、外形及在整个工程中的地位和作用,确定图样页数找出通用图集,确定本图钢结构,然后再看说明书或图样上说明部分,明确图样要求。

② 先看总图,对钢结构有个轮廓了解,浏览一遍图样在头脑中形成此钢结构的大概轮廓。然后根据总图上标注的构件号分别看构件图,得到不同投影面的几何尺寸并与构件成立体的空间概念,根据总图和构件图的标注,结合施工大样图,明确每一单构件所采用的材料、材质、规格、下料尺寸,连接方式和组合拼装要求等。

③ 同时还要详细阅读图纸上所附说明和条件文字,明确所用材料规范和安装施工规范以及刷油等内容。

ZAA023 识读零件图的方法 7. 识读零件图的方法

（1）首先识读标题栏,粗略了解零件。看标题栏,了解零件的名称、材料、数量、图样比例和设计或生产单位等,从而大体了解零件的功用。

（2）分析研究视图,明确表达目的。看视图,首先应找到主视图,根据投影关系识别出其他视图的名称和投射方向,了解其他视图与主视图的关系,弄清零件由哪些部分组成;找出长、宽、高三个方向标注尺寸的主要基准,查出有关重要和遗漏尺寸;了解零件所需加工的工艺要求。

（三）管道施工图的画法

ZAA020 管道投影的积聚性画法 1. 管道投影的积聚性画法

（1）直管的积聚。

直管的积聚根据投影积聚原理可知,一根直管积聚后的投影用双线图形式表示就是一个小圆,用单线图形式表示则为一个小点（为了便于识别,规定把它画成一个圆心带点的小圆）。

（2）弯管的积聚。

直管弯曲后就成了弯管,通过对弯管的分析可知弯管由直管和弯头两部分组成。直管积聚后投影是个小圆,与直管相连接的弯头,在拐弯前的投影也积聚成小圆,并且同直管积聚成小圆的投影重合。

如果先看到横管弯头的背部,那么在平面图上显示的仅仅是弯头背部的投影,与它相连接的直管部分虽积聚成小圆,但被弯头的投影所遮盖,并呈虚线。

在用单线图表示时,前者,先看到立管断口,后看到横管的弯头,一定要把立管画成一个圆心带点的小圆,代表横管的直线画到小圆边,如图1-1-15（a）所示。后者,则要把立管画成小圆,代表横管的直线则画至圆心,如图1-1-15（b）所示。

（3）直管与阀门的积聚。

直管与阀门连接的投影从平面图上看,好像仅仅是个阀门并没有直管,其实是直管积聚成的小圆与阀门内径的投影重合,如图1-1-16所示。在单线图里

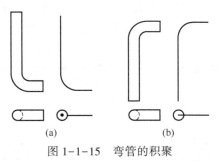

(a)   (b)

图1-1-15 弯管的积聚

如果仅仅是一个阀门的平面图,小圆圆心处应该没有圆点。如果表示阀门的小圆当中有一点,即表示阀门同直管相连接,而且直管在阀门之上先看到。如果直管在阀门的下面,那么在平面图上将只看到阀门的投影,直管的投影积聚后,完全同阀门内径的投影重合。

阀门与弯管相连,先看到弯头背部,再看到阀门。立管部分在平面图上不反映,它所积

聚成的小圆,被弯头的投影所遮盖,如图 1-1-17 所示。由于先看到阀门,后看到弯管,根据投影的积聚规律,可以想象出立面图。如果弯管在阀门的下面,在立面图中无论阀门和弯管都显示完整无缺。而平面图上由于积聚的原因,将只能看到横管的一部分,横管的另一部分被阀门所遮盖。

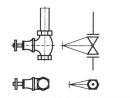 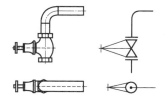

图 1-1-16 直管与阀门的积聚　　　　图 1-1-17 弯管与阀门的积聚

2. 管道的重叠画法

ZAA021 管道的重叠画法

长短相等、直径相同(或接近)的两根管道,如果重叠在一起,它们的投影就完全重合,反映在投影面上好像是一根管道的投影,这种现象称为管道的重叠。图 1-1-18 所示是一组门形管的单、双线图,在平面图上由于两根横管重叠,看上去好像是一根弯管的投影。多根管道的投影重合后也是如此。图 1-1-19 所示是一路由四根成排支管组成的单、双线图,在平面图上看到的却是一根弯管的投影。

 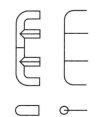

图 1-1-18 门形管的双、单线图　　　　图 1-1-19 成排支管的双、单线图

(1)两根管道的重叠画法。

① 成排支管表示方法。

为了识读方便,对重叠管道的表示方法做了规定,当投影中出现两根管道重叠时,假想前(上)面一根管道已经截去一段(用折断符号表示),这样便显露出后(下)面一根管子,用这样的方法就能把两根或多根重叠管道显示清楚。在工程图中,这种表示管道的方法,称为折断显露法。

② 两根直管重叠。

图 1-1-20 所示是两根重叠管线的平面图,表示断开的管线高于中间显露的管线;如果此图是立面图,那么断开的管线表示在前,中间显露的管线表示在后。

③ 弯管和直管的重叠。

弯管和直管两根重叠管道,当弯管高于直管时,它的平面图如图 1-1-21(a)所示,画起来一般是让弯管和直管稍微断开 3~4 mm(断开处可加折断符号,也可不加折断符号),以示区别弯管和直管不在同一个标高上。如果是立面图,则表示弯头在前面,直管在后面。当直管高于弯管时,一般是用折断符号将直管折断,并显露出弯管,如图 1-1-21(b)所示。如果此图是立面图,那么表示直管在前面,弯管在后面。

图 1-1-20　两根直管的重叠表示方法　　　图 1-1-21　直管和弯管的重叠表示方法

（2）多根管道的重叠画法。

通过对图 1-1-22 中平、立面图的分析可知,这是四根管径相同、长短相等、由高向低、平行排列的管道。如果仅看平面图,不看管道编号的标注,很容易误认为是一根管道,但对照立面图就能知道是四根管道了。编号自上而下分别为 1、2、3、4,如果用折断显露法来表示四根重叠管道,就可以清楚地看到,1 号为最高管,2 号为次高管,3 号为次低管,4 号为最低管,如图 1-1-23 所示。

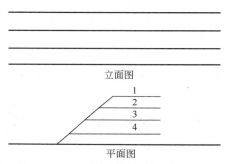

图 1-1-22　四根成排管线的平、立面图

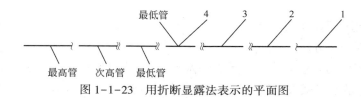

图 1-1-23　用折断显露法表示的平面图

运用折断显露法画管线时,折断符号的画法也有明确的规定,只有折断符号为对应表示时,才能理解为原来的管道是相连通的。例如,一般折断符号如用呈 S 形状的一曲表示,那么管道的另一端相对应的也必定是一曲,用二曲表示时,相对应的也是二曲,以此类推,不能混淆,如图 1-1-23 所示。

ZAA022 管道
的交叉画法

3. 管道的交叉画法

（1）两根管道的交叉画法。

在图纸中经常出现交叉管道,这是管道投影相交所致。如果两路管道投影交叉,高的管线无论是用双线,还是用单线表示,它都显示完整;低的管道在单线图中要断开表示,在双线图中则用虚线表示清楚,如图 1-1-24(a)、图 1-1-24(b)所示。

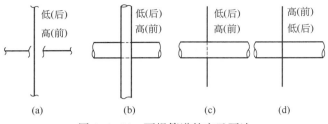

图 1-1-24　两根管道的交叉画法

在单、双线图同时存在的平面图中,如果大管(双线)高于小管(单线),那么小管的投影在与大管投影相交的部分用虚线表示,如图 1-1-24(c)所示;如果小管高于大管时,则不存在虚线,如图 1-1-24(d)所示。

(2)多根管线的交叉画法。

图 1-1-25 所示是由 a、b、c、d 四根管道投影相交所组成的平面图,当图中小口径管道(单线表示)与大口径管道(双线表示)的投影相交时,如果小口径管道高于大口径管道,则小口径管道显示完整并画成粗实线,可见 a 管高于 d 管;如果大口径管道高于小口径管道,那么,小口径管道被大口径管道遮挡的部分应用虚线表示,也就是 d 管高于 b 管和 c 管,根据这个道理,可知 c 管既低于

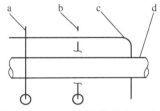

图 1-1-25　多根管线的交叉画法

a 管,又低于 d 管,但高于 b 管;也就是说,a 管为最高管,d 管为次高管,c 管为次低管,b 管为最低管。

如果图 1-1-25 是立面图,那么 a 管是最前面的管道,d 管为次前管,c 管为次后管,b 管为最后面的管道。

4. 管道的连接与应用方法

ZAA018 管道连接的应用方法

管道连接由于生产工艺的要求、管道材质、施工情况等多种因素而有不同的连接方式。目前国内采用的连接方式有螺纹连接、法兰连接、焊接连接、承插连接、黏合连接、胀接连接、卡套式连接等。

(1)螺纹连接。

ZAA017 管道连接的表示方法

螺纹连接也称丝扣连接,它是应用管件螺纹、管子端外螺纹进行连接的。螺纹连接法在管道工程中,广泛用在小于 $DN50mm$ 的水、煤气、蒸汽和压缩空气等低压管线,适宜于工作压力 1.6MPa 内的给水、热水、低压蒸汽、燃气、压缩空气、燃油、碱液等介质。

用于管道连接的螺纹有圆锥形和圆柱形两种,短丝连接是管道外螺纹与管件内螺纹之间进行连接的操作方式,若想拆开必须从头拆起。活接头连接时有方向性,应注意使介质流向从活接头公扣到母扣的方向。

(2)法兰连接。

法兰连接是通过连接件法兰及紧固螺栓、螺母,压紧法兰中间的垫片而使管道连接起来的一种方法。它的优点多,在设计要求上可满足高温、高压、高强度的需要,并且法兰的制造

生产已达到标准化,在生产、检修中可以方便拆卸。

当管道与管道法兰需要平焊连接时,应选择的法兰称为平焊法兰,若管道与管道法兰需要螺纹连接时,应选择的法兰称为螺纹法兰。

切记:法兰连接不能装入地下,不能装在楼板墙壁或套管内,否则在法兰接头处要设置检查井。

（3）焊接连接。

管道工程中,焊接是管道与管件最常用的连接方式。施工中,焊接技术对管道安装是非常重要的,油气管道安装工不但要配合焊工完成管道与管件的焊接,还经常需要油气管道安装工独立完成一些焊接工作,如点焊固定管道与管件,法兰焊接前的拼装与定位等。通常埋地管道一般都采用焊接连接。

（4）承插连接。

在管道工程中,铸铁管、陶瓷管、混凝土管、玻璃钢管、塑料管等管材常用承插连接,它主要用于给水、排水、化工、燃气等工程。承插连接根据使用的填料不同,可分为青铅接口和水泥接口两大类,水泥接口还可分为石棉水泥接口、膨胀水泥接口、三合一水泥接口和普通水泥接口等。承插连接的插口和承口接口连接时,其端面处应留有轴向间隙。

ZAA019 施工图中管件的表示方法

5. 管件的表示方法

（1）管件:管道系统中用于直接连接、转弯、分支、变径及用作端部等的零部件,包括弯头、三通、四通、异径管接头、管箍、内外螺纹接头、活接头、快速接头、螺纹短节、加强管接头、管堵、管帽、盲板等(不包括阀门、法兰、紧固件)。

（2）弯头:管道转向处的管件。

（3）异径弯头:两端直径不同的弯头。

（4）长半径弯头:弯曲半径等于1.5倍管子公称直径的弯头。

（5）短半径弯头:弯曲半径等于管子公称直径的弯头。

（6）45°弯头:使管道转向45°的弯头。

（7）90°弯头:使管道转向90°的弯头。

（8）180°弯头(回弯头):使管道转向180°的弯头。

（9）三通:一种可连接三个不同方向管道的呈T形的管件。

（10）等径三通:直径相同的三通。

（11）异径三通:直径不同的三通。

（12）四通:一种可连接四个不同方向管道的呈十字形的管件。

（13）等径四通:直径相同的四通。

（14）异径四通:直径不同的四通。

（15）异径管接头(大小头):两端直径不同的直通管件。

（16）同心异径管接头(同心大小头):两端直径不同但中心线重合的管接头。

（17）偏心异径管接头(偏心大小头):两端直径不同、中心线不重合、一侧平直的管接头。

（18）管箍:用于连接两根管道的、带有内螺纹或承口的管件。

（19）双头螺纹管箍:两端均有螺纹的管箍。

（20）单头螺纹管箍：一端有螺纹的管箍。

（21）双承口管箍：两端均有承口的管箍。

（22）单承口管箍：一端有承口的管箍。

（23）内外螺纹接头（内外丝）：用于连接直径不同的管段，小端为内螺纹，大端为外螺纹的管接头。

（24）活接头：由几个元件组成的，用于连接管段，便于装拆管道上其他管件的管接头。

（25）管堵（丝堵）：用于堵塞管子端部的外螺纹管件，有方头管堵、六角管堵等。

（26）管帽（封头）：与管道端部焊接或螺纹连接的帽状管件。

钢制管件可用优质碳素钢或不锈耐酸钢经特制模具压制成型。铸铁管件均采用承插式连接，常用的有丁字管、十字管及异径管等，规格为 $DN50\text{mm} \sim DN200\text{mm}$。

ZAA004 管道平面布置图的标注方法

6. 管道平面布置图的标注方法

管道平面布置图主要表示的是建（构）筑物和设备的平面分布。标注时，应尽可能不采用拉出引线编顺序号的方法。

（1）建筑物。

标注建（构）筑物的定位轴线编号及柱距尺寸；标注地面、楼板、平台面、梁顶面的标高；标注管廊柱距尺寸（或坐标）及隔层顶面标高。

（2）管道。

① 管道布置图的标注应以平面布置图为主，标注出所有管道的定位尺寸、标高及管道编号，如绘制了剖视图，则所有安装标高应在剖视图上。同一根管道距离较长时，在适当距离处应重复标注。

② 管道拐弯时的尺寸界线，应定在管道轴线的交点上，任意角度弯应标注其弯曲半径并画出直线与弧线的切点。

③ 在管道平面布置图中，阀门和过滤器的型号在平剖面图上仅需标注一次。

ZAA016 管道相对标高的表示方法

7. 管道相对标高的表示方法

标高是标注管道或建筑物高度的一种形式，它分为绝对标高和相对标高两种。我国把青岛黄海平均海平面定为绝对标高的零点。相对标高一般是指已新建建筑物的底层室内主要地平面定为该建筑物的相对标高的零点，管道相对标高数字一般注至小数点以后第3位，即用±0.000表示。标高符号应以等腰三角形并采用细实线进行绘制，标高的单位为m，例如，管中心标高符号为，管底标高符号为，管顶标高符号为，管端或设备中心标高符号为。

对于管径较大的管子，不仅可注管子中心的标高，也可注管顶和管底的标高，在立（剖）面图中，为表明管子的垂直间距，一般只注写相对标高而不注写间距尺寸。

ZAA024 尺寸标注的要求

8. 尺寸标注的要求

（1）标注要求。

图形只能表示物体的形状，各部分的实际大小及其相对位置，必须用尺寸数字标明。尺寸数字是图样的组成部分，必须按规定注写清楚，力求完整、合理、清晰，否则会直接影响施工，给工程生产造成损失。

根据国际上通用的惯例和国标上的规定，各种设计图上标注的尺寸，除标高及总平面图以米（m）为单位外，其余一律以毫米（mm）为单位。因此，设计图上尺寸数字都不再注写单位。

物体的真实大小，应以图样上所注尺寸数值为依据，与图形的大小及绘图的准确度无关。物体的每一尺寸一般只标注一次，并应标注在反映该结构最清晰的图形上。

工程制图标准中规定图样上的尺寸应包括尺寸界线、尺寸线、尺寸数字和尺寸终端四部分组成。尺寸界线用细实线表示，一般应与被注长度垂直，其一端应离开图样轮廓线不小于5mm，另一端超出尺寸线3~5mm。必要时图样轮廓线可用作尺寸界线。

尺寸线用细实线表示，应与被注长度的方向平行，且不宜超出尺寸界线。任何图形轮廓线均不得用作尺寸线。

尺寸起止符号一般应用中粗短线绘制，其倾斜方向应与尺寸界线成顺时针45°角，长度应为2~3mm。半径、直径、角度与弧长的尺寸起止符号，宜用箭头或圆点表示。

尺寸数字应按设计规定书写。图样上的尺寸，应以尺寸数字为准，不得从图上直接量取。尺寸数字应依据其读数方向注写在靠近尺寸线的上方中部，如没有足够的注写位置，最外边的尺寸数字可注写在尺寸界线的外侧，中间相邻的尺寸数字可错开注写，也可引出注写。尺寸宜标注在图样轮廓线以外，不宜与图线、文字及符号等相交。图线不得穿过尺寸数字，不可避免时，应将尺寸数字处的图线断开。

互相平行的尺寸线，应从被注的图样轮廓线由近向远整齐排列，小尺寸线应离轮廓线较近，大尺寸线应离轮廓线较远。图样最外轮廓线距最近尺寸线的距离，不宜小于10mm。平行排列的尺寸线的间距，宜为7~12mm，并应保持一致。最外边的尺寸界线，应靠近所指部位，中间的尺寸界线可稍短，但其长度应相等。

半径的尺寸线，应一端从圆心开始，另一端画箭头指至圆弧。半径数字前应加注半径符号"R"。

标注圆的直径尺寸时，直径数字前，应加符号"ϕ"。在圆内标注的直径尺寸线应通过圆心，两端画箭头指至圆弧。

较小圆的直径尺寸，可标注在圆外。角度的尺寸线应以圆弧线表示，该圆弧的圆心应是该角的顶点，角的两个边为尺寸界线。角度的起止符号应以箭头表示，如没有足够位置画箭头表示，可用圆点代替。角度数字应水平方向注写。

（2）注意事项。

① 零件图中的主要尺寸应直接标注出来。

② 尺寸标注应避免标注成封闭尺寸。

③ 按照加工顺序标注尺寸。

④ 关联零件的关联尺寸标注应协调。

⑤ 尺寸标注应考虑测量方便。

| ZAA025 同向 |
| 尺寸线的画法 |

9. 同向尺寸线的画法

尺寸线是用来表示所注尺寸的度量方向。一般绘制时均采用细实线，其终端有箭头和斜线两种形式，尺寸基准就是图纸上标注尺寸的起点，一般在同向标注尺寸时，应尽量将几个几何尺寸标注在一条线上，进行尺寸标注时，同一方向的尺寸线，在不相互重叠的条件下，最好画在一条直线上，水平方向的尺寸数字标注在尺寸线的上方，字头朝上；垂直方向的尺寸数字标注在左侧,字头朝左。

10. 尺寸公差的要求

ZAA026 尺寸公差的要求

公差是机械工程中的一种重要参数,用来表达加工的精度,主要分为尺寸公差和形位公差两种,尺寸公差分为极限偏差和上下偏差。公差的作用是使产品具有互换性。

尺寸公差的狭义是指加工时零件某一尺寸(含线性尺寸、角度等)的容许变动量(即公差的范围),是用绝对值来定义的。广义的尺寸公差是指规定加工的实际尺寸在某两个尺寸值之间的一种制度(即条件),由此来保证零件之间的配合性质(松紧)和互换(如维修配件的需要)。上述规定的两个尺寸值之差(绝对值)就是狭义中的“公差”(理解为两者的公共之差),公差值越小,精度就越高,作公差带图解时,放大比例一般选 500 : 1。轴的公差以“T_D”来表示,而配合公差一般用“T_f”表示。

模块二　常用施工工具、机具

项目一　量具

CAB002 万能角尺的使用要求

一、万能角尺的使用要求

万能角度尺是用来测量工件角度的量具，如图1-2-1所示。

万能角度尺的读数机构是根据游标原理制成的。万能角度尺的主尺刻线每格为1°。

用万能角度尺测量时，应先校准零位。用万能角度尺测量0°~50°工件角度时，角尺和直尺应全部装上；测量50°~140°的工件角度时，可把角尺卸掉，将直尺装上去，使它们连在一起。

图1-2-1　万能角尺的构造

ZAB007 钢尺的使用要求

二、钢尺的使用要求

钢尺是度量零件长、宽、高、深及厚等的量具，如图1-2-2所示。

钢尺使用前，应先检查钢尺是否在测量范围，各工作面和边缘是否被碰伤。使用时，将钢尺靠放在被测工件的工作面上，注意轻拿、轻靠、轻放，防止扭曲变形。将钢尺工作面和被检工作面擦净，使零刻度与被测尺寸起点重合，并贴紧测量工件。在读数时，视线必须与钢尺的尺面相垂直。钢尺测量时读数误差比较大，只能读出毫米数，即它的最小读数值为1mm，比1mm小的数值只能估计而得。用钢尺测量零件的直径、轴径或孔径尺寸，测量精度更差。

使用完毕要及时将尺面擦拭干净，长期不用存放时，应涂油脂，不允许放在潮湿和有酸类气体的地方，以防锈蚀。

图1-2-2　钢尺

ZAB008 卡尺的使用要求

三、卡尺的使用要求

卡尺是测量工件内径、外径、深度、高度、厚度等尺寸的工具，主要分为游标卡尺、带表卡尺、电子数显卡尺、高度游标卡尺、深度游标卡尺、齿厚游标卡尺等。

卡尺使用时的环境温度宜在(22±2)℃。卡尺使用时的环境湿度宜在75%以下。进行卡尺校对零位时，应推动尺框使外量爪紧密贴合，以无明显的间隙，且主尺零线与游标尺零线对齐为准。

　　用卡尺测量深度时,卡尺要垂直放置,使测量基准面与被测孔或槽的端面接触。用卡尺测量物件外尺寸时,先拉动尺框,使两个外测量爪的测量面之间分隔的距离比被测量部位的尺寸稍大,然后将部件的被测部位送入卡尺的测量面之间进行测量。卡尺读数先读整数部分,再读小数部分,最后求和。

CAB001 游标卡尺的使用要求

（一）游标卡尺的使用要求

　　游标卡尺是一种比较精密的量具,可分为普通游标卡尺、带表卡尺和电子数显卡尺。带表卡尺和电子数显卡尺具有精度更高、读数直观,读取数据快的优点,但是精度稳定性差,保养要求高容易出故障,而普通游标卡尺具有结构简单,不容易坏,保养方便,稳定性好的特点,所以目前应用最广泛的还是普通游标卡尺。游标卡尺按测量精度有 1/10mm、1/20mm 和 1/50mm。在常用的游标卡尺中,精度较高的是 1/50mm。

　　游标卡尺可以直接量出工件的内外径、宽度、长度、深度和孔距等。游标卡尺的构造如图 1-2-3 所示。它是由主尺和副尺(游标)组成的。主尺和固定卡脚制成一体,副尺和活动卡脚制成一体,并依靠弹簧压力沿主尺滑动。游标卡尺测量工件时的读数方法分三个步骤:

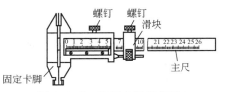

图 1-2-3　游标卡尺的构造

　　(1)查出副尺零线前主尺上的整数。

　　(2)在副尺上,查出与主尺刻度对齐的那一条刻线的度数,即为小数。

　　(3)将主尺上的整数和副尺上的小数相加即得读数。

ZAB006 高度游标卡尺的使用要求

（二）高度游标卡尺的使用要求

高度游标卡尺是测量工件高度及精密画线的工具,如图 1-2-4 所示。

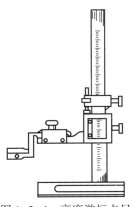

图 1-2-4　高度游标卡尺

　　使用高度游标卡尺测量前,应擦净工件测量表面和高度游标卡尺的主尺、游标和测量爪。用高度游标卡尺测量时,应注意清洁该卡尺测量爪的测量面。不能用高度游标卡尺测量锻件、铸件表面与运动工件的表面,以免损坏卡尺。使用高度游标卡尺测量高度时,应将量爪轻微摆动,用力要均匀,测力为 3~5N,以保证测量的准确性,在最大部位读取数值。长期不使用的高度游标卡尺,应擦净、上油放入盒中进行保管。

ZAB009 卡钳的使用要求

四、卡钳的使用要求

　　卡钳分为内卡钳和外卡钳两种,内卡钳用于测量工件内径、凹槽等,外卡钳用于测量工件外径和平行面,如图 1-2-5、图 1-2-6 所示。内、外卡钳是最简单的比较量具,其本身都不能直接读出测量结果,必须借助其他量具。借助其他量具测量时,应使一卡脚靠紧基准面,另一卡脚稍微移动,调到使卡脚轻轻接触表面或与刻度线重合为止。

　　用内卡钳测量内径时,应使两个钳脚的测量面的连线正好垂直相交于内孔的轴线。将卡钳由外至里慢慢移动,可检验孔的圆度公差。用外卡钳测量外径时,就是比较外卡钳与零件外圆接触的松紧程度,以卡钳的自重能刚好滑下为合适。用已在钢直尺上取好尺寸的外卡钳去测量外径时,要使两个测量面的连线垂直零件的轴线。

卡钳不用存放时,不可将其放在磁场附近,以免产生磁化。

图 1-2-5　内卡钳　　　　　　　　图 1-2-6　外卡钳

ZAB010 百分表的使用要求

五、百分表的使用要求

百分表常用于形状和位置误差及小位移的长度测量,如图 1-2-7 所示。百分表的圆表盘上印制有 100 个等分刻度,即每一分度值相当于量杆移动 0.01mm。

使用百分表时,必须把它可靠地固定在万能表座、磁性表座或其他支架上。如果是采用夹持轴套的方法来固定百分表时,夹紧力要适当,既要夹牢又要不致使轴套变形。测量头与被测表面接触时,测量杆应预先有 0.3~1mm 的压缩量,以便保持测量头与被测表面之间有一定的初始测力。使用前,应检查测量杆活动的灵活性。即轻轻推动测量杆时,测量杆在套筒内的移动要灵活,没有任何轧卡现象,每次手松开后,指针能回到原来的刻度位置。

图 1-2-7　百分表　　　百分表测量前,应转动罩壳使表的长指针对准"0"刻线。当测量杆有一定的预压量后,用两指捏住测量杆上端的挡帽并轻轻提起 1~2mm 后,再轻轻放下,检查测量杆在轴套内的移动是否灵活,观察主指针是否回到原位。百分表用完后,要擦净放回盒内,让测量杆处于放松状态,避免表内弹簧失效。

项目二　手动工具和小型机具

手动工具泛指用手握持,以人力或人手控制的其他动力作用于物体的小型工具。

一、手动工具

CAB006 手锤的使用要求

（一）手锤的使用要求

手锤由锤头和木柄组成,其规格用锤头质量表示,如图 1-2-8 所示。油气管道安装工常用的手锤为 0.5kg 和 1kg 两种。锤柄长度要适中,一般约为 300mm。

手锤平面应平整,有裂纹或缺口的手锤不得使用。当锤面呈球面或有卷边时,应将锤面磨平后,方可使用。

使用手锤时,为了保证其牢固可靠,防止锤头脱落,必须在端部打入楔子。手锤的锤柄不得有弯曲,不得有蛀孔、节疤及伤痕,不能充当撬棍使用。手柄与手锤面不得沾有油脂。握手锤的手不准戴手套,手掌上有油或汗应及时擦掉。操作中若发现锤把模子松动、脱落或手柄出现裂纹,应及时修理。

图 1-2-8　手锤及其构造

CAB005 锉刀
的使用要求

（二）锉刀的使用要求

锉刀是从金属工件表面锉掉金属的加工工具,如图 1-2-9 所示。锉刀按断面形状可分方平锉、半圆锉、方锉、三角锉和圆锉等,锉刀的粗细选择应根据工件的加工余量、加工精度、表面粗糙度及工件材料性质来决定。锉刀断面形状和长度的选择取决于加工表面的形状。

使用锉刀时,应左肘弯曲,右肘向后。锉削时,两脚应站稳不动,靠左膝的弯曲使身体做往复运动。使用锉刀进行锉削前,身体应前倾 10°左右。当锉刀锉削推出 1/3 行程时,身体向前倾斜 15°左右。当锉刀锉削推出 2/3 行程时,身体逐渐向前倾斜 18°左右。锉刀锉削的速度应控制在 30~40 次/min。

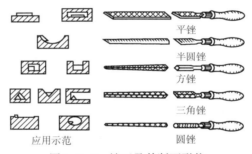

平锉
半圆锉
方锉
三角锉
应用示范　　圆锉

图 1-2-9　锉刀及其断面形状

CAB009 管钳
的使用要求

（三）管钳的使用要求

管钳(又称管子钳、管子扳手)有张开式和链条式两种,可用于夹持和旋转各种管子和管路附件,也可扳动圆形工件,如图 1-2-10 所示。

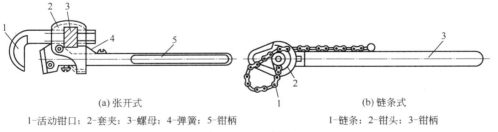

(a) 张开式　　　　　　　　　　　　　　　　(b) 链条式
1-活动钳口；2-套夹；3-螺母；4-弹簧；5-钳柄　　　　　1-链条；2-钳头；3-钳柄

图 1-2-10　管钳

张开式管钳由钳柄、套夹和活动钳口组成。活动钳口与钳柄用套夹相连,钳口上有轮齿以便咬牢管子使之转动,钳口张开的大小用螺母进行调节。

链条式管钳是用于较大管径及狭窄的地方拧动管子。由钳柄、钳头和链条组成。它是依靠链条来咬住管子转动的。

使用管钳时，需两手动作协调，松紧合适，防止打滑。扳动管钳钳柄时，不要用力过大，更不允许在钳柄上加套管。当钳柄末端高出使用者头部时，不得用正面拉吊的方式扳动钳柄。不得用于拧紧六角螺栓和带棱的工件，也不得将它作撬杠和锤子使用。管钳的钳口和链条上通常不应沾油，但在长期不用时应涂油保护。

管钳只能转动管子，不能代替扳手拧螺栓和螺帽。使用管钳时，严禁用它代替手锤去敲打任何物体，以免损坏。

管钳的规格是以长度划分的，分别应用于相应的管子和配件，见表1-2-1。

表1-2-1　管钳的适用范围　　　　　　　　　　单位:mm

管钳规格	钳口宽度	适用管子直径	管钳规格	钳口宽度	适用管子直径
200	25	3~15	450	60	32~50
250	30	8~20	600	75	40~80
300	40	15~25	900	85	65~100
350	45	20~32	1050	100	80~125

CAB010 扳手的使用要求

（四）扳手的使用要求

扳手种类规格很多，油气管道安装工常用的有活动扳手、固定扳手(呆扳手)、梅花扳手、套筒扳手等，扳手用于安装和拆卸各种设备、法兰、部件上的螺栓。固定扳手开口不能调节，因此扳手是成套的，如图1-2-11所示。

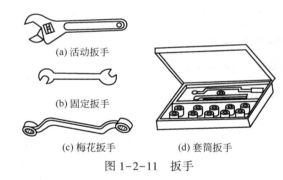

(a) 活动扳手

(b) 固定扳手

(c) 梅花扳手　　(d) 套筒扳手

图1-2-11　扳手

活动扳手虽使用轻巧、广泛、效率高，但不够精确，活动钳口易歪斜。使用活动扳手时，应将固定的扳口放在外部位置，不得反用。活动扳手开度要同螺母相吻合，两者应接触严密。既不能过松也不能过紧，以防产生"滑脱"或"卡位"现象。使用扳手过程中，1m以内不得站人。使用扳手时，不可以采用套加力管的方法使用。

二、小型机具

小型机具是指体积很小但是具有一定的机械构造，由多个零部件装配在一起，通过机械运动或者机械支持而实现一些辅助人们工作的机械工具。

CAB003 手拉葫芦的使用要求

（一）手拉葫芦的使用要求

手拉葫芦(又称链式滑车、倒链)适用于轻型物件、小距离的吊装或拉紧，如图1-2-12所示。使用手拉葫芦时，操作者应站在与手链轮同一平面内搬动链条，使手链轮沿着顺时针方向旋转，即可使重物上升。搬动手链条时，用力应均匀和缓慢，不得用力过猛，以免手链条跳动或卡环。当水平使用手拉葫芦时，应在拉链入口加垫承托链条。应注意调整拉链方向，

以防止拉链跳槽或卡链。倾斜或水平使用手拉葫芦时,要降低负荷 50%使用。10t(含 10t)
以上的手拉葫芦需要两人操作。

CAB004 千斤顶的使用要求

(二)千斤顶的使用要求

根据需要顶升的重量,选择合适的千斤顶。选用千斤顶时,千斤顶的起重能力不得小于
设备的重量。起重行程较小,操作时不得超过额定行程,以
免损坏千斤顶。使用螺旋式千斤顶时,应先用手直接按顺时
针方向转动摇杆。千斤顶用后应及时把螺杆降到最低点。

液压千斤顶可以单独使用,也可多个液压千斤顶同时通过
分流阀一起使用。液压千斤顶只能在垂直位置上进行工作。液
压千斤顶应经常检查各密封面是否有渗漏现象。YQ-5 型号液
压千斤顶的最大工作压力为 50MPa,如图 1-2-13 所示。机
械千斤顶不宜在有酸碱、腐蚀性气体中使用。螺旋式千斤顶
应经常检查各部位螺钉是否松动。

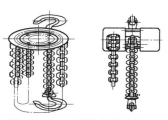

图 1-2-12 手拉葫芦的构造

CAB007 清管器的使用要求

(三)清管器的使用要求

图 1-2-13 液压千斤顶

在管道施工中,一般都使用跟踪清管器,当清管走球时,它能
迅速找到清管球的位置。现场管道施工中,清管球可通过 $R=$
$1.5D$,$\alpha=90°$ 和 $R=2.5D$,$\alpha=90°$、变形 30%的弯头及上述变形量的
直管段。

清管器(球)外径与管道内径的过盈量为 4%~6%。管径大于
100mm 的管道一般都用空心清管器。实心清管器(球)一般用于管
径小于 100mm 的管道。

长输管道在建成使用前,首先要进行管道吹扫或清管,把施工时遗留的杂物清除干净。

CAB008 铰板的使用要求

(四)铰板的使用要求

管子铰板又称带丝,简称铰板,是手工在钢管上加工出管的外螺纹的专用工具,如
图 1-2-14 所示。铰板有普通式铰板、轻便铰板和电动铰板等。管子铰板上用的板牙能加
工出 1/2~4in 的牙形角为 55°的圆锥形管子外螺纹。普通式 114 型号管子铰板能加工管螺
纹的规格为 1/2~2in。

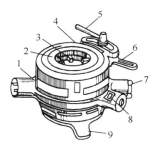

图 1-2-14 普通铰板的结构

1—铰板本体;2—固定盘;3—板牙;4—活动标盘;5—标盘固定把手;
6—板牙松紧把手;7—手柄;8—棘轮;9—后卡爪手柄

使用管子铰板套丝时，套螺纹一般分为几次套制，并在套螺纹过程中加注润滑油。套螺纹的圆杆端要锉掉棱角，这样既起刀具的导向作用，又能保护刀刃。螺纹套制完毕退出铰板时，应将牙刀和卡爪完全松开。

ZAB011 铰板的使用要求 管子铰板的上盖由带有牙板活动滑轨的活动标盘组成。手工套丝时，先将管子在管压钳上夹牢固，应使管子处于水平状态，并要伸出 150mm 左右。管子套丝铰板的板牙应根据管径大小，可分别配置。套丝铰板的结构特点要求是在套丝时可以顺时针转动。普通式 114 型套丝板架最大套制管材直径为 60mm。普通式 114 型套丝板架最短套制管材最大伸出长度应为 150mm。

ZAB001 弯管机的使用要求
（五）弯管机的使用要求
弯管设备的种类很多，按弯制时是否加热可分为冷弯式和热弯式，按动力来源可分为手动式和电动式，按传动方式可分为机械式和液压式，按受力特点可分为顶弯式和煨弯式。用弯管机弯管时，使用的弯管模、导板和压紧模必须与被弯管道的外径相符。弯管机的每一对胎具应弯曲一种规格的管道。使用弯管机进行水、煤气钢管煨管时，卡管固定前应把焊缝放置在 45°位置上。使用弯管机煨管时，弯到设计角度时都要过盈一点，以保证弯管角度。

手动弯管机，只适用于弯小口径的管子，一般都是 32mm 以下的无缝管或水煤气钢管。机动弯管机，只能煨制设备技术参数规定的最大弯曲角度，常见弯管机类型如图 1-2-15 所示。

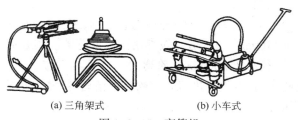

(a) 三角架式　　　　　(b) 小车式

图 1-2-15　弯管机

ZAB002 电动卷扬机的使用要求
（六）电动卷扬机的使用要求
卷扬机（又称绞车）既可作为起重机或其他机械设备（如弯管机）的主要组成部分，又可单独用于起升或拖移重物，如图 1-2-16 所示。它结构简单、操作容易、维修方便，有多种类型可供选择。因此，广泛用于建筑施工和管道安装工程中。卷扬机按动力形式可分为手动卷扬机和电动卷扬机。

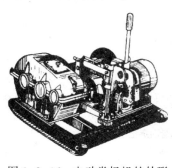

图 1-2-16　电动卷扬机的外形

电动卷扬机在使用前，应进行超负荷和动负荷试验。电动卷扬机上下运行时，应保持绳索垂直状态，不允许绳索连接后使用。严禁夜间从事起重吊装作业，室外作业遇到大雪、暴雨、大雾及风速达到 10.8m/s（6 级）以上大风时，应停止施工作业。每天下班停用时，应将电动卷扬机切断电源，锁好闸箱、吊索回收停放至地面避免随风晃动。施工工期较长时，必须制定电动卷扬机定期检查制度。电动卷扬机不工作时，禁止把重物悬于空中，以防零件产生永久变形。

电动卷扬机是建筑安装工地使用最广泛的一种卷扬机。

电动卷扬机结构紧凑、体积小、重量轻、使用转移方便。电动卷扬机的通用性高。12t 电动卷扬机吊装可靠,适用于码头、桥梁、港口等路桥工程及大型厂矿安装设备。

ZAB003 电动卷扬机的特点

电动卷扬机是由电动机作为动力,通过变频器来控制速度,通过驱动装置使卷筒回转的卷扬机。电动卷扬机的结构特点是钢丝绳排列有序,如图 1-2-17 所示。

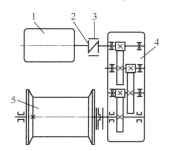

图 1-2-17　电磁制动式卷扬机的传动系统

1—电动机;2—联轴器;3—电磁制动器;4—齿轮减速器;5—卷筒

ZAB004 坡口机的使用要求

(七)坡口机的使用要求

为了保证焊缝的焊接质量,无论何种材质的管材,当厚度超过允许标准时,都需要进行坡口加工。坡口形式分为 Ⅰ 形、V 形、带垫板的 V 形、X 形、双 V 形和 U 形等几种。管道坡口加工可用车床或管道坡口机、气割、锉削、磨削、整削等方法进行。坡口机分为手动和电动两种,用于金属构件在焊接之前开各种形状及各种角度的坡口。坡口机在需要改变切削角度前,必须先将走刀板拉到走刀立架根部锁紧,以防与刀架总成相撞。在切削时对口不准,应松开拉杆螺母调整支承轴总成与工件的安装位置,以保持两者同轴。自动坡口机在工作中坡口的强度与坡口的厚度与减速机密切相关。坡口机在每加工完一个坡口后,需要及时清理丝杠及滑动部位的铁屑等杂物,擦净加油再用。坡口机一般情况下不需要调整,只需经常保持齿轮的润滑即可。坡口机长期不用时,将金属外露部分涂油后装箱保存。

ZAB005 切管机的使用要求

(八)切管机的使用要求

在预制、安装管道时,为了得到所需长度的管道,要对管道进行切割下料。切割管道的方法很多,有锯削、车削、磨削、气割、等离子切割等,其中前三种为机械法切割。机械切管设备有专用切管机和普通车床,在安装现场多使用便携式砂轮锯片切管机,如图 1-2-18 所示。

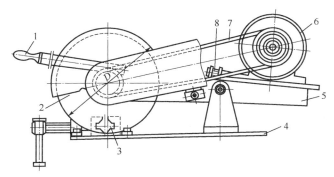

图 1-2-18　便携式砂轮切管机的结构

1—手柄;2—锯片;3—夹管器;4—底座;5—摇臂;6—电动机;7—V 带;8—张紧装置

　　使用便携式切管机,不可以转动管道进行环向切割。砂轮割管机必须装有钢板防护罩,其中心上部至少有110°以上部位被罩住。砂轮切管机装换砂轮后,应试转几分钟并检查一切正常后方可使用。

　　使用砂轮切管机严禁站在砂轮直径方向。使用砂轮切管机时,应缓慢接近工件。所要切割的管道一定要用夹具夹紧,以免切割时晃动而损坏锯片。砂轮切割机的维护保养周期为每季度一次。

（九）手持电钻的使用要求

ZAB012 手持电钻的使用要求

　　手持电钻是一种体积小、质量轻的手提式电动工具,使用灵活携带方便、操作简单,如图1-2-19所示。在管道安装、制作及维修等工作中,主要用来对金属构件钻孔,也适用于

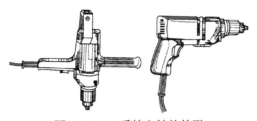

图1-2-19　手持电钻的外形

对木材、塑料等构件钻孔。在金属材料上钻孔时应首先用在被钻位置处冲打上样冲眼。如需长时间在金属上进行钻孔时,可采取一定的冷却措施,以保持钻头的锋利。为保障电钻的旋转精度,减少因为轴承（滑套）磨损而产生过大的间隙,故极需要保持清洁内部和加脂润滑。钻孔直径为12mm以上时,手持电钻应使用有侧柄手枪钻,钻孔直径为13mm以下时手电钻采用三爪式钻夹头,钻孔直径超过13mm时手电钻则采用圆锥套筒来连接主轴与钻头。

　　钻孔时不宜用力过猛,以防电动机过载。调换钻头时应先拔下电源插头,插插头时开关应在断开位置,以防突然启动造成危险。手持电钻不用时应放在干燥、清洁和没有腐蚀性气体的环境中。碳刷如果短于7~8mm应及时更换。

（十）手持砂轮机的使用要求

ZAB017 手持砂轮机的使用要求

　　手持砂轮机又称手持直向砂轮机,是用来刃磨各种刀具、工具的常用设备,也用于金属加工作业去除毛头,倒角各种研削作业,清除毛刺和氧化皮、修磨焊缝、砂光、抛光等作业。其具有轻巧有力、操作简便、安全可靠的特点。

　　使用前要了解砂轮机性能,一定要检查砂轮机是否有防护罩,并确定其是否稳固,注意砂轮机的进、出风口不可堵塞,并清除工具任何部位的油污与灰尘。使用前检查电源线连接是否牢固,插头是否松动,开关动作是否灵活可靠。打开开关之后,等待砂轮转动稳定后才能工作。砂轮机在使用半小时后,应暂停使用10min。打磨工作时间较长而机体温度大于50℃以上并有烫手的感觉时,待其散热后再用。

（十一）卧式砂轮切割机的使用要求

ZAB018 卧式砂轮切割机的使用要求

　　卧式砂轮切割机,又称砂轮锯,适用于建筑、五金、石油化工、机械冶金及水电安装等部门。卧式砂轮切割机是可对金属型钢、管材等材料进行切割的常用设备。

　　砂轮切割机应放在平稳的地面上,远离易燃物品,电源线应接漏电保护装置。砂轮机使用前,正面应装设不低于1.8m高度的防护挡板,并且挡板要求牢固有效。使用时,首先要进行空转试验,无问题时方可进行操作。切割时操作人员应均匀切割并避开切割片正面,防止因操作不当切割片打碎发生事故。当工件较长时,较长部位应放置在活动支撑架上,确保安全生产。严禁在机器开运时检修设备,拆卸部件,如有异常情况必须停车修理。更换砂轮

片时,要待设备停稳后进行,并要对砂轮片进行检查确认。工作完毕应擦拭砂轮切割机表面灰尘和清理工作场所,露天存放应有防雨措施。

ZAB019 管道对口器的使用要求

(十二)管道对口器的使用要求

对口器是在管道组对时,为保证两管在同一中心线上所用的一种对口工具。外对管器的特点是结构简单,重量轻且较便宜,操作方便依靠人工动力能使对接口组对加快,并能快速拆卸,但不能保证组对大管径管道的高度精确性。

使用内对口器进行管道组对接口时,能对管端的不圆度进行适当的矫正。使用气动对口器对口工作结束后,应检查对口器所有部件的工作情况,特别是气路部分的气压不得低于 0.6MPa。

项目三 泵类设备及管道起重

一、泵类设备

泵是输送流体或使流体增压的机械,能把流体抽出或者压入。泵在工程中是常用的设备。

ZAB013 离心泵的使用要求

(一)离心泵的使用要求

离心式水泵简称离心泵,也称离心式抽水机,如图 1-2-20 所示。它是一种利用水的离心运动的抽水机械,由泵壳、叶轮、泵轴、泵架等组成。离心泵的吸入室的作用是将液体从吸管均匀地吸入叶轮。Y 型离心泵均为垂直剖分式泵体,吸入管排出管全部朝上。离心泵的支承,全部通过泵体轴线平面内,受热后可以均匀膨胀。离心泵轴承的圆度,不能大于轴径的千分之一,超标应该更换。离心泵试运需暖泵的,加热速度以每小时 50℃ 为宜。

离心泵的维护保养周期为一年一次。定期检验电动机绝缘性能,冬天环境温度在 0℃ 以下时停机后应将泵体内存水放光,以免冻裂;密封件间隙过大漏水严重时应及时更换。

长期停运时应拆开泵体,将所有零件上的水擦拭干净,涂好防锈油保管。

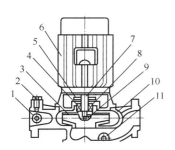

图 1-2-20 离心泵的结构
1—取压塞;2—排气阀;3—叶轮;
4—机械密封;5—挡水圈;6—电动机;
7—轴;8—联体座;9—叶轮螺母;
10—泵体;11—放水阀

ZAB014 螺杆泵的使用要求

(二)螺杆泵的使用要求

螺杆泵是回转容积式转子泵,它是依靠由螺杆和衬套形成的密封腔的容积变化来吸入和排出液体的,如图 1-2-21 所示。螺杆泵的特点是流量平稳、压力脉动小、有自吸能力、噪声低、效率高、寿命长、工作可靠;而其突出的优点是输送介质时不形成涡流、对介质的黏性不敏感,可输送高黏度介质。

螺杆泵使用前应检查联轴器的同轴度,在水平和垂直两个方向测量都应在 0.1~0.3mm 范围内。螺杆泵吸入管的管口不能与池底接触,其有效高度应保持在 120~200mm 范围内。螺杆泵运行之前,必须清除封存防护剂,同时处置必须符合环保要求。螺杆泵试车时的填料压盖不偏斜,轴封渗漏符合要求。试运时,密封漏损不超过规定数位,每分钟 10 滴。在泵运转时检查泵是否有泄漏。螺杆泵停车时,应先关闭排出停止阀,并待泵完全停转后关闭吸入停止阀。

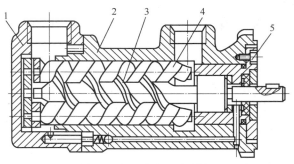

图 1-2-21　螺杆泵的结构

1—后盖;2—泵体;3—主动螺杆;4—从动螺杆;5—前盖

对于已经停止工作一周以上的泵,应打开进、出口阀门,接通电动机电源,点动几次泵。轴承每月加入一次通用锂基润滑脂。每季度检查所有基础上的螺母和压紧装置的螺栓是否松动。

ZAB015 齿轮泵的使用要求

（三）齿轮泵的使用要求

齿轮泵是靠齿轮啮合时造成容积变化来达到吸油与压油的,齿轮泵属于容积式泵,如图 1-2-22 所示。安装齿轮泵时,其传动部分不允许采用对泵产生径向力的方式进行安装。启动前检查全部管路法兰,接头的密封性。首次启动应向泵内注入输送液体。启动前应全开吸入和排出管路中的阀门,严禁闭阀启动。验证电机转动方向后,启动电动机。

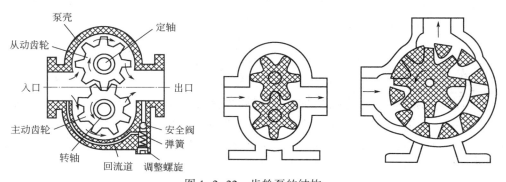

图 1-2-22　齿轮泵的结构

齿轮泵带负荷后试车时,机械密封的轻质油漏损不得超过 10 滴/min。齿轮泵带负荷后试车时,机械密封的重质油密封漏损不得超过 5 滴/mm。齿轮泵带负荷后试车时,电动机电流不可以超过额定值。齿轮泵的最高压力和最高转速只能在短暂时间内使用,每次持续时间不得超过 3min。停车时,先关闭电动机,再关闭泵的进、出口阀门。

ZAB016 柱塞泵的使用要求

（四）柱塞泵的使用要求

柱塞泵是由电动机提供泵的动力,经鼓形齿联轴器带动减速机转动,如图 1-2-23 所示。由减速机减速带动曲轴旋转。通过曲柄连杆机构,将旋转运动转变为十字头和柱塞为往复运动。吸入阀在进口端压力作用下开启关闭,液体被吸入排出。柱塞泵的柱塞直径越小,柱塞泵的最大工作压力越大。柱塞直径为 45mm 的柱塞泵的最大工作压力为 28MPa。

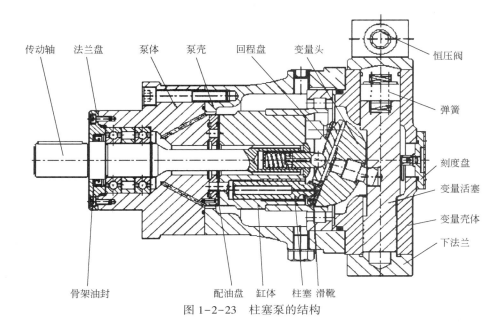

图 1-2-23　柱塞泵的结构

柱塞式注水泵试车时,电动机空运时间为 2h,方向与泵的运转方向相符。柱塞式注水泵试压时,注水泵启动后泵在无负荷运转 5min,应无异常现象。倒泵时,必须做到稳、慢,干压和泵压波动不得超过 0.2MPa。

柱塞泵使用寿命的长短,与平时的维护保养,液压油的数量和质量,油液清洁度等有关。柱塞泵最重要的部件是轴承,如果轴承出现游隙,则不能保证液压泵内部三对摩擦副的正常间隙,用撬杠轻轻撬动联轴器,检查机泵串量,转子反向串量为 (3 ± 1) mm,总串量应为 (6 ± 1) mm。

二、管道起重

ZAB020 管道起重搬运的常用方法

(一)管道起重搬运的常用方法

在管道工程中,起重吊装与搬运工作是施工过程中不可缺少的一项重要工作。可根据现场情况采用人力、工具、小型机具和起重机等进行吊装工作。

管道工程中,将撬杠插在设备下,抬杠杆使设备后移称为拨。管道工程中,用撬杠将设备或管段的一端翘起后,使管段在撬棍左右摆动时产生的距离称为迈。管道工程中,"撬"就是利用杠杆作用原理,用撬杠将设备或管子重物等撬起来。

管道工程中,利用滚道或滚杠使设备或管段移动的方法应用较多,该方法摩擦力小,较省力。

ZAB021 麻绳的使用维护方法

(二)麻绳的使用维护方法

麻绳是取各种麻类植物的纤维编结而成。编结麻绳时,拧松的长度为麻绳直径的 10 倍左右。

起重机麻绳使用前必须认真检查,若发现有黄斑应降级使用。旧麻绳表面均匀磨损不超过直径的 30%,局部损伤不超过直径的 10%。做千斤绳时,麻绳的负荷不许大于使用拉力。为了降低用于滑车式滑轮组的麻绳所承受的附加弯曲及磨损,滑轮的直径应比麻绳直径大 10 倍以上。

麻绳用于起吊或捆扎物件时,应避免麻绳直接与物件尖锐接触,若必须接触,应在接触处用麻袋或木头等衬垫。麻绳不宜在有酸碱的地方使用,存放时应放置在干燥的库房内,盘卷放置在木板上,不能受潮或高温烘烤。如使用中受潮或沾上泥沙,要洗净、晒干,以免腐烂。

以下简单介绍几种绳结:

1. 八字结

如图 1-2-24 所示,适合作为固定收束或拉绳索的把手,八字结的打法十分简单、易记,它的特征在于即使两端拉得很紧,依然可以轻松解开。

2. 称人结

称人结被称为绳结之王,是世界上最受欢迎的结绳法。称人结是当绳索系在其他物体或者是在绳索的末端需要结成一个圈时使用,如图 1-2-25 所示。

图 1-2-24　八字结

图 1-2-25　称人结

3. 接绳结

接绳结(也称三角扣)是连接两条绳索时所用,打法简单,拆解容易,适用于质材粗细不同的绳索,安全可靠程度相当高,如图 1-2-26 所示。

4. 平结

平结用于连接同样粗细、同样材质的绳索,但是不适用在较粗、表面光滑的绳索上,如图 1-2-27 所示。

图 1-2-26　接绳结

图 1-2-27　平结

ZAB022 钢丝绳的使用维护方法

（三）钢丝绳的使用维护方法

钢丝绳是先由多层钢丝捻成股,再以绳芯为中心,由一定数量股捻绕成螺旋状的绳。在物料搬运机械中,供提升、牵引、拉紧和承载之用。钢丝绳的强度高、自重轻、工作平稳、不易骤然整根折断,工作可靠。

钢丝绳的使用期限与使用方法有很大的关系,因此应做到按规定使用,禁止拖拉、抛掷,使用中不准超负荷,不准使钢丝绳发生锐角折曲,不准急剧改变升降速度,避免冲击。钢丝绳在使用中应避免扭结,一旦扭结,应立即抖直。应尽量减少弯折次数,并尽量避免反向弯折。钢丝绳在局部扭曲后产生的永久变形称为钢丝绳扭结,正扭结的强度只有原强度的 50%~80%。钢丝绳的单头磨损可在使用中期换头,这样可延长钢丝绳使用寿命 30%~40%。钢丝绳与卷筒或滑车配用时,卷筒或滑轮的直径至少比钢丝绳直径大 16 倍。钢丝绳穿过滑轮时,滑轮槽的直径应比钢丝绳的直径大 1~2.5mm。

钢丝绳使用后应盘好放在清洁干燥的地方,不得重叠堆置。

模块三　管道安装工艺

项目一　工艺管道分类

一、管道分类

CAE001 管道
按输送介质温
度分类

1. 按介质温度分类

管道内流动的介质，都具有一定的压力和温度，同一种材料在不同的温度下，受不同工作温度的影响，材料的耐压强度也变化，所以，要按照管道的设计工作温度选择合适的管道。

（1）工业管道设计工作温度低于−100℃的管道属于超低温管道。

（2）工业管道设计工作温度为−100～−41℃的管道属于低温管道。

（3）工业管道设计工作温度为−40～120℃的管道属于常温管道。

（4）工业管道设计工作温度为125℃的管道属于中温管道。

（5）工业管道设计工作温度大于450℃的管道属于高温管道。

CAE002 管道
按输送介质压
力分类

2. 按介质的压力分类

在实际管道应用中，管道输送流体的设计压力和设计温度等是管道施工和验收的必要条件。工业管道按输送介质压力高低划分有以下几个级别：

（1）真空管道。

一般指 $p<0$（绝对压力）或表压为负压的管道，如油气田上原有稳定的负压抽气管道和天然气脱水的抽空管道等都是真空管道。

（2）低压管道。

一般指 $0.1MPa<p≤1.6MPa$ 的管道。这类管道用得最多，如油气田上的给排水管道、常压罐进出口管道、污水管道、天然气放空管道、排污管道和通风管道等都是低压管道。

（3）中压管道。

一般指 $1.6MPa<p≤10MPa$ 的管道。这类管道也经常用，如油气田上的外输油管线、输气管线、天然气放空管道等一般都是中压管道。

（4）高压管道。

一般指 $10MPa<p≤100MPa$ 的管道。这类管道主要应用在工业管道上，如油气田上的注水、采气、注气、注聚合物管道等都是高压管道。

（5）超高压管道。

一般指 $p>100MPa$ 的管道，习惯上称为超高压管道，如高压聚乙烯管道等。

3. 按材质分类

管道按照材质分类，可分为金属管和非金属管。

金属管分为铁管(铸铁管)、钢管(碳素钢管、低合金钢管、合金钢管)及有色金属管(铜及铜合金管、铅管、钛管)。

非金属管包括橡胶管、衬里管、塑料管、石棉水泥管、石墨管、玻璃钢陶瓷管及玻璃钢管。

二、管道的公称直径与管径的关系

CAE003 管道的公称直径

公称直径是为了设计、制造、安装和检修方便而规定的一种标准直径,一般情况下,管道的公称直径的数值既不是管道的内径,也不是管道的外径。公称直径是仅与制造尺寸有关且引用方便的一个完整数值。公称直径用符号 DN 表示,其后附加公称直径的数值,数值的单位为毫米(mm)。

例如:DN25mm 的水煤气钢管的实际外径为 33.5mm;DN150mm 的管子,其中 DN 表示管子的公称直径;DN200mm 钢管的管等于 8in 钢管的管径。

CAE004 管道公称直径与管径的关系

公称直径既不是内径也不是外径,是将临近数值圆整后的一个数值。同一公称直径的管子与管子附件能互相连接,具有互换性。公称直径的公制和英制的换算关系是:1in=25.4mm。因为无缝钢管的实际内径和公称直径差异较大,所以无缝钢管是以外径乘壁厚来表示管径。

当管径大于 350mm 的管子,公称直径指的是外径。$\phi114mm \times 4mm$ 表示的是管子的外径为 114mm;DN100mm 表示的是公称直径为 100mm 的管道,公称直径不需要标注壁厚。

三、管道的压力等级

CAE005 管道的压力等级

在实际管道应用中,管道输送流体的设计压力和设计温度等是管道工程检验、施工和验收的必要条件,这些条件应由设计者提供。为规范压力管道管理,《压力管道规范　工业管道　第 4 部分:制作与安装》(GB/T 20801.4—2006)将工业压力管道按用途进行了分级,它将压力管道按用途划分为长输管道、公用管道和工业管道。

1. 长输管道

长输管道是指产地、储存库、用户间的用于输送商品介质的管道,为 GA 类,级别划分为 GA1 级和 GA2 级。

2. 公用管道

公用管道包括燃气管道和热力管道,为 GB 类,级别划分为 GB1 级和 GB2 级。

3. 工业管道

工业管道是指用于输送工艺介质的工艺管道、公用工程管道及其他辅助管道,为 GC 类,划分为 GC1 级、GC2 级、GC3 级。

在基建工艺管道安装过程中,常用的分级管道有:

采油管网工作压力为 1.6MPa,介质温度为 55℃,此管网为 IV 级管道。

井口到计量站管道的工作压力为 1.6MPa,该管道属于油田集输管道的 CV 级。

工作压力在 1.6～4MPa 之间,材质为 20 号钢的计量间至联合站污水管道属于 BIV 级管道。

计量站到联合站管道的工作压力为 $4 < p \leqslant 10$ MPa,材质为碳素钢,该管道属于油田集输

管道的 A Ⅲ 级。

联合站外输管道设计工作压力为 6.4MPa，材质为普通低合金钢，该管道属于油田集输管道的 A Ⅱ 级。

四、常用配管的使用要求

CAE006 常用配管的使用

在基建行业工业管道施工中，低压流体输送用焊接钢管通常用于压力小于 1.0MPa 管道，如室内采暖、煤气管道，按壁厚分为普通钢管和加厚钢管。低压流体输送用镀锌钢管适用于温度为 0~100℃，压力小于或等于 0.6MPa 的水、空气管道。螺旋缝电焊钢管通常用于工作压力不超过 2.0MPa，介质温度不超过 200℃ 的直径较大管道。优质碳素钢在中低压管路上使用温度最高为 450℃。

五、铸铁管的特性与使用范围

CAE008 铸铁管的特性

1. 特性

在石油化工管道中，普通高硅铸铁管和抗氯硅铁管应用较多。高铬铸铁管的机械强度高，可以焊接，普通高硅铸铁管能抵抗各种浓度的硫酸、硝酸、醋酸及脂肪酸在常温下的腐蚀作用。铸铁管的缺点是性质较脆，不耐冲击。

常用铸铁管的公称直径一般为 1000mm 以下，高铬铸铁管的铬含量为 2.5%~3.6%，普压铸铁管的工作压力不应大于 0.644MPa。

CAE007 铸铁管的使用范围

2. 使用范围

铸铁管和钢管主要是按含碳量的多少区分的。含碳量为 2.11%~6.67% 的铁碳合金称为铸铁。铸铁管一般为灰铸铁材质，其含碳量为 3%~3.3%。铸铁管的实际内径与公称直径基本上是相等的。铸铁管、管件属于脆性材料，在拉运过程中易损坏，使用之前应进行外观检查，每批应抽查 10%。

给水铸铁管按工作压力分为低压管、中压管和高压管三种。

六、聚氯乙烯硬塑料管的性能

CAE009 聚氯乙烯硬塑料管的性能

硬聚氯乙烯塑料管是以合成树脂为主要成分的有机高分子材料。它具有耐腐性、质量轻和加工安装方便等优点。聚氯乙烯硬塑料管不能抵抗各种苯类的有机化合物。

七、有色金属管的特性

CAE010 有色金属管的特性

有色金属管有铝管、铜管和铅管三种。

铝管焊接前，清除油污后，必须在 2h 内开始焊接，以避免管口重新氧化。铝和铝合金管有良好的导热性，最高使用温度为 150℃，输送介质的公称压力一般不超过 0.588MPa。

铜及铜合金管的偏横向凸出和凹入偏差不大于 0.35mm，碰伤深度不超过 0.03mm。紫铜管及黄铜管的供应长度为 0.5~6m。

铅管的强度和熔点较低，所以铅管的使用温度一般不超过 140℃。

项目二　管道工艺的测量方法

CAC001 管线测量常用工具的种类

一、管道测量

　　管道测量时常用工具一般有钢卷尺、钢板尺、90°角尺、水平尺、量角器、线锤和粉线等。此外还会用到水平仪和经纬仪等仪器。

　　管道测量时,常用粉线来弹线、找直。测量较长距离的尺寸应采用纤维卷尺,但其精度要低于钢卷尺。用钢卷尺测量管线时,应将尺条从盒中拉出,以钢尺的刻度与直线测量位置直接测量,并读出数值。

　　测量工件两点间直线尺寸应选用钢板尺。管道施工中,钢角尺可用来检验工件角度、画垂直线和平行线等。水平尺封闭玻璃管内盛装的液体是乙醚或乙醇,用来测量管线水平度与垂直度。

CAC002 管线测量的方法

　　管道测量是为组对、预制管道提供数据。管道测量是保证管道安装标准达到质量要求的一种手段。管道测量是根据三角形的边角关系和立体几何空间知识,把所需的尺寸量对、量全、量准。

　　管道测量时,首先要选择基准,根据基准进行测量。管道工程一般都要求横平、竖直、眼正(法兰螺栓孔正)、口正(法兰面正),因此,基准的选择离不开水平线、水平面、垂直线、垂直面,测量时应根据施工图样和施工现场的具体情况进行选择。

　　在管道施工过程中,首先应根据图样的要求定出立干管各转弯点的位置。在水平管段先测出一端的标高,并根据管段的长度和坡度,定出另一端的标高。两点的标高确定后,就可以定出管道中心线的位置。再在干管中心线上定出分支处的位置,标出分支管的中心线。然后把管路上各个管件、阀门和管架的位置定出,测量各管段的长度和弯头的角度,并标注在测绘草图上。管道测量时的起点、止点及转折点称为管道的主点。地下管道工程测量必须在回填前测量出起点、止点。

CAC003 弯头测量的方法

二、弯头测量

　　通常弯头的长度指的是弯头中心的尺寸。一般来说常用的长半径弯头的弯曲半径为公称直径的 1.5 倍。

　　测量弯头时,应将弯头口的一端平扣在平整的地面或平台上,用两把直尺分别贴紧两端管口(也可用平直的钢筋代替直尺)。用尺从上端口向下垂直到地面量取数值后,减去弯头管径的一半。就是取其交点到管中心的距离。测量弯头厚度时,用卡尺卡住弯头壁最薄的地方就是弯头的厚度。《钢制对焊管件　类型与参数》(GB/T 12459—2017)规定,弯头的厚度下差为 0.875。

CAC004 法兰测量的方法

三、法兰测量

　　管路中法兰的安装测量时,可以法兰眼的水平线或垂直线为准,用水平尺或吊线方法来检查法兰眼是否位正。法兰密封面与管子的轴线互相垂直时，称为口正。法兰口不正时称为偏口，测量方法是用90°角尺检查。

在测量前根据法兰位置，应首先画出设备各连接管法兰草图，并连续编号，以便夹具对号安装。法兰测量时，测量工具最好用游标卡尺。

测量法兰间的间隙尺寸时，应在法兰盘的圆周均匀分布四点。测量法兰盘厚度尺寸时，应将法兰盘的水线凸面贴于平整面上，用直角尺量取数值。测量两法兰不同心错口的尺寸，应选择两法兰错口最大处的尺寸。由于安装时，法兰可能存在外径不一，错口不同心，垫片厚度不一等情况，所以加工出来的夹具应与所测法兰相对应并且不能互换。

四、短管测量

> CAC005 短管测量的方法

管道需加设短管时，应环向测量做好标记下料，以免安装时产生障碍。短管的测量方法是用直尺或角尺测量直段短管管端起点至管端终点中心线的长度。测量短管长度时，必须考虑管口的垂直度是否达到要求。测量短管长度时，应最少检测2个对称点，以保证短管长度值一致。测量短管是否有弯曲，可采用直尺或角尺在短管上画出中心线。短管切口端面测量时，其倾斜偏差不应大于管子外径的1%。

五、弯管测量

> CAC006 弯管测量的方法

测量弯管时，所选用的工具应为直角尺。垂直90°弯管测量时，应先画出立管中心线，然后分别量两管交点的尺寸。对于冷弯或热煨后的弯管，其长度不变的部位是中性层。测量弯管角度时，宜采用角度尺进行测量。

90°摆头弯管测量，延长两管中心线，利用线坠做垂线交叉两管中心线，分别量取两管中心线和垂线交点内线段长。180°弯头测量，应利用角尺做出一管中心线的垂直线引向另一管中心线，分别量取两管中心线和端面差的长度。

六、三通管水平弯测量

> CAC007 三通管水平弯测量的方法

三通管测量与短管测量使用同一方法。正三通管测量时，应先引立管垂线。正三通水平管测量其中心位置时，应以立管中心线为准。

任意角度水平弯管测量时，用角度尺测量两管夹角。斜三通管测量时，应分别延长支管与主管中心线，并交于一点。

当三通水平弯管组对法兰时，用直角尺或钢板尺测量法兰螺栓孔是否正。当三通水平弯管组对法兰时，用直角尺或钢板尺测量法兰螺栓孔是否正。

七、螺栓测量

> CAC008 螺栓测量的方法

测量螺栓长度时，所选用的测量工具为游标卡尺。

管道安装工程中，测量螺栓长度是以螺帽底部为基准的。六角单头螺栓长度的测量不包括螺栓头的长度。管道安装工程中，螺栓露出螺母的长度应为平扣或2~3扣为宜。管道工程中，若预连接零件的螺栓孔大小不一致，则以螺栓孔较小的为主。在螺栓连接中，加入的弹簧垫片应紧贴螺母。

CAC009 坡度测量的方法

八、坡度测量

管道两端高差与两端之间长度的比值称为坡度,坡度符号以"i"表示,在其后加上等号并注写坡度值。坡度的坡向符号用单面箭头来表示,坡向箭头指向为由高向低的方向。表示坡度最常用的方法是百分比法。用度数来表示坡度,它是利用反三角函数计算而得的。工程中所使用的坡度计是一款经济实用的倾角测量工具,其精度可达 0.1°。

管道输送的流体为可能发生凝结的气体,如饱和蒸汽等,为便于排放凝水,管道应该顺流向坡。

CAC010 标高测量的方法

九、标高测量

管道高度用标高来表示。工程中的标高一般分相对标高和绝对标高两种。

远离建筑物的室外管道标高,工程上一般多采用绝对标高,它的参照物是以海平面作为基准的,中国把青岛黄海海平面定为绝对标高的零点。站场管道工程中的标高是指被测点的标高和水准点的高程差,也就是相对标高。一般以建筑物低层室内地坪为零点,比零点低的用负号表示,比地坪高的用正号表示,用 0.000 表示,单位一般为 m。

测量标高时,所选用的测量工具为水准仪。测量标高时,对于任何一个待测点,都需找到一个已知点才可以测量。管道工程中,埋地管道下沟前应实际测量管底是否符合设计要求。

项目三　管材、管件、阀门、法兰垫片安装

金属管材是管道工程中用量最多的金属材料品种之一,它的选择应按输送介质的温度和压力选用。一般在选择管材时,首先考虑管材的机械性能(主要是强度)能否达到输送介质工作压力的要求。管材的材质、壁厚则应按设计要求决定,不能随意更换或用过厚(或过薄)的管材代替。其次考虑介质的温度,通常考虑管材随着被输送介质温度升高而强度降低,所以管材的材质、壁厚与输送介质的压力和温度有密切关系。

一、常用管材的分类、规格与用途

CAF001 常用管材的名称

(一)分类

工业管道所用管材的种类很多,按制造材料可分为碳素钢管、合金钢管、不锈钢管、铸铁管、有色金属管、非金属管等。

CAF002 常用管材的规格

(二)规格

一般来说,管子的直径可分为外径、内径及公称直径。在设计图纸中,一般采用公称直径来表示管子的规格。管子的公称直径与其内径、外径不相等。管材为无缝钢管的管子,外径用字母 D 来表示。排水铸铁管的壁厚一般为 4~7mm。《工业用硬聚氯乙烯(PVC-U)管道系统　第一部分:管材》(GB/T 4219.1—2008)标准规定公称外径用 De 表示,见表 1-3-1。

表 1-3-1　常用管材规格对照表　　　　　　　　单位:mm

序号	规格	公称直径（DN）	序号	规格	公称直径（DN）	序号	规格	公称直径（DN）
1	φ22	15	5	φ60	50	9	φ159	150
2	φ27	20	6	φ76	65	10	φ219	200
3	φ33	25	7	φ89	80	11	φ273	250
4	φ48	40	8	φ114	100	12	φ325	300

CAF003　常用
管材的用途

（三）用途

（1）金属管材。

在地面基建工艺管道安装中，一般使用的都是金属管材，按照制造方法分为无缝钢管和有缝钢管；按照化学成分分为碳素钢管和合金钢管。

① 碳素钢管管材广泛用于石油、化工、机械、冶金、食品等各种工业部门。它承受较高的压力，能耐较高温度，可用来输送蒸汽、压缩空气、惰性气体、煤气、天然气、氢气、氧气、水、油类等介质。

由于碳素钢具有一定的耐腐蚀性能，因此碳素钢管道还可以用来输送常温下的碱溶液等腐蚀性介质。

② 合金钢管主要有低合金钢管和不锈钢管。低合金钢管一般采用珠光体耐热钢制造，其主要特点是高强耐热，并具有一定的耐蚀性；不锈钢管有 1Cr13 等几种，具有一定的任性和耐腐蚀性能。

③ 普通铸铁管常用于埋地管道、给水管道、煤气管道和室内外排水管道。水煤气管道广泛应用在小管径低压管道上。铝塑复合管可以用来输送工作压力小于等于 1.6MPa，工作温度在 -20~95℃ 范围内低压流体。

（2）非金属管材。

常用的非金属管材有以下几种。

① 混凝土管

混凝土管又分为一般混凝土管、钢筋混凝土管和预应力混凝土管。一般混凝土管有承插式、企口式和平口式三种。管径有 DN75mm~DN450mm 多种。钢筋混凝土管多用于排水工程。

② 硬聚氯乙烯塑料管。

硬聚氯乙烯塑料管是以合成树脂为主要成分的有机高分子材料，在适当温度及压力下能塑造各种规格的管材。

在介质温度为 -15~60℃、介质压力为 0.2MPa 时使用。

CAF004　常用
管件的种类

二、常用管件的种类

管件是管道系统中起连接、控制、变向、分流、密封、支撑等作用的零部件的统称。管路连接部分的成形零件称为管件，如弯头、三通、管接头、异径管和法兰等。管道工程中常用的管件，一般有钢管件、铸铁管件和非金属件等。根据管件的材质及功能，可分为无缝钢管管件、水煤气钢管管件及铸铁管管件三种。

1. 无缝钢管管件

目前使用的无缝钢管管件成型产品主要有冲压弯头、异径管和三通。当管道或容器用作不可拆连接时,最常用的关键管件是弯头,冲压弯头是管道工程中大量使用的管件,它又分为冲压无缝弯头和冲压焊接弯头两种。

异径管件分为同心管件和偏心管件两种,按公称压力分为 3.92MPa、6.28MPa 和 9.8MPa 三种。

介质流动方向及流量都发生改变,且流量只有一个方向改变的管件是异径三通。冲压三通是由无缝管冲压而成,分等径和异径两种。

将管子与阀门进行螺栓连接的管件是法兰。由八角螺母和两个特制的螺纹接头,其中的螺纹接头的作用是连接管道中的两端管道的管件是活接头。

2. 水煤气钢管管件

水煤气钢管管件是螺纹连接管件,分为镀锌与不镀锌两种。通常采用可锻铸铁制成,要求较高时也可采用钢制管件。

铸铁螺纹连接管件有管接头、内接头、三通、四通、弯头、补芯、锁母、活接头、丝堵等,它们适用于公称压力 1.57MPa、温度不大于 175℃ 的水煤气管道的连接。

3. 铸铁管管件

铸铁管管件分为给水铸铁管管件和排水铸铁管管件两种,都是由灰口铸铁制成的。排水铸铁管管件比给水铸铁管管件壁薄,喇叭口短(浅),几何形状比较复杂。异径管件种类较多,有改变方向的弯头,有变径的变径管,有带分支的分支管,有调整承插口的短管等。

三、常用管件的规格与用途

1. 规格

钢制作的对焊无缝管件,其管端外径分 Ⅰ、Ⅱ 两个系列,Ⅰ 系列为国际通用系列。对于尺寸为米制单位的钢制对焊无缝钢管件,公称尺寸用 DN 表示,英制单位用 NPS 表示。《锻制承插焊和螺纹管件》(GB/T 14383—2008)规定,公称尺寸为 $DN15mm \sim DN80mm$,接管外径分为 A、B 两个系列,壁厚等级分为 Sch160 和 Sch80 两个系列。

> CAF005　常用管件的规格

管道法兰的规格标记由四部分组成。任何阀门都有一个特定规格型号,型号第一单元用汉语拼音字母表示阀门类别。

锻钢制螺纹管件公称通径为 $DN8mm \sim DN100mm$,品种有弯头、管箍等。

2. 用途

冲压焊接弯头适用于公称压力小于 3.92MPa,温度低于 200℃ 的管道。用 Q235、20 号钢板卷制的焊接弯头,适用于压力小于 1.60MPa、温度低于 200℃ 的空气、煤气的管道。

> CAF006　常用管件的用途

改变管道方向和连接两段公称直径不等的管道,但管内介质没有分支的管件是异径弯头。异径大小头的作用是不改变管道内介质流向和连接两段公称直径不等的管道;起到封闭管道或隔断管道作用的是法兰盖;活接头多用于公称压力小于 4.0MPa 的可拆卸管道上。

四、阀门

CAF007 阀门的分类

1. 阀门的分类

阀门是一种通过改变其内部通路面积来控制管路介质流动的通用机械产品,它的种类繁多,且烦闷的新结构、新材料、新用途也在不断地发展,由于它是管道中的重要组成部件之一,用于启闭、节流和保障管道及设备的安全运行等。根据使用目的不同,其分类方法也很多。

阀门按照压力等级可分为五类:真空阀、低压阀、中压阀、高压阀及超高压阀。

阀门按照用途可分为:关断类、调节类和保护类。

阀门按照工作温度可分为:低温阀、中温阀、高温阀及常温阀。

阀门按照驱动方式分为:手动阀、电动阀、气动阀及液动阀等。

在工业管道工程中,起到安全保护功能的安全阀按其结构不同分为直通式安全阀和脉冲式安全阀两种;起到接通或截断管路中介质的截止阀按阀体的结构形式可分为直通式、直流式和角式三种。

CAF008 阀门的用途

2. 阀门的用途

在管道工程中,不同功能的阀门有不同的用途,例如,适用于低温、低压流体且需迅速全启和全闭的管道或不经常开启之处的阀门是旋塞阀;能够降低和稳定介质压力,以保证使用压力不超过允许限度的阀门是减压阀;适用于腐蚀介质及室内管道,介质可双向流动,开启缓慢的阀门是明杆闸阀;能自动阻止蒸汽通过并及时排出设备管路中的冷凝水,应选用的阀门是疏水阀;蝶阀主要做截断阀使用,也可设计成具有调节或截断兼调节的功能;一般易燃易爆、有毒介质应选用封闭式弹簧安全阀。

CAF009 阀门的特点

3. 阀门的特点

在管道工程中,各种类型的阀门都有各自的特点。

(1)闸阀是最常用的阀门,它最主要的特点有流体阻力小、启闭比较省力、看介质流动方向一般不受限制。

(2)减压阀最显著的特点是能在进口压力变化下,通过自动调节使出口压力基本稳定。

(3)节流阀的特点是将阀杆和阀体制成一体,可较好调节启闭高度,从而调节好阀座通道面积,达到一定的流量和压力。

(4)球阀具有操作方便、流动阻力小、一般要求全开或全闭等特点。

(5)隔膜阀是一种特殊形式的截断阀。

(6)截止阀具有启闭时阀瓣行程小,启闭时间短,阀门高度较小等特点。

(7)旋塞阀具有结构简单、外形尺寸小、启闭迅速、流动阻力小的特点。

CAF010 阀门的代号

4. 阀门的代号

为了便于认识与选用,每种阀门都有一定的型号,以说明阀门的类别。阀门的型号由7个单元组成,即类型代号、驱动方式代号、连接形式代号、结构形式代号、密封面或衬里材料代号、压力代号或工作温度下的工作压力代号、公称压力和阀体材料代号。

阀门产品型号由7个单元组成并按规定顺序排列:

1——类型代号;

2——驱动方式代号；

3——连接形式代号；

4——结构形式代号；

5——密封面或衬里材料代号；

6——压力代号或工作温度下的工作压力代号；

7——阀体材料代号。

阀门阀体上应有铭牌，铭牌上要标明型号、公称压力、公称通径、制造厂商及用箭头标明的介质流动方向。

在阀门代号中，用汉语拼音字母表示阀座密封面或衬里材料代号，见表1-3-2。

表1-3-2　阀座密封面或衬里材料代号

密封面或衬里材料	代号	密封面或衬里材料	代号
铜合金	T	渗氮钢	D
橡胶	X	硬质合金	Y
尼龙塑料	N	衬胶	J
氟塑料	F	衬铅	Q
锡基轴合金(巴氏合金)	B	搪瓷	C
合金钢	H	渗硼钢	P

例如，阀门型号为Z941H—64，其中"H"表示阀门密封材料为合金钢。

在阀门代号中，用数字表示阀门的驱动方式代号，见表1-3-3。

表1-3-3　阀门的驱动方式代号

驱动方式	代号	驱动方式	代号
涡轮头	3	正齿轮头	4
锥齿轮头	5	气动执行器	6
液动执行器	7	气—液动	8
电动执行器	9	—	—

在阀门代号中，用英文字母表示阀门的类型代号，见表1-3-4。

表1-3-4　阀门的类型代号

类型	代号	类型	代号
闸阀	Z	截止阀	J
节流阀	L	球阀	Q
蝶阀	D	隔膜阀	G
杠杆式安全阀	GA	旋塞阀	X
止回阀	Z	减压阀	Y

五、法兰

1.法兰的概念

法兰又称法兰凸缘盘或突缘。管道法兰是指管道装置中配管用的法兰，用在设备上是指设备的进出口法兰。法兰上有孔眼,螺栓使两法兰紧连。法兰间用衬垫密封。法兰分螺纹连接法兰、焊接法兰和卡夹法兰。法兰都是成对使用的,低压管道可以使用螺纹法兰,4kg以上压力的使用焊接法兰。两片法兰盘之间加上密封垫,然后用螺栓紧固。不同压力的法兰厚度不同,它们使用的螺栓也不同。水泵和阀门,在和管道连接时,这些器材设备的局部,也制成相对应的法兰形状,也称法兰连接。凡是在两个平面周边使用螺栓连接同时封闭的连接零件,一般都称为"法兰",如通风管道的连接,这一类零件可以称为"法兰类零件"。但是这种连接只是一个设备的局部,如法兰和水泵的连接,就不好把水泵称"法兰类零件"。比较小型的如阀门等,可称"法兰类零件"。

2. 法兰的分类

CAF011 法兰的分类

(1)按法兰的材质分:铸铁法兰、钢法兰、塑料法兰、有色金属(铜、铝)法兰、玻璃钢法兰等。

(2)按连接方式分:以钢制管法兰为例有整体法兰、螺纹法兰、焊接法兰、松套法兰。

(3)按密封面形式分:平面式、凸面式、凹凸式、梯形槽式、榫槽式。

(4)根据所连接的管道公称直径的不同,法兰又分为同径和异径法兰。法兰的形式除平、对焊法兰外,还有铸钢法兰、铸铁法兰及螺纹法兰等。

松套法兰俗称活套法兰,分为焊活套法兰、翻边活套法兰和对焊活套法兰。松套法兰与介质接触,适用于腐蚀介质较强的管路。平焊法兰密封面形式分为光滑式、凹凸式及榫槽式三种。板式平焊法兰的密封面有突面和全平面两种形式。

3. 法兰的代号

CAF012 法兰的代号

(1)法兰的标准体系。

管道法兰按与管子的连接方式可分为五种基本类型:平焊法兰、对焊法兰、螺纹法兰、承插焊法兰、松套法兰。法兰的密封面形式有多种,一般常用有凸面(RF)、凹面(FM)、凹凸面(MFM)、榫槽面(TG)、全平面(FF)、环连接面(RJ)。相应材质:20号、A105、Q235A、12Cr1MoV、16MnR、15CrMo、18-8、321、304、304L、316、316L等。

(2)法兰类型及密封面形式。

法兰的类型与密封面形式可通过表1-3-5的规定进行了解。

表1-3-5 法兰类型与密封面形式

法兰		标准号	密封面		压力等级 PN,MPa	常用阀门 配套法兰
类型	代号		形式	代号		
板式 平焊	PL	HG/T 20593—2014 NB/T 47021—2012 GB/T 9119—2010	凸面	RF	0.25~2.5	突面平焊法兰是常用的法兰,可与各种法兰式的低中压阀门配套如闸阀、截止阀、球阀等
			全平面	FF	0.25~1.6	
带颈 平焊	SO	GB/T 9116—2010	突面	RF	0.6~4.0	突面带颈平焊法兰是近年来引进的石油化工装置中普遍使用的结构形式
			凹凸面	MFM	1.0~4.0	
			榫槽面	TG	1.0~4.0	
			全平面	FF	0.6~1.6	

续表

法兰		标准号	密封面		压力等级 PN, MPa	常用阀门配套法兰
类型	代号		形式	代号		
带颈对焊	WN	NB/T 47023—2012 GB/T 9115—2010	突面	RF	1.0~25.0	PN4.0MPa~PN10.0MPa 的阀门通常配用凹面的管法兰,如: Z41H-40、J41H-64、H44H-100 等,160 斤压力以上则选用环连接面,如 J41H-160 突面对焊法兰也可配采用对夹式连接的蝶阀及止回阀
			凹凸面	MFM	1.0~16.0	
			榫槽面	TG	1.0~16.0	
			环连接面	RJ	6.3~25.0	
			全平面	FF	1.0~1.6	
整体法兰	IF	NB/T 47022—2012 GB/T 9113—2010	突面	RF	0.6~25.0	阀门上的整体法兰一般 PN≤ 2.5 为突面,PN≥4.0 为凹面, PN≥16.0 为环连接面,但也有厂家 PN10.0MPa 采用环连接面 PN16.0MPa 采用凹面 PN2.5MPa 的氨用阀门采用凹面(FM)需配凸面的管法兰
			凹凸面	MFM	1.0~16.0	
			榫槽面	TG	1.0~16.0	
			环连接面	RJ	0.6~25.0	
			全平面	FF	1.0~1.6	
承插焊	SW	GB/T 9114—2010	突面	RF	1.0~10.0	近年来引进的石油人工装置中普遍使用的结构形式
			凹凸面	MFM	1.0~10.0	
			榫槽面	TG	1.0~10.0	
螺纹法兰	Th	HG 20598—1997 GB/T 9114—2010	突面	RF	0.6~4.0	在工程建设中比较常用,安装方便不需焊接,适用 DN10mm~ DN150mm 的管道
			全平面	FF	0.6~1.6	
对焊环松套	PJ/SE	NB/T 47023—2012 GB/T 9120—2010	突面	RF	0.6~4.0	使用腐蚀性介质的管道系统
			突面	RF	0.6~1.6	
平焊环松套	PJ/RJ	NB/T 47021—2012 GB/T 9121—2010	凹凸面	MFM	1.0~1.6	
			榫槽面	TG	1.0~1.6	
法兰盖	BL	NB/T 47021—2012 GB/T 9123—2010	突面	RF	0.25~25	用于管道端部做封头用
			凹凸面	MFM	1.0~16.0	
			榫槽面	TG	1.0~16.0	
			环连接面	RJ	6.3~25.0	
			全平面	FF	0.25~1.6	

六、垫片

1. 概述

垫片是借助于螺栓的预紧载荷通过法兰进行压紧,使其发生弹性、塑性变形,填充法兰密封面与垫片间的微观几何间隙,增加介质的流动阻力,从而达到阻止或减少介质的泄漏的目的。垫片性能的好坏以及选用的合适与否对密封副的密封效果影响很大。

2. 分类

CAF013　垫片的种类

石油天然气管道中常用的垫片可以分为三大类,即非金属垫片、半金属垫片和金属垫片。钢制法兰齿形组合垫片由金属齿形环和上下两面覆盖柔性石墨或聚四氟乙烯板等非金属垫材料组合而成;钢制法兰用聚四氟乙烯包覆垫片形式按加工方法分为机加工翅型、机加工矩形、折包型,分别以 PMF 型、PMS 型和 PFT 型表示;钢制管法兰齿形组合垫片形式分为 RE 型、MFM 型。

非金属垫片材料通常包括合成纤维橡胶板、聚四氟乙烯、橡胶、石棉橡胶及柔性石墨复合垫片五种。

柔性石墨复合垫片分为 RF 型、MFM 型和 TG 型。柔性石墨复合垫片由冲齿或冲孔金属芯板与膨胀石墨粒子复合而成。

CAF014 垫片的适用范围

3. 适用范围

目前,最常用的非金属垫片是石棉橡胶垫片,它是通过向石棉中加入不同的添加剂压制而成,分别用于水、空气、氮气、酸、碱、油品等介质工况下。石棉以其弹性好、强度高、耐油性好、耐高温、易获得等优点而得到广泛应用。《缠绕式垫片 管法兰用垫片尺寸》(GB/T 4622.2—2008)限制其使用条件为 $t \leq 400℃$、$PN \leq 4.0MPa$。

在管道工程中,具体的垫片适用范围如下:

(1)聚四氟乙烯包覆垫使用压力小于等于 4.0MPa,垫片最高使用温度为 150℃。

(2)不锈钢包覆石棉橡胶板垫片使用压力为 10MPa,使用最高温度为 500℃。

(3)不锈钢柔性缠绕最高使用温度为 650℃,使用压力小于等于 16MPa(缠绕式垫片一般用于压力和温度升降较大的换热器、反应器、管道阀门和泵进出口法兰较为合适)。

(4)金属平垫和金属波形垫一般用于高压阀门,管道和直径较小的设备法兰上。

(5)金属齿形垫片主要用于高温高压部位,温度与压力波动时,密封性能会下降。

模块四　金属、非金属材料力学与计算

项目一　金属材料

金属材料是现代制造机械最主要的材料。在各种机床、矿山机械、冶金设备、动力设备、农业机械、石油化工和交通运输机械中，金属制品占 80%～90%。金属材料之所以获得广泛的应用，主要是由于它具有制造机器所需要的物理、化学和力学性能；并且可用较简单的工艺方法加工成适用的机械零件，亦即具有所需要的工艺性能。

在石油化工及管道工艺安装过程中所应用的金属及合金，应具有优良的力学性能和工艺性能，较好的化学稳定性和所需的物理性能。因此，必须熟悉金属及合金的各种性能，方能保证工程施工质量。

一、金属材料的相关知识

CAD001 金属材料的分类

1. 金属材料的分类

世界上的物质都是由化学元素组成的，化学元素按性质可分成金属和非金属两大类。金属材料一般分为钢铁材料和非铁材料，其中的非铁材料指的是有色金属。根据金属材料的分类，铸铁、钢、合金钢等都属于钢铁材料，也称黑铁材料。生铁和钢都是由铁和碳两种元素为主所组成的合金，主要区别在于其组成中的碳元素不同。属于有色金属管道的是铝管、铅管、铜管等。从铸铁分类来看，灰口铸铁、球墨铸铁、可锻铸铁及耐蚀铸铁等都属于金属材料。轻金属是指密度在 4.5t/m³ 以下的有色金属。

CAD002 金属材料的物理性能

2. 金属材料的物理性能

金属材料的物理性能主要有密度、熔点、热膨胀性、导热性、导电性和磁性等。由于工件零件的用途不同，对其物理性能要求也有所不同。金属的物理性能有时对加工工艺也有一定的影响。

金属材料常温下为固体（汞除外）；大多数为银白色金属光泽，少数有特殊色、金黄色等；大多数有延性和展性；密度表示的是某种金属材料单位体积的质量，除钾、锂、钠较水轻外，其余密度都较大；熔点一般均较高，但差异较大；硬度一般都较大，除液态汞外。

CAD003 金属材料的化学性能

3. 金属材料的化学性能

金属材料的化学性能主要是指在常温或高温时，抵抗各种介质侵蚀的能力，如耐酸性、碱性、抗氧化性等。

金属材料在高温下的化学稳定性，称为化学热稳定性。大多数金属材料都能与氧气发生反应，但反应的难易程度不同。金属在加热时，抵抗氧气氧化作用的能力，称为抗氧化性。铜在空气中加热时，表面会逐渐生成黑色物质——氧化铜。金属材料在腐蚀方式中，属于化学腐蚀的是气体腐蚀。

二、金属材料与非金属管材的性能

1. 金属材料的化学性能

金属材料的化学性能主要是指在常温或高温时，抵抗各种介质侵蚀的能力，如耐酸性、耐碱性、抗氧化性等。

金属材料在高温下的化学稳定性，称为化学热稳定性。大多数金属材料都能与氧气发生反应，但反应的难易程度不同。金属在加热时，抵抗氧气氧化作用的能力，称为抗氧化性。铜在空气中加热时，表面会逐渐生成黑色物质——氧化铜。

CAD004 金属材料的机械性能

2. 金属材料的机械性能

金属的机械性能（或称力学性能）是在外力作用时所表现出来的各种物理特性，该性能对金属材料的使用性能和工艺性能有着非常重要的影响。它主要包括强度、硬度、韧性、疲劳强度、拉伸、压缩、扭转、冲击、循环载荷等。金属在冲击载荷作用下，产生抵抗破坏的能力称为冲击韧性。金属材料在受力时，能够产生显著的变形而不破裂的性能称为塑性。材料在外力作用下能保持弹性变形的最大能力，称为弹性极限。金属材料的强度极限是指受到外力作用断裂前，单位面积上所能承受的最大载荷。

金属材料的机械性能的好坏，决定了它的使用范围与寿命，金属材料机械性能是零件的设计和选材时的主要依据。注意：不属于金属机械性能的基本指标是材料的铸造性。

ZAC010 非金属管材的特性

3. 非金属管材的特性

（1）硬聚氯乙烯塑料管。氯化聚氯乙烯管具有耐温度性能好，抗老化性能好及良好的阻燃特性。它是以合成树脂为主要成分的有机高分子材料。在适当的温度及压力下能塑造各种规格的管材。

硬聚氯乙烯管耐腐蚀，内壁光滑，不易结垢，水力条件好，质轻安装方便，不易老化、抗热强度低，质地坚硬，易于黏结等特性。聚乙烯管具有很高的耐腐蚀和耐磨特性。

（2）铸铁管的特点是耐磨、耐腐蚀，具有很高的抗压强度。

（3）橡胶管具有较好的物理机械性能和耐腐蚀性能。

（4）石墨管热稳定性好，能导热、线膨胀系数小，不污染介质，能保证产品纯度，抗腐蚀，具有良好的耐酸性和耐碱性。

三、碳素钢的分类与性能

CAD005 碳素钢的分类

1. 碳素钢的分类

碳素钢（简称碳钢）的含碳量在 1.5% 以下，除铁之外还含有碳、硅、锰、硫、磷等几种元素，这些元素的总量一般不超过 2%。

碳素钢按照化学成分（含碳量多少）可分为低碳钢、中碳钢及高碳钢三类。主要用于工程结构的碳素钢其含碳量是在 0.20% 左右的 A3 钢。

碳素钢按照品质可分为普通碳素钢和优质碳素钢。

碳素钢按照用途可分为碳素结构钢、碳素工具钢和特殊用途钢。碳素结构钢的牌号是以钢材的最低屈服强度来表示的。碳素工具钢根据有害杂质硫、磷含量的不同，可分为普通碳素钢和优质碳素钢。

2. 碳素钢的性能

CAD007 碳素钢的性能

碳素钢性能的好坏取决于含碳量的多少。低碳钢含碳量低,所以焊接性能好。中碳钢强度较高,焊接性能较差,具有良好的可切削性。高碳钢由于含碳量很高,焊接性能很差。工程中所用的撬棍属于高碳钢(又称工具钢),它可以淬硬和回火。

优质碳素结构钢中,所含硫、磷等有害杂质少,塑性及韧性较高,有较高的机械性能。碳素钢中的锰元素能改善钢的淬透性,强化铁素体。

(1)碳素结构钢的力学性能。

ZAC006 碳素结构钢的力学性能

牌号为 Q215 的碳素结构钢,其抗拉强度为 $335 \sim 450 R_m / MPa$。

牌号为 Q235 的碳素结构钢,其抗拉强度为 $370 \sim 500 R_m / MPa$。

依据碳素钢的力学性能,钢材 Q235A、直径大于 $60 \sim 100mm$ 的管道做弯曲试验时,该试样的纵方向宽度等于 2.5 倍直径。若使用厚度小于 25mm 的 Q235B 级钢材,经需求方同意后可不做冲击强度检验。工程中若使用厚度大于 100mm 的钢材,抗拉强度允许降低 $20N/mm^2$。

(2)优质碳素结构钢的力学性能。

ZAC007 优质碳素结构钢的力学性能

牌号为 15Mn 的优质碳素钢,其抗拉强度为大于等于 410MPa。

牌号为 25Mn 的优质碳素钢,其屈服点为大于等于 295MPa。

牌号为 25 的优质碳素钢,其屈服点为大于等于 275MPa。

牌号为 25 的优质碳素钢,其抗拉强度为大于等于 450MPa。

牌号为 45 的优质碳素钢,其屈服点为大于等于 355MPa。

牌号为 60 的优质碳素钢,其抗拉强度为大于等于 400MPa。

四、合金钢的分类与性能

1. 合金钢的分类

CAD006 合金钢的分类

合金钢是为改善钢的某些性能,加入一种或几种合金元素所炼成的钢。若钢中的含硅量大于 0.5%,或者含锰量大于 1.0%,也属于合金钢。也就是说,在碳钢里除铁、碳外,加入某些合金元素而得到的钢。

合金钢种类很多,通常按照合金元素含量的多少分为低合金钢、中合金钢及高合金钢。

合金钢按照质量分为优质合金钢和特质合金钢。

合金钢按照特性和用途分为合金结构钢、不锈钢、耐酸钢及耐磨钢等。

特殊性能钢是合金钢的一种,它又分为不锈钢、耐酸钢和高锰钢三大类。不锈钢有铬不锈钢和铬镍不锈钢,它能抵抗大气及弱腐蚀介质。

合金钢根据各种元素在钢中形成碳化物的倾向,又可分为强碳化物形成元素、碳化物形成元素和不形成碳化物元素三大类。

2. 合金钢的性能

CAD008 合金钢的性能

由于加入的合金元素不同,合金钢的性能也不一样。几乎所有合金元素均能不同程度地溶于铁素体、奥氏体中形成固溶体,使钢的强度、硬度提高,但塑性韧性有所下降。奥氏体、铁素体不锈钢的导热系数只有碳钢的 1/4。奥氏体不锈钢具有塑性高,焊接性能的特点。

按照与碳之间的相互作用不同,常用的合金元素分为非碳化物形成元素和碳化物形成元素两大类。当一些强碳化物形成元素含量较高时,它们还会形成新的稳定性较高或很高的特殊碳化物。高温、高压下长期工作的钢管,由于蠕变的产生会使管径越来越大、管壁越来越薄。普通低合金钢时效倾向小,具有良好的耐蚀性和焊接性。

ZAC004 合金结构钢的力学性能

（1）合金结构钢的力学性能。

金属材料受外部负荷时,从开始受力直至材料破坏的全部过程中所呈现的力学特征,称为力学性能。其主要包括强度、塑性、硬度和韧性等。

例如：

钢号为 45Mn2 的合金结构钢具有较高的强度,其抗拉强度为 $882\sigma_b$/MPa。

钢号为 35SiMn 的合金结构钢具有较高的抗冲击强度,其屈服点为 $735\sigma_s$/MPa。

钢号为 40Cr 的合金结构钢具有较高的抗疲劳强度,其屈服点为 $784\sigma_s$/MPa。

钢号为 35CrMo 的合金结构钢具有高强度、高韧性的特点,其抗拉强度为 $980\sigma_b$/MPa。

由于钢号为 45Mn2 合金结构钢的屈服点为 $735\sigma_s$/MPa,调和好后具有较好的力学性能,也可正火后使用。

由于钢号为 50Cr 合金结构钢的屈服点为 $1078\sigma_s$/MPa,在油中淬火与回火后能获得很高的强度。

ZAC005 合金工具钢的硬度特点

（2）合金工具钢的力学性能。

合金工具钢是用以制造切削刀具、量具、模具、和耐磨工具的钢。

冷作模具钢一般具有高的含碳量,属于高碳合金钢,碳质量分数在 0.80% 以上,铬是这类钢的重要合金元素,其质量分数通常不大于 5%,碳质量分数多在 1.0%~2.0%,以获得高硬度和高耐磨性。

量具、刃具钢具有高碳成分,碳质量分数达到 0.8%~1.50%,以保证高的硬度和耐磨性。

牌号 9SiCr 合金工具钢的交货硬度为 241~197。

Crl2 型钢属于莱氏体钢,硬度为 60~64HRC。

5CrMnMo 和 5CrNiMo 是最常用的热锻模具钢,热锻模坯料锻造后需进行退火,以消除锻造应力,降低硬度,利于切削加工。

五、常用钢材编号及表示方法

CAD009 常用钢材编号

1. 钢材的编号

我国钢材的编号方法是采用国际化学符号和汉语拼音字母并用的原则。即钢号中的化学元素采用国际化学元素符号表示,如 Si、Mn、Cr、W、Mo 等;钢材的名称、用途、冶炼和浇筑方法等,则用汉语拼音字母表示,如沸腾钢用"F"（沸）,锅炉钢用"g"（锅）。

根据《钢铁及合金牌号统一数字代号体系》（GB/T17616—2013）规定,钢铁及合金牌号统一数字代号均由固定的 6 位符号组成。例如,钢的牌号 Q235-D 中,字母 D 代表的是特殊镇静钢;Q235-AF 碳素结构钢中,字母 F 代表沸腾钢;铸钢的牌号为 ZG200-400,T8 表示平均含碳量为 0.8% 的碳素工具钢;优质碳素结构钢的钢号 45 表示平均含碳量为 0.45% 的钢。

2. 钢材牌号的表示方法

根据《钢铁产品牌号表示方法》(GB221—2008)规定,采用汉语拼音字母、化学元素符号及阿拉伯数字相结合的方法表示。

在钢铁材料产品牌号中,采用汉语拼音字母表示产品名称、用途、特性和工艺方法。一般从代表该产品名称的汉语拼音中选取,原则上取第一个字母,当和另一产品所取字母重复时,应该取第二个字母或第三个字母,或同时选取两个汉字的汉语拼音的第一个字母。原则上只取一个,一般不超过两个。

在钢铁材料产品牌号中,化学元素符号及阿拉伯数字则表示材料中所含的主要化学成分及含量。优质碳素结构的牌号用两位数字表示该钢的平均含碳量的万分之几。

合金工具钢的牌号表示方法与合金结构钢的表示方法不同。开始数字表示钢中平均含碳量的千分数,当平均含碳量等于或大于 1.00% 时,刚开始数字可以省去。对于高速工具钢,钢号一般表示平均含碳量的数字都省去。

3. 金属材料牌号的涂色标记方法

生产中为了表明金属材料的牌号、规格等,我国钢铁材料牌号涂色标准规定,在金属材料端面做一定的标记,例如,碳素结构钢 Q235 钢为红色,优质碳素结构钢 20 钢为棕色加绿色,优质碳素结构钢 45(S45C) 为白色加棕色,合金结构钢 20CrMnTi 钢为黄色加黑色,不锈钢 1Cr18Ni9Ti 钢为绿色加蓝色,铬轴承钢 GCr15 钢为蓝色,合金结构钢 40CrMn 钢为绿色加紫色,热作模具钢 5CrMnMo 钢为紫色加白色。

六、常用钢材的分类

钢和铁是黑色金属的两大类,都是以铁和碳为主要元素的合金。含碳量在 2.11% 以下的铁碳合金称为钢。

常用钢材按化学成分分为低碳钢、高碳钢等;按用途分为不锈钢、耐酸钢等;按品质(钢中的有害杂质磷、硫的含量)分为普通钢、优质钢;按冶炼炉的方式分为平炉钢、转炉钢及电炉钢三种;按冶炼时脱氧程度分为沸腾钢、镇静钢;根据加工手法的不同,可分为冷加工和热加工两种;按照样式一般分为钢板、管材、棒钢、型钢(角钢、工字钢、槽钢及圆钢统称为型钢)、钢带五大类;按照热处理工艺的不同,分为调质结构钢和表面硬化钢两种。

在为钢材命名时往往将用途、成分、质量这三种分类方法结合起来。

电焊钢管可分为螺旋焊缝钢管和直缝电阻焊缝钢管。

七、特殊性能钢的含义

特殊性能钢具有特殊的物理或化学性能,用来制造除要求具有一定的机械性能外,还要求具有特殊性能的零件。其种类很多,机械制造中主要使用不锈耐酸钢、耐热钢和耐磨钢。

(一)不锈耐酸钢

不锈耐酸钢包括不锈钢与耐酸钢,能抵抗大气腐蚀的钢称为不锈钢。而在一些化学介质如(酸类等)中能抵抗腐蚀的钢称为耐酸钢。一般不锈钢不一定耐酸,但耐酸钢则一般具有良好的耐蚀性能。不锈钢常见牌号有 1Cr13、2Cr13、3Cr13 等。

（二）耐热钢

在高温下具有高的抗氧化性能和较高强度的钢称为耐热钢。常见牌号有 4Cr9Si2、4Cr14Ni14W2Mo 等。

（1）抗氧化钢（不起皮钢）一般钢铁在较高温度下（560℃以上）表面容易氧化，主要是由于在高温下生成松脆多孔的 FeO，它较容易剥落，最终导致破坏，实际应用的抗氧化钢，大多数是在铬钢、铬镍钢、铬锰氮钢基础上添加硅、铝制成的。和不锈钢一样，含碳量增多，会降低钢的抗氧化性，故一般抗氧化钢为低碳钢。

（2）热强钢金属在高温下的强度有两个特点：一是温度升高，金属原子间结合力减弱，强度下降；二是在再结晶温度以上，即使金属受的应力不超过温度下的弹性极限，它也会缓慢地发生塑性变形，且变形量随着时间的增长而增大，最后导致金属损坏，这种现象称为蠕变。

（三）耐磨钢

耐磨损性能强的钢称为耐磨钢。常见牌号有 ZGMn13-1、ZGMn13-2 等。

耐磨钢是指在强烈冲击载荷作用下才能发生硬化的高锰钢。它只有在强烈冲击与摩擦的作用下才具有耐磨性，在一般机器工作条件下，它不具有耐磨性。由于高锰钢极易加工硬化，使切削加工困难，故大多数高锰钢零件是采用铸造成型的。

八、硬质合金的基本成分

ZAC008 硬质合金的基本成分

硬质合金作为一种工具材料，对世界经济的发展起着重要的推动作用。然而，很多人都知道硬质合金具有高硬度和高抗弯强度，但是真正了解硬质合金的不多，要了解硬质合金必须从硬质合金的成分开始，其主要成分是一种由难熔金属化合物和黏结金属所构成的组合材料。硬质合金中的难熔金属化合物通常指的是 WC（碳化钨）、TiC（碳化钛）、Ta（Nb）碳化氮）、VC（碳酸亚乙烯酯）等，黏结金属通常是指 Co（钴）、Ni（铌）、Fe（铁）等，它们在硬质合金中各自起到十分重要的作用。

（1）类别为 N 的硬质合金，它的基本成分是以 WC 为基础，以 Co 作为黏合剂，添加少量的 TaC 的合金。

（2）类别为 S 的硬质合金，它的基本成分是以 WC 为基础，以 Co 作为黏合剂，添加少量的 TiC 的合金。

（3）类别为 K 的硬质合金，它的基本成分是以 WC 为基础，以 Co 作为黏合剂，添加少量的 TbC 的合金。

（4）类别为 H 的硬质合金，它的基本成分是以 WC 为基础，以 Co 作为黏合剂，添加少量的 NbC 的合金。

（5）类别为 P 的硬质合金，它的基本成分是以 TiCWC 为基础，以 Co 作为黏合剂的合金。

（6）类别为 M 的硬质合金，它的基本成分是以 Co 为基础，以 WC 作为黏合剂，添加少量的 TiC 的合金。

九、钢材变形矫正的含义

ZAC009 钢材变形矫正的含义

钢材发生变形的实质就是金属组织的晶格由于受外力或内力的人为原因使其发生形变而导致钢材产生变形。多数原因是生产、储运及经过冲、剪分离等初加工做成制件后，可能会出现各种各样的变形，在转入下道工序前，工艺要求需对其进行矫正，这个工序称为钢材变形的矫正。

钢材变形矫正的基本方法有冷作矫形和加热矫正两种。在常温下对变形钢材进行矫正的方法称为冷作矫正，冷矫正又包括机械矫正和手工矫正，手工矫正是指采用人力锤击辅之以夹持工装来完成矫正工作的方法；加热矫正是利用钢材热膨胀冷缩的韧性特性，使钢材再变形来达到矫正的目的，加热矫正根据加热情况，又分为全加热矫正和局部加热矫正两种。矫正各种型钢的专用矫正设备是型钢矫正机。

十、金属冷处理、热处理的目的

ZAC012　金属冷处理的目的
ZAC011　淬火的含义

1. 金属冷处理

所谓的金属冷处理，是将淬火后的金属成材或零件置于 $0℃$ 以下的低温介质中冷却。

金属的冷处理实质上可看作是淬火过程的延续。金属通过冷处理后，可进一步提高淬火件的硬度和耐磨性。精密轴承进行分级淬火并冷处理后，能减少组织中的残余奥氏体，从而提高轴承硬度。金属冷处理时，将淬火的残余奥氏体转变为马氏体的操作方法。金属通过冷处理后，可稳定工件尺寸，防止在使用过程中变形。金属通过冷处理后，可提高钢的硬度。利用金属的冷变形强化可提高金属的强度和耐磨性。

2. 金属热处理

GAA008　金属热处理的目的

金属热处理是将金属成材或零件加热到远低于熔点的一定温度并停留一段时间后，冷却至一定温度的工艺过程。其过程是通过改变金属的内部组织来改变金属的性能，并不改变金属成材或零件的形状和大小。热处理的过程要经历加热、保温、冷却三个阶段，而化学热处理包含着分解、吸收、扩散三个基本过程。

对金属进行热处理是为了达到提高质量、节省材料、提高材料的使用价值及延长使用寿命的目的。主要就是针对金属材料加热会产生不同的晶体结构改善内部组织，为最终热处理做好准备。还有降低硬度、改善加工性能、增加塑性和韧性、消除内应力的目的。

3. 时效

ZAC013　时效的内容

时效包括自然时效和人工时效。将工件长时间放置在室温或露天条件下，不需任何加热的工艺方法即为自然时效。将工件加热，一般要经过 $8\sim15h$ 进行保温后，再进行缓慢冷却到室温的工艺方法即为人工时效。

时效的主要目的在于消除内应力，以减少工件在加工或使用时的变形。在长期使用的工件上使用时效，可稳定工件尺寸并保持几何精度。

4. 淬火及表面淬火

ZAC014　表面淬火的内容

淬火是把金属成材或零件加热到相变温度以上，经保温后，以大于临界冷却速度的方法急剧冷却。淬火工艺主要用于钢件。常用的钢在加热到临界温度以上时,原有在室温下的组织将全部或大部转变为奥氏体,随后将钢浸入水或油中快速冷却,奥氏体即转变为马氏体。与钢中其他组织相比,马氏体硬度最高。淬火时的快速冷却会使工件内部产生内应力,当其大到一定程度时工件便会发生扭曲变形甚至开裂。为此必须选择合适的冷却方法。

金属淬火处理方法有单液淬火、双液淬火、分级淬火、等温淬火、预冷淬火和局部淬火等。磁钢经过淬火处理后,可增加磁钢的永磁性能。

表面淬火是通过不同的热源对工件进行快速加热,使工件表面层能很快加热到淬火温度的一种处理方法。它属于表面热处理工艺。根据加热方式的不同,表面淬火可分为火焰加热表面淬火、感应加热表面淬火、电接触加热表面淬火和电解液加热表面淬火四种。

钢的热处理是通过对金属进行淬火处理,是为了获得具有较高硬度的马氏体。经过表面淬火后,使工件获得良好的使用性能。经过表面淬火的工件,其表面具有较高的硬度,而心部仍然保持塑性和韧性较好的原来组织。齿轮、曲轴等零件经过表面淬火工艺加工后,表面应具有高硬度和耐磨性。

| ZAC015 化学热处理的内容 |

5. 化学热处理

化学热处理是将工件置于化学介质中进行加热和保温,使介质中的活性原子渗入工件表层,以改变工件表层的化学成分和组织,从而获得所需的力学性能或理化性能。它主要是为了能提高工件表面的硬度,而心部仍保持原有的高韧性和高塑性。工件表面由于发生化学分解反应,便生成能够渗入工件表面的"活性原子"化学热处理包含分解、吸收和扩散三个基本过程。

化学热处理中最常用的一种渗入工艺是渗碳。渗碳件都是低碳钢或低碳合金钢。渗碳工艺可使工件具有外硬内韧的性能。

| GAA009 退火的含义 |

6. 退火

退火就是在经历热处理的加热、保温、冷却三个阶段后,以获得接近于平衡状态组织的热处理工艺。根据退火的目的和工艺特点,可将退火方式分为七大类。常用的有完全退火、球化退火、低温退火等。

退火的目的是提高低碳钢的硬度,改善切削加工性能;细化晶粒,使内部组织均匀,为最终热处理做好准备;并能降低材料硬度,改善加工性能,消除内应力,并防止淬火中的变形裂开,可增加金属的塑性和韧性。

十一、铁碳合金的基本内容

| GAA001 铁碳合金的基本组织分类 |

（一）铁碳合金

1. 基本组织分类

工业中,应用最多的钢铁材料是由铁和碳组成的铁碳合金。由于铁因温度变化会发生同素异构转变而存在着两种晶格,铁和碳能形成两种固溶体:铁素体和奥氏体。

铁碳合金的基本组织中,珠光体是由渗碳体与铁素体组成的机械混合物。由于温度和含碳量的不同,铁碳合金具有 5 种基本组织。铁碳合金的基本组织中,铁素体、奥氏体、渗碳体都是单相组织。铁素体用符号 F 表示;奥氏体用符号 A 表示;渗碳体和铁素体组成的机械混合物称为珠光体,用符号 P 表示;渗碳体和奥氏体组成的机械混合物称为莱氏体,用符号 Ld 表示。

GAA002 铁碳合金的基本组织特点

2. 基本组织特点

铁碳合金的组织结构相当复杂,并随其成分、温度和冷却速度而变化。在其基本组织中,珠光体和莱氏体是由基本项混合物组成的多相组织,由于铁素体的含碳量较低,所以铁素体的组织和性能与纯铁相似。铁素体是碳溶于晶格间隙中形成的间隙固溶体,它的强度和硬度都较低,且具有良好的韧性和塑性。

在一定条件下,渗碳体可以分解形成铁和自由状态的石墨,它的熔点高、硬度高、塑性低、脆性大。

珠光体的机械性能介于铁素体与渗碳体之间,强度较高,硬度适中,有一定的塑性。

GAA003 铁碳合金的分类

3. 分类

在铁碳合金中,含碳量小于 2.11% 的铁碳合金称为钢。钢根据含碳量及室温组织的不同,分为亚共析钢、共析钢、过共析钢三大类。金属中磁性最好的是钢。碳主要以渗碳体的状态存在于钢中。钢中碳的含量小于 0.9% 时,钢的强度会随碳含量的增加而上升。钢中碳的含量大于 0.9% 时,钢的强度会随碳含量的下降而降低。

含碳量从 2.11%~6.69% 之间的铁碳合金称为白口铸铁。在铁碳合金中,白口铸铁根据含碳量及室温组织的不同,分为亚共晶白口铸铁、共晶白口铸铁、过共晶白口铸铁三大类。

(二)铁碳合金状态图

GAA004 铁碳合金状态图的内容

1. 概念

铁碳合金状态图是表示在极缓慢加热情况下,不同成分的铁碳合金在不同温度时所具有的状态或组织的图形,它是在实验的基础上测定绘制出来的,是表明平衡状态下,任一 $Fe-Fe_3C$ 合金的成分、温度、组织之间关系的图形。实际上它是 Fe-C 合金状态图的一部分。由于含碳量大于 6.69% 的铁碳合金脆性大,加工困难,没有实用价值。因此,现在的铁碳合金状态图只研究 $Fe-Fe_3C$ 部分,实际上是 $Fe-Fe_3C$ 状态图。铁碳合金状态图的纵坐标反应的是温度;铁碳合金状态图的横坐标反应的是含碳量。

GAA005 铁碳合金状态图的分析方法

2. 分析方法

铁碳合金状态图中,用字母标出的点都有其特定的意义,称为特性点,见表 1-4-1。在铁碳合金状态图中,立各点所标注的字母都是国际统一的,不能随意改动,各点的连接线称为特性线,是各个不同成分的合金具有相同意义临界点的连接线,见表 1-4-2。

表 1-4-1　$Fe-Fe_3C$ 状态图中的主要点

点的符号	温度,℃	含碳量,%	说明
A	1538	0	纯铁熔点
C	1148	4.3	为共晶点。液态铁碳合金冷却到 C 点成分时,就同时结晶出 E 点成分的奥氏体和渗碳体而成莱氏体的共晶体
D	1227	6.69	渗碳体熔点
E	1148	2.11	碳在 γ-Fe 中最大溶解度,是钢和生铁的分界点

续表

点的符号	温度,℃	含碳量,%	说明
G	912	0	G 点为纯铁的同素异构转变温度,加热时超过 G 点温度,由 γ-Fe 转变为 γ-Fe;冷却时则进行相反转变
S	727	0.77	为共析点。奥氏体冷却到 S 点的温度并达到 S 点成分时,就同时析出铁素体和渗碳体而形成珠光体的共析体

表 1-4-2　Fe-Fe₃C 状态图中的主要点

特性线	说明
ACD	即液相线,此线以上全部为液体,用 L 表示。铁碳合金冷却到此线开始结晶,在 AC 线以下从液体中结晶出奥氏体,在 CD 线以下结晶出渗碳体
AECF	即固相线,合金冷却到此线,全部结晶为固态,此线以下为固态区。在液相线与固相线之间,为合金的结晶区域,这个区域内液体与固体并存。AEC 区域内为液体 L+奥氏体 A;DCF 区内为液体 L+渗碳体 Fe_3C_1
GS	奥氏体开始析出铁素体的转变线,也是加热时铁素体转变为奥氏体的终了线。奥氏体与铁素体之间的转变是溶剂金属发生同素异构转变的结果,故称为固溶体的同素异构转变,常用 A_3 表示
ES	是碳在 γ-Fe 中溶解度随温度变化的曲线。此线以下奥氏体开始析出渗碳体（Fe_3C_{II}）,常用 A_{cm} 表示
ECF	共晶转变线。合金冷却到此线时（1148℃）,都要发生共晶转变,从液体合金中同时析出奥氏体和渗碳体的机械混合物,及莱氏体
PSK	共析转变线。合金冷却到此线要发生共析转变,从奥氏体中同时析出铁素体和渗碳体的机械混合物,即珠光体,用 A_1 表示

　　铁碳合金状态图分析中,碳在 γ-Fe 中的最大溶解度是钢和生铁的分界点。当字母符号为 S,温度为 727℃,含碳量为 0.77%时,说明该点是共析点。当字母符号为 D,温度为 1227℃,含碳量为 6.69%时,说明这是渗碳体的熔点。字母 PSK 表示共析转变线,合金冷却到此线时将发生共析转变。

　　铁碳合金状态图分析中,当奥氏体冷却到 S 点的温度并达到 S 点成分时,就同时析出铁素体与渗碳体而形成珠光体的共析体。奥氏体开始析出铁素体的转变线,也是加热时铁素体转变为奥氏体的终了线。

GAA007 铁碳合金状态图的应用方法

3. 应用方法

　　钢的性能不仅与含碳量有关,而且与渗碳体的形状、大小及分布情况都有密切关系。在热处理方面,钢进行退火、正火和淬火的温度的选择都应参考铁碳合金状态图。

　　在铸造生产方面,从铁碳合金状态图中可以找出不同成分铁碳合金的熔点,从而来确定合适的熔化浇铸温度。并且通过铁碳合金状态图可以看出,铁碳合金的流动性较好,分散缩孔较少,可使缩孔集中在冒口中,以得到致密的铸件。接近共晶成分的铁碳合金不仅熔点低,凝固空间也较小。

　　在锻造生产方面,钢材轧制、锻造的温度范围必须选择在铁碳合金状态图中均匀单一的奥氏体区域内进行。钢处于奥氏体状态时,强度较低,塑性较好,有利于塑性变形。

GAA006 含碳量对铁碳合金组织性能的影响

（三）含碳量对铁碳合金组织性能的影响

　　影响铁碳合金组织和性能的主要元素是碳。碳主要以渗碳体的状态存在于钢中。钢的性能不仅与含碳量有关,而且与渗碳体的形状、大小及分布情况都有密切关系。当钢中的含碳量超过 1% 时,由于在钢中出现了网状的二次渗碳体,所以强度开始下降,但硬度将不断上升。当钢中的超过共析成分时,随着含碳量的增加,强度和硬度也继续上升。

在生产上用钢,为了保证有一定的塑性和韧性,一般含碳量不超过 1.4%。在白口铸铁中,若含碳量大于 2.10% 时,将造成该组织中出现大量的渗碳体和莱氏体。含碳量超过一定比例的白口铸铁,因组织中出现大量的渗碳体与莱氏体,使白口铸铁硬而脆,不易进行切削加工,故应用不广。

GAB001 焊接工艺基本原理

项目二　焊接工艺学

在金属结构及其机械产品的制造中,常需将两个或两个以上的零件按一定形式和尺寸连接在一起,这种连接通常分为两大类:一类是可拆卸的连接,就是不损坏被连接件本身就可以将它们分开,如螺栓连接、键连接等;另一类是永久性连接,即必须损坏零件后才能拆卸,如铆接、焊接等。

焊接就是通过加热加压,或两者并用,并且使用或不用填充材料,使工件达到原子之间结合的方法。为了获得牢固地结合,在焊接过程中必须使被焊件彼此接近到原子间的力能够相互作用的程度即冶金结合。为此,在焊接过程中,必须对需要结合的地方通过加热使之熔化,或者通过加压(或者先加热到塑性状态后加压),使之造成原子间或分子间的结合与扩散,从而达到不可拆卸的连接。按焊接过程中金属所处的状态不同,焊接方法可分为熔焊、压力焊和钎焊三类。熔焊是利用局部加热的方法将连接处的金属加热至熔化状态而完成的焊接方法;钎焊的基本原理就是把比被焊金属熔点低的钎料金属融化至液态,然后使其渗透到被焊金属的间隙中而达到结合的方法;压力焊是利用焊接时所施加的一定压力使接触处的金属相结合的方法。

一、焊接工艺知识

1. 常用焊接方法的焊接原理

GAB008 常用焊接方法的焊接原理

焊缝按结合形式可分为对接焊缝、角焊缝、塞焊缝和端接焊缝。

手工电弧焊是利用电弧作为热源熔化焊条与母材形成焊缝的手工操作焊接原理,尤其适用于规则焊缝和不规则焊缝。

焊接时,熔化区内熔化的金属凝固成铸态组织,未熔化的金属因加热温度过高而形成热粗晶,使其塑性和韧性明显变差。焊接时的熔合区是指焊缝与母材交接的过渡区,即熔合线处微观显示的母材半熔化区。焊接加热时,焊缝金属区的温度在液相线以上,母材金属和填充金属溶化后共同形成液态熔池。

埋弧焊是利用电弧在焊剂区下燃烧,利用颗粒状焊剂,作为金属熔池的覆盖层,将空气隔绝使其不得进入熔池。其适用于中厚板材料的碳钢、低合金钢、铜等直焊缝及规则焊缝的焊接。在埋弧焊中,颗粒状焊剂对电弧和焊接区起到保护和合金化作用。

气体保护焊属于明弧焊接,没有熔渣覆盖熔池,以便观察熔池和焊接区。

等离子电弧焊适用于高熔点、高导热性材料的焊接。

GAB011 焊接
工艺参数的选
择要求

2. 焊接工艺参数的选择要求

焊接工艺参数是指为保证焊接质量而选择的各物理量的总称。手工电弧焊的工艺参数有焊条直径、焊接电流、焊接电压、焊接速度、焊接层数电源种类及极性等。

在手工电弧焊工艺参数中，为了提高生产效率，应尽可能地选用较大直径的焊条进行焊接。在焊接操作过程中，应根据焊条直径来选择适当的电流。焊条电弧焊的电弧电压是由电弧长度来决定的。焊接电流的过大或过小都会影响焊接质量，所以其选择应根据焊条的类型、直径等因素来考虑。在重要的焊接结构或厚板大刚度结构进行电源种类选择时，应选择直流电源。其原因是直流电源电弧稳定飞溅小、焊接质量好，根据焊接参数的要求，当材料厚度为 $\delta < 2.5$mm 时，应选择的焊条直径为 2.5mm。

GAB010 常见的
焊接缺陷类型

3. 常见的焊接缺陷类型

焊接缺陷按其在焊缝中的位置，可分为内部缺陷和外部缺陷两大类。外部缺陷主要包括焊缝尺寸不符合要求、咬边、焊瘤、塌陷、表面气孔、表面裂纹、烧穿等；内部缺陷主要包括未焊透、内部气孔、内部裂纹、夹渣等。

从焊接缺陷的微观上来看，可分为晶体空间、间隙原子的点缺陷，位错性的线缺陷，以及晶界的面缺陷。

几种常见的焊接缺陷如下：

（1）焊接时，接头根部未完全熔透的现象是未焊透。

（2）在焊缝的底层版、薄板焊接时，最容易产生的缺陷是烧穿。

（3）焊接缺陷中，不会削弱焊缝有效工作截面的是焊瘤。

（4）在焊接收弧时，由于停留时间过短，从而使收弧部位产生弧坑裂纹缺陷。

（5）焊接结束后，沿焊趾的母材部位产生的纵向沟槽和凹陷咬边。

（6）工艺管道焊接时，最危险的焊接缺陷是裂纹。

GAB015 影响
焊接变形的因
素及矫正方法

4. 影响焊接变形的因素及矫正方法

焊接变形的主要原因有以下几点：

（1）焊缝金属熔化时的热胀，熔体凝固时的收缩。

（2）不均匀的受热或冷却。

（3）材料组织结构不均匀的变更。

（4）两个焊件厚度相差较大等。

焊接变形的种类很多，根据焊接变形对钢结构的影响大小，可分为两种：

（1）整体变形，是指因焊缝在各个方向收缩而引起整个结构的形状和尺寸发生的变化。

（2）局部变形，是指结构的某些部位发生变化，它包括角度变形和波浪边形。在薄板结构焊接中，焊缝过长，就容易产生波浪变形。

在实际焊接操作中，焊接变形的矫正常采用机械矫正、火焰矫正两种方法。采用火焰矫正方法矫正钢结构焊接变形时，加热温度最好不超过 800℃。在实际焊接操作中，线状加热法一般分为直通加热、环状加热和带状加热三种加热形式。

焊接变形火焰矫正的方法有：状加热矫正、线状加热矫正、三角形加热矫正。

针对焊接变形的原因和种类从焊接工艺上进行改进的基本方法中，反变形法是利用装配和焊接顺序来控制变形。

在焊接结构中,刚性大的变形小,刚性小的变形大。在薄板结构中,增加焊缝数量,就会造成较大的焊接变形。

5. 防止和减少焊接变形的措施

防止和减少焊接变形的措施如下:

（1）合理的装焊顺序。

（2）采用不同的焊接方向和顺序。

（3）选择合理的焊接方法和规范。

（4）反变形法（即焊前预测焊件的变形方向和大小,组对留出变形余量,控制焊接变形）。

（5）刚性固定法。

（6）散热法。

把焊件加温到 $600\sim650℃$,然后让焊件慢慢冷却,这样可以消除焊件的残余应力。

在保证结构有足够承载能力的前提下,应尽量采用可能的最小的焊缝尺寸、长度。采用奥氏体焊条焊接某些淬硬倾向较大的低、中合金高强钢,能很好地避免冷裂纹。在进行薄板焊接时,采用 CO_2 保护焊、等离子弧焊等焊接方法可减少或严格控制变形量。焊接前可将铸铁加热到 $700\sim800℃$ 、钢加热到 $500\sim600℃$ 进行焊接,这样可以减小焊接变形。抑制法可控制焊件变形,但易使焊件产生内应力,不宜多用。

二、焊条

1. 焊条的应用原理、选择原则及管理原则

（1）应用原理。

焊条电弧焊是一种应用广泛的焊接技术,广泛应用于各个工业领域。它是由焊芯和药皮两部分组成的。电焊条作为传导焊接电流的电极和寒风的填充金属,其性能和质量将直接影响到焊接质量。

在手工电弧焊接中,电焊条的成分将直接影响到焊缝金属的化学成分、机械性能和物理性能三项功能。焊条对于焊接过程的稳定性及焊缝外观质量、焊接生产率等也有很大的影响。在手工电弧焊中,电焊条将与基本金属间产生持续的、稳定的电弧。

电弧焊时,焊条横向摆动的范围与焊缝要求的宽度及焊条直径有关。电焊条应用时,作为填充金属加到焊缝中去,成为焊缝金属的主要成分。焊接时焊条朝着熔池方向逐渐送进,主要是用来维持所要求的电弧长度。

电弧焊接的焊条必须有三个基本方向的运动,才能形成良好的焊缝。

（2）选择原则。

焊条种类很多应用范围不同,可根据焊件材料来选择。能否正确选用焊条,对焊接质量,劳动生产率和产品成本都有影响。为了正确选用焊条,应遵循等强度原则、等同性原则、等条件原则。

对于普通结构钢,通常要求焊缝金属与母材等强度,应选用熔敷金属抗拉强度等于或稍高于母材的焊条。在高温、低温、耐磨或其他特殊条件下工作的焊接件,应选用相应的高温钢、低温钢、堆焊或其他特殊用途焊条。

GAB014 防止和减少焊接变形的措施

GAB002 焊条的应用原理

GAB006 焊条的选择原则

对于承受静载荷或一般载荷的工件，通常选用抗拉强度与母材相等的焊条。对焊接要求塑性好、冲击韧性高的焊缝，应选用碱性焊条。

受焊接工艺条件的限制，如对焊件接头部位的油污、铁锈等清理不便，应选用抗气孔能力强的酸性焊条。

当母材中碳、硫、磷等元素偏高时，焊缝易产生裂纹，应选用抗裂性能好的低氢型焊条。

GAB012 焊条的管理原则
（3）管理原则。

在焊接生产中，焊条应具有良好的焊接工艺性能，并能进行立焊、仰焊和横焊不同位置的焊接。要求焊条能焊出没有气孔、裂缝、夹渣等焊接缺陷的焊缝金属。但是若保管不善焊条很容易焊条芯生锈、药皮受潮、损坏，而焊条的质量直接影响焊缝的性能，所以要严格按照《焊接材料管理质量规程》(JB/T 3223—2017)来保管焊条。

① 存放焊条的仓库应该保持通风、干燥，相对湿度应小于等于60%。

② 焊条堆放时，应用木板垫高，距离地面高度不应小于300mm。

③ 酸性焊条在使用前，一般要进行烘干，烘干温度要求为70～150℃，烘干时间为1～2h。

④ 焊条烘干时，禁止将焊条突然放进烘干箱内或从烘干箱中突然取出冷却，防止焊条药皮开裂脱落。

⑤ 一般焊剂在使用前必须在250℃下烘干，并保温1～2h。

GAB003 焊条的分类
2. 焊条分类、特点及型号的含义

（1）分类。

焊条根据不同情况，有以下几种分类方法：

① 按照焊条的用途分为结构钢焊条、耐热钢焊条、不锈钢焊条及堆焊焊条等十种，不锈钢焊条分为铬不锈钢焊条和奥氏体型不锈钢焊条两类。

② 根据焊条药皮性质的不同，焊条可分为酸性焊条和碱性焊条两大类，碱性焊条中的盐基型焊条属于直流焊条，酸性焊条药皮的主要成分为酸性氧化物，如二氧化硅、二氧化钛、三氧化二铁等，碱性焊条在焊接时产生的保护气体中，含氢很多，故称低氢型焊条。

③ 按照焊条药皮的主要化学成分来分类，可将电焊条分为氧化钛氢焊条、氧化钛钙氢焊条及钛铁矿型焊条等八种。

GAB009 焊条电弧焊的特点
（2）特点。

焊条电弧焊之所以成为应用最广泛的焊接方法，最主要是因为它具有灵活性。采用焊条电弧焊容易控制焊接应力和变形。对于不同的焊接位置、接头形式、焊件厚度的焊缝，只要焊条能到达的位置都可以进行焊接，这是焊条电弧焊所具有的灵活性、适应强的特点。

由于焊接过程由焊工手工控制，可通过适时调整电弧位置、运条姿势来修正焊接参数。对于小尺寸、短焊缝或不规则的曲折焊缝，应采用焊条电弧焊焊接方法最为合适。

在大型立式储罐焊接中，采用焊条电弧焊的方法没有埋弧焊的方法焊接效率高。

（3）型号的含义。

GAB004　焊条型号的含义

在焊条型号的编制方法中,碳钢型号的前两位数字表示熔敷金属抗拉强度的最小值。低合金钢焊条型号的编制方法与碳钢焊条型号的编制方法基本相同。

根据《热强钢焊条》(GB/T 5118—2012)规定,低合金钢焊条型号是按熔敷金属的力学性能、化学成分、药皮类型、适用焊接位置和焊接电流种类来划分的。

根据《不锈钢焊条》(GB/T 983—2012),不锈钢焊条型号中字母"E"后面的一位或二位数字表示含碳量。

堆焊焊条型号 ED××××× 表示方法中,最后两位表示的是药皮类型和焊接电源。

堆焊焊条型号 E×××× 表示方法中,最后两位表示的是药皮类型和焊接种类。例如,型号为 E4313 碳钢焊条中,字母 E 表示焊条;型号为 E5016 的焊条药皮类型属于低氢钾型。

3. 焊条药皮的作用

GAB005　焊条药皮的作用

焊条药皮在焊接时形成套筒,其作用是增大电弧吹力,促进熔滴过渡到熔池。电弧焊接过程中,通过焊条药皮熔化并进入熔池进行的冶金反应去除氧,硫,磷等有害杂质,可去除有害元素,增添有益元素,使焊缝具备良好的力学性能。焊条药皮能使电弧稳定燃烧,能使焊缝成型好,易脱渣和熔敷效率高。焊条药皮中的稀释剂可以降低焊接熔渣的黏度,增加熔渣的流动性。

药皮熔化后形成熔渣覆盖在焊缝表面,保护焊缝金属不吸收氧、氮等气体,使焊缝金属缓慢冷却。焊条药皮中造气剂、造渣剂可以使熔化金属与外界空气隔离,防止空气侵入。稳弧剂主要是改善焊条引弧性能和提高焊接电弧的稳定性。

4. 焊条电弧焊的运条方法

GAB013　焊条电弧焊的运条方法

电弧引燃后,转为正常焊接,焊条要沿三个基本方向运动。随着焊条不断的熔化,朝熔池方向逐渐送进焊条,沿焊接方向均匀移动,横向摆动,可将三个方向的运动统称为运条。运条方法有多种,应根据焊缝位置、接头形式、工件厚度,装配间隙、焊条直径、焊接电流及操作水平等因素综合考虑确定。

焊条的送进速度应与焊条的熔化速度相适应。就施焊后焊缝外观质量来说,宽窄一致、高低相等、焊波均匀也与熔池密切相关。因此,形成焊接熔池是操作的核心。焊条沿着轴向熔池方向送进,主要是用来维持所需要的电弧长度。

电弧引燃后,焊条与工件应保持一定的位置进行运动,这样可以使工件深处熔深、熔透,电弧吹力还有一小部分朝已焊方向吹,阻碍熔渣向未焊部分流。

焊接时,焊条做横向摆动的目的是保证焊缝宽度。采用月牙形运条方法焊出来的焊缝余高较大。焊条的摆动范围与焊条直径有关。手工下向焊的第一层焊道适合采用直线形运条方法。

5. 焊接材料的选择方法

GAB007　焊接材料的选择方法

选择焊接材料时应考虑焊后的热过程对焊缝金属性能的影响。在部件焊接完成后,往往还要经过各种成型加工工序,因此焊接接头和母材要具有一定的加工变形能力,衡量方法为接头的弯曲试验。

一般情况下,低碳钢焊条中的堆焊焊条采用低碳钢焊芯。经焊接组成的构件,在制造过程中不可避免要进行各种成型和切削加工,这就要求焊接接头具有一定的塑性变形能力、切削性能和高温综合性能等。焊接时,调质处理接头的焊接材料,其强度可比正火处理接头的焊接材料低一些。涂有药皮供手弧焊的熔化电极是焊条。

当母材中碳、硫、磷等元素偏高时,焊缝易产生裂纹,应选用抗裂性能好的低氢型焊条。在选择高稳运行焊接接头的焊接材料时,应考虑其高温短时抗拉强度或持久强度不得低于母材的对应值。

GAB016 焊剂的作用

6. 焊剂

（1）焊剂的作用。

焊剂是焊接时能够熔化形成熔渣和气体,对熔化金属起保护和冶金处理作用的一种物质。

用于埋弧焊的为埋弧焊剂;用于钎焊的为硬钎焊钎剂和软钎焊钎剂。

焊剂是保证焊接质量的主要因素。它有以下几点作用:

① 焊剂是保护熔池,防止空气中氧、氮的侵入。它与焊条药皮不同,焊剂中无造气剂、造渣剂。

② 焊剂具有脱氧与渗合金作用,与焊丝配合作用,使焊缝金属能保证焊缝的化学成分,使之获得良好的机械性能。

③ 焊剂能使焊缝成形好。

④ 焊剂能够减慢熔化金属的冷却速度,减少气孔、夹渣等缺陷。

⑤ 焊剂能防止焊接飞溅损失,提高熔敷系数。

GAB017 气焊熔剂的使用要求

（2）气焊熔剂的作用。

气焊时用以去除焊接过程中形成的氧化物、改善熔池的湿润性的粉状物质称为气焊溶剂,又称气剂或焊粉。熔剂具有很强的反应能力,能迅速溶解某些氧化物,生成低熔点、易挥发的化合物。焊接低碳钢时,由于气体火焰能保护焊接区,一般不需要熔剂。

对切割用熔剂的要求是:在氧中燃烧时发热量大,燃烧产物的熔点低、流动性好,或具有一定的冲刷作用。氧熔剂切割是在普通氧气切割过程中在切割氧流内加入纯铁粉或其他熔剂,利用它们的燃烧热、除渣作用来实现切割的方法。

使用气焊熔剂时,不能将熔剂涂敷在焊缝表面上,熔剂能减少熔化金属的表面张力,使熔化的焊丝与母材更容易熔合。气焊熔剂的黏度小,流动性好,产生的熔渣熔点低,易浮于熔池表面,焊后熔渣易清除。

GAB018 气焊熔剂的作用

气焊过程中,被加热后的熔化金属极易与周围空气中的氧或火焰中的氧合成氧化物,从而导致焊缝中产生气孔、夹渣等缺陷。

气焊熔剂的作用包括使焊缝金属合金化及消除已经形成的氧化物。气焊熔剂可以保护焊接熔池。

某些特殊气焊熔剂对熔池金属有精炼作用,可以获得具有良好致密性的焊缝。在焊接有色金属铸铁与不锈钢等材料时,添加气焊熔剂可防止金属氧化物的生成并消除已生成的氧化物。气焊熔剂不能提高焊丝的熔化速度。

项目三　工程力学、热力学及流体力学

一、工程热力学知识

GAC003 工程
热力学的概念

(一)工程热力学的概念

工程热力学是研究热能在工程上如何加以有效利用的一门综合性的技术科学,是阐明和研究能量、能量转换,热能与其他形式的能量间的转换的规律,以及其与物质性质之间关系的工程应用学科。工程热力学是为了通过对热力系统、热力平衡、热力状态、热力过程、热力循环和工质的分析研究,改进和完善热力发动机、制冷机和热泵的工作循环,提高热能利用率和热功转换效率。工程热力学的热力系在某一瞬间所呈现的物理状况称为系统的状态,状态可以分为平衡态和非平衡态两种。工程热力学中孤立系统是指热力系与外界无任何物质与能量交换的系统。热力系统全部宏观性质的综合称为状态,确定系统性质的物理量称为状态参量。边界不能通过物质,其内部含有固定数量物质的系统称为封闭系统。与外界没有热量交换的系统称为绝热系统。

GAC001 热量
传递的特点

(二)热量传递的特点

热传递是自然界普遍存在的一种自然现象,只要物体间或同一物体的不同部分之间存在温度差,就会有热传递现象发生。能够改变物体内能的物理过程有两种,即做功和热传递。

由于温度差而引起的热量转移过程称为传热。依靠热微粒来传递热能的现象称为热对流。热从热源沿直线向四处发射的过程称为热辐射。实际工程中的热量传递,传导、对流和辐射三种传热方式很少单独遇到,常常是一种形式伴随着另一种形式同时出现。发生热传递的条件只取决于物体之间的温度差。热量传递具方向性,只能自发地由高向低传递。

GAC004 热力
过程的含义

(三)热力过程的含义

热力系统在某种因素推动下发生状态变化的过程称为热力过程。实际的热力过程比较复杂,概括起来,可归纳为等容过程、等压过程、等温过程和绝热过程四个基本过程和一个多变过程。热力系从某一状态开始,经过一系列中间状态后又恢复到原来状态,这种封闭的过程称为循环。

热力学系统由某一状态出发,经过某一过程到达另一状态后,如果存在另一过程,它能使系统和外界完全复原,使系统恢复原来的状态,同时又完全消除原来过程的外界所产生的一切影响,则原来的过程称为可逆过程。热力过程中的可逆过程是一种理想的过程。在自然界中,热力过程中的不可逆过程是大量客观存在的。

热力过程的特点反映在过程方程上,过程方程描述受特定过程约束的热力状态参数间的函数关系,由此可得出系统变化前后的状态参数关系式。热力过程要实现可逆过程,必须不存在摩擦与塑性变形等这类耗散效应。

（四）热力学第一定律

1. 公式

热力学第一定律就是不同形式的能量在传递与转换过程中守恒的定律，即热能和机械能在转移或转换时，能量的总量必定守恒。其表达式为：

$$Q = \Delta U + W \tag{1-4-1}$$

式中 Q——系统吸收外界的热量，J；

ΔU——系统的内能变化量，J；

W——外界对系统做功，J。

2. 基本原理

热、功的总量与过程途径无关，只决定于体系的始末状态。

热力学第一定律普遍的能量转化与守恒定律在一切涉及热现象的宏观过程中都有具体表现。热能是能的一种形式，是物质分子运动所产生动能的量度。焓实际上代表了流动中的工质沿着流动方向向前传热，其总能量中取决于热力状态的部分。内能是由分子不规则运动产生的动能和分子位能组成的。内能是系统的属性，是一种状态参量。

（五）热力学第二定律

热力学第二定律就是不可能把热从低温物体传到高温物体而不产生其影响，或不可能从单一热源取热使之完全转换为有用的功而不产生其他影响，或不可逆热力过程中熵的微增量总是大于零。它的又一种表述形式是熵增加原理，是大量分子无规则运动所具有的统计规律，因此只适用于大量分子构成的系统。热力学第二定律中阐述的热能不可完全转化为机械能。

热力学第二定律是对于一个有给定能量、物质组成与参数的系统，存在这样一个稳定的平衡态，其他状态总可以通过可逆过程到达。它在有限的宏观系统中也要两个条件，即该系统是线性、各向同性。

一切自然过程都是可逆的，可逆过程只是不可逆过程的理想极限情况。环境是最低温度的蓄热器，利用热力装置将积聚在环境介质中的内能转换为功是不可能实现。

（六）传热的基本方式

根据物理过程的不同，热量传递可以分为热辐射、热对流和热传导三种基本形式。

热辐射现象是依靠物体表面对外发射可见和不可见的射线，从而在空间传递能量的现象；太阳对地球的主要传热形式是光和波的热辐射。在单位时间内，物体单位面积对外辐射的能量 E 与物体热力学温度的四次方成正比，这就是斯蒂芬-玻尔兹曼定律。

热对流是指流体各部分之间在发生相对位移时而引起的热量传递过程。在对流传热时，必然伴随着流体质点间的热传导。利用对流加热或降温时，必须同时满足两个条件，即物质可以流动、加热方式必须能促使物质流动。流体中，对流产生的原因有自然对流和强制对流两种。

热传导简称导热，是指同一物体内部温度不同的个部分之间，或者温度不同直接接触的两个物体之间发生的热传递现象。

（七）蒸汽的特性

GAC002 蒸汽的特性

水从液体状态转变为气体状态的过程称为汽化。当水的温度超过 100℃ 时,水分子因为吸收了足够大的内能,从而使其转换成脱离分子束缚的斥力,分子之间的距离开始变大,水便从液态转变为气态。当水汽化变成蒸汽后,它又成为安全、高效的能量载体,蒸汽携带的热量相当于同等质量水所能携带热量的 5~6 倍。

水蒸气具有良好的载热性能。不带水的水蒸气称为干蒸汽。蒸汽的使用为能量的输送提供了一种可控制的方法,将能量从集中、高效、自动化的锅炉房输送到使用现场。

汽化热是用 kJ 来计算的。

（八）燃烧过程的内容

GAC008 燃烧过程的内容

燃烧过程是指物体与氧进行的发光发热的化学反应。其反应过程极其复杂,燃烧过程的反应有均相反应和多相反应两种形式。燃料在燃烧时所释放出来的热量,称为燃烧热值,光和热是燃烧过程中发生的物理现象。

燃烧分为完全燃烧和不完全燃烧两种。如果燃料的全部可燃成分完全氧化为 CO_2、H_2O 和 SO_2 等,则这种燃烧称为完全燃烧;在燃烧产物中,如果有可燃物质的存在,则称为不完全燃烧。炉子中烟气的温度一般为 100~300℃,这是一种排气损失。

（九）温度的基本概念

GAD005 温度的基本概念

在物理中,温度的概念是基本而重要的。像质量、长度和时间一样,温度作为一个基本的量纲,用以量度物体的所谓冷热程度。

温度是比较难下定义的物理量之一。在高中物理教材中,关于温度的概念有三种叙述:

(1)温度是表示物体冷热程度的物理量。

(2)温度标志着物体内部大量分子无规则运动的剧烈程度。

(3)温度是大量分子平均动能的量度。

物体温度不同的本质是其分子热运动强度不同的结果。温度越高,表示物体内部分子热运动越剧烈。温度的数值表示方法称为温度度数。用来量度物体温度数值的标尺称为温标,它规定了温度的读数起点(零点)和测量温度的基本单位。热力学温标是取水的三相点为基准点。热力学温度也称绝对温度,以符号 T 表示,单位为 K。

目前国际上用得较多的温标有华氏温标、摄氏温标及热力学温标三种。摄氏温标是在一个标准大气压下,纯水开始结冰的温度定为 0。

【例 1-4-1】 30℃ 换算为热力学温度是多少?

解：$T = t + 273.15$

$\qquad = 30 + 273.15$

$\qquad = 303.15(K)$

答:热力学温度是 303.15K。

【例 1-4-2】 把华氏温度 $t_f = 32$℉ 换算成摄氏温度是多少?

解：$t = \dfrac{5}{9}(t_f - 32)$

$\qquad = \dfrac{5}{9}(32 - 32)$

$\qquad = 0$

答：32℉为0℃。

二、常用计算知识

（一）面积的计算方法

面积就是物体所占平面图形的大小，平方米、平方分米、平方厘米是公认的面积单位，用字母可以表示为 m^2、dm^2、cm^2。

常用面积的计算公式如下。

长方形（矩形）面积=长×宽，即

$$S = ab \tag{1-4-2}$$

正方形面积=边长×边长，即

$$S = a^2 \tag{1-4-3}$$

平行四边形面积=底×高，即

$$S = ah \tag{1-4-4}$$

三角形面积=底×高÷2，即

$$S = \frac{ah}{2} \tag{1-4-5}$$

梯形面积=（上底+下底）×高÷2，即

$$S = \frac{(a+b) \times h}{2} \tag{1-4-6}$$

计算梯形的面积时，当梯形的对角线互相垂直时可以用对角线乘积的一半计算。

圆形（正圆）面积=圆周率×半径×半径，即

$$S = \pi r^2 \tag{1-4-7}$$

圆形（外环）面积=圆周率×（外环半径²−内环半径²），即

$$S = (R^2 - r^2)\pi \tag{1-4-8}$$

圆形（扇形）面积=圆周率×半径×半径×扇形角度/360，即

$$S = \frac{\pi r^2 \times n}{360} \tag{1-4-9}$$

长方体表面积=长×宽+长×高+宽×高×2，即

$$S = 2(ab + ac + bc) \tag{1-4-10}$$

正方体表面积=棱长×棱长×6，即

$$S = 6a^2 \tag{1-4-11}$$

球体（正球）表面积=圆周率×半径×半径×4，即

$$S = 4\pi r^2 \tag{1-4-12}$$

椭圆的面积=圆周率×椭圆的长半轴×椭圆的短半轴，即

$$S = \pi ab \tag{1-4-13}$$

半圆形的面积=圆周率×半径的平方÷2，即

$$S = \frac{\pi r^2}{2} \tag{1-4-14}$$

2. 体积的计算公式

ZAC017 体积的计算方法

体积,几何学专业术语,是指物质或物体所占空间的大小,占据一特定容积的物质的量(表示三维立体图形大小)。体积的国际单位制是立方米。一件固体物件的体积是一个数值用以形容该物件在三维空间所占有的空间。一维空间物件(如线)及二维空间物件(如正方形)在三维空间中都是零体积的。

体积的计算公式如下:

长方体体积=长×宽×高,即

$$V = abh \tag{1-4-15}$$

正方体体积=棱长×棱长×棱长,即

$$V = a^3 \tag{1-4-16}$$

圆柱(正圆)体积=圆周率×(底半径×底半径)×高,即

$$V = \pi r^2 h \tag{1-4-17}$$

即

$$V = sh \tag{1-4-18}$$

圆锥(正圆)体积=圆周率×底半径×底半径×高/3,即

$$V = \frac{1}{3}\pi r^2 h \tag{1-4-19}$$

角锥体积=底面积×高/3,即

$$V = \frac{1}{3}sh \tag{1-4-20}$$

球体体积=4/3(圆周率×半径的三次方),即

$$V = \frac{4}{3}\pi r^3 \tag{1-4-21}$$

球缺(一个球被平面截下的一部分)体积=1/3 圆周率×高的平方×(3×半径−高),即

$$S = \frac{1}{3}\pi h^2(3r - h) \tag{1-4-22}$$

棱台体积=1/3{上表面积+下表面积+(上表面积×下表面积)开平方}×高,即

$$V = \frac{1}{3}(S_1 + S_2 + \sqrt{S_1 S_2})h \tag{1-4-23}$$

ZAC018 质量的计算方法

3. 质量的计算方法

质量是度量物体惯性大小的物理量,是决定物体受力时运动状态变化难易程度的唯一因素,因此质量是描述物质惯性的物理量。它是物理学中的基本量纲之一。在国际单位制中,质量的基本单位是 kg。

质量的计算公式为

$$m = \rho V \tag{1-4-24}$$

式中　m——质量,kg;

　　　ρ——密度,kg/m^3;

　　　V——体积,m^3。

【例 1-4-3】 底面积为 25cm^2,高为 4cm 的圆柱体碳素钢(密度为 7.85g/cm^3),它的质量是多少?

解：$m = \rho v$

$\qquad = 25 \times 4 \times 7.85$

$\qquad = 0.785(\text{kg})$

答：该圆柱碳素钢的质量为 0.785kg。

【例 1-4-4】 有一长为 5m，宽为 2m，厚为 10mm 的钢板（密度为 7.85g/cm³），该钢板的质量是多少？

解：$m = \rho v$

$\qquad = 5 \times 2 \times 10 \times 7.85$

$\qquad = 785(\text{kg})$

答：该钢板的质量为 785kg。

4. 重量的计算方法

ZAC019 重量的计算方法

地球表面上的物体，除受地球对它的重力作用外，由于地球的自转，还受到惯性离心力的作用，这两个力的合力的大小称为该物体的重量。

在地球引力下，重量和质量是等值的，但是度量单位不同。质量为 1kg 的物质受到外力 9.8N 时所产生的重量称为 1kg 重。

常用重量的计算公式如下。

每米扁钢的重量计算公式为

$$\text{重量}(\text{kg/m}) = 0.00785 \times \text{厚度}(\text{mm}) \times \text{宽度}(\text{mm}) \qquad (1\text{-}4\text{-}25)$$

每米黄铜管的重量计算公式为

$$\text{重量}(\text{kg/m}) = 2.67 \times \text{壁厚}(\text{mm}) \times (\text{外径} - \text{壁厚})(\text{mm}) \qquad (1\text{-}4\text{-}26)$$

每米紫铜管的重量计算公式为

$$\text{重量}(\text{kg/m}) = 0.02796 \times \text{壁厚} \times (\text{外径} - \text{壁厚})(\text{mm}) \qquad (1\text{-}4\text{-}27)$$

每米螺纹钢的重量计算公式为

$$\text{重量}(\text{kg/m}) = 0.00617 \times \text{直径} \times \text{直径}(\text{mm}) \qquad (1\text{-}4\text{-}28)$$

有色金属板材的计算公式为

$$\text{重量}(\text{kg/m}) = \text{比重} \times \text{厚度}(\text{mm}) \qquad (1\text{-}4\text{-}29)$$

每米不锈钢管的重量计算公式为

$$\text{重量}(\text{kg/m}) = 0.02491 \times \text{壁厚} \times (\text{外径} - \text{壁厚})(\text{mm}) \qquad (1\text{-}4\text{-}30)$$

5. 三角函数的计算方法

ZAC020 三角函数的计算方法

三角函数是六类基本初等函数之一，是以角度（数学上最常用弧度制，下同）为自变量，角度对应任意角终边与单位圆交点坐标或其比值为因变量的函数。三角函数也可以等价地用与单位圆有关的各种线段的长度来定义。三角函数在研究三角形和圆等几何形状的性质时有重要作用，也是研究周期性现象的基础数学工具。在数学分析中，三角函数也被定义为无穷级数或特定微分方程的解，允许它们的取值扩展到任意实数值，甚至是复数值。

常见的三角函数包括正弦函数、余弦函数和正切函数。在航海学、测绘学、工程学等学科中，还会用到如余切函数、正割函数、余割函数、正矢函数、余矢函数、半正矢函数、半余矢函数等三角函数。不同的三角函数之间的关系可以通过几何直观或者计算得出，称为三角恒等式。

在直角三角形中,当平面上的三点 A、B、C 的连线,AB、AC、BC,构成一个直角三角形,其中 $\angle ACB$ 为直角。对 $\angle BAC$ 而言,对边(opposite)$a=BC$、斜边(hypotenuse)$c=AB$、邻边(adjacent)$b=AC$,则存在以下关系:

(1)在直角三角形 ABC 中,C 角为直角,A、B、C 所对的边分别为 a、b、c,那么 $\sin\alpha=a/c$。

(2)在直角三角形 ABC 中,C 角为直角,A、B、C 所对的边分别为 a、b、c,那么 $\cos\alpha=a/c$。

(3)在直角三角形 ABC 中,C 角为直角,A、B、C 所对的边分别为 a、b、c,那么 $\tan\alpha=b/c$。

(4)$\tan\alpha$ 与 $\cot\alpha$ 是互为倒数关系。

(5)正弦定理的公式为:

$$a/\sin A = b/\sin B = c/\sin C = D = 2R(外接圆半径) \tag{1-4-31}$$

(6)正切定理的公式为:

$$(a-b)/(a+b) = \tan[(A-B)/2]/\tan[(A+B)/2] \tag{1-4-32}$$

三、工程力学知识

J(GJ)AA001
力的基本概念

(一)力的基本概念

一个物体对另一个物体的作用是力,其结果使物体运动状态发生变化,或使物体发生变形。力对物体作用的效果取决于力的大小、方向和作用点,通常称为力的三要素。

力可沿它的作用线任意移动而不改变它对物体的效应。力不是维持速度的原因,而是改变速度的原因。

研究力学是研究物理机械运动及其有关的各种现象的科学。作用力和反作用力是在同一直线上大小相等而方向相反的两种力。

材料力学是以理论力学的静力学为基础,主要针对杆件的受力情况和变形情况进行研究。材料力学的任务是使杆件在满足刚度、强度和稳定性的要求下,以最经济为前提来确定构件合理的形状与尺寸。

(二)力的性质

J(GJ)AA004
力的性质特征

1. 性质特征

构件在外力的作用下产生变形,而在外力去除后变形能够消失的极限值是弹性极限,而所谓构件的稳定性是指其在外力的作用下保持原来形状的能力。

按照力的性质分类可分为摩擦力、弹力、重力、电场力及磁场力和分子力等。力一定成对出现,有作用力就一定有反作用力。力的性质特征上具有可传性、可分性、成对性、可合性及可加可消性特点。作用在同一物体上的三个以上的力称为力系。

2. 力的平行四边形法则

(1)作用在物体上同一点的两个力,可以合成一个合力。

(2)合力也作用于该点。

(3)合力的大小和方向,用这两个力为邻边所构成的平行四边形的对角线确定。

3. 两力平衡的条件

(1)两力大小相等。

(2)方向相反。

(3)作用在同一直线上。

（4）力的计算。

【例 1-4-5】 如图 1-4-1 所示，圆杆 AB 直径 d 为 8.5mm，所受的拉力 F 为 8.7kN，求 AB 杆横截面上的正应力。

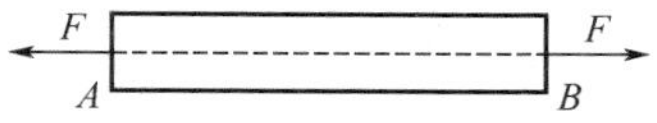

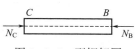

图 1-4-1　AB 杆简图

解：（1）圆杆截面积为 $A = \dfrac{\pi d^2}{4} = \dfrac{3.14 \times 8.5^2}{4} = 56.7(\text{mm}^2)$

（2）正应力为 $a = \dfrac{N}{A} = \dfrac{8700}{56.7} = 153(\text{N/mm}^2) = 153(\text{MPa})$

答：横截面上的正应力为 153MPa。

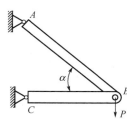

图 1-4-2　圆钢受力简图

【例 1-4-6】 如图 1-4-2 所示，AB 杆为圆钢，直径 d 为 20mm，AB 杆拉力为 28.3kN，BC 杆为正方形横截面的型钢，边长 a 为 15mm，压力为 20kN，不计杆件自重，求 AB 和 BC 横截面上的正应力。

解：（1）如图 1-4-3 所示，$T_A = T_B$

AB 杆横截面积为 $A_1 = \pi d^2/4 = 3.14(\text{mm}^2)$

$$\sigma_1 = \frac{T_S}{A_1} = \frac{28.3 \times 10^3}{\dfrac{\pi \times 20^2}{4}} = 90(\text{MPa})（拉应力）$$

（2）如图 1-4-4 所示，$N_c = N_B$

BC 杆横截面积为 $A_2 = a \cdot a = 15^2 = 225(\text{mm})$

$$\sigma_2 = \frac{N_C}{A_2} = \frac{20 \times 10^3}{15^2} = 89(\text{MPa})（压应力）$$

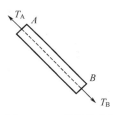

图 1-4-3　圆钢解图

图 1-4-4　型钢解图

答：AB 杆正应力为拉应力 σ_1 约为 90MPa，BC 杆正应力为压应力 σ_2 约为 89MPa。

（3）力的计算。

GAD001 外力计算方法

① 外力计算方法。

外力是指某一物体受到其他物体作用的所有外力，是其对物体产生的外效应。主动力的外效应是促使物体运动，发生形变。外力按计算方法可分为两大类，即侧动力和约束反力。如果没有受到主动力，物体也就不会有运动趋势，也就不会受到约束反力。连续作用于物体表面某一面积上的力称为分布力,分布力的单位是 N/m^2。若外力分布面积远小于物体时,可以看成作用于一点的集中力,称为集中载荷。

【例1-4-7】　已知一物体质量为200kg,受外力作用做等速直线运动,该物体与地面的摩擦系数 μ 为0.16,求该物体所受的外力 F_a 是多少(g 取10N/kg)?

解: $F_a = f = \mu mg$

　　　 $= 0.16 \times 200 \times 10$

　　　 $= 320(N)$

答:该物体所受的外力 F_a 是320N。

【例1-4-8】　已知一物体受外力480N的作用后做等速直线运动,该物体与地面的摩擦系数 μ 为0.16,求该物体的质量是多少(g 取10N/kg)?

解: $F_a = f = \mu mg$

$m = F_a / \mu g$

　　 $= 480 / 0.16 \times 10$

　　 $= 300(kg)$

答:该物体的质量是300kg。

② 内力的计算方法。

GAD002 内力
计算方法

根据作用与反作用定律,同一截面两边的内力是大小相等,方向相反。任一截面处的内力总是成对的。材料学中的内力,就是指因外力引起的物体内部各部分相互作用力的改变量。不受外力作用时,物体内部各质点也存在着相互作用力。在外力作用下则会引起物体内部各质点原有相互作用力的改变。为显示和计算内力,通常运用截面法,其一般步骤为截开,代替,平衡。

【例1-4-9】　求图1-4-5中吊装绳扣支撑横梁受力是多少?

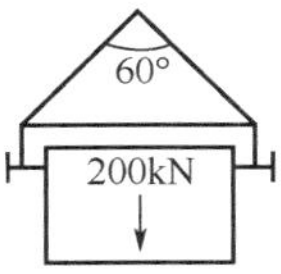

图1-4-5　吊装绳与支撑横梁受力图

解:绘受力解图如图1-4-6所示。

$F = Q / (n \sin 60°)$

$P = \cos 60° \times F$

所以 $P = \cos 60° \times Q / (n \sin 60°)$

　　　　 $= 200 \div (2 \times \tan 60°)$

　　　　 $= 57.7(kN)$

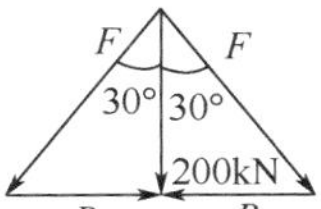

答:支撑横梁受力为57.7kN。

图1-4-6　受力解图

【例1-4-10】　一起吊设备 Q 为50kN,钢丝绳与吊钩垂线间夹角 β 为45°,四分支钢丝绳承受起吊,试求每分支钢丝绳受力是多少($\sqrt{2} = 1.414$)?

解:每根钢丝绳的受力大小,可根据三角函数余弦定义求得

$$S = Q/n\cos\beta$$
$$= 50 \div (4 \times \cos 45°)$$
$$= 50 \div (4 \times 0.707)$$
$$= 17.68(\text{kN})$$

答：分支钢丝绳受力为 17.68kN。

> GAD003 应力
> 计算方法

③ 应力的计算方法。

两根材料相同，粗细不等的杆件，当拉力逐渐增大时，细杆必先折断。杆件的强度不仅与内力大小有关，还与其横截面面积的大小有关。杆件受轴向拉伸时，横截面上的内力是均匀分布的。实验证明，杆件的强度必须用单位面积上的内力来衡量的。垂直于截面的应力称为正应力。应力分析主要用于确定与构件和机械零件失效有关的危险点的应力集中、应变集中部位的峰值应力和应变。物体受拉、压和受弯都会产生正应力，分别称为拉正应力和弯曲正应力。

【例 1-4-11】 设截面积为 30cm²，惯性半径 R 为 2.17cm，长 L 为 5m，两端固定的工字钢，施加 8×10^4 N 的压缩载荷，稳定安全系数 W 为 2.2，试求其工作应力。

解：根据公式 $P = \sigma \cdot A/W$ 得
$$\sigma = P \cdot W/A$$
$$= (8 \times 10^4 \times 2.2) \div (30 \times 10^{-4})$$
$$= 5.87 \times 10^7 (\text{Pa})$$

答：工作应力为 5.87×10^7 Pa。

【例 1-4-12】 设截面积为 30cm²，许用应力 $[\sigma]$ 为 8×10^7 Pa，稳定安全系数 W 为 2.2，求此压杆能承受多大压力？

解：由公式得
$$P = [\sigma] \cdot A/W$$
$$= (8 \times 10^7 \times 30 \times 10^{-4}) \div 2.2$$
$$= 1.1 \times 10^5 (\text{N})$$

答：此压杆能承受 1.1×10^5 N 的压力。

> GAD004 剪应
> 力的计算方法

④ 剪应力的计算方法。

伴随剪切变形而产生的内力称为剪应力，剪应力的方向与截面平行。为了计算方便，工程中通常采用近似法计算法来计算剪应力。许多构件之间的连接常采用销钉、铆钉、平键、花键等，这些构件主要承受剪切作用。

工程中，剪应力的计算公式为

$$\tau = Q/A \tag{1-4-33}$$

式中　　Q——剪应力，N；

　　　　A——截面面积，m²。

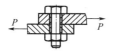

图 1-4-7 钢板螺栓连接简图

【例 1-4-13】 如图 1-4-7 所示，两块钢板用螺栓连接。已知螺栓杆部直径 d 为 18mm，许用剪应力 $[\tau]$ 为 60MPa，求螺栓所能承受的许可载荷？

解：螺栓杆部的横截面积 A 为

$$A = \pi d^2/4$$
$$= 3.14 \times (18 \times 10^{-3})^2 \div 4$$
$$= 2.5434 \times 10^{-4} (\mathrm{m}^2)$$

因剪切力即为许可载荷,故螺栓所能承受的许可载荷 P 为

$$P = [\tau] \cdot A$$
$$= 60 \times 10^6 \times 2.5434 \times 10^{-4}$$
$$= 1.526 \times 10^4$$
$$= 15.26 (\mathrm{kN})$$

答:螺栓所能承受的许可载荷为 15.26kN。

【例 1-4-14】 如图 1-4-8 所示,两构件用销轴连接。构件所受的载荷 P 为 50.24kN,许用剪应力 $[\tau]$ 为 80MPa,求销轴的直径 d 为多大时才能满足要求?

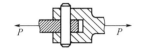

图 1-4-8　构件销轴连接简图

解:由构件的结构可知,销轴所受的剪切力为 0.5P。

销轴的横截面面积 A 为

$$A = 0.5P/[\tau]$$
$$= 0.5 \times 50.24 \times 10^3 \div (80 \times 10^6)$$
$$= 3.14 \times 10^{-4} (\mathrm{m}^2)$$

因 $A = \pi d^2/4$,故销轴的直径 d 为

$$d = (4A/\pi)^{1/2}$$
$$= (4 \times 3.14 \times 10^{-4} \div 3.14)^{1/2}$$
$$= 0.02 (\mathrm{m})$$

答:销轴的直径 d 大于等于 0.02m 时才能满足要求。

3. 力偶

J(GJ)AA006
力偶的概念

由大小相等、方向相反且作用线相互平行的两个力组成的力系称为力偶。力偶的单位是 N·m,其力矩是指力的大小与力臂的乘积。

力偶的三个要素是力偶矩大小、力偶矩转向与力偶矩作用平面。力偶所在的平面称为力偶的作用面,它可以在它的作用面内任意移动和转动,从而不改变它对物体的作用。

力偶的等效性质有以下两点:一是力偶可以在它的作用面内任意移动和转动,而不改变它对物体的作用;二是只要保持力偶矩的大小和力偶的转向不变,可同时改变力偶中力的大小和力偶臂长短,而不改变力偶对物体的作用。

力偶在平面内的转向不同,其作用效应也不相同。力偶矩的量纲、单位与力矩的相同。

4. 力矩

J(GJ)AA007
力矩的概念

(1) 概念。

作用在自由体上的一个力一般会引起物体的移动和转动,力矩是力使物体绕某点转动效应的度量,这个量称为力对点的矩,简称力矩。力矩是指力的大小、力臂的乘积,单位为 N·m。力偶中的两个力对其作用面内任一点的力矩的代数和为一个常数,并等于力偶矩。

力矩等于径向矢量和作用力的乘积。

力矩平衡条件是各力对转动中心 O 点的力矩的代数和等于零,即合力矩等于零。

力矩平衡方程为

$$\sum M_o(F) = 0 \tag{1-4-34}$$

式中 M_o——力矩,N·m;

      F——力,N。

合力矩定理是平面汇交力系的合力对平面内任一点的矩,等于力系中各力对该点的矩的代数和。

公式为

$$M_o(R) = M_o(F_1) + M_o(F_2) + \cdots = \sum M_o(F) \tag{1-4-35}$$

（2）力矩的计算。

【例 1-4-15】 如图 1-4-9 所示,计算力 F 对 B 点的矩。

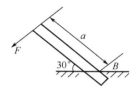

图 1-4-9 杆件受力简图

解:（1）画受力图,如图 1-4-10 所示。

（2）列方程:

$$\sum M_B(F) = 0$$

$F_a - M_B = 0$,得 $M_B = F_a$

答:$M_B = F_a$。

图 1-4-10 杆件受力简图

【例 1-4-16】 如图 1-4-11 所示,杆 AB 长为 L,自重不计,A 端为固定铰链支座,在杆的中点 C 悬挂一物体,重力为 G,B 支端靠于光滑的墙上,其约束反作用力为 N,杆与铅直墙面的夹角为 α,试分别求出 G 和 N 对铰链中心 A 点的矩。

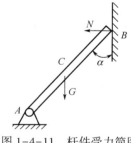

图 1-4-11 杆件受力简图

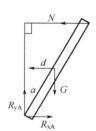

图 1-4-12 杆件受力解图

解:（1）画受力图,如图 1-4-12 所示,A 的反力有 R_{xA},R_{yA}。

（2）计算力臂,N 对矩心的垂直距离 h 为 $h = L\cos\alpha$,

G 对矩心 h 的垂直距离 d 为 $d = (L/2)\sin\alpha$。

（3）根据力矩定义：$M_A(N)=Nh=NL\cos\alpha$，$M_A(G)=-Gd=-(1/2)GL\sin\alpha$。

答：$M_A(N)=Nh=NL\cos\alpha$，$M_A(G)=-Gd=-(1/2)GL\sin\alpha$。

5. 静力学公理

J(GJ)AA005
静力学公理

静力学公理是将人类经过长期的观察和实验所积累的经验加以概括和总结而得出的结论，它的正确性可以在实践中得到验证。液体静力学是研究流体在静止状态下的平衡规律及流体在工程上实际应用的基础学科。它概括了一些力的基本性质，是建立全部静力学理论的基础。作用于刚体上某点的力，可以沿其作用线移到刚体上任意一点，而不会改变该力对刚体的作用效果。二力平衡公理只适用于刚体。

流体静压强有两个重要的基本特征：一是流体静压强的方向与作用面垂直，并指向作用面；二是静止流体中任意一点各方向的流体静压强均相等。

静力学公理1中，合力的作用点也在该点，大小、方向是由这两个力为边构成的平行四边形的对角线确定。作用于物体上同一点的两个力，可以合成为一个合力。

静力学公理4中，两物体间存在作用力和反作用力，两力大小相等、方向相反、分别作用在两个物体上，作用线沿同一直线。

J(GJ)AA003
力系的静力平衡方程

6. 力系的静力平衡方程

静力学是研究物体在外力作用下，机械运动状态保持平衡条件的学科。如果能用一个力替代一个力系并具有同等的作用效果，则该力称为这个力系的合力。

在解答静力平衡方程问题时，首要应先确定研究对象、取分离体、画受力图等内容。平面汇交力系平衡时，力系中所有各力在两个坐标轴上投影的代数和分别为零。合力对作用面内任一点之矩，等于该力系在同平面内的各分力对同点之矩的代数和分别为零。

平面汇交力系的平衡方程是两个独立的公式。因此，平面汇交力系的平衡方程只能解决未知量不超过两个平面汇交力系的平衡问题。平面力系的静力平衡条件用三个平衡方程时，其三个平衡方程尚可转换成一个投影式和两个或三个特定条件的力矩式。

J(GJ)AA002
力的投影平移定律

7. 力的投影平移定律

根据力的平移的逆过程，共面的一个力和一个力偶总可以合成为一个力，该力的大小、方向与原力相同。平面一般力系向作用面内任一点简化的结果，是一个力、一个力偶。附加力偶的力偶矩等于原力对新作用点的矩，这就是力的平移定理。当力与坐标轴垂直时，在该轴上的投影为零，当力与坐标轴平行时，其投影的大小等于力本身的大小。

静力上下荷载是缓慢加到物体上，大小方向和位置不随时间变化或变化很缓慢的荷载。作用在物体上的力 F 可以平行移动到物体上任一点。但同时必须附加一个力偶。例如，管架上的输油管道工作时，该管道属于动载荷。飞驰行驶的火车上的旅客是火车的静荷载。

J(GJ)AA008
物体的受力分析方法

8. 物体的受力分析方法

（1）分析方法。

正确的对物体进行受力分析，作出物体的受力分析图是解决力学问题的关键。分析物体受力的方法有隔离法、整体法。

在物体受力分析时，一定要找到它的施力物体，没有施力物体的力是不存在的，这样可以防止漏力、添力。外力包括主动力和约束力，应注意一个接触面上最多只可能有一个摩擦力。如将球放在光滑的水平面上，则球受到两个力的作用。由于约束反力是阻碍物体运动的力,因此属于被动力。合力的作用点,仍然通过力系的汇交点。

（2）受力分析计算知识。

【例1-4-17】 如图1-4-13所示,已知 F_1 为9.2kN, F_2 为3.8kN, F_3 为5.4kN,求截面1-1和截面2-2上的轴力。

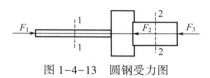

图1-4-13 圆钢受力图

解:（1）计算截面1-1的轴力,如图1-4-14所示。

（2）列平衡方程,$\sum F_x = 0$

$F_1 - N_1 = 0$, $F_1 = N_1$

$N_1 = 9.2(\text{kN})$,N_1 为压力

（3）计算截面2-2的轴力,如图1-4-15所示。

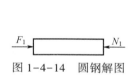

图1-4-14 圆钢解图

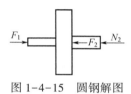

图1-4-15 圆钢解图

（4）列平衡方程,$\sum F_x = 0$

$F_1 - F_2 - N_2 = 0$

$N_2 = F_1 - F_2 = 9.2 - 3.8 = 5.4(\text{kN})$,$N_2$ 为压力

答:$N_1 = 9.2\text{kN}$ 为压力,$N_2 = 5.4\text{kN}$ 为压力。

【例1-4-18】 如图1-4-16所示,求截面1-1和截面2-2面上的轴力。

解:（1）计算截面1-1轴力,如图1-4-17所示。

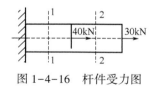

图1-4-16 杆件受力图

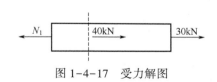

图1-4-17 受力解图

$$\sum F_x = 0$$

（2）列平衡方程　$-N_1 + 40 + 30 = 0$

$N_1 = 70(\text{kN})$,N_1 为拉力

（3）计算截面2-2面上的轴力,如图1-4-18所示。

图1-4-18 受力解图

（4）$-N_2+30=0$

$N_2=30\text{kN}$，N_2 为拉力

答：N_1 为 70kN，为拉力；N_2 为 30kN，为拉力。

四、流体力学知识

1. 流体的特征

J(GJ)AB001
流体的特征

流体的基本特征是没有一定的形状并且具有流动性；流体具有容易变形的特征；流体都有一定的可压缩性，液体可压缩性很小，而气体的可压缩性较大，气体是比液体更易变形和流动的物质；在流体的形状改变时，流体各层之间也存在一定的运动阻力，即黏滞性。

流体在外力作用下其内部发生相对运动。流体的抗剪能力和抗张能力很小。在温度为 0℃时，水的表面张力为 $7.58×10^2\text{N/m}$。它只有在运动状态下才能够同时有法向应力、切向应力的作用。

流体系统内由密度差所产生的体积力引起的流动现象称为自然流动。作用在流体体积元上的体积力大小一般与流体元体积成正比，故名体积力。体积力为穿越空间作用在所有流体元上的非接触力，如重力、惯性力、电磁力等。

2. 流体的压缩性

J(GJ)AB002
流体的压缩性
原理

当温度保持不变，流体所受压强增大时，体积便缩小；当压强保持不变，流体的温度升高时，体积便膨胀，这是所有流体的共同属性，即流体的压缩性和膨胀性。流体质点在一定压力差或温度差的条件下，其体积或密度可以改变的性质。流体的体积压缩系数用 β_p 来表示。

对于流体，压力增大，则体积缩小。

当流体的压缩性、膨胀性较大，其密度不能被看作常数时，可称之为可压缩流体。

体积压缩系数值大的流体，其体积变化率大，较易压缩。

在工程常用压力、温度下，几乎所有的液体都可视为不可压缩流体。当压力从 1 个大气压（$1×10^5\text{Pa}$）增加到 100 个大气压时，水的体积比原来的体积仅减少 0.5%，水的膨胀系数很小，其他的液体也有类似的特性。在工程上，当温度变化不大时，一般不考虑液体的膨胀性，所以在工程上，一般可以认为液体是不可以压缩的。

3. 流体的膨胀性

J(GJ)AB003
流体的膨胀性
原理

流体的膨胀为在压强不变的条件下温度升高一个单位时流体体积的相对增加量。

当流体温度升高时，流体体积增加的特性称为流体的膨胀性。流体随温度升高、密度减小、体积增大的性质称为热胀性。流体的膨胀系数为在压强不变的条件下，温度升高一个单位时流体体积的相对增加量。膨胀系数用 α 来表示。流体的膨胀性用温度膨胀系数 β 来表示。流体的黏度系数的大小与流体的性质与温度有关。液体的膨胀系数很小，工程上一般不考虑它们的膨胀性。

4. 流体静压力的特性及传递方式

J(GJ)AB005
流体静压力的
特性

（1）静压力特性。

流体静压力是处于相对静止状态下的流体，受其本身的重力与外力作用。其方向总是

与作用面相垂直,且指向该作用面。

流体静压力有两个重要特性:一是流体静压力的方向沿着作用面的内法线方向。二是静止流体中任一点的流体静压力与其作用面在空间的方位无关,只是该点坐标的函数。也就是说,在静止流体中的任一给定点,其静压力无论来自何方均相等。在流体单位面积上所受到垂直于该表面的力为流体的静压力。静止流体中任意点的流体静压力的大小与其作用面的方位无关。静压力的方向与其作用面的内法线方向重合。

在静止流体的内部,任意一点处的流体静压力在各个方向上都是相等的;各不同点处的静压力均是不相同的。流体静压力适用于实际流体、理想流体。

流体静压力为当流体处于静止或相对静止状态时,作用在流体上的切向应力等于零;法向应力为流体静压力。

J(GJ)AB006
流体静压力的
传递方式

（2）静压力的传递方式。

对于处于平衡状态下的液体,其中任一点的压力变化都会等值地传递到液体的其他部分而丝毫不改变其数值,这就是帕斯卡定律。水压机工作应用的原理是帕斯卡定律。

液压传动的工作原理是以液体作为工作介质,利用液体的压力能来实现运动和力的传递的一种传动方式。流动液体压力传递时,应考虑压力损失。

静止液体压力传递若不存在质点间的相对运动,也就不存在拉力和切向力,所以静止液体只能承受压力。作用于密闭容器中流体的压强等值地传递到流体的各部分、器壁上。

连通器就是指相互连通的两个或几个容器,例如,U 形管、水位计等都是连通器。在连通器中,充满同一液体的连通部分任意水平面上的压力是相等的。

J(GJ)AB007
静止流体的平
衡原理

5. 静止流体的平衡原理

流体的平衡分为绝对平衡和相对平衡。其平衡的条件是质量力有势是不可压缩流体静止的必要条件;对于不可压缩流体,等压面与等势面重合。处于静止状态下的六面体的流体的平衡条件是:作用在其上的外力在三个坐标轴上的分力之和都等与零。

在静止流体内的任一点上各个方向的静压强大小相等。当流体相对静止所受的力只有重力时,它就是重力液体。在静止的流体中,等压面就是水平面。处于平衡状态的流体,单位质量流体所受的表面力分量和质量力分量是彼此相等。静水压力的方向与其作用面的内法线方向相互重合。液体中某一点静水压力的大小与其作用面所在空间的方向关系,即各方向的静水压力均相等。

气体既无固定的形状,又无固定的体积,气体各质之间的内聚力极小。几乎不能承受拉力和抵抗拉伸变形,而且很容易被压缩。所以气体既无固定形状,又无固定体积。

J(GJ)AB008
静止流体中浮
力的概念

6. 静止流体中浮力的概念

阿基米德原理是古希腊哲学家和数学家阿基米德观察和计算物体在水中受力状况后首先发现的。阿基米德原理就是流体作用在物体上的浮力应等于该物体排开相同体积流体的重力。浮力产生的原因是在液体或大气里的物体受到对物体向上的和向下的压力差。浮力的作用点称为浮心。浮力的方向与重力方向相反,竖直向上。浮力的施力物体是液体或气体。它与物体的浸入深度无关。方向永远向上,且通过浮心。当物体的重量小于流体的浮力时且物体在液体的表面的状态称为漂浮。

（1）应用阿基米德定律的注意事项有以下几点：

① 浮力的大小只与物体所排开液体的体积及液体的密度有关，而与物体所在的深度无关。

② 如果物体只有一部分浸在液体中，它所受的浮力的大小也等于被物体排开的液体的重量。

③ 阿基米德定律不仅适用于液体，也适用于气体。

④ 物体在气体中所受到的浮力大小，等于被物体排开的气体的重量。

（2）浮力计算。

【例1-4-19】 质量为79g的铁块，密度为7.9g/cm³，将该铁块浸没于水中，求该铁块所受到的浮力是多少（$g=10N/kg$）？

解：铁块受到的重力为 $G=mg=0.079×10=0.79$（N）

根据公式 $\rho=m/V$

铁块排开水的体积为 $V_排=V=m/\rho=0.079÷(7.9×10^3)=1.0×10^{-5}$（m³）

铁块排开水的质量为 $m_排=1.0×10^3×1.0×10^{-5}=0.01$（kg）

铁块受到浮力为 $F_浮=G_排=m_排 g=0.01×10=0.1$（N）

答：该铁块所受到的浮力为0.1N。

【例1-4-20】 边长为10cm的实心正方体木块，密度为0.6×10³kg/m³，静止在装有足量水的容器中，且上下底面与水面平行，问木块在水中所受浮力的大小及浸在水中的体积各是多少（$g=10N/kg$）？

解：（1）$m_木=\rho_木 V_木=0.6×10^3×(0.1)^3=0.6$（kg）

木块漂浮在水中浮力为 $F_浮=G_水=m_木 g=0.6×10=6$（N）

（2）根据阿基米德原理，$F_浮=G_排=\rho_液 gV_排$

得木块浸在水中的体积为 $V_排=F_浮/\rho_水 g=6÷1.0×10^3×10=0.6×10^{-4}$（m³）

答：木块在水中所受浮力是6N，木块浸在水中的体积是0.6×10⁻⁴ m³。

7. 作用在流体上力的分类

流体不能承受集中力，只能承受分布力。

作用在流体上的力按照作用大体可分为质量力和表面力两种类型。

质量力一般可分为两种类型，即重力与惯性力。质量力的大小与流体的质量成正比。

流体的表面力有两种类型：一是表面内法向的法向分力，称为正应力；二是沿着表面切向力的摩擦力，就是流体黏性性引起的切应力。当水流在运动时，压力决定管壁的强度，而切线应力则决定于这一管壁对水流的阻力。

J(GJ)AB004 作用在流体上力的分类

8. 管径的确定原则

管道输水工程设计最关键的问题就是管径大小的选择。在压力管道输、供水工程中无论采用什么材质的管材，其管径大小直接影响到工程造价。管径的确定主要根据输送流体的种类和工艺要求，选定流体流速后，通过计算来确定，即管径的确定主要取决于流量和流速。而建筑排水通气管管径应根据污水管的排水能力和进水能力来确定，一般不宜小于排

GAD006 管径的确定原则

水管管径的 1/2。

管网设计的终极目的其实就是选择经济合理的管径。影响管径大小的有四个要素：管道设计流量、流速、水损及节点之间的高差。在流量、节点之间的高差为定值的前提下，如何选择流速就是关键了。其选择原则应遵循以下几点要求：

（1）为防止管道产生冲蚀、磨损、振动和噪声，一般液体介质的流速不应超过 3m/s。

（2）为防止管道产生冲蚀、磨损、振动和噪声，一般气体介质的流速不应超过 100m/s。

（3）对含有固体颗粒的介质，为防止沉淀、堆积堵塞，其流速不应过低。

（4）对于长度较短、管径较小的管道，一般可由常用 $d = 1.13 \times \sqrt{\dfrac{W}{V}}$ 公式计算其管径。

（5）管径的确定应综合考虑基建投资和操作维修费用。

GAD007 管道壁厚的计算方法

9. 管道壁厚的计算方法

在油田地面进行工程项目设计中，都要求选择合适的设计标准来进行管道壁厚的计算，它的计算方法有两种，即薄壁和厚壁理论计算公式。而跨越管道的管段末端未采取防腐蚀控制措施时，钢管壁厚应考虑腐蚀余量，计算时应按使用年限和腐蚀速率来计算。

管壁厚度计算公式：

$$\delta = PD/(2[\sigma]) + C \qquad (1-4-36)$$

式中　P——工作压力，MPa；

　　　D——外径，mm；

　　　$[\sigma]$——管子许用应力，N；

　　　C——腐蚀余量，mm。

在进行管道壁厚计算时，应考虑以下几点：

（1）在计算有缝钢管的壁厚计算公式中，管子的纵向焊缝系数取 0.8。

（2）计算管道壁厚时，野外管线壁厚许用应力设计常数取 0.72。

（3）进行管道壁厚计算时，对具有腐蚀性介质的腐蚀性余量可取 0.5～1.0。

（4）在计算无缝钢管的壁厚计算公式中，管子的纵向焊缝系数取 1.0。

【例 1-4-21】　某输油管汇 $\phi426mm$，设计压力为 25MPa，管道材质为 Q235，$[\sigma]$ 为 144MPa，C 为 0.5mm，试选择管道壁厚。

解：$\delta = C + (PD)/(2[\sigma])$

　　$= 0.5 + (25 \times 426) \div (2 \times 144)$

　　≈ 37.48

　　$\approx 38(mm)$

答：应选择壁厚 38mm 的管子。

【例 1-4-22】　现有一批管材为 Q235，规格为 $\phi325mm \times 8mm$ 的螺旋埋弧焊钢管，请问能否用在工作压力同为 2.5MPa 的集油管线和输气管线上（$C = 0.05$，$\phi = 0.9$，$F_{油} = 0.72$，$F_{汽} = 0.6$）？

解：$\delta_{油} = F\phi\sigma_s$

　　$= 0.72 \times 0.9 \times 235$

$$= 152.28 (\text{MPa})$$

$$\delta_汽 = F\phi\sigma_s$$
$$= 0.6 \times 0.9 \times 235$$
$$= 126.9 (\text{MPa})$$

$$\delta_汽 = C + (PD)/(2\delta_汽)$$
$$= 0.5 + (2.5 \times 325) \div (2 \times 126.9)$$
$$= 3.7 < 8 (\text{mm})$$

答：因 $F_汽$ 小于 $F_油$，所以两样管线都可以用。

10. 筒体设计的原则

GAD008 筒体设计的计算方法

筒体的作用是提供工艺所需的承压空间，是压力容器最主要的受压元件之一，其内直径和容积往往需要由工艺计算确定。圆柱形筒体（即圆筒）和球形筒体是工程中最常用的筒体结构。设计压力是指在相应设计温度下用以确定壳体厚度的压力。筒体的设计压力分为表压力和绝对压力两种。容器上单位面积上所承受操作介质的作用力称为压强。在筒体容器设计压力要求上，其值不得小于最大工作压力。待压力容器制造完毕后，应对容器壳体在耐压试验状态下进行应力校核计算。

在设计筒体壁厚时，不仅要考虑材料的允许减薄量及其腐蚀附加量，还要考虑筒体封头加工减薄量，即使它在实际中影响较小。

筒体直径较小（一般小于 500mm）时，圆筒可用无缝钢管制作，此时筒体上没有纵焊缝；直径较大时，可用钢板在卷板机上卷成圆筒或用钢板在水压机上压制成两个半圆筒，在用焊缝将两者焊接在一起，形成整圆筒。

11. 管道流速的限制要求

GAD009 管道流速的限制要求

工程上用的流速通常是指整个管截面的平均流速。在流量相同的情况下，管径越大流速越小。在流速相同的情况下，管径越大，流量越大。当两根管子流速相等时，流量与其直径的平方成正比，例如，在流速相等的情况下，一根 DN200mm 的管子的流量是 DN100mm 管子流量的 4 倍。

当室外长距离管道 DN < 500mm 时，经济流速为 0.5～1m/s；当室外长距离管道 DN > 500mm 时，经济流速为 1～1.5m/s。

流体流动时，流体任意点的压强和流速等不随时间的变化。

当流量确定后，所选管道的管径大，流速流动阻力小，电能消耗小，但系统投资高。

【例 1-4-23】　在流速相等的情况下，求 DN200mm 管子是 DN50mm 管子流量的几倍？

解：$Q_大 = (Q_大/Q_小)^2 Q_小$
$$= (200 \div 50) Q_小$$
$$= 16 Q_小$$

答：DN200mm 管子是 DN50mm 管子流量的 16 倍。

【例 1-4-24】　在流速相等的情况下，求 DN300mm 管子是 DN200mm 管子流量的几倍？

解：$Q_大 = (Q_大/Q_小)^2 Q_小$
$$= (300 \div 200)^2 Q_小$$
$$= 2.25 Q_小$$

答：$DN200mm$ 管子是 $DN50mm$ 管子流量的 2.25 倍。

GAD010 用水量
的计算方法

12. 用水量的计算方法

工程现场用水分为施工用水、施工机械用水、消防用水和生活用水四部分。居住小区内配套的文教、医疗保健及社区管理等设施，以及绿化和景观用水、道路及广场洒水、公共设施用水等，均以平均时用水量计算节点流量。

用水量计算公式为

$$Q_{d \cdot max} = Q_{max} \cdot N \qquad (1-4-37)$$

式中　Q_{max}——最高日生活用水标准；

　　　　N——规划年限内人口数量。

最高日、时的流量就是给水管网的设计流量，可按以下公式计算：

$$Q_{h \cdot max} = K_h \cdot (Q_{d \cdot max} \div 24 \times 3600) \qquad (1-4-38)$$

水流固体边界的状况，是造成水头损失的外因，而水流的黏滞性是产生水流阻力和造成水头损失的内因。

GAD011 管道
压力的定义

13. 管道压力的定义

从广义上理解，压力管道是指所有承受内压或外压的管道，无论其管内介质如何。压力管道是管道中的一部分，管道是用以输送、分配、混合、分离、排放、计量、控制和制止流体流动的，由管子、管件、法兰、螺栓连接、垫片、阀门、其他组成件或受压部件和支承件组成的装配总成。

在工艺管道安装工程中，管道中有安全泄压装置时预示着该管道在运行过程中有出现超出其正常操作压力的可能。设置安全泄压装置（如安全阀、爆破片等）的目的，就是在系统中出现超出其正常操作压力的情况时，能将压力自动释放而使设备、管道等系统的硬件得到保护。此时管道的设计压力应不低于安全泄压装置的设定压力。在理论数值上，某一管段上的阻力等于该管段上的压力差。

在管道中，若所测得的某处压力差不变，那么流速也不变。管道内水在流动的时候，管道上的压力沿着水流方向逐渐变小。一般情况下，输送低压流体的钢管能承受 2MPa 的压力。

对于高扬程的泵，尤其是往复泵，在开始启动的短时间内，往往会在第一道切断阀之前的管道和泵内产生一个较高的封闭压力，有时这个封闭压力会达到一个很大的值。此时泵的出口管道，其设计压力应取泵的最大封闭压力值。离心泵出口管道的设计压力不应小于吸入压力及扬程相应压力之和。

对于输送制冷剂、液化烃等低沸点介质的管道，其设计压力不应小于阀门关闭时或介质不流动时最高环境温度下气化所能达到的最高压力。在管道的某一点安装一个压力表，所得到的读数就是管道内那一点的压力。管道阻力数值的大小可以通过某管道处的压力差测量出来。

【例 1-4-25】 某输油管为 $\phi108mm \times 4mm$ 管线，其环向应力是 6.0MPa，求该管道压力是多少？

解：$d = 108 - 2 \times 4$

　　　$= 100 (mm)$

$$P = \delta_n \times 2\delta/d$$
$$= 6.0 \times 2 \times 4 \div 100$$
$$= 0.48(\text{MPa})$$

答：该管线工作压力是 0.48MPa。

【例 1-4-26】　某输油管为 $\phi377\text{mm} \times 7\text{mm}$，设计工作压力为 4.8MPa，求环向应力 δ_n？

解：$d = 377 - 2 \times 7$
$$= 363(\text{mm})$$

$$\delta_n = \delta Pd/2$$
$$= 7 \times 4.8 \times 363 \div 2$$
$$= 124.46(\text{MPa})$$

答：该管线的环向应力是 124.46MPa。

14. 钢管阻力的计算方法

GAD012 管道阻力的计算方法

在工程阻力计算中，若已知 DN150mm 钢管内水的流速为 0.40m/s，DN150mm 铸铁管的校正系数为 0.90，在相同流量的前提下铸铁管内的流速为 0.36m/s。一般的管路系统中，既有沿程损失，又有局部损失。同样流量的水，在 DN100mm 钢管中的流速比在 DN100mm 铸铁管中的流速快 10% 左右。在流速相等的情况下，DN200mm 管子中的流量是 DN100mm 管子的 4 倍。管道的总阻力可以用管子的总长度乘以 1m 的阻力求得。管道的阻力随着管道的粗糙程度、管径的大小、管道里流动的物质而变化。DN100mm 钢管的流速校正系数 0.85、阻力校正系数 0.75。

工业管道的总阻力损失由两大部分组成，即沿程阻力损失和局部阻力损失之和。高压蒸汽供暖系统局部阻力占沿程阻力的 25%。

计算管路中各管段的沿程阻力损失之和的公式为

$$Pf = RL \tag{1-4-39}$$

式中　R——每米管长的沿程阻力损失；

　　　L——计算管段的长度。

管道系统中，管件所造成的局部阻力损失计算公式为

$$Pj = \xi v22g\gamma \tag{1-4-40}$$

式中　γ——被输送介质的重度；

　　　ξ——管件阀门的局部阻力系数。

三通局部阻力的大小与分支管中心夹角、三通断面形状、支管与总管的面积比、支管与总管的流量比（即流速比）有关。管道内壁粗糙程度相关的系数均是影响计算结果的重要参数。管道的局部阻力与管道的组成密切相关，管道的阀门、三通等附件越多，阻力损失越大。水力计算公式中，采用的管径均为计算内径。钢管的局部阻力是由管道附件（弯头、三通、阀等）形成的，它和局阻系数、动压成正比。

【例 1-4-27】　已知 DN300mm 的管子长 8000m，每米阻力为 0.8mm 水柱，求该管子的总阻力是多少？

解：$Z = LH$
$$= 8000 \times 0.0008$$

$$=6.4(\mathrm{mH_2O})$$

答：该管子的总阻力是 6.4m 水柱。

【例 1-4-28】 已知 $DN200\mathrm{mm}$ 管子流速为 $0.80\mathrm{m/s}$（流量为 $90\mathrm{m^3/h}$），阻力系数为 9.375，求该管子的每米阻力是多少？

解：$H=NV^2$

$$=9.375\times0.8^2$$

$$=6(\mathrm{mmH_2O})$$

答：该管子的每米阻力是 6mm 水柱。

GAD013 流体的体积特征

15. 流体的体积特性

流体，是与固体相对应的一种物体形态，是液体和气体的总称。它是由大量的、不断地做热运动而且无固定平衡位置的分子构成的，它的基本特征是没有一定的形状并且具有流动性。流体的密度、重度、比体积及相对密度是流体最基本的物理量。流体都有一定的可压缩性，液体可压缩性很小，而气体的可压缩性较大，在流体的形状改变时，流体各层之间也存在一定的运动阻力（即黏滞性）。当流体的黏滞性和可压缩性很小时，可近似看作是理想流体，它是人们为研究流体的运动和状态而引入的一个理想模型。是液压传动和气压传动的介质。当压强保持不变，随着流体的温度升高，体积将膨胀。

流体压缩性的大小用体积压缩系数 β_p 来表示。流体体积压缩系数的意义是指在温度不变时，压强每增加一个单位压力时的液体体积的缩小量。根据流体黏性的差别，可将流体分为两大类，即理想流体和实际流体。引起流体密度变化的原因主要有压力与温度两种。体积压缩系数的倒数称为弹性系数。在工程中，一般认为液体是不可以压缩的。

GAD014 弯曲变形的概念

16. 弯曲变形的概念

在荷载作用下梁要变弯，其轴线由原来的直线变成了曲线，构件的这种变形称为弯曲变形。以弯曲变形为主的杆件习惯上称为梁，梁的外力均作用在包含对称轴的同一纵向对称面内。梁变形后的轴线在对称面内将是一条平面曲线。梁平面弯曲时，产生两种内力，即剪力和弯矩，它的横截面一般都具有对称轴。材料弯曲时，中性层两侧金属的应力与应变方向是相反的。工程上最常见的平面弯曲是最简单的弯曲现象。火车轮轴、桥式起重机的横梁等都是常见的杆件。

弯曲变形的特点：

（1）弯曲圆角部分是弯曲变形的主要区域。

（2）弯曲变形区内的中性层，当弯曲变形程度很小时，应变中性层的位置基本上处于材料厚度的中心，但当弯曲变形程度较大时，可以发现应变中性层向材料内侧移动，变形量越大，内移量越大。

（3）变形区材料厚度变薄，变形程度越大，变薄现象越严重。

（4）变形区横断面的变形，变形区的应力和应变状态在切向和径向是完全相同的，仅在宽度方向有所不同。

【例 1-4-29】 某电动葫芦挂在 45a 规格的工字钢梁上，其许用应力 $[\sigma]$ 为 140MPa。如跨距 L 为 10.5m，电葫芦 q 为 15kN，不考虑梁的自重，计算工字梁能否吊起 Q 为 70kN 的重物（45a 工字钢的抗弯模数 W 为 1430$\mathrm{cm^3}$）？

解:①当小车行走到工字梁中间时,此梁的弯矩最大。可以把此梁看成简支梁,其最大弯矩 M_{max} 为

$$M_{max} = (Q+q) \cdot L/4$$
$$= (70+15) \times 10^3 \times 10.5 \div 4$$
$$= 223125(\text{N} \cdot \text{m})$$
$$= 223.125(\text{kN} \cdot \text{m})$$

②45a 钢工字钢所能承受的最大弯矩 M'_{max} 为

$$M'_{max} = [\sigma] \cdot W$$
$$= 140 \times 10^6 \times 1430 \times 10^{-6}$$
$$= 200200(\text{N} \cdot \text{m})$$
$$= 200.2(\text{kN} \cdot \text{m})$$

因为 223.125kN·m>200.2kN·m,所以不能吊起 70kN 的重物。

答:此梁不能吊起 70kN 的重物。

【例 1-4-30】 有一根厂房的柱子长 L 为 30m,重量 G 为 210kN,柱子的重量均匀分布于柱子的全长上,用两台吊车将柱子吊至安装处。两吊车的千斤绳系结在柱的两端,试求柱子的最大弯矩。

解:柱子中点的弯矩最大,此时有

$$M+(G/2) \times (L/4) - RA \times (L/2) = 0$$

其中 RA 为一台吊车的受力,故 $RA = G/2$,则

$$M = RA \times (L/2) - (G/2) \times (L/4)$$
$$= (G/2)(L/2 - L/4)$$
$$= 210 \times 30 \div 8$$
$$= 787.5(\text{kN} \cdot \text{m})$$

答:柱子中点的弯矩最大,其弯矩为 787.5kN·m。

17. 沿程水头损失的概念

GAD015 沿程水头损失的概念

在固体边界平直的水道中,单位重量的液体自一断面流至另一断面所损失的机械能就称为该两断面之间的水头损失,这种水头损失是沿程都有,并且随沿程长度而增加的,所以称为沿程水头损失。水头损失产生的内因是由其本身的物理性质,即黏滞性和惯性所决定的。产生的外因是由其固体边界,即固体壁对介质流动的阻滞和扰动。管道的沿程阻力损失是由内摩擦而引起的。当介质在管内呈滞流状态,即 $Re \le 2100$ 时,摩擦系数与管内壁表面性质无关。

在达西公式 $h_t = [\lambda(L/D)](v^2/2g)$ 中,λ 表示的是沿程阻力系数。D 表示的是管道直径。在达西公式 $h_t = [\lambda(L/2R)](v^2/2g)$ 中,R 表示的是水力半径。沿程阻力损失公式中的摩擦系数 λ 取决于雷诺准数 Re。

【例 1-4-31】 有一段长 L 为 500m 的给水管道,直径 d 为 150mm,管内流量 Q 为 20L/s,试求该管内的流速。

解:管内流速为

$$U = \frac{Q}{\frac{1}{4}\pi d^2}$$

$$= \frac{0.02}{0.785 \times (0.15)^2}$$

$$= 1.15 \, (\text{m/s})$$

答：该管内的流速为 1.15m/s。

【例 1-4-32】 有一段长 L 为 500m 的给水管道，直径 d 为 150mm，管内流速为 1.15m/s，沿程阻力系数 λ 为 0.02，试求该管段的沿程水头损失。

解：管段的沿程水头损失为

$$H_f = \frac{\lambda L}{d} \cdot \frac{u^2}{2g}$$

$$= \frac{0.02 \times 500}{0.15} \times \frac{(1.15)^2}{2 \times 9.81}$$

$$= 4.5 \, (\text{mH}_2\text{O})$$

答：管段的沿程水头损失为 4.5mH$_2$O。

GAD016 局部水头损失的概念

18. 局部水头损失的概念

由局部边界急剧改变导致水流结构改变、流速分布改变并产生旋涡区而引起的水头损失称为局部水头损失，用 h_j 表示。

局部水头损失产生的主要原因是流体经局部阻碍时，因惯性作用，主流与壁面脱离，其间形成旋涡区，旋涡区流体质点强烈紊动，消耗大量能量；此时旋涡区质点不断被主流带向下游，加剧下游一定范围内主流的紊动，从而加大能量损失；局部阻碍附近，流速分布不断调整，也将造成能量损失。引起局部水头损失有两个原因，即局部边界急剧改变导致水流结构改变及流速分布改变并产生旋涡区。

管道的沿程阻力损失和局部阻力损失之和称为总阻力。局部阻力损失是指通过管件、阀门、流量计等，由于受到阻碍而产生的阻力损失。在工程上常采用当量长度法来计算局部阻力损失。管道的局部阻力损失等于局部阻力系数乘以流速的平方。热水管局部水头损失的计算方法与冷水管相同，但热水管的水温及容重与冷水不同，因此热水管局部水头损失计算表是按照水的条件，进行编制的。

在工程上，止回阀的局部阻力系数是 80。DN250mm 截止阀的局部阻力系数是 7。

【例 1-4-33】 若管段的突然扩大处，由直径 $d_1 = 100$mm 变为直径 $d_2 = 200$mm，管内流量 Q 为 50L/s，试求大断面上的平均流速。

解：小断面上的平均流速为

$$U = \frac{Q}{\frac{1}{4}\pi d^2}$$

$$= \frac{0.02}{0.785 \times (0.1)^2}$$

$$= 6.37 \, (\text{m/s})$$

大断面上的平均流速为

$$U_2 = U_1 \frac{d_1^2}{d_2^2}$$

$$= 6.37 \times \frac{(0.1)^2}{(0.2)^2}$$

$$= 1.59 (\text{m/s})$$

答：大断面上的平均流速为 1.59m/s。

【例 1-4-34】　若管段的突然扩大处，由直径 $d_1 = 100\text{mm}$ 变为直径 $d_2 = 200\text{mm}$，管内流量 Q 为 50L/s，试求该管段水流的局部水头损失（$\zeta = 0.57$）？

解：小断面上的平均流速为

$$u_1 = \frac{Q}{\frac{1}{4}\pi d_1^2}$$

$$= \frac{0.02}{0.785 \times (0.1)^2}$$

$$= 6.37 (\text{m/s})$$

管段水流的局部水头损失为

$$h_j = \zeta \frac{u_1^2}{2g}$$

$$= 0.57 \times \frac{(6.37)^2}{2 \times 9.81}$$

$$= 1.17 (\text{mH}_2\text{O})$$

答：管段水流的局部水头损失 1.17mH$_2$O。

19. 雷诺数的概念

雷诺数是一种可用来表征流体流动情况的无量纲数，以 Re 表示。

计算公式为

$$Re = \rho v r / \eta \qquad (1-4-41)$$

式中　v——流体的流速，m/s；

　　　ρ——流体的密度，g/cm^3；

　　　η——黏性系数；

　　　r——特性线度。

例如，流体流过圆形管道，则 d 为管道的当量直径。利用雷诺数可区分流体的流动是层流或湍流，也可用来确定物体在流体中流动所受到的阻力。雷诺数是流体力学中表征黏性影响的相似准数。当雷诺数小，就意味着流体流动时各质点间的黏性力占主要地位。

雷诺数可以理解为水流惯性力与黏滞力量之比。流体流动时的惯性力 F_g 和内摩擦力 F_m 之比称为雷诺数，它的大小决定了黏性流体的流动特性。雷诺数越小意味着黏性力影响越显著，越大意味着惯性影响越显著。雷诺数很小的流动，例如，雾珠的降落或润滑膜内的流动过程，其特点是，黏性效应在整个流场中都是重要的。雷诺数很大的流动，例如，飞机近

GAD017 雷诺数的概念

地面飞行时相对于飞机的气流,其特点是流体黏性对物体绕流的影响只在物体边界层和物体后面的尾流内才是重要的。

GAD018 降低
管道阻力损失
的途径

20. 降低管道阻力损失的途径

在工艺管道安装中,通常采用以下几点方法与措施来最大限度降低管道阻力损失。

（1）在不影响管道布局的情况下应尽量减少使用弯头。

（2）在工艺管道设计中,为了能尽量减小管道阻力损失,应适当加大管道管径。

（3）为了能降低管道阻力损失,在输送的介质中可加入添加剂来达到降低阻力损失的目的,但在工程中,管道阻力损失是无法回收的能量损失,只能在不影响工艺流程和管道布局的前提下,应尽可能缩短管道长度来降低管道阻力损失。

（4）在改变管径时,应采用局部阻力系数较小的变径管,不宜突然变径而加大局部阻力损失。

（5）在工艺管道设计中,尽可能减少管道中的连接件及管件。

（6）管道施工中,不宜在主干管路上弯头、三通及变径处的附近接出支管管路。

项目四　焊接缺陷的产生与控制

一、焊接缺陷

焊接过程中在焊接接头中产生的金属不连续、不致密或连接不良的现象称为焊接缺陷。

焊接缺陷的种类很多,按其在焊缝中的位置不同,可分为外部缺陷和内部缺陷两大类。

J(GJ)AC001
焊接缺陷的危
害性

1. 焊接缺陷的危害性

焊接缺陷的存在对于锅炉压力容器及焊接结构来说是很危险的,它直接影响着构件的强度、安全运行和使用寿命,严重影响焊接结构的疲劳极限,会导致结构的脆性破坏。

由于焊缝中存在焊接缺陷,其后果是减少焊缝承载截面积、削弱静力拉伸强度。如果焊接缺陷出现缺口,缺口尖端会发生应力集中和脆化现象,容易产生裂纹并扩展。焊接缺陷中,对焊接接头应力集中影响较小的缺陷是未熔合。对焊接接头的强度和应力水平有不利影响的是焊缝弧坑缺陷。对脆性断裂影响最大的焊接缺陷是咬边。

J(GJ)AC002
裂纹产生的原因

2. 裂纹产生的原因及控制措施

（1）产生的原因。

在焊接应力及其他制脆因素共同作用下,焊接接头中局部地区的金属原子结合力遭到破坏而形成的新界面所产生的缝隙称为焊接裂纹。它具有尖锐的缺口和大的长宽比,是一种危害性最大的缺陷。焊缝结构中不允许存在裂纹。根据产生裂纹的温度及原因,焊接裂纹可分为热裂纹、冷裂纹及再热裂纹等。

钢材中的非金属夹杂物疏松、缩孔、气孔等缺陷使得钢材的致密性变差,容易产生裂纹。

焊接过程中,焊缝区、热影响区都可能产生冷裂纹。焊材中 S 元素过多会引起热裂纹。

产生结晶裂纹的原因就是在焊缝中存在液态薄膜和在焊缝凝固过程中受到拉伸应力共同作用的结果。

层状撕裂产生的原因是钢材中存在轧成条、片型的夹杂物。

延迟裂纹产生的原因是焊接接头存在淬硬组织，性能脆化。氢是引起高强钢焊接时延迟裂纹的重要因素之一。工件在焊接后及时进行热处理，可以有效改善应力和消氢，起到预防裂纹产生的作用。

（2）控制措施。

J(GJ)AC003
控制裂纹产生
的措施

控制裂纹产生要根据裂纹产生的原因来实施措施，焊接时，选用适当的焊前预热温度、预热范围能有效防止裂纹的产生。在焊接结构的设计和焊接施工时，尽可能减小垂直于板面方向的约束，可有效防止层状撕裂。焊接过程中，合适的焊接坡口是减少焊接裂纹的有效措施。

焊后立即进行消氢处理，使焊缝金属中的元素逸出金属表面，防止裂纹的产生。为防止焊接热裂纹的产生，用于低碳钢和低合金钢的焊丝中碳的质量分数一般不超过 0.12%。

采用奥氏体焊条焊接某些淬硬倾向较大的低、中合金高强钢，能很好避免冷裂纹。凡是有利于减少焊接残余应力和避免应力集中的措施，均可以减少再热裂纹的倾向。

3. 气孔产生的原因及控制措施

焊接时，熔池中的气泡在凝固时未能及时逸出而残留下来所形成的空穴称为气孔。气孔的大小从显微尺寸到直径为几毫米。气孔按形状分为球形气孔、条虫气孔和针状气孔等；按其分布分为单个气孔、密集气孔和连续气孔等；按其产生的部位分为内部气孔和外部气孔；按焊缝中形成气孔的气体分为氢气孔、氮气孔及一氧化碳气孔。

（1）产生的原因。

J(GJ)AC004
气孔产生的原因

一切能导致焊接过程中产生大量气体的因素都是产生气孔的原因，主要有以下几个方面：

① 焊条或焊剂受潮，未按规定要求进行烘干，保温处理。

② 埋弧自动焊时，若焊剂受潮，在焊道中会产生连续性气孔。

③ 焊接过程中，往往受到空气中潮气太大、有风等的环境影响，易造成气孔的出现。

④ 焊条药皮变质、剥落，或因烘干温度过高而使药皮中部分成分变质失效。

⑤ 焊芯锈蚀，焊丝或焊件表面有水、油、锈等。

⑥ 过大的电流造成焊条药皮发红而失去保护效果。

⑦ 电流偏低或焊速过快，熔池存在时间短，使气体来不及逸出，焊接电流过小会使气孔产生倾向增大。

⑧ 电弧长度过长，使熔池失去保护，空气侵入熔池。

⑨ 电弧吹偏，运条手法不稳等。

⑩ 不同的接头形式及其坡口尺寸，都有一个合适的焊接电流和焊接电压，过大或过小都会使气孔产生的倾向增多。

⑪ 焊条电弧焊时，最容易出现气孔的电源种类或极性是交流电源。铝、镁合金的氢气孔常出现在焊缝的内部。

⑫ CO_2 电弧焊时，由于熔池表面没有熔渣盖覆，CO_2 气流又有较强的冷却作用，易在焊

缝中产生气孔。

⑬ 焊接过程中,所使用焊剂的使用量、烘焙温度不够高也会造成气孔的产生。

J(GJ)AC005
控制气孔产生
的措施

（2）控制措施。

控制气孔的产生在焊接前就要按照规范严格操作,焊接时要随时检验,焊接过程中检验的目的是及时发现存在的问题,以便于随时加以纠正,防止缺陷的产生,同时使出现的缺陷得到及时的处理。

① 焊前将焊条和焊接坡口及其两侧 20~30mm 范围内的焊件表面清理干净。

② 焊条和焊剂按规定进行烘干,为防止气孔的产生,酸性焊条的烘干温度为 200~250℃。选择合适的焊接工艺参数。

③ 若发现焊条偏心要及时调整焊条角度或更换焊条。

④ 在保证焊透的前提下,尽量采取较小的焊接电流,以防止金属杂质的过度气化。焊条电弧焊时,可防止产生气孔的措施是采用短弧焊接。

⑤ 碱性焊条直流反接产生气孔的倾向比直流正接小。

⑥ 焊接时,减少熔池中氢的溶解量有两项优点,即防止氢气孔、提高焊缝金属塑性。

⑦ 为了防止氮气孔的产生,适当增加 CO_2 保护气体流量,防止焊缝中氮气孔的关键在于保证气路畅通、气层稳定、气层可靠。

⑧ 埋弧焊时,在低碳钢的焊剂中加入萤石可有效地消除气孔。

J(GJ)AC006
焊接夹渣的危
害性

4. 焊接夹渣的危害性及控制措施

（1）危害性。

焊后残留在焊缝中的焊渣称为夹渣。焊接过程中,层间清渣不净易引起的缺陷是夹渣。夹渣的存在会降低焊缝的强度,通常在保证焊缝强度和致密性的条件下,允许有一定程度的夹渣存在。

① 焊接过程中产生的夹渣,其尖角会引起很大的应力集中,尖角顶点常导致裂纹的发生。夹渣多数呈不规则形状,会降低焊缝的塑性、韧性。

② 焊接过程中产生的氧化铁及硫化铁容易使焊缝产生脆性。

③ 焊缝中的针形氧化物、磷化物夹渣会使焊缝金属变脆,降低力学性能。

（2）产生的原因。

① 焊接电流过小、焊接速度过快,使熔化金属凝固速度加快,熔渣来不及浮出。

② 焊条角度和运条方法不当,熔渣和液体金属分不开,使熔渣混合于熔池内。

③ 焊件及焊条的化学成分不当,使焊缝的成型系数过小。

④ 焊件边缘及焊层、焊道之间清理不净。

⑤ 坡口角度小,焊接工艺参数不当。

J(GJ)AC007
控制夹渣产生
的措施

（3）控制措施。

① 采用具有良好工艺性能的焊条。

② 选择合适的焊接工艺参数。

③ 焊件坡口角度不宜过小。

④ 认真清除锈皮,多层多道焊时做好层间清理工作,正确选取坡口尺寸,认真清理坡口边缘,选用合适的焊接电流和焊接速度,运条摆动要适当。

⑤ 注意熔渣流动方向,随时调整焊条角度和运条方法,使熔渣能顺利浮出。

5. 未熔合产生的原因及控制措施

熔焊时,焊道与母材之间或焊道与焊道之间未完全熔化结合的部分,对于电阻点焊指母材与母材之间未完全熔化结合的部分,均称为未熔合。

J(GJ)AC008
未熔合产生的原因

(1)产生的原因。

未熔合是一种面积缺陷,间隙未熔合、层间未熔合对承载截面积的减小都非常明显。未熔合的应力集中也比较严重,其危害性仅次于裂纹。

产生未熔合的原因主要是焊接热输入太低,电弧指向偏斜,坡口侧壁有锈垢及污物,层间清渣不彻底等。未融合在焊接过程中的其他工艺因素,包括坡口尺寸、间隙大小、电极倾角、工件的斜度、接头的空间位置等都有影响。

另外产生原因还有坡口角度或间隙过小、钝边过大会产生未熔合。焊接时,焊接电流小、焊条移动快和施焊人员提高电流以加快焊接速度也是造成焊接未融合原因之一。

(2)控制措施。

控制未熔合产生的措施有以下几个方面:

J(GJ)AC009
控制未熔合产生的措施

① 焊接前,及时清理坡口表面氧化皮和油污来防止未熔合的产生。

② 焊接前,正确选择合理的坡口尺寸,可以有效地防止未熔合的产生。

③ 焊接时,应将坡口边缘充分熔透,从而预防未熔合的产生。

④ 适当加大的焊接电流,正确地选择焊接工艺参数。

⑤ 焊接时,通常用开坡口的方法控制焊缝余高、调整熔合比,从而保证不出现未熔合现象。

⑥ 焊接时,为了保证不出现未熔合现象,应注意坡口及层间部位的清洁。

⑦ 焊接时,封底焊清根要彻底,运条摆动要适当,密切注意坡口两侧的熔合情况。

⑧ 合理设计坡口并保持坡口清洁、用短弧焊等措施可以有效防止未熔合的产生。

J(GJ)AC010
焊缝形状缺陷的分析方法

6. 焊缝形状缺陷的分析方法

焊接质量检验的目的是防止和检出种类缺陷,以便做出相应的处理。焊缝外观质量检验不仅检查焊缝的正面,还要检查焊缝的背面。同一部位的焊接缺陷返修次数不得超过 2 次。在焊缝收尾处产生的下陷现象称为弧坑。焊缝内部存在超过标准规定的缺陷时,应及时返修。焊接完成后,焊缝若出现咬边现象时,该缺陷属于焊缝形状缺陷。

焊接圆形缺陷是长宽比小于等于 3mm 的未焊透、熔渣缺陷。焊接圆形缺陷当缺陷的长宽比大于 3mm 时,定义为条状缺陷,包括条渣、条孔。

项目五 杆件的轴向拉伸压缩

若杆件的长度比它的横向尺寸大得多,在材料力学中都抽象为杆件。杆件由于受力不同,会产生不同的变形。变形的基本形式有以下四种,即拉伸和压缩、剪切、扭转和弯曲。

J(GJ)AD001
材料强度的分类

1. 材料强度的分类

金属材料的强度是指金属材料在外力作用下抵抗永久变形、断裂的能力。材料或杆件抵抗破坏的能力称为材料或杆件的强度。材料或杆件应具有在载荷作用下抵抗破坏的能力。各种机械设备都是由许多材料或零件组成的。虽说材料的种类和用途不同，但在工作时都受到载荷的作用。

为了确保材料或杆件能安全可靠地工作，它必须具有足够的强度、刚度和稳定性。按外力作用的性质不同，主要有屈服强度、抗拉强度、抗压强度、抗弯强度等。

材料或杆件的变形不应超过正常工作所允许的限度，即杆件应有足够的刚度。在其外力的作用下能保持原来形状的能力是材料或杆件稳定性的表现。

J(GJ)AD002
轴向拉伸压缩
的概念

2. 轴向拉伸压缩的概念

材料力学这门科学的任务是研究各种材料及构件在外力作用下，所表现的力学性能。它主要研究对象就是杆，而且多为直杆。拉伸与压缩是四种基本变形中最简单的，也是最常见的。

轴向拉伸与压缩有一个共同的受力特点：作用在杆端的两个力，大小相等，方向相反，作用线与杆的轴线重合。在这种外力作用下，构件只产生沿轴线方向的伸长或缩短。这种变形形式称为轴向拉伸与压缩。轴向拉伸特点是轴向伸长、横向缩短。轴向压缩特点是轴向缩短、横向变粗。

例如，法兰连接时，螺栓紧固后，螺栓杆是简单拉伸，螺帽是简单压缩；管道支架所承受的荷载是集中荷载。

J(GJ)AD003
轴向拉伸压缩
时横断面上内
力的表现形式

3. 轴向拉伸压缩时横断面上内力的表现形式

构件在外力作用下将产生变形，同时在杆内产生附加内力。构件是由无数质点所组成的，在其未受外力作用时，质点间就存在着相互作用的内力，以保持其原有的形状。物体内部某一部分和其他部分所作用的力就是内力。内力是由外力引起的，它随着外力的改变而改变。轴向拉伸和压缩时的内力称为轴力。

轴向拉伸与压缩时的内力计算是分析杆件强度、刚度、稳定性等问题的基础。内力与构件的强度、刚度有密切关系。

用截面法求内力的步骤有截开、代替、平衡。杆件的内力在横断面上是均匀分布的。杆件的强度必须用单位面积上的内力来衡量。

构件在外力作用下将产生变形，同时在杆内产生附加内力。

J(GJ)AD004
轴向拉伸压缩
时横断面上应
力的表现形式

4. 轴向拉伸压缩时横断面上应力的表现形式与正应力的计算方法

（1）表现形式。

为了研究构件的强度问题，只知道内力的大小是不够的，因为内力的大小不能标志构件的强度大小。还必须知道内力在断面上的分布情况，也就是应力的分布情况。应力的分布规律与构件的变形有关。轴向拉伸压缩时横断面上应力分为正应力、切应力。

在研究杆件强度问题时，杆件的强度不仅与内应力的大小有关，还与杆件的横截面面积大小有关，因为内力的大小不能标志杆件强度大小。在轴向拉压杆和受扭圆轴的横截面上分别产生线位移和角位移。两根材料相同、粗细不等的杆件，在相同拉力作用下，它们的应力是相等的。同样材料制成两个断面积不同的杆件，在受力相同的情况下，断面积小的容易断裂。

（2）正应力的计算方法。

J（GJ）AD005
轴向拉伸压缩时
横断面上正应力
的计算方法

① 正应力的概念。

只知道截面上内力的大小还不能解决构件的强度问题，还与其横截面积的大小有关。实验证明，杆件的强度必须用单位面积上的内力来衡量。杆件计算时，单位面积上的内力称为应力。应力的单位是帕（斯卡），符号为 Pa。

研究正应力的分布与研究轴扭转时切应力分布类似，须从几何、物理及静力学三方面考虑。杆件正应力的方向与横断面是垂直的。为了求直梁纯弯曲时正应力的分布规律，须先确定中性轴位置还有曲率半径的大小。

杆件在横断面上的内力是均匀分布的，其横断面的计算公式为

$$\sigma = T/A \tag{1-4-42}$$

式中　σ——横断面上的正应力；

　　　T——横断面上的内力（轴力）；

　　　A——横断面的面积。

② 正应力的计算。

【例 1-4-35】　如图 1-4-19 所示，储罐每个支脚承受的压力 P 为 30kN，它是用外径为 140mm、内径为 131mm 的钢管制成的，试求支脚的压应力。

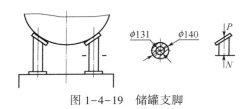

图 1-4-19　储罐支脚

解：支脚的横截面积为

$F = \pi(R^2 - r^2)$

　　$= 3.14 \times (70^2 - 65.5^2)$

　　$= 1914.615(\text{mm}^2)$

压应力为

$\sigma = N/F$

　　$= 30 \times 10^3 / 1920$

　　$\approx 15.7(\text{MPa})$

答：支脚的压应力为 15.7MPa。

【例 1-4-36】　如图 1-4-19 所示，储存罐支脚的压应力为 15.6MPa，它是用外径为 140mm、内径为 131mm 的钢管制成的。试求储罐每个支脚承受的压力是多少？

解：支脚的横截面积为

$F = \pi(R^2 - r^2)$

　　$= 3.14 \times (70^2 - 65.5^2)$

　　$= 1914.615(\text{mm}^2)$

支脚的支撑力为

$$P = \sigma F$$
$$= 15.6 \times 1914.615$$
$$\approx 30(\text{kN})$$

答：储罐每个支脚承受的压力是30kN。

5. 轴向拉伸压缩纵向变形的表现形式

（1）表现形式。

杆件在轴向拉伸时，其变形特点是沿着杆件纵向伸长（缩短），同时沿着横向缩小（扩大）。变形的性质分为弹性变形和塑性变形两种形式，变形中的弯曲分为平面弯曲和对称弯曲两种形式。

杆件在拉伸或压缩时，长度发生改变，杆件长度的改变量称为绝对变形，以符号 ΔL 来表示。杆件的绝对变形与杆件的长度有关。在杆件受到压缩变形时，其压缩变形时产生的绝对变形为负，单位为 mm。杆件的单位长度变形称为相对变形或线变形，以符号 ε 来表示。杆件的线应变是点的纵向变形量，其正负规定与绝对变形相同。

杆件再受拉伸或压缩时，不但沿杆件纵向发生变形，同时，沿杆件横向也发生变形。

（2）计算。

【例1-4-37】 有一 V 形弯曲件，材料为 A3 钢板，厚度为 6mm，宽度 B 为 120mm，抗拉强度 σ_b 为 470N/mm^2，弯曲内侧圆角半径 R 为 6mm，求自由弯曲力？

解：根据公式 $P = \dfrac{0.6KBt^2\sigma_b}{R+t} = \dfrac{0.6 \times 1.3 \times 120 \times 6^2 \times 470}{6+6} = 131976(\text{N})$

答：该弯曲件的自由弯曲力为131976N。

【例1-4-38】 有一 V 形弯曲件，材料为黄铜板硬（H68），厚度为 3mm，宽度 B 为 100mm，抗拉强度 σ_b 为 400N/mm^2，弯曲内侧圆角半径 R 为 3mm，求自由弯曲力？

解：根据公式 $P = \dfrac{0.6KBt^2\sigma_b}{R+t} = \dfrac{0.6 \times 1.3 \times 100 \times 3^2 \times 400}{3+3} = 46800(\text{N})$

答：该弯曲件的自由弯曲力为46800N。

6. 虎克定律

变形是在载荷作用下发生的，变形与载荷之间的关系可通过实验得出。实验表明在弹性范围内，杆件的变形与载荷是成正比的关系；与杆件长度成正比的关系；杆件的变形与杆件的横断面面积是成反比的关系。在弹性限度内，弹簧的弹力与弹簧的长度成正比的关系，这一关系称虎克定律，可用下式表达：

$$\Delta L = FL/EA \tag{1-4-43}$$

在虎克定律实验时，由于载荷与内力是相等的，虎克定律可改写为

$$\Delta L = TL/EA \tag{1-4-44}$$

虎克定律描述的仅为原点和屈服点到屈服点之间的那一段陡峭的直线。虎克定律的重要意义不只在于描述了弹性体形变和力的关系，更在于它开创了一种研究的重要方法。

从物理的角度来看，虎克定律源于多数固体内部的原子在无外载作用下处于定平衡的状态。当杆件应力不超过比例极限时，正应力与线应变成正比。当应力超过比例极限时，材料对变形的抵抗能力逐渐减弱。

第二部分

初级工操作技能及相关知识

模块一　施工准备

项目一　根据平面图绘制立面图、侧面图

一、相关知识

（一）管道布置图的识读步骤与绘图步骤

1. 识读步骤

CBA001 识读管道布置图的一般要求

表达工业生产过程与联系的图样一般包括工艺流程图、设备布置图和管道布置图。在工业生产过程中，各种流体物料的输送都是在管道中进行的，图纸会审首先要了解工程概况、工作量及工作特点等。

CBA002 识读管道布置图的步骤

表达厂房内外设备（或机器）间管道走向和管道组成件等安装位置的图样称为管道布置图，又称配管图，是管道工程安装施工的重要技术文件和依据。配管图在原则上都是按照一定比例绘制出来的，识读过程中应注意尺寸变化。目前，配管图一般不绘制大剖面图，多为局部剖（立）图。

管道布置图经常具有多个标高层次，因此在识读过程中应注意要按照不同的标高平切分层识读。工艺管道图是一种用图线、图例、符号和代号按正投影原理绘制而成的象形图。

图纸识读过程中，要检查图纸是否配套，设计有无漏、错和不合理的地方，这是开工前的技术准备工作。

识读整体图样的顺序是：图纸目录→施工说明→设备→材料表→平立（剖）面图→详图→轴测图。

识读单体图样的顺序是：图纸目录→文字→说明→图样→数据。

图纸识读后，要与工艺流程图进行结合复审，以便查找出管道布置图是否有偏差。

2. 绘图步骤

第一步：看视图、想形状。拿到一张管道图，先要明确它是用哪几个视图来表示这些管线形状和走向，再看平面图与立面图、立面图与侧面图、侧面图与平面图这几个视图之间的关系，然后想象出这些管线的大概轮廓形状。

第二步：对线条、找关系。管线的大概轮廓像出后，各个视图之间相互关系可利用对线条（即对投影关系）的方法，找出视图之间对应的投影关系又是怎样，尤其是积聚、重叠、交叉管线之间的投影关系。

第三步：合起来、想整体。看懂了各视图的各部分形状后，再根据它们相应的投影关系综合起来想象，对每条管线形成一个完整的认识，这样，就可以在脑子里把整个管路的立体形状、空间走向、完整地想象出来。

（二）管道布置图的表示方法及设备图线符号要求

1. 表示方法

在管道布置图中，设备、管道等均是以本区域内的建筑物的纵向、横向轴线为基准来定位的。建筑物的纵向轴线用阿拉伯数字从左向右顺序编号；横向轴线用大写英文字母从下向上顺序编列。

在管道布置图中，对于多根管道交叉或重叠时，应用数字编号来表示，尽可能不采用拉出引线编顺序号的方法。

在管道布置图中，若配管尺寸完全相同的多组管道，可以选择其中一组标注其尺寸的表示方法。

在管道布置图中，设备机泵的中心线用细点画线来表示，图中大型、复杂的特殊阀门宜适合采用大致外形轮廓来表示。

在某些管道布置图中，有方向性的管道组成件（如止回阀、截止阀、调节阀等）附近，应标明介质流向的方式来表示，管道拐弯时，尺寸界线应定在管道轴线的交点上。

2. 设备图线符号要求

在布置图上的管件和阀件多采用规定的图例来表示。这些简单的图样并不完全反映实物的形象，仅只是示意性地表示具体的设备或管（阀）件，施工图中常见的图例见表 2-1-1。

表 2-1-1　工艺管道图中图线及应用范围

名称	图例	备注	名称	图例	备注
平板封头（盲板）	─┤		三通（马鞍）	⊙ / ┬	（上）立面图显示主管为左右方向，三通管为前后方向；（下）平面图为主管左右方向，三通管为前后方向
8 字形盲板	─┤○├─		90°管（向上弯）	└ / ⊙──	平面图中，立管为圆，向右横管画至圆边
来回弯（45°）	⌐⌐ / ─◁─	俯视图中两次45°拐弯画成半圆表示	90°管（向下弯）	└ / ⊙──	平面图中，立管为圆，向右横管画至圆心
管顶标高	▽		管底标高	▽	
管中标高	▽		管端或设备中心标高	▽	

（三）管子、管件单、双线图的识读方法

1. 管子单、双线图的识读方法

如图 2-1-1 是用三视图来表示短管，图 2-1-2 是用双线图来表示短管，用于表示管子壁厚的虚线和实线被忽略。这种仅用双线来表示管子形状的图样，即为管子的双线图。如果只用一根直线表示管道在立面上的投影,而在平面图中只用一个小圆点外加画一个小圆,即为管道的单线图,如图 2-1-3 所示。

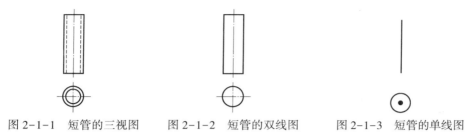

图 2-1-1　短管的三视图　　图 2-1-2　短管的双线图　　图 2-1-3　短管的单线图

管道图是将管段、管件、附件等连接在一起画成能用于施工的图纸,如果管段、管件都按其单体的正投影图表示,图面比较杂乱,很难表示清楚。为了使施工图简洁明了,便于识读,便采用单线图和双线图的形式绘制管道施工图。

在管道图中,一般以单线图表示法为主。若立面图反映出来的是一个空心圆,那么用单线图表示该管段的平面图是前后方向的直线。

2. 弯头单、双线图的识读方法

图 2-1-4(a)所示为一弯头的双线图,图中省略了视图中的内壁虚线和实线。

CBA006　弯头单、双线图的识读方法

图 2-1-4(b)所示为弯头的单线图,在平面图上先看到立管的断口,后看到横管。画图时,对立管断口投影画成一有圆心点的小圆,横管画到小圆边上。在侧面图(左视图)上,先看到立管,横管的断面的背面看不到,这时横管应画成小圆,立管画到小圆的圆心处。

图 2-1-5 所示为 45°弯头的单、双线图。45°弯头的画法同 90°弯头的画法相似,90°弯头画出完整的小圆,而 45°弯头只需画出半圆。

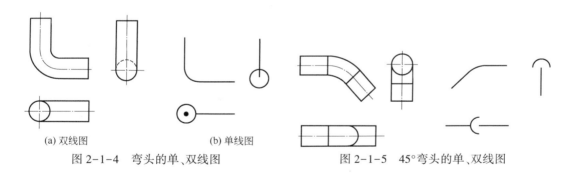

(a) 双线图　　　　　　　(b) 单线图

图 2-1-4　弯头的单、双线图　　　　　图 2-1-5　45°弯头的单、双线图

弯头用双线图表示时,只用两根线条画出弯管的外部形状,投影时看到管口用带十字中心线的圆圈表示。看到弯管背时,将其画成带有十字中心线的半个实线小圆或画成虚线和实线各半组成的小圆。管道壁厚的虚线可以不画。

弯头用双线图表示时,以平面图为例,若先看到一个实线小圆,则表示该弯头的管口向上。

弯头用双线图表示时,以立面图为例,若先看到一个实线小圆,则表示该弯头的管口向前。

弯头单线图中,立面图反映实形,用两条相交的90°的线条画成直角形,在平面图上90°弯管投影时看到弯管背用水平管画到小圆圈中心表示,侧面图里水平管投影时看到管口,画成小圆圈加点,立管画到小圆圈边上。

弯头用三视图表示时,以直线到小圆中心或到小圆边来判断弯头管口朝向。

弯头用单线图表示时,以直线到小圆中心或到小圆边来判断弯头管口朝向。

弯头用单线图表示时,以立面图 ——〇 为例,若看到直线延伸到小圆中心,则表示该弯头的管口向后

弯头用单线图表示时,以立面图 ——⊙ 为例,若看到直线延伸到小圆边缘,则表示该弯头的管口向前。

CBA007 三通单、双线图的识读方法

3. 三通单、双线图的识读方法

图 2-1-6 所示为同径正三通和异径正三通的双线图,双线图中省略了内壁虚线和实线,仅画出外形图样。在画三通展开图时,若两管的交线呈 V 字形直线,则说明该三通为尖角三通。在画三通展开图时,若两管的交线为弧线,则说明该三通为马鞍三通。

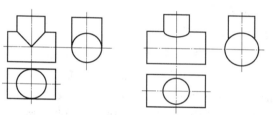

图 2-1-6 同径正三通和异径正三通的双线图

图 2-1-7 所示为三通的单线图,在平面图上先看到立管的断口,所以把立管画成一个圆心有点的小圆,横管画到小圆边上。在图 2-1-7(c)左立面(左视图)上先看到横管的断口,因此把横管画成一个圆心有点的小圆,立管画在小圆两边。在图 2-1-7(a)右立面图(右视图)上,先看到立管,横管的断口在背面看不到,这时横管画成小圆,立管通过圆心。

(a) 右立面   (b) 立面   (c) 左立面

图 2-1-7 三通的单线图

管道图中,不管是等径还是不等径三通,都用单线图来表示。三通支管与主管为上下关系,支管在主管上面,如图 2-1-8 所示。等径正三通用三视图表示时,仅画出其外形图样即可。

等径正三通用三视图表示时,仅画出其外形图样即可。若管道图中,若出现立面为 ——〇—— 的三通时,表明该三通支管与主管为前后关系,支管在主管后面。管道图中,若出现平面图为 ——⊙—— 的三通时,表明该三通支管与主管为上下关系,支管在主管上面。

等径斜三通　　　　　　　不等径斜三通

图 2-1-8　三通单线图

CBA008　异径管单、双线图的识读方法

4.异径管单、双线图的识读方法

图 2-1-9 所示为同心大小头的单、双线图,图 2-1-10 所示为偏心大小头的单、双线图,如用同心大小头的图样表示偏心大小头时,就需要用文字注明"偏心"二字,以免混淆。

图 2-1-9　同心大小头的单、双线图　　　图 2-1-10　偏心大小头的单、双线图

异径管又称异径接头或大小头。异径管在管道图中较为普遍,常用于管道变径处。异径管的双线图和单线图都作为一种符号表示管径的变化。异径管在平、立面图中的画法是一样的,它有同心和偏心之分。

同心异径管在单线图里有的画成等腰梯形,有的画成等腰三角形,两种表示形式意义相同;异径管用双线图表示时,偏心异径管画成等腰直角梯形。

二、技能要求

(一)准备工作

1.材料及工具准备

(1)材料准备。

名称	规格	数量	备注
答题纸	—	若干	根据题签要求确定

(2)工具准备。

序号	名称	规格	数量	备注
1	绘图铅笔	HB	2 支	—
2	三角板	—	1 套	—
3	绘图模板	—	1 个	—
4	橡皮	—	1 块	—
5	单面刀片	—	1 个	—
6	碳素笔	黑	1 支	—

2.人员要求

1 人操作,穿戴齐全劳动保护用品。

（二）操作规程

1. 补画第三视图的方法

（1）识读给出的一（两）个视图。

（2）在给出的两个视图上，将管道对应编号。

（3）用"对线条"的方法作出相应的辅助线。

（4）根据三面投影图的投影规律（即"三等"关系），利用"对线条"的方法，补画出新的第三视图。

2. 补画第三视图的步骤

（1）详读题签说明，了解试题要求。

（2）识读所给立面图含义，准确掌握视图中管段走向。

（3）根据说明中的比例要求合理布局，掌控所绘制的三视图在答题纸上的合理位置。

（4）先绘制平面图，后绘制侧面图。

（5）先绘制主线，后绘制主线上的分支线。

（6）主线及分支线绘制完成后，补画各线上的设备。

（7）标注尺寸，先标注长向、宽向尺寸，后标注纵向尺寸。

（8）复核管段走向及尺寸是否存在偏差。

（9）标注图名及比例。

（三）注意事项

（1）补画视图注意其布局应合理。

（2）所补画的立面图、侧面图应按投影关系进行绘制。

（3）绘图时保留作图线，图线应符合标准。

（4）尺寸标注要符合标准。

（5）使用单面刀片时，应正确使用，以免造成划伤。

项目二 根据立面图绘制平面图、侧面图

一、准备工作

（一）材料及工具准备

1. 材料准备

名称	规格	数量	备注
答题纸	—	若干	根据题签要求确定

2. 工具准备

序号	名称	规格	数量	备注
1	绘图铅笔	HB	2支	—

序号	名称	规格	数量	备注
2	三角板	—	1套	—
3	绘图模板	—	1个	—
4	橡皮	—	1块	—
5	单面刀片	—	1个	—
6	碳素笔	黑	1支	—

（二）人员要求

1人操作，穿戴齐全劳动保护用品。

二、操作规程

（一）补画第三视图的方法

（1）识读给出的一（两）个视图。

（2）在给出的两个视图上，将管道对应编号。

（3）用"对线条"的方法作出相应的辅助线。

（4）根据三面投影图的投影规律（即"三等"关系），利用"对线条"的方法，补画出新的第三视图。

（二）补画第三视图的步骤

（1）详读补画视图说明，了解补画视图要求。

（2）识读所给立面图含义，准确掌握视图中管段走向。

（3）根据说明中的比例要求合理布局，掌控所绘制的三视图在答题纸上的合理位置。

（4）先绘制平面图，后绘制侧面图。

（5）先绘制主线，后绘制主线上的分支线。

（6）主线及分支线绘制完成后，补画各线上的设备。

（7）标注尺寸，先标注长向、宽向尺寸，后标注纵向尺寸。

（8）复核管段走向及尺寸是否存在偏差。

（9）图名及比例标注。

三、注意事项

（1）补画视图注意其布局应合理。

（2）所补画的平面图、侧面图应按投影关系进行绘制。

（3）绘图时保留作图线，图线应符合标准。

（4）尺寸标注要符合标准。

（5）使用单面刀片时，应正确使用，以免造成划伤。

项目三 根据平、立面图绘制管道轴测图

一、相关知识

（一）轴测图的绘制方法

（1）画轴测图时，应以管道平面图、立（剖）面图为基础，根据正投影原理对管线的平、立（剖）面图进行图形分析，明确管线的实际走向，有几路分支，转几次弯及弯头的角度是多少，管道上有什么配件、阀件并和哪些设备连接，建立一个立体形象。

（2）在图形分析的基础上，对所绘管线分段编号，再逐段进行分析，明确在左右、前后、上下这六个空间方位上每一段管线的具体走向，并确定同各轴测轴的关系，这一步骤称为定轴定方位。

在正等测图中，一般情况下往往定 X 轴为前后（南北）轴向；定 Y 轴为左右（东西）走向；定 Z 轴为垂直走向。

在斜等测图中，一般情况下往往定 X 轴为左右（东西）走向；定 Y 轴为前后（南北）轴向；定 Z 轴为垂直走向。

（3）画管道轴测图时，无论是正等轴测图还是斜等轴测图，都应根据简化了的轴向缩短率 $1:1$ 绘制，但有时也不必严格按比例绘制，只要考虑阀门和管件的比例协调即可，线型一般都用单根粗实线表示，画图时，假想把粗细不等的空心圆都看成一条线得出的投影，当然也有用双线来表示的。

（4）具体画图的次序一般是先画前面，再画后面；先画上面，再画下面。管道与设备连接应从设备的管接口处逐步朝外画出，画被挡住的后面或下面的管线画时要断开。

（5）画轴测图中的设备时，一律用细实线或双点画线表示。如管道较简单，应画出设备的大致或示意性的外形轮廓，如设备上需要连接的管道很多，仅需画出设备上的管接口即可。

（6）画轴测图时，应注明管路内的工作介质的性质、流动方向、管道标高及坡度等。如果平、立面图上有管件或阀件，也应该在相应的投影位置上标出。

（7）在水平走向的管道中法兰要垂直画。在垂直走向的管道中，法兰一般与邻近的水平走向的管道相平行。用螺纹连接的阀门和管件在表示形式上与法兰连接相同，阀门的手轮应与管道平行。

（8）由于轴间角的不一致，轴向缩短率的不一致，因此轴测图常常不能准确地反映管道的真实长度和比例尺寸，按图施工时，管道不能按照这种比例来画线下料，应以标注的尺寸为准。

（9）根据平、立面图所确定的比例以及简化了的轴向缩短率，用圆规或直尺一段段地量出平、立面图的管道长度，并把它们沿轴向量取在轴测轴或轴测轴的平行线上，然后把量取的各线段连起来即成轴测图。

（二）正等轴测图的绘制方法

CBA010　正等轴测图的绘制方法

画正等轴测图时，多用单线图方式来表示。它的轴间角均为120°。各轴向长度的放大比例都是1.22∶1。在正等轴测图中，为作图方便，三个轴的轴向缩短率都取1。

绘图时，首先应分析图形，明确管道在空间的实际走向和具体位置，应注意空间两直线互相平行，画在正等轴测图上也平行。物体上的直线，画在正等轴测图上仍为直线，画正等轴测图中，平行于轴测投影面的圆，其轴测投影一般也为圆。凡不平行于轴测投影面的圆，其轴测投影画成椭圆。

绘制正等测图时，垂直走向的立管与OZ轴方向一致，也就是平行关系；前后走向的管道可以取OX方向，此时左右走向的管道要取OY方向。由于OX和OY可以换位，所以前后走向的管道如果取OY方向，则左右走向的管道要取OX方向，但OZ表示垂直方向是固定不变的。

绘制轴测图时，垂直管路或管段法兰连接图形符号与水平方向应按30°角绘制。

（三）斜等轴测图的绘制方法

CBA011　斜等轴测图的绘制方法

斜等轴测图作图方法和步骤与正等轴测图相同，仅OX轴与OY轴方向有所不同。

如图2-1-11是斜等测图的选定，对于管道的斜等测图，一般也把OZ、OX、OY布置成OZ轴画成垂直的，OX轴画成水平的，OY画成与两轴成45°方向。

画斜等测图时，凡是垂直走的立管均与OZ轴平行，左右走向的水平管均与OX轴平行，而前后走向的水平管则与OY轴平行。OZ、OX、OY三个轴的轴向缩短率均为1∶1。具体画法同正等测的画法。

在实际工作中画正等测图或斜等测图时，OZ、OX、OY三个轴线是不需要画出来的，只要把等测图布置到图纸上的适当位置就可以了。当图中管道线条发生交叉时，其表示方法的基本原则是先看到的管道全部画出来，后看到的管道在交叉处要断开。

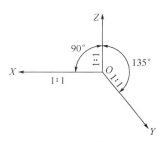

图2-1-11　斜等轴测轴

例如，图2-1-12中，斜等测图中，立管1与水平管段3交叉时，就要断开。

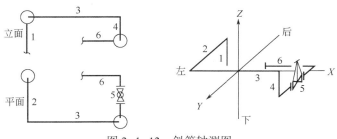

图2-1-12　斜等轴测图

画斜等轴测图时，OZ轴一般画成垂直位置，上下走向，OX轴选定为左右走向的轴，OY轴为前后走向的轴。通常把$\angle XOZ$画成90°，$\angle YOZ$画成135°。若图中出现法兰连接，法兰连接图形符号在管道系统中用平行短线来表示。在斜等轴测图上，设备可以不画，但要画出设备上管道接口。空间两直线相互平行,画在斜等轴测图上则也平行。

CBA015 尺寸
标注的方法

（四）尺寸标注的方法

在工艺管道施工图中,尺寸标注是一项重要环节。图样中所标注的尺寸,为该尺寸所示管段或机件的最后完工尺寸,否则应另加说明。尺寸标注一般只标注一次,并应标注在反映该结构最清晰的图面上,在保证不致引起误解和不产生理解多义性的前提下,力求简化标注。一个完整的尺寸标注是由尺寸界线、尺寸线、尺寸数字及截止符四部分构成。

1. 尺寸界线

尺寸界线是表示尺寸范围的线。用细实线绘制,并由图形的轮廓线、轴线或对称中心线引出。也可用轮廓线、轴线或对称中心线直接作为尺寸界线。尺寸界线、尺寸线应与被标注尺寸的管道在同一平面上。一般应与被标注长度垂直,其一端应离开图样的轮廓线不小于2mm,必要时可利用管段作为尺寸界线。

2. 尺寸线

尺寸线必须用细实线绘制,其终端可采用箭头形式,也可不用。尺寸线不能用图中的其他图线代替,也不与其他图线重合或在其延长线上。标注线性尺寸时,尺寸线必须与所标注的线段平行,若相同方向上同时有几条互相平行的尺寸线时,各尺寸线的间隔要一致(间隔一般为5~10mm),同时,将大尺寸标注在小尺寸外面,尽量避免与其他的尺寸线和尺寸界线相交。

3. 尺寸数字

尺寸数字表示尺寸的大小及形体结构特征。尺寸数字的书写位置及数字方向与具体尺寸有关,同一图样中尺寸数字的大小和书写格式应一致,线性尺寸的数字一般应写在尺寸线的上方,也允许注写在尺寸线的中断处;在标注直径时,应在尺寸数字前加注符号"ϕ";标注半径时,应在尺寸数字前加注符号"R"。

水平尺寸的尺寸数字字头朝上,写在尺寸线上方;竖直尺寸的尺寸数字字头朝左,写在尺寸线左方;倾斜的尺寸数字字头有朝上的趋势,注在尺寸线的上侧。

在工艺管道施工图中,以管中心、管道轴线的交点、管嘴的中心线、法兰的端面、活接头的中点、法兰阀和法兰组件的端面作为尺寸界线的引出点;对焊焊接、承插焊焊接、螺纹连接的阀门以阀门中心作为尺寸界线的引出点。所有管道平剖面图中标注管底标高的地方均应换算成管中心标高再标注尺寸。孔板法兰标注两法兰间的尺寸,该尺寸包括孔板和两个垫片的厚度。偏心异径管应标注其偏心值。法兰、弯头、异径管、三通、封头等管道组件不注结构长度尺寸。管段穿过平台、楼板、墙洞时,在管段图中应予表示并标注尺寸。阀杆与三维坐标轴有倾斜夹角的阀门应标注夹角值。

注意:机件的真实大小应以图样上所注的尺寸数据为依据,与周围大小及画图的准确度无关。

4. 截止符

尺寸截止符又称起止符,一般用中粗短斜线绘制,其倾斜方向应与尺寸界线成顺时针45°角,长度宜为2~3mm,在轴测图中标注尺寸时,其截止符宜用斜线、箭头、小圆点表示。

二、技能要求

(一)准备工作

1.材料及工具准备

(1)材料准备。

名称	规格	数量	备注
答题纸	—	若干	根据题签要求确定

(2)工具准备。

序号	名称	规格	数量	备注
1	绘图铅笔	HB	2支	—
2	三角板	—	1套	—
3	绘图模板	—	1个	—
4	橡皮	—	1块	—
5	单面刀片	—	1个	—
6	碳素笔	黑	1支	—

2.人员要求

1人操作,穿戴齐全劳动保护用品。

(二)操作规程

绘图的步骤如下:

(1)详读绘图说明,了解绘制要求。

(2)识读所给平、立面图含义,准确掌握视图中管段走向。

(3)根据所给视图中的比例尺寸要求进行合理布局,掌控所绘制的轴测图在绘图纸上的合理位置。

(4)先在绘图纸中间位置绘制出辅助坐标轴,在绘图纸右上角依据辅助坐标轴绘制出标准坐标轴。

(5)依据辅助坐标轴进行轴测图绘制,先绘制主线,后绘制分支;先绘制管段,后绘制管段上的设备。

(6)标注尺寸,先标注长向、宽向尺寸,后标注纵向尺寸。

(7)复核管段走向及尺寸是否存在偏差。

(8)图名及比例标注。

(三)注意事项

(1)绘制辅助坐标轴时,应采用细虚线或细点画线,其轴间角必须符合要求。

(2)所绘制轴测图应按投影关系进行绘制,准确掌握绘图比例。

(3)绘图时保留作图线,图线应符合标准。

(4)尺寸标注要符合标准。

(5)使用单面刀片时,应正确使用,以免造成划伤。

项目四 根据平、立面图模拟工艺配管

一、相关知识

（一）单管管段图

1. 概念

CBA012 单管管段图的简介

单管管段图是施工单位下料预制并在现场装配的图纸。它的空间位置是由管道平立面图来确定的。为了便于表达，单管管段图可以不按比例绘制，采用正等轴测图，即120°坐标。管段图上的建北或0°方向通常指向右上方。同一装置管段图的方向标取向应相同，基本与管道平立面图的图例符号相同。单管管段图分区绘制时，图中应画出分区界线。

单管管段图有三部分内容，其中图形是为了表明所预制管段由哪些组件组成以及他们在三维空间的位置。为了提高安装质量和效率，施工单位可自行绘制单管管段图。

2. 表示方法

CBA014 单管管段图的表示方法

单管管段图主要包括图形、工程数据和材料单三部分内容。图形表明所预制管段由哪些组件组成以及它们在三维空间的位置。工程数据包括各种尺寸标高和管道标准、组件规格、编号、制作检验要求等标注说明。材料单开列组成该管段所有组件的型号、规格和数量。

复杂的管段图应仔细安排图面，不但要画下全部管段的图形，还要有足够的图面供标注之用。当管段图的起点为设备机泵的管嘴时，应用细实线画出管嘴。它的起点为另一根管道或同一根管道的续接管段时，应用虚线画出一小段该管段。

绘制管段图形时，原点可以选在管段任何一个拐弯处管道轴线的交点，也可以选在管道的起止点。

绘制管段图形时，应依据管道平面、立面图的走向，画出管段从起点到终点所有的管道组成件。

3. 绘制要求

CBA013 单管管段图的绘制要求

绘制单管管段图时，常用A3幅面的专用图纸，全部采用单线、不按比例绘制，也可采用正等轴测图。

管段图可以不分区绘制或分区绘制，但以不分区绘制为好，分区绘制时图中应画出分界线。绘制单管管段图所使用的线条粗细及其使用范围与管道布置图相同。

目前国内外各设计单位不尽相同，有的不论管径大小所有管道全部绘制，有的则规定绘制 $DN \geqslant 50mm$ 的管径，小管径为现场配管。

4. 组合管道单线图的识读方法

CBA009 组合管路单线图的识读方法

在管道施工图中，两个弯头在同一平面内的组合，一般称为来回弯。两个90°弯头在两个相互垂直的平面内组合，即两个弯管互成90°、三根管线相互垂直的组合，一般称为摆头弯，又称摇手弯。在管道平、立面图中，只有左右方向的管段画法是不变的。

一般在管道图中，根据图例 ⌐‾‾‾┐└‾‾‾（立面图）中显示，该管道是由两根左右方向的横

管和一根立管所组成的。根据图例——◯——(平面图)中显示,小圆代表的是上下方向的2个弯头。根据图例——◯(平面图)显示,小圆下面的管段代表是前后方向。

90°弯管和三通可以进行任意组合,用来表达管道的不同走向和分支。多根管道的组合而成的管道系统,几根管道的高低位置关系通过立面图确定,平面图确定前后位置关系和管道的走向。

(二)断面图

CBA018　断面图的简介

假想用一个剖切平面把物体的某一部分切断,物体被切断的部分称为断面。把断面形状用正投影方法重新进行投影,并在切断面上画出剖面符号,这种图样称为断面图。断面图共分为重合断面、移出断面、中断断面和分层断面四种类型。

断面图与剖面图的区别在于只画出剖切平面相接触的平面上的图形,而不画出剖切平面后方未剖切部分的投影。剖切平面应与被剖切部分的主轮廓线垂直,以便反映断面的实形。断面图是通过把断面图形用正投影的方法重新进行投影来显示的。

画断面图时须用剖切符号在正投影图中(主要是平面图中)表示剖切位置及投影方向。断面的剖切符号应用剖切位置线来表示,并以短粗实线来绘制。端面剖切位置线的绘制长度应以6~10mm为宜。断面剖切符号的编号宜采用阿拉伯数字,按顺序连续排列,并应注写在剖切位置线的一侧;编号所在的一侧应为该断面的投射方向。

(三)管道剖面图

CBA016　识读管道剖视图的方法

1. 识读方法

管道剖面图是根据管道平面图上剖切符号画出来的管道立面图,管道剖面图的画法仍旧遵循正投影图的画法要求。它能清楚地反映管道的真实形状以及管件、阀件内部或被遮盖部分的结构形状。

转折剖面图是利用多个一般剖切面剖切物体,并对剖切面进行投影的图样。内外形状对称,其视图和剖面图均为对称图形的管件或阀件适用于半剖视图。半剖面图的剖切位置和图名的标注方法与全剖面图相同。

一组剖切符号一般包括剖切位置、投射方向和剖面的宽度三方面内容。局部剖面图的剖面部分同视图以波浪线分界,该线表示剖切的部位和范围。

识读管道剖面图时,首先要在平面图上找到剖切符号的具体位置和投射方向。剖面图要和平面图对照看,同时参照给出的其他视图,如正立面图、侧立面图,以便对管道逐根进行分析,解决管道的空间位置和走向,将几根管道连接起来,明确管道的组合情况。设备配管的剖面图识读时,先弄清楚设备的布置情况、管路接口位置以及设备之间的相互位置关系,然后逐个对设备及其管路进行细致查看,同时与平面图及其他识图对比来看,解决管道的空间布置。看图时,要注意同一根管道在不同的图上画法是不一样的,看图时必须有管道立体走向概念。

2. 绘制方法

CBA017　管道剖面图的画法

绘制管道剖面图前,应先识读已知的管道平面、立面、侧面图,了解其管路系统间的关系,按照管线正投影的方法来绘制。

绘制剖面图,应先在平面图上确定剖切符号进行编号。剖切符号包括剖切位置、剖视方向和剖切面宽度。若管道平面图上的剖切符号为水平画法时,画出的管道剖面图应为某部分管路正面立面图。剖切位置用剖切线表示,即用两段粗短画线。剖视方向表示投影所指的方向,用垂直于两短画线的细实线表示,用箭头表示投影方向。剖面图上管路间的尺寸和位置关系必须与平、立面图相一致。

绘制管道剖面背立面图时,应将其旋转180°后进行投影画图。

绘制管道剖视图时,应根据管路的标高、位置、走向和组成等参数,采用管道图的表示方法来绘制。

二、技能要求

(一)准备工作

1. 设备

序号	名称	规格	数量
1	工位台	—	若干
2	转盘式台虎钳	—	1 台

2. 材料及工具准备

(1)材料准备。

序号	名称	规格	数量
1	铁线	10 号	若干
2	透明胶	—	若干

(2)工具准备。

序号	名称	规格	数量
1	钢板尺	500mm	1 把
2	克丝钳	—	1 把
3	直角尺	250mm×500mm	1 把
4	手锤	1.5kg	1 把
5	锉刀	500mm	1 把
6	碳素笔	黑	1 支

3. 人员要求

1 人操作,穿戴齐全劳动保护用品。

(二)操作规程

(1)详读工艺配管说明,了解模拟配管要求。

(2)识读所给平、立面图含义,准确掌握视图中管段走向。

(3)将所给铁线用手锤进行颠制取直。

(4)根据所给视图中的比例尺寸要求进行模拟工艺配管,掌控所给平立面图各管段方向。

（5）先配制工艺主线,后配制工艺分支,管段上的设备可采用口取纸进行标识。

（6）模拟工艺配管时,各弯点应采用手锤颠制进行弯曲。

（7）复核管段走向及尺寸是否存在偏差。

（三）注意事项

（1）操作时,应注意准确掌握平立面图中管路方向。

（2）模拟工艺配管时,各管路结合点可采用透明胶带粘贴牢固,以防改变管路走向。

（3）配制管路颠制弯点尺寸应合理控制,并注意控制管路方向的准确性,使用手锤颠制弯点时,应注意用力得当,以防用力过大,铁线出现断裂现象。

（4）模拟工艺配管制作时,应保证铁线所代表的管路符合所给图示要求,确保其同一性。

（5）正确使用台虎钳,夹持铁线时用力均匀;使用手锤时,严禁野蛮操作。

（6）过长的铁线在进行弯制配管时,易造成划伤或扎伤,所以操作前应严格控制好铁线长度及方向,做到保护好自己的同时,不伤害他人。

项目五　使用与维护液压千斤顶

一、相关知识

（一）套丝板架

CBB001 套丝板架的构造

套丝板是手工套丝工具,它的上盖是由带有板牙活动滑轨的活动标盘组成。活动标盘的上端突出部分装有松紧板牙的装置及固定活动标盘的螺栓。扳手靠活动标盘上的滑轨来调整牙尖距离以对正相应的管径,对好后,用固定活动标盘的螺栓固定。套丝板架的结构如图 2-1-13 所示。

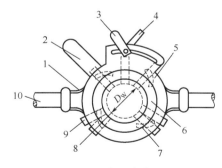

图 2-1-13　普通式管子绞板

1—铰板本体;2—后卡爪滑盘板;3—标盘固定螺钉板;4—板牙松紧螺钉;5—活动标盘;
6—固定盘;7—板牙滑轨;8—板牙(共四块);9—后卡爪三个顶件;10—扳手

套丝板架是装夹板牙的工具,它分为圆板牙架和管子板牙架。

套丝板牙中间一段是校准部分,也是套丝时的导向部分。它的结构特点要求是在套丝时可以顺时针转动。管子套丝板的板牙应根据管径大小分别配置。手工套丝板架上有四个相互垂直和一个水平面上的牙室。

CBB002 扳手 的规格 **（二）扳手**

1. 扳手的规格

扳手主要有套筒扳手、活动扳手和梅花扳手三种。扳手的作用是用于安装、拆卸四方头和六方头螺栓及螺母、活接头、阀门、根母等零件和管件。套筒扳手和梅花扳手除具有一般扳手的功用外，特别适用于各种工作空间狭窄和特殊位置部位，拧紧和松开六角头螺栓、螺钉和螺母。它们都是以六角头头部对边距离（即扳手尺寸 S）为公称尺寸大小不同成套组成。套筒扳手如图 2-1-14 所示，其规格见表 2-1-2。

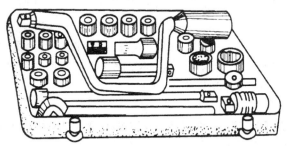

图 2-1-14　套筒扳手

表 2-1-2　套筒扳手规格

品种	配套项目			接头
	套筒头规格（螺母对边距离），mm	方孔或方梓尺寸，mm	手柄及连接头	
小 12 件	4,5,5.5,7,8,9,10,12	7	棘轮扳手，活络头手柄，通用型手柄，长接杆	
6 件	12,14,17,19,22	13	弯头手柄	直接头
9 件	10,11,12,14,17,19,22,24			
10 件	10,11,12,14,17,19,22,24,27			
13 件	10,11,12,14,17,19,22,24,27		棘轮扳手，活络头手柄，通用手柄	
17 件	10,11,12,14,17,19,22,24,27,30,32	13	棘轮扳手，滑行头手柄，摇手柄，长接杆，短接杆	直接头 万向接头 旋具接头
28 件	10,11,12,13,14,15,16,17,18,19,20,21,22,23,24,26,27,28,30,32			
大 19 件	22,24,27,30,32,36,41,46,50,55,65,75	20	棘轮扳手，滑行头手柄，弯头手柄，加力杆，接杆	活络头 滑行头

2. 梅花扳手

梅花扳手如图 2-1-15 所示。它分为乙字型（俗称钥匙型）、扁梗型、矮颈型三种，其规格见表 2-1-3。

表 2-1-3　梅花扳手规格

成套扳手	6 件	5.5×7,8×10,12×14,14×17,19×22,24×27
	8 件	5.5×7,8×10,9×11,12×14,14×17,17×19,19×22,24×27
单件扳手		5.5×7,8×10,9×11,12×14,14×17,17×19,19×22,22×24,24×27,30×32,36×41,46×50

图 2-1-15　梅花扳手

3. 活动扳手

活动扳手又称活络扳手,是开口式并可调节开口宽度的扳手,开口宽度用调整螺母来调节,能扳一定范围内尺寸的螺栓或螺母,活动扳手轻巧、方便、使用广泛,但效率不高,不够精确,活动钳口容易歪斜。常见的活动扳手规格见表 2-1-4。

表 2-1-4　活动扳手规格

长度	mm	100	150	200	250	300	375	450	600
	in	4	6	8	10	12	15	16	24
开口最大宽度,mm		14	19	24	30	36	46	55	65

（三）直角尺

> CBB003　直角尺的使用方法

直角尺主要用于检验工件直角、垂直度和平行度误差,应用于安装定位和画线等。直角尺使用前,应检测直角尺的垂直度。使用直角检测工件的直角时,用光隙法鉴别工件的角度是否正确。为精确直角尺的测量结果,可将直角尺翻转 180° 再测量一次。直角尺若出现角度大于 90° 时,应用小圆头锤轻敲直角尺的外角。反之若出现角度小于 90° 时,应用小圆头锤轻敲直角尺的内角。

在管道施工中,广泛应用各种直角尺,直角尺也称弯尺,有木制和钢制两种,管道施工中采用钢尺。

直角尺可用来检验工件角度,画垂直线和平行线以及安装法兰时使用,直角尺分为宽座直角尺、扁直角尺、法兰直角尺和活弯尺(角度尺)等。

1. 宽座直角尺

宽座直角尺即宽座角尺,用于检验直角、画线、安装定位及检验法兰安装的垂直度等。其结构如图 2-1-16 所示,其规格见表 2-1-5。

图 2-1-16　宽座直角尺

表 2-1-5 宽座直角尺规格

尺寸,mm×mm	63×40,100×63	500×250	1250×800
	160×100,250×160	630×750	1600×1000
	315×200	1000×630	
精度等级	0,1,2,3	1,2,3	2,3

2. 法兰直角尺

法兰直角尺又称法兰弯尺,其结构如图 2-1-17 所示。这种直角尺小巧轻便,易于携带。组对法兰和管子时,在水平和垂直方向检查法兰密封面与管子中心线垂直情况,为便于使用,也可将法兰直角尺改制成图 2-1-18 结构形式。法兰直角尺多在现场自制、要求尺壁平直、角度准确,使用前应用角尺校对,较大的法兰直角尺应放样校对。

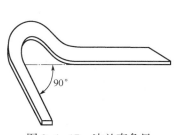

图 2-1-17 法兰直角尺

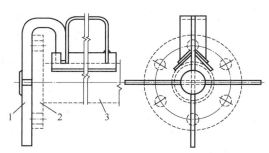

图 2-1-18 法兰直角尺
1—角尺;2—法兰;3—管

（四）钢卷尺

CBB004 钢卷尺的使用方法

钢卷尺是长度的测量工具之一,它是由一条长而薄的钢带制成,钢带全长都卷入筒壳中,钢卷尺的一面刻有公制单位刻度线,普通钢卷尺的精度为 0.5mm。钢卷尺按规格分为大钢卷尺和小钢卷尺两类。大钢卷尺长度有 10m、20m、30m、50m 等规格,用于测量较长的直线或距离;小钢卷尺也称钢盒尺,有 2m、3m、5m 三种规格,用于测量较短的直线或距离。

使用钢卷尺测量时,将钢卷尺从盒中拉出,将钢卷尺的标度与直线尺寸直接比量读出得数。在使用过程中,尺带只能卷,不能折。拉出尺带不得用力过猛,而应徐徐拉出,用毕也应让它徐徐退回。拉力大小会影响钢卷尺的长度,在测量时如果不用弹簧秤衡量拉力,会产生误差。

钢卷尺用后,要将钢带擦拭干净,钢卷尺的尺带一般镀铬、镍或其他涂料,所以要保持清洁,测量时不要使其与被测表面摩擦,不允许将钢卷尺存放在潮湿和有酸类气体的地方,以防锈蚀、腐蚀。施工中所用的钢卷尺要经过有相应资质的检测单位或部门检定后使用,计量检定周期为 1 年。

（五）水平尺

CBB005 水平尺的使用方法

水平尺也称水平仪,是检验构件平面水平度和垂直度的主要工具。它的种类和规格不一,按照材质分为铁水平尺、铝合金水平尺(图 2-1-19)。铝合金水平尺使用方便,但价格高;按外形分为长条式水平尺和方框式水平尺,方框式水平尺有四个相互垂直的都是工作面的平面,并有纵向、横向两个水准器,常用的平面长度为 200mm。工艺管道安装施工中,常用铁水平尺,它的规格尺寸见表 2-1-6。

图 2-1-19　铝合金水平尺

表 2-1-6　铁水平尺规格

长度,mm	150	200	250	300	350	400	450	500	550	600
主水准刻度值,mm			0.5					2		

水平尺一般常用在建筑、安装、维修、装饰工程中,检查建筑物或设备的水平位置偏差,水平尺的玻璃管上表面是弧面。一般水平尺都有三个玻璃管,每个玻璃管中有一个气泡。水平尺的横向玻璃管用来测量水平面的,竖向玻璃管用来测量垂直面的。还有一个玻璃管是测量角度的,原则上测量的角度值为 45°。在使用时将水平尺放在被测物体上,水平尺气泡偏向哪边,则表示那边偏高,即需要降低该侧的高度。在原则上来说,横竖都在中心时,带角度的水泡也自然在中心了。

(六)画线工具

1. 画线的作用

根据图样要求,用画线工具在毛坯或半成品上画出加工界线的操作,称为画线。画线的作用如下:

(1)使加工时有明确的尺寸界线、加工余量和加工位置。

(2)及时发现和处理不合格的毛坯,避免后续加工而造成更大的损失。

(3)在毛坯误差不大时,可依靠画线借料的方法来补救,以免造成毛坯或制件出现报废现象。

(4)便于复杂工件在机床上安装,可以按画线找正定位,以便进行机械加工。

2. 画线工具的使用方法

(1)画线平板。

CBB006 画线工具的使用方法

画线平板又称画线平台,它是一块经过精加工(精刨和刮研)的铸铁平板,是画线工作的基准工具。画线平板水平放置,平稳牢靠,平板表面的平整性直接影响到画线的质量。各部位要均匀使用,不得在平板上锤击工件。

(2)划针和划针盘。

划针是用来画线的,用直径 3~5mm 的弹簧钢丝或碳素工具钢刃磨后经淬火制成。选用划针时,应考虑适用性,其长度以 150~200mm 为宜。划针在使用时,为了保证划针尖的硬度,在其尖部可焊上硬质合金磨成,尖端宜磨成 15°~20°。划针的直头端是用来画线,弯头端用来找正工件的位置。划针与画线移动方向夹角为 45°~75°。在工件上画线时,画线要尽量做到一次画成,若重复地画同一条线,会影响画线质量。

划针盘是用来进行立体画线和找正工件位置的。使用划针盘时,划针的直头端用来画线,弯头端用来找正工件的位置。划针伸出部分应尽量短,在移动划针盘画线时,底座应与平板密贴,划针与画线移动方向倾斜45°~75°为宜。

(七)手工锯条的分类及选用方法

手工锯条是生活、工作中常见的操作工具,可以用来锯解木头、钢材等。

CBB007 手工锯条的分类

1. 手工锯条的分类

手工锯条的原材料大多是碳素工具钢,相对机用锯条的风钢来说,这种碳素工具钢具有更强的柔韧性,但是硬度和强度远没有风钢好,采用碳素工具钢生产的手工锯条因为价格划算,成本低廉,因此用量较大。

在工艺管道安装工程中,常用的手工锯弓的锯条按锯齿齿距分为3种,即细齿、中齿和粗齿。手工锯条中,中齿每25mm长度内有24齿;细齿锯齿有26~32齿;粗齿的齿牙数为14~18齿。

手工锯条中的字母G代号表示高速钢或双合金金属复合钢;在手工锯条中的代号D表示优质碳素结构钢。代号T在手工锯条中材料表示为碳素及合金工具钢。

CBB008 手工锯条的选用方法

2. 手工锯条的选用方法

手工锯条一般用渗碳钢冷轧而成,也有用碳素工具钢或合金钢制成的,并经热处理淬硬。常用的手锯锯条长度为300mm,宽度为12mm,厚度为0.8mm。锯条按锯齿的齿距 t 大小分为粗齿($t=1.6$ mm)、中齿($t=1.2$ mm)和细齿($t=0.8$ mm)三种。

在选用锯条时,需要了解在使用过程中,锯条所切削的工件材质,然后根据不同的材质选择不同的手工锯条,如锯齿的深浅、齿距之间的间距等。一般来说,材质较软程度较低的,应采用较大的齿距;反之,就采用较小的齿形和齿距。根据不同的使用环境选择不同类型的手工锯条是选择锯条的前提。

二、技能要求

(一)准备工作

1. 设备

序号	名称	规格	数量
1	工位台	—	若干
2	转盘式台虎钳	—	1台
3	液压式千斤顶	—	1台

2. 材料及工具准备

(1)材料准备。

序号	名称	规格	数量
1	钢板	$\delta=16$ mm	若干
2	垫木	—	2块

（2）工具准备。

序号	名称	规格	数量
1	卷尺	5m	1米
2	角尺	500mm	1把
3	手锤	0.75kg	1把
4	锉刀	500mm	1把
5	碳素笔	—	1支

3. 人员要求

1人操作，穿戴齐全劳动保护用品。

（二）操作规程

（1）检查。使用前必须检查各部位是否正常（主要检查活塞、接头、高压软管等处是否漏油）。

（2）使用前，若发现手动泵体的油量不足时，需向泵中加入经充分过滤的液压油后才能进行操作。

（3）使用时，应严格遵守液压千斤顶主要参数中的规定，切忌超高超载，否则当起重高度或起重吨位超过规定时，液压油缸顶部会发生严重漏油。

（4）使用时，所选择重物中心要适中，合理选择千斤顶的着力点，底面要垫平，同时要考虑到地面的软硬条件，是否要衬垫坚韧的木材，放置应平稳，以免负重下陷或倾斜。

（5）操作过程中，千斤顶将重物顶升后，应及时用支撑物将重物支撑牢固。

（6）若需要几只千斤顶同时顶升重物时，除应正确安放千斤顶外，还应注意每台千斤顶的负荷是否均匀平衡，注意保持起升速度同步，防止被举重物产生倾斜而发生危险。

（7）使用千斤顶时，将油缸放置好位置，将油泵的放油螺钉旋紧，即可工作。欲使活塞杆下降，将手动油泵手轮按逆时针方向微微旋松，油缸卸荷，活塞杆即逐渐下降，否则下降速度过快会导致产生危险。

（8）因千斤顶起重行程较小，在使用时不能超过额定行程，以免损坏千斤顶。

（9）使用时，若出现空打现象，可先放松泵体上的放油螺钉，将泵体垂直起来头向下空打几下，然后再旋紧放油螺钉即可继续使用。

（三）注意事项

（1）操作时，不得加偏载或超载，以免千斤顶破坏发生危险。

（2）操作过程中，若有载荷时，切记将快速接头卸下，以免发生事故或损坏机件。

（3）液压千斤顶是用油为介质，必须做好油及机体的保养工作，以免淤塞或漏油，影响使用效果。

（4）液压千斤顶在使用过程中，应避免千斤顶剧烈振动（如在千斤顶负载时，用手锤敲击工件），严禁野蛮操作。

（5）新的或久置的油压千斤顶，会因油缸内存有较多空气，开始使用时，活塞杆可能出现微小的突跳现象，可将油压千斤顶空载往复运动2~3次，以排除腔内的空气。

项目六　使用与维护螺旋式千斤顶

一、准备工作

（一）设备

序号	名称	规格	数量
1	工位台	—	若干
2	转盘式台虎钳	—	1台
3	螺旋式千斤顶	—	1台

（二）材料及工具准备

1. 材料准备

序号	名称	规格	数量
1	钢板	$\delta = 16mm$	若干
2	垫木	—	2块

2. 工具准备

序号	名称	规格	数量
1	卷尺	5m	1米
2	角尺	500mm	1把
3	手锤	0.75kg	1把
4	锉刀	500mm	1把
5	碳素笔	—	1支

（三）人员要求

1人操作,穿戴齐全劳动保护用品。

二、操作规程

（1）检查。使用前必须检查各部位是否正常,并加注润滑油。

（2）使用螺旋式千斤顶前,必须预估物体的重量,严禁超载使用。

（3）使用时,必须确定物体的重心,选取好千斤顶的着力点,且应平稳放置,若遇松软地面时,应垫坚硬的木料,以防起重时发生歪斜倾倒。

（4）使用时,将推牙推至上升位置,按壳体所示箭头方向撬动手柄。如下降时将板牙反方向推至下降位置,撬动手柄即可。

三、注意事项

（1）操作时，不得加偏载或超载，以免千斤顶破坏发生危险。

（2）操作过程中，若有载荷时，切记将快速接头卸下，以免发生事故或损坏机件。

（3）使用时，应避免急剧震动，严禁野蛮操作。

（4）当几台千斤顶并用顶升重物时，起升速度应保持同步，且每台千斤顶的负荷也应均衡，否则将发生倾倒的危险。

（5）使用后，应及时擦拭干净螺杆和千斤顶，并及时归置库房，存放时，应立直向上。

模块二 管道预制组对、设备安装

项目一 制作摆头弯

一、相关知识

CBC001 放样下料方法

（一）放样下料方法

在管道工程中看懂图,下准料是十分重要的。下料过程大致可以分为放样、求结合线、作展开图、画线、切割、坡口等步骤。其中放样、求结合线和作展开图是下料过程的关键。在整个管道的预制加工中,展开下料占有相当的地位,它涉及复杂的投影原理,是油气管道安装工必修的业务之一。在实际放样中,可根据已知的投影图制作展开图。

展开放样是把半径 R 的圆分成 12 等份,并按顺时针方向标注。展开放样下料时,圆周上分的等份越多,每 2 个等分点之间连接而成的弦长就越近似于这段弦长所对应的弧长。管件的展开样板应用光滑曲线连接各等分点。

为了求出管件配件展开图上的曲线,可把管子外径的周长分成若干等分点,画配管展开图时利用这些等分点,在展开图上求得相应的位置,再把各个点连成光滑的曲线,即成展开图。

CBC002 简易下料方法

（二）简易下料方法

日常施工近似算料法是指只求出料的近似值,但要保证误差在允许范围内。比例法是先将弯曲点一一求出,然后在管道上同时画出所有弯曲点位置和弯点的下料长度。

测量法是在现场制作弯头或在按 1:1 比例尺作的实样图上,用直尺直接测量弯头的各部尺寸,然后按尺寸制作的方法。斜管口的下料是指在现场不具备条件时应用测量法从管端量取所需的数值后计算出斜长距离后下料。

比量下料法的特点是不需提前将弯曲点一一计算出来,在熟知弯曲点计算方法的情况下,直接在管道上比量画出弯曲点的位置和弯曲点的下料长度。

图解法求下料长度比较快,特别是求斜长时,但图形要画的准确,尺寸也要准确,否则比量出的下料长度误差过大。

CBC004 阀门的测量方法

（三）阀门的测量方法

在工艺管道安装过程中,阀体的长度一般都是依据阀体实物进行实测后得出的结果进行计算的,但往往在进行理论计算时,由于没有实物进行实测,所以根据一定的理论经验值来设定阀体的实际长度,即阀体长度的理论计算公式为

$$L_{阀} = D + 200 \tag{2-2-1}$$

式中 L——阀体长度,mm;

D——阀门公称直径,mm。

在进行阀体长度理论计算需要注意的是：

（1）阀门长度的理论计算公式结果与实测长度有较大误差，在实际操作过程中，不能依据理论计算的结果进行预制安装工艺管道。所以在工艺阀组制作安装前，必须先测量出所用阀体的长度，以免在现场安装时产生误差。测量阀门长度时，应将阀门法兰盘平放于水平面上进行测量。直尺与阀体平行，垂直于法兰端面，测量两法兰端面之间的距离。

（2）无论是现场实际的施工图纸还是理论计算图纸，阀门若出现特殊角度标识时，应旋转法兰盘来进行阀门安装，以达到图纸要求。

（四）摆头弯的制作方法

CBD005 摆头弯的制作方法

在工艺管道安装过程中，摆头弯工艺出现的频率较多，一般操作人员都是根据施工图纸进行提前预制后再进行安装，如图 2-2-1 所示。

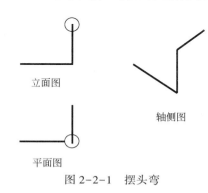

立面图

轴侧图

平面图

图 2-2-1 摆头弯

摆头弯制作前，首先要测量两固定管端面的垂直度，并且摆头弯制作测量时，测量工具应放在固定管端面的中心线上进行测量。管子煨弯摆头弯时，外侧部分受拉力作用，从而使管壁弯薄。管子受力大小是与管子的外壁与中性层的距离成正比。管子直径越大，弯曲时受力和变形也越大。摆头弯组对时，应用钢板尺或水平尺检查两管口上部和侧面平直度。摆头弯组成的三管段之间应相互垂直。若出现摆头弯安装法兰时，应提前考虑测量法兰片及密封垫片的厚度，然后再按照法兰片与管段的组对方法及要求进行预制安装。

预制过程中，应注意管段插入法兰片的深度、垂直度及法兰孔的水平度是否符合现场实际要求。

二、技能要求

（一）准备工作

1. 设备

序号	名称	规格	数量	备注
1	工位台	—	若干	—
2	电、气焊设备	—	若干	—

2. 材料及工具准备

（1）材料准备。

序号	名称	规格	数量	备注
1	无缝钢管	$\phi 60mm \times 3.5mm$	若干	—
2	煨制弯头	$DN50mm, R=90°$	2个	—
3	平焊法兰	$DN50mm, PN1.6MPa$	2片	—

续表

序号	名称	规格	数量	备注
4	单头螺栓	$M16mm×60mm$	8 条	附螺帽
5	橡胶石棉垫片	$δ＝3mm$	2 片	—
6	石笔	—	若干	—
7	线桩	—	4 个	—

（2）工具准备。

序号	名称	规格	数量	备注
1	卷尺	5m	1 个	—
2	角尺	500mm	1 把	—
3	线坠	0.5kg	1 个	—
4	水平尺	600mm	1 把	—
5	手锤	0.75kg	1 把	—
6	活动扳手	12in	2 把	—
7	锉刀	500mm	1 把	—
8	砂轮片	$φ125mm$	2 片	—
9	粉线	—	若干	—
10	圈带样板	—	1 块	—
11	角向磨光机	$220V,φ125mm$	1 台	—

3. 人员要求

1 人操作，电气焊配合，穿戴齐全劳动保护用品。

（二）操作规程

（1）用水平尺吊线，用钢卷尺测量两固定管端面的垂直度及相互垂直度。

（2）用两钢卷尺吊线，测量固定管的纵向间距、横向间距及两固定管高差。

（3）依据测出的各部尺寸及弯头半径，进行管段的下料计算。

（4）进行管段尺寸复检，合格后进行管段打磨、坡口加工。

（5）摆头弯预制。

（6）预制完成后再进行尺寸复检。

（三）注意事项

（1）摆头弯测量操作时，测量工具应放在固定管端面的中心线上。

（2）摆头弯管段的加工、预制组对时，管段的坡口、对口间隙、错边量等相关组对要求应符合有关规定。

（3）摆头弯制作过程中，正确使用工具，严禁野蛮操作。

（4）组成的摆头弯三管段应相互垂直，不得歪斜。

（5）摆头弯组成件与原管段之间的间隙应符合标准规定,不得出现间隙过大或死口现象。

项目二　套制"Z"管段螺纹

一、相关知识

CBD006 套制管螺纹方法

（一）套制管螺纹方法

套制管螺纹时先要根据要求选择合适的板牙并安装。将管子在管压钳上夹牢,使管子处于水平状态,并伸出管压钳150mm。松开套丝板后卡爪,将套丝板上管子固定。调整好活动标盘并上紧固定。一手压住套丝板用力推进,一手按顺时针方向扳转扳板。套上一二扣时加机油冷却润滑。转动扳把套进规定长度,并随时加机油。松开后卡爪及板牙退出铰板,并再套一遍,使之与管件较好配合。最后,清刷净铰板内铁屑。螺纹连接时,管螺纹加工要松紧适度,应做到"上三、紧四、外留二"。套螺纹时,若有断丝或缺丝,不得大于螺纹全扣数的10%,并在纵方向上不得有断处相靠。

管道在实际安装中,如支管要求有坡度及遇到管件的螺纹不端正时,允许套丝有相同的偏扣,偏扣的最大限度不超过15°。

注意:$DN20mm$ 管螺纹每英寸牙数为 14。大于或等于 $DN25mm$ 管螺纹的螺距为2.309mm。管道内螺纹弯头不可以采用螺旋焊接钢管制作。

CBC003 内螺纹弯头的测量方法

（二）内螺纹弯头的测量方法

在进行螺纹连接时,螺纹管段的下料往往会需要指导内螺纹弯头的实际长度,由于内螺纹弯头与工程中的焊接弯头不一样,所以应采用以下方法进行测量。

（1）内螺纹弯头测量时,可采用直角尺进行测量。

（2）封闭直管段测量时,应采用直尺进行测量。

（3）内螺纹弯头安装前,应先测量弯头中心到直管段螺纹部位的根部长度。

（4）90°内螺纹弯头测量时,应先测量弯头的直角度是否符合要求。

（5）测量内螺纹弯头长度时,应将弯头垂直于水平面上,用直尺进行测量。

（6）内螺纹弯头与螺纹直管段结合部位的安装尺寸允许偏差为±3mm。

CBD003 内螺纹活接接直管段下料方法

（三）内螺纹活接接直管段下料方法

在管道需要螺纹连接时,往往会遇到内螺纹活接管件与管段进行连接,这时就需要量取内螺纹活接的长度,通过知道其长度后,进行中间直管段的下料应采用计算的方法。并且在内螺纹直管段测量时,必须考虑管件的长度。

施工中,通常在活接直管段下料时,应先测量直管段螺纹长度。当内螺纹弯头或内螺纹活接在连接时,若测量尺寸出现较小偏差时,可用生料带缠绕的方式来调整。

注意:内螺纹活接直管段在下料时,应注意不允许管口出现偏口。内螺纹活接直管段下料时,应将所需连接的管件安装就位后,直接测量管件中心到直管段螺纹根部尺寸。

二、技能要求

(一)准备工作

1. 设备

序号	名称	规格	数量	备注
1	压力钳操作架	—	1个	—
2	管子压力钳	—	1台	—
3	工位台	—	1个	—

2. 材料及工具准备

（1）材料准备。

序号	名称	规格	数量	备注
1	90°螺纹弯头	$DN20mm$	1个	—
2	机油	—	0.2kg	—
3	截止阀	$DN20mm$	1个	—
4	聚四氟乙烯生料带	—	2卷	—
5	活接头	$DN20mm$	1个	—
6	活接头胶垫	$DN20mm$	2个	其中一个备用
7	短节	$DN20mm×200mm$	1根	双丝
8	有缝钢管	$DN20mm$	若干	

（2）工具准备。

序号	名称	规格	数量	备注
1	管子铰板	$DN(15\sim50)mm$	1把	—
2	管钳	300mm	2把	—
3	管子割刀	—	1把	—
4	管子割刀片	—	1个	—
5	卷尺	3m	1把	—
6	钢板尺	300~500mm	1把	—
7	石笔	—	1支	—

3. 人员要求

1人操作,穿戴齐全劳动保护用品。

(二)操作规程

（1）识读图纸,准确了解图纸所要表达的含义。

（2）量取所给管件长度,并对应记录管件数据。

（3）根据要求,选择合适的套丝工具,并安装。

（4）将管子在管压钳上夹紧牢固,使管子处于水平状态,并保证伸出管压钳钳口 150mm。

（5）调整好管子铰板上的套丝挡位，保证铰板套丝顺时针方向扳转铰板手柄。

（6）当套丝铰板套上一扣至两扣时，应加机油冷却润滑。

（7）当套丝至符合要求扣数时，将套丝铰板挡位调整至退丝挡位，即逆时针扳转铰板手柄。

（8）查看套丝质量，若质量不达标，应在进行一次套丝，使之与管件较好配合。

（9）套丝完成后，清刷铰板内铁屑。

（三）注意事项

（1）套丝时，管口不得有斜口、毛刺及扩口等瑕疵。

（2）开始套丝时，要稳而慢，不得用力过猛，避免偏口、啃丝现象。

（3）当套丝快要套至规定长度时，应注意调整板牙的松紧装置，再套 2~3 扣，以使螺纹末端套出锥度。

（4）管螺纹应端正尖滑，无毛刺、乱扣、断丝等现象。

项目三　封闭平焊法兰管段

一、相关知识

（一）封闭直管段的下料方法

CBD002 封闭直管段的下料方法

封闭管段测量预制时，一定要根据情况，按标记对号装配。

按照《工业金属管道工程施工规范》（GB50235—2010）要求，封闭管段的长度允许偏差为±1.5mm。当用平焊法兰连接时，法兰片的同轴度允许偏差为±1mm，密封垫片的同心度允许偏差为±1mm，封闭管段对口的平直度允许偏差为1mm。制作多节弯头时，勾头就是因管道切割角度小于画线角度造成的。

封闭直管段在工艺管道安装连头施工中经常遇到的操作内容，往往在现场施工中常采用比量法下料，这种方法简单，但操作性不强，精准度差，不能保证操作质量，所以只能作为临时性操作方法。

（二）下料制作的壁厚处理方法

CBD001 下料制作的壁厚处理方法

钢管都有一定的壁厚，分内径、外径和平均直径。在展开下料过程中，如果取错管径，作出来的展开图及管件的下料会产生较大的误差。因此，在展开下料前必须根据具体情况决定用外径还是用内径。解决这个问题的过程称为壁厚处理。

凡壁厚（板厚）大于 1.5mm 的，均应进行壁厚处理。制作骑座式马鞍时，母管开孔样板必须作壁厚处理。管壁壁厚不小于 3.5mm 时，应采取内经骑外径展开下料法。

在工艺管道安装过程中，常见的需要进行壁厚处理的，往往出现在支管与主管存在角度偏差的管件上，如制作斜骑马鞍时，根据支管骑在主管后的长、短边来说，应在支管的长边位置作壁厚处理；支管骑在主管后的内、外角来说，应在支管的内角位置作壁厚处理。

在正常展开或简易下料时，如果切割管道的斜度不正确，切割完的斜口，会出现"多肉"或"缺肉"的现象。管道切割弯头腰节时，如切割方向错误，分节数少不明显，分节多就明显，且勾头也大。

二、技能要求

（一）准备工作

1. 设备

序号	名称	规格	数量	备注
1	电焊机	—	若干	—
2	气割工具	—	若干	—
3	角向磨光机	220V，ϕ125mm	1 台	—

2. 材料及工具准备

（1）材料准备。

序号	名称	规格	数量	备注
1	无缝钢管	ϕ60mm×3.5mm	若干	—
2	平焊法兰	DN50mm，PN1.6MPa	2 片	—
3	螺栓	M16×60mm	8 条	附螺帽
4	石棉垫片	$\delta=3$mm	2 片	—
5	石笔	—	若干	—

（2）工具准备。

序号	名称	规格	数量	备注
1	卷尺	2m	1 个	—
2	角尺	500mm	1 把	—
3	水平尺	600mm	1 把	—
4	手锤	1.5kg	1 把	—
5	扳手	12in	2 把	—
6	锉刀	500mm	1 把	—
7	砂轮片	ϕ125mm	2 片	—
8	圈带样板	—	若干	—

3. 人员要求

1 人操作，穿戴齐全劳动保护用品。

（二）操作规程

（1）识读图纸，准确了解图纸所要表达的含义。

（2）量取所给两固定管间距、法兰厚度等相关基础数据资料。

（3）根据测量数据进行管段下料计算。

（4）管段下料切割、坡口打磨。

（5）管段与法兰片组对，注意控制组对尺寸。

（6）点焊后进行尺寸复检，复检合格后进行施焊，若尺寸出现偏差应拆除重新组对。

（7）施焊结束后，按照标准要求进行焊口清理。

（8）安装。

（三）注意事项

（1）测量两固定管净间距时，除了检测其上下、左右尺寸的同时，还应检测其对角线尺寸。

（2）根据测量出来的尺寸数据计算后进行画线下料，注意不应忘记密封垫片的厚度。

（3）切割时，应注意是否留有切割余量。

（4）预制点焊时，应先按照组对要求点焊一片法兰（管段插入法兰片厚度的2/3），点固后进行测量，检验其长度是否符合要求。

（5）进行第二片法兰组对时，应考虑法兰孔是否与第一片法兰孔是否重合平行，两法兰片间的距离是否一致。

（6）操作时，应正确使用工具，严禁野蛮操作。

（7）使用电气焊时，注意电焊弧光灼伤及切割后的烫伤。

（8）切割及施焊结束后，应认真清理切割飞溅和电焊飞溅。

（9）尺寸复检是重要环节，做好尺寸复检工作。

项目四　组对短管与法兰

一、准备工作

（一）设备

序号	名称	规格	数量
1	电焊机	—	1台
2	气割工具	—	1套
3	台虎钳	—	1台
4	工位台	—	1个
5	角向磨光机	220V,ϕ125mm	1台

（二）材料及工具准备

1. 材料准备

序号	名称	规格	数量
1	20号无缝钢管	ϕ219mm×7mm	600mm
2	平焊法兰	DN200mm,PN1.6MPa	2片

2. 工具准备

序号	名称	规格	数量
1	卷尺	3m	1 个
2	直角尺	—	1 把
3	水平尺	—	1 把
4	钢板尺	—	1 把
5	手锤	—	1 把
6	划针	—	1 把
7	样冲	—	1 个
8	锉刀	—	1 把
9	砂轮片	ϕ125mm	2 片
10	石笔	—	1 把
11	圈带样板	—	1 块

（三）人员要求

1 人操作,电气焊配合,穿戴齐全劳动保护用品。

二、操作规程

（1）识读图纸,准确了解图纸所要表达的含义。

（2）量取所给法兰片厚度。

（3）根据测量数据进行管段计算下料。

（4）管段下料切割、坡口打磨。

（5）管段与法兰片组对,注意控制组对尺寸。

（6）点焊后进行尺寸复检,复检合格后进行施焊,若尺寸出现偏差应拆除重新组对。

（7）施焊结束后,按照标准要求进行焊口清理。

（8）安装。

三、注意事项

（1）准确画出管段中心线,并在管段中心线两端打上样冲眼。

（2）根据测量出来的法兰片厚度计算后进行画线下料。

（3）切割时,应注意是否留有切割余量。

（4）预制点焊时,应先按照组对要求点焊一片法兰(管段插入法兰片厚度的 2/3),点固后进行测量,检验其长度是否符合要求。

（5）进行第二片法兰组对时,应考虑法兰孔是否与第一片法兰孔是否重合平行,两法兰片间的距离是否一致。

（6）操作时,应正确使用工具,严禁野蛮操作。

（7）使用电气焊时,注意电焊弧光灼伤及切割后的烫伤。

（8）切割及施焊结束后,应认真清理切割飞溅和电焊飞溅。

（9）尺寸复检是重要环节,应做好尺寸复检工作。

项目五 弯制 180°弯管

一、相关知识

在管道工程中,管道的弯制是一项量大而又极为重要的工作。管道的热煨、冷弯可用来改变管路的走向。管道弯曲是管道在外力作用下产生弯曲变形的结果。按照管道弯曲的方法分为热煨、冷弯和折皱弯三种。在弯曲变形过程中,管道外侧关闭受拉应力作用,接近中心的地方有一层管壁即不受拉应力作用,也不受压应力作用,该层称为中性层。

CBD007 手工冷弯钢管的方法

(一)手工冷弯钢管的方法

冷弯是在管道不加热的情况下,对管道进行弯制。其优点是管内不用充砂,不需加热设施,节约能源,操作简便、安全。其缺点是只适用于弯制管径较小、较薄的管道,对于弯制大角度的管道弯头易产生裂纹或凹皱缺陷。钢管冷弯的效率高,能节省大量燃料,避免了加热时产生氧化层及管壁不均匀减薄问题。

手工冷弯钢管时,先在平台上按图样尺寸放样,画出部分圆弧。在圆弧里侧点焊若干挡板,外侧一端再点焊一块挡板。将钢管插入里外侧挡板之间,沿里侧挡板均匀用力进行煨制。煨好一段后,松开钢管,插入一部分再重复煨制下一段钢管。达到规定长度后,对已煨制完的弯管进行校圆,直至合格。冷弯钢管时每一对胎轮只能煨一种管径的弯管。由于管道冷弯时管道是有一定的弹性,当弯曲时施加压力外力撤除后,弯曲的管道合弹回一定的角度,因此冷弯时,应考虑增加弹回角度,并且要求冷弯钢管用的胎具必须和管道外壁相符。

管道弯制时,其弧长计算是按照弯曲半径(一般是由设计给出管径来决定)运用公式计算管道的长度,弯头弧长的计算公式为

$$L_弯 = \alpha \pi R / 180°\qquad(2-2-2)$$

式中 α——弯头角度,°;

R——管道半径,mm。

【例 2-2-1】 $DN125mm$ 的钢管,煨制需要 $4DN$、45°弯头,弯头的弧长应为多少?

解:$DN125mm$ 钢管的弯曲半径 $R = 4DN = 4×125 = 500(mm)$

$L_弯 = \alpha \pi R / 180°$

　　$= 45°×3.14×500÷180°$

　　$= 392.5(mm)$

答:弯头的弧长应为 392.5mm。

CBD008 手工热煨钢管的方法

(二)手工热煨钢管的方法

手工热煨钢管通常是将管道内部装满填料(一般装砂),画弯曲线,加热,并用手工或卷扬机在平台上按靠模弯曲而成。装砂的目的是使管道在加热弯曲时,能保持正常的管道形状,即防止管道加热时产生椭圆形或弯曲处内侧产生皱褶。另外,砂子具有储热作用,在弯管过程中,砂子能使管壁的冷却速度减慢,保证有足够的弯管时间,不致因管壁冷却过快而影响弯管质量。

装砂时,要自下而上,先将管道一端用木塞或钢板堵住或焊死。一般公称直径小于100mm 以上的管道,用木塞,公称直径大于 100mm 以上的管道用钢板焊死。然后将管道竖

起来,已堵好的一端着地,稍微倾斜地靠在平台上。装砂时要用手工或机械的方法敲击或震动管道,使其装满、填实,敲击时,应由上自下进行敲击,并将管道旋转,各部位应均匀敲打,管内砂子是否充实,可由敲打管道的声音来判断。

钢管的热煨基本顺序为四步,即灌砂、加热、煨弯及清砂。

手工热煨钢管首先要在将要煨制的管内装满砂子、打实、封口。煨管装砂应干燥,砂径为 1~2mm,干净、无杂质。并应自下部均匀地敲击管壁,打实要实,敲痕不大于 0.5mm,且管壁表面不能留有明显的凹痕。

计算加热长度并画线做出标记。在平台上点焊几块挡板将管道一段固定。钢管热煨前应向插杠一端的火口边缘浇水,以加速管壁的冷却来增加抗弯能力。

对画线部位加热煨制,升温要缓慢,加热要均匀,加热温度为 800~900℃时,呈淡红色或橘黄色,弯管表面应无过烧,椭圆度不应大于 8%。

管道热弯过程中,要检查煨制弧度、椭圆度,没有达到预定的弯曲角度,应重新加热弯制,但加热次数不应超过 2 次。用人工或卷扬机煨管时,应使结在管道上活动端的拉绳与管道轴线垂直,其摆动角度不得过大。

煨制焊管时,焊缝位置应在煨弯方向 45°处。

CBD010 机械弯制钢管方法 **(三)机械弯制钢管的方法**

机械弯管属于冷弯,一般适用于管径较大、厚壁的管道。冷弯就是管道不加热,在室温的情况下对管段进行弯曲,多用于 DN50 以下的管道,管径大于 DN100 以上的管道或管壁较厚的管段,煨弯比较困难,很难保证质量,同时也不安全,很少用冷煨。一般冷煨都是利用机械的方法来进行的。

机械弯管的弯曲半径一般为管道直径的 6 倍。中频煨弯将需要弯管的地方套上感应线圈通中频电流加热,然后施加外力弯管。目前工程中普遍采用压制弯管,压制弯管的弯曲半径仅为管道直径的 1 倍以上。

注意:压制弯管的管道阻力明显要比煨弯大。

二、技能要求

(一)准备工作

1. 设备

序号	名称	规格	数量
1	电焊机	—	1 台
2	气焊设备	—	1 套
3	台虎钳	—	1 台
4	工位台	—	1 个

2. 材料及工具准备

(1)材料准备。

序号	名称	规格	数量
1	题签	A4	1 张

序号	名称	规格	数量
2	20 号有缝钢管	$\phi27mm×3mm$	1.5m
		$\phi33mm×3mm$	若干
3	20 号无缝钢管	$\phi159mm×3mm$	150mm
4	锯条	—	若干
5	机油	—	若干
6	石笔	—	若干

（2）工具准备。

序号	名称	规格	数量
1	卷尺	3m	1 个
2	角度尺	—	1 把
3	手锤	—	1 把
4	手工锯	—	1 把
5	锉刀	—	1 把
6	石笔	—	1 把
7	圈带样板	—	1 块

3.人员要求

1 人操作,电气焊配合,穿戴齐全劳动保护用品。

（二）操作规程

（1）识读图纸,准确了解图纸所要表达的含义。

（2）在平台上设定热煨胎具,进行计算画线,用石笔画出弯曲管段的界限,供加热时观察。

（3）将管子一端进行封堵、装砂。

（4）将装砂充实后的管道进行加热。

（5）弯曲时,有时会将管道弯得过度,这时可沿着管子外壁浇水,使其冷却收缩而自行回弯。

（6）弯好的管道冷却后,往往会自行回弹 3°～5°,故在弯管时应过盈 3°～5°,这样煨制后能准确达到所需弯曲的角度。

（三）注意事项

（1）装砂前,应选择合适的砂粒一般不大于 2mm,将砂中的杂质剔除干净,并在 500℃的温度下焙烧,以便除去砂中的水分。

（2）装砂敲击管道时,锤要平、力要均匀,切勿敲出锤痕。

（3）管道加热只需加热弯曲部分,其加热温度碳钢管一般加热到 950℃左右,加热温度不能过高,否则影响煨制质量。

（4）煨制管道时,要注意管道外壁必须与模具靠紧、贴严,有间隙时可用木锤敲击,力量要适中,以防将管道敲偏。

（5）煨制角度应尽量一次煨制成型,以防二次煨制时出现加热不均现象。

（6）需要二次煨制时,由于加热区管段的氧化层已被烧掉,因此需在加热管段上应涂一层机油,以防再次氧化。

（7）尺寸复检是重要环节,做好尺寸复检工作。

项目六　锯割钢管,并锉成 30°~35°坡口

一、准备工作

（一）设备

序号	名称	规格	数量
1	台虎钳	—	1
2	工位台	—	1

（二）材料及工具准备

1. 材料准备

序号	名称	规格	数量
1	20 号无缝钢管	ϕ48mm×3.5mm	500mm
2	锯条	—	若干
3	机油	—	若干
4	石笔	—	若干

2. 工具准备

序号	名称	规格	数量
1	卷尺	3m	1 把
2	角度尺	—	1 把
3	手工锯	—	1 把
4	锉刀	—	1 把
5	石笔	—	1 把
6	圈带样板	—	1 块

（三）人员要求

1 人操作,穿戴齐全劳动保护用品。

二、操作规程

（1）识读图纸,准确了解图纸所要表达的含义。

（2）量取所需截取的管段长度,画线。

（3）尺寸复检。并将画线后的管段固定在台虎钳上进行锯割。

（4）锯割后,用锉刀进行管口清理。

（5）按照图纸要求,用锉刀进行坡口加工。

（6）坡口加工后进行角度复检。

三、注意事项

（1）量取画线长度时,应准确掌握切割尺寸。

（2）切割时,应注意正确使用锯弓,严禁野蛮操作。

（3）切割后,应及时检测管口锯割垂直度及尺寸。

（4）锯割后,应及时进行管口清理,以防划伤。

（5）坡口加工时,应正确掌握锉削姿势及锉削方法,以防发生事故。

（6）坡口加工时,应根据需要随时旋转管段,以便达到坡口加工要求。

项目七　制作等径正骑马鞍管件

一、相关知识

（一）常用管件的下料方法

> CBD004 常用管件的下料方法

在整个管道的预制加工中,展开下料不占有相当的地位,它涉及复杂的投影原理,是油气管道安装工必修业务之一。在整个管道预制加工中所谓的展开,实际是把一个封闭的空间曲面沿一条特定的线切开后铺平成一个同样封闭的平面图形。为求出管配件展开图上的曲线,可把管道外径周长分成若干等分点,画配管展开图时利用这些等分点,在展开图上求得相应的位置,把各个点连成光滑曲线,即成展开图。

管件在展开放样下料时,圆周上分的等分点越多,每2个等分点之间连接而成的弦长就近似于这段弦所对的弧长。把半径为 R 的圆分成8等份,按顺时针方向标注,各等分点分别为1,2,3,4,5,4,3,2,1,共得9个点。正骑马鞍管件在展开放样下料时,只需绘制支管侧面图的1/2圆即可。

管件展开下料时,笔算法是先将弯曲点一一求出,在管道上同时画出所有弯曲点的位置和弯点下料长度。马蹄展开下料时,当管壁壁厚≥3.5mm 时,应采取内径骑外径展开下料法。

（二）制作管道三角支架的方法

> CBD009 制作管道三角支架的方法

在工艺管道安装工程中,支架是不可或缺的构件,它对管道有承重、导向和固定作用。管道支架按其作用分为固定支架、活动支架及弹簧式支吊架。《管架标准图》(HG/T 21629—1999),将管架分为 A、B、C、D、E、F、G、J、K、L、M 共计11大类,设计人员可根据管道的操作条件和管道布置要求,合理地选用不同类型的管架。

根据《管架标准图》,管道支、吊架应在管道安装前根据设计零件图及需要集中加工预制。钢板型钢采用热切割时,切口端面垂直度偏差应小于工件厚度的10%,且不大于2mm。钢板、型钢采用热切割时,手工切割的切割线与号料线的偏差不大于2mm。管道支、吊架制作、组装后,外形尺寸偏差不得大于3.5mm。管道支吊架的螺栓孔,严禁用火焰切割。

管道支、吊架的卡环或 U 型卡具用扁钢弯制而成,圆弧部分应光滑,尺寸应与管道外径相符。

(三)同径正骑马鞍的制作方法

1. 绘图

同径正骑马鞍是指马鞍三通管,它与同径正三通的区别在于其支管与主管的结合方式不同,即同径正骑马鞍支管与主管的结合线为弧线;同径正三通支管与主管的结合线为尖角线,如图 2-2-2、图 2-2-3 所示。

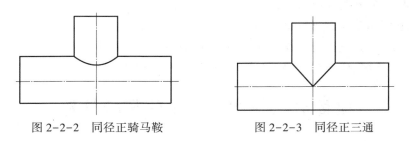

图 2-2-2　同径正骑马鞍　　　　　　图 2-2-3　同径正三通

同径正骑马鞍制作时,首先应根据图纸要求绘制支管展开图和主管开孔图,主管的开孔应等于支管的内径。由于其支管与主管结合线为弧线,所以在绘制样板时必须作支管壁厚处理,其支管展开图及主管展开图绘制步骤如下:

(1)绘制主管、支管主视图及侧面图。支管绘制时,按照支管内径进行绘制(外径可不必绘制),主管按照外径绘制。

(2)六等分支管内径圆,并引垂线(垂线尽量长些,以备绘制开孔图)得 1、2、3、4,与侧面图投影线相交得 1′、2′、3′、4′。

(3)支管展开图长度为 πD,均匀 12 等分,排列顺序如图 2-2-4 所示。主视图量取 1-1′、2-2′、3-3′、4-4′长度,在展开图上依次截取等长距离线段,根据相交点进行曲线圆滑。

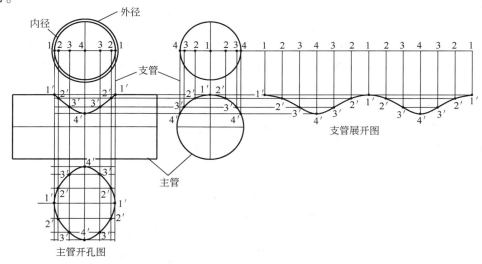

图 2-2-4　同径正骑马鞍展开图

（4）绘制主管开孔样板时，以 1′-1′ 为中心线，在垂线上进行上下量取侧面图 1′-2′、2′-3′、3′-4′ 长度，依据相交各点进行曲线圆滑。

2. 制作

同径正骑马鞍制作展开样板及主管开孔样板时，必须考虑进行壁厚处理。制作时，为了保证正骑马鞍制作的精准度，应将支管、母管画出 4 条对称平分中心线。其支管的展开样板实际周长应与支管外壁周长相符。主管的开孔时，其开孔尺寸应与应等于支管的内径。支管与主管组对时，其角度偏差不允许超过 ±1°，支管尺寸位置偏差不允许超过 ±1mm。

（四）同径正骑三通的制作方法

1. 绘图

正骑三通管俗称尖角三通，同径直交三通管亦称等径正三通，图 1-2-5 所示是同位正三通的立体图和投影图，其展开图的作图步骤如下：

（1）以 O 点为圆心，以 1、2 管外径为半径作半圆并 6 等分，等分点为 4′、3′、2′、1′、2′、3′、4′。

（2）把半圆上的直线 4′-4′ 向右引延长线 AB，在 AB 上量取管外径的周长并 12 等分。自左至右等分点的顺序标号定为 1、2、3、4、3、2、1、2、3、4、3、2、1。

（3）作直线 AB 上各等分点的垂直线，同时，由半圆上各等分点（1′、2′、3′、4′）向右引水平线与各垂直线相交。将所得的对交点连成光滑的曲线，即得管 Ⅰ 展开图（俗称雄头样板）。

（4）以直线 AB 为对称线，将 4-4 范围内的垂直线，对称地向上取，并连成光滑的曲线，即得管 Ⅱ 展开图（俗称雌头样板），如图 2-2-5 所示。

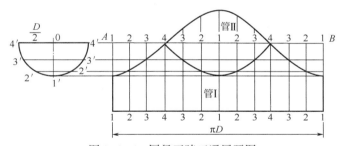

图 2-2-5 同径正骑三通展开图

2. 制作

同径正骑三通制作时，不用作壁厚处理。样板展开画法与同径正骑马鞍样板展开是不一致的。在主管上开孔时，其母管的开孔尺寸与支管内径一致。为了保证正骑三通制作的精准度，支管与母管的水平度不允许超过 ±0.5mm，支管与母管组对时必须根据管径与壁厚来保留一定的组对间隙。

（五）异径斜马鞍的制作方法

异径斜马鞍与斜三通在工艺管道安装工程中往往是有区别的，其区别点就在于斜马鞍的支管展开及主管开孔需要进行壁厚处理，而斜三通支管展开及主管开孔不需要壁厚处理，如图 2-2-6 所示。

1. 绘图

（1）按已知尺寸画出主视图和侧视图，并求出结合线。

（2）画管Ⅰ展开图。在 AB 延长线上截取 2-1 等于断面圆周展开长度 $\pi(d+t)$，并 12 等分，由各点引 2-1 的直角线，与由结合线各点所引的与 AB 平行的直线相交，将各对应交点连成曲线，即为管Ⅰ展开图，如图 2-2-6 所示。

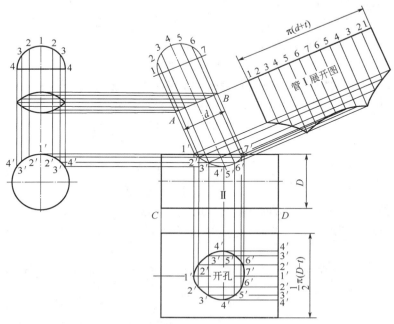

图 2-2-6　异径斜马鞍展开图

CBD013 异径斜马鞍的制作方法

2. 制作

制作异径斜骑马鞍时，支管必须做壁厚处理，支管与主管的结合线需用作图法求得。在支管与主管组对安装时，支管高度尺寸偏差值为 ±1mm，支管组对位置允许偏差为 ±1mm，支管与母管组对时的角度偏差不应超多 ±1°。主管的开孔尺寸应与支管内径尺寸一致。

二、技能要求

（一）准备工作

1. 设备

序号	名称	规格	数量
1	电焊机	—	1 台
2	气割工具	—	1 套
3	台虎钳	—	1 台
4	工位台	—	1 个
5	手持砂轮机	220V，ϕ125mm	1 台

2. 材料及工具准备

（1）材料准备。

序号	名称	规格	数量
1	绘图纸	2 号绘图纸	1 张
2	20 号无缝钢管	$\phi48mm\times3.5mm$	700mm

（2）工具准备。

序号	名称	规格	数量
1	卷尺	3m	1 个
2	直角尺	—	1 把
3	钢板尺	—	1 把
4	手锤	—	1 把
5	划针	—	1 把
6	样冲	—	1 个
7	锉刀	—	1 把
8	砂轮片	$\phi125mm$	2 片
9	钢丝刷	—	1 把
10	布剪刀	—	1 把
11	石笔	—	1 把
12	圈带样板	—	1 块

3. 人员要求

1 人操作,电气焊配合,穿戴齐全劳动保护用品。

（二）操作规程

（1）识读图纸,准确了解图纸所要表达的含义。

（2）绘制支管展开图及主管开孔图。

（3）画出主管及支管四条中心线,将展开图及开孔图对应位置进行画线。

（4）将管段上所要保留切割线打样冲眼。

（5）切割、打磨,清理管口切割飞溅。

（6）组对,点焊。

（7）复检组对尺寸及支管垂直度等数据是否符合图纸要求。

（8）检验合格后施焊,施焊结束后复检并清理焊口。

（三）注意事项

（1）绘制支管展开样板及主管开孔样板时,必须进行壁厚处理。

（2）支管展开样板周长误差不得超过±2mm,12 等分误差不得超过±1mm。

（3）样板展开尺寸偏差不得超过±1mm,并保证曲线圆滑。

（4）制作时,争取使用工具,严禁野蛮操作。

（5）为了保证制作质量,应将支管及主管各画出 4 条等分中心线,并对应打上样冲眼。

（6）切割时，应提示切割人员所绘制切割线的准确位置。

（7）及时清理切割及施焊后的飞溅、氧化铁等杂物。

（8）组对时，严格控制支管与主管的组对位置，其位置偏差不得超过±1mm。

项目八　制作等径尖角三通管件

一、准备工作

（一）设备

序号	名称	规格	数量
1	电焊机	—	1台
2	气割工具	—	1套
3	台虎钳	—	1台
4	工位台	—	1个
5	手持砂轮机	220V，φ125mm	1台

（二）材料及工具准备

1. 材料准备

序号	名称	规格	数量
1	绘图纸	2号绘图纸	1张
2	20号无缝钢管	φ89mm×4.5mm	700mm

2. 工具准备

序号	名称	规格	数量
1	卷尺	3m	1个
2	直角尺	—	1把
3	钢板尺	—	1把
4	手锤	—	1把
5	划针	—	1把
6	样冲	—	1个
7	锉刀	—	1把
8	砂轮片	φ125mm	2片
9	钢丝刷	—	1把
10	布剪刀	—	1把
11	石笔	—	1把
12	圈带样板	—	1块

3. 人员要求

1人操作，电气焊配合，穿戴齐全劳动保护用品。

二、操作规程

（1）识读图纸，准确了解图纸所要表达的含义。

（2）绘制支管展开图及主管开孔图。

（3）画出主管及支管四条中心线，将展开图及开孔图对应位置进行画线。

（4）将管段上所要保留切割线打样冲眼。

（5）切割、打磨，清理管口切割飞溅。

（6）组对，点焊。

（7）复检组对尺寸及支管垂直度等数据是否符合图纸要求。

（8）检验合格后施焊，施焊结束后复检并清理焊口。

三、注意事项

（1）绘制支管展开样板及主管开孔样板时，注意不要进行壁厚处理。

（2）支管展开样板周长误差不得超过±2mm，12 等分误差不得超过±1mm。

（3）样板展开尺寸偏差不得超过±1mm，并保证曲线圆滑。

（4）制作时，争取使用工具，严禁野蛮操作。

（5）为了保证制作质量，应将支管及主管各画出 4 条等分中心线，并对应打上样冲眼。

（6）切割时，应提示切割人员所绘制切割线的准确位置。

（7）及时清理切割及施焊后的飞溅、氧化铁等杂物。

（8）组对时，严格控制支管与主管的组对位置，其位置偏差不得超过±1mm。

模块三　工艺管道安装、质量控制

项目一　90°水平法兰弯管制作与安装

一、相关知识

CBE002 管件与法兰的组对要求

（一）管件与法兰的组对要求

在工艺管道安装施工中，法兰组对就是管道与法兰的对接。管道与管道法兰平焊连接的法兰称为平焊法兰。管道与平焊法兰焊接时，应是角焊缝。管道与平焊法兰内焊时，焊缝边缘应距法兰密封面留有余边，防止损坏法兰的光滑封面。法兰凸出台内径与管道内径相等时，对口焊接的法兰称为对焊法兰。

管道与螺纹法兰组对安装时，应露出管端螺纹倒角，但露出不应超过2.5倍螺距。螺纹法兰是利用法兰内加工的螺纹与带螺纹的管道旋合连接，不需焊接，具有安装、检修方便的特点。法兰组对中心是法兰端面要与直径中心线垂直。用法兰弯尺进行检查校正，可用手锤敲打找正，焊接时应先焊内口后焊外口。

管道两端都焊有法兰时，务必把法兰螺栓孔的位置找正确。检查合格后方可以进行焊接。法兰连接发生偏移、歪斜等情况，不符合规定时应切除重新焊接。

法兰焊接完毕后应将管内外焊缝附近的熔渣、铁渣等清除干净，特别是法兰密封面，不得留有任何杂物。

CBE007 法兰组对的连接要求

（二）法兰组对的连接要求

法兰连接是通过连接件法兰及紧固螺栓、螺母，压紧法兰中间的密封垫片而使管道连接起来的一种方法。它的优点很多，在设计要求上可以满足高温、高压、高强度的需要。并且法兰的制造生产已达到标准化，在生产、检修中可以方便拆卸，这是法兰连接的最大优点。

法兰连接时，无论是用哪种方法，都必须在法兰盘与法兰盘之间加以适合输送介质的垫片，从而达到密封的目的。

在管道安装时，应对法兰密封面及密封垫片进行外观检查，不得有影响密封性能的缺陷存在，如砂眼、裂纹、斑点、毛刺等能降低法兰强度和连接可靠性的缺陷。当管道和法兰连接时，要求法兰端面和管道中心垂直，其垂直度约为±1mm；公称直径大于300mm时，垂直度为±2mm；管道插入法兰内距离密封面应留出一定距离，一般为插入法兰盘厚度的2/3，这样便于公称直径大于等于100mm以上的内口焊接，这是由于平焊法兰承受着机械应力和热应力等，在断裂时是整幅法兰突然断裂，因此公称直径大于等于100mm以上的平焊法兰内外两面都必须与管道进行焊接。当管道设计温度高于100℃或低于

0℃时,螺栓螺母应涂以二硫化钼油脂、石墨机油或石墨粉。石油天然气站内工艺管线工程中,在任何300mm连续长度内,累计咬边长度不可大于50mm。管端与平焊法兰密封面的距离应为管道壁厚加3.0mm。

法兰连接法兰间保持平行,其偏差不得大于法兰外径的0.15%且不大于2mm。

法兰组对连接时,若出现偏差严禁借用撬杠进行强力组对,法兰连接应使用同一规格螺栓安装方向应一致。

(三)平焊、对焊法兰的组对连接方法

CBE020 平焊法兰的组对连接方法

1. 平焊法兰

平焊法兰一般简称平板,还称搭焊法兰。平焊法兰与管道的连接是先将管道插入法兰内孔至适当位置,然后再搭焊。也可分为丝接法兰以及焊接法兰。

平焊法兰和管道连接时采用的焊接方式为承插焊。法兰连接法通常作为低压输送管线上可拆卸的连接件。平焊法兰焊接时只需单面焊接不需要焊接管道和法兰连接的内口,所以平焊法兰一般用于低、中压管道。

平焊法兰就是两个大口径管道的连接装置,通常是两个法兰片加上若干个螺栓然后紧固上。法兰连接一般适用于管径从 $DN15mm \sim DN350mm$ 的管件连接。平焊法兰连接需要承受较高的抗拉、抗压、抗扭、抗剪强度。

2. 对焊法兰

CBE021 对焊法兰的组对连接方法

对焊法兰是管件的一种,是指法兰和管道连接时,采用的焊接方式为对焊。对焊法兰的组对连接焊缝为和管道与管道焊接类似,一般管径小的采用氩弧焊接打底,手工焊接盖面,管径大的才采用双面焊。对焊法兰一般用在压力比较大的管道或机械连接。公称压力为 $0.25 \sim 2.5MPa$ 的对焊法兰采用凹凸式密封面。对焊法兰的刚度比平焊法兰的刚度大,对焊比平焊强度高,不容易泄漏。法兰凸出台内径与管道内径相等时,对口焊接的法兰称为对焊法兰。

在管道工程中,法兰主要用于管道的连接。在需要连接的两根管道的端口各安装一片法兰盘,低压管道可以使用丝接法兰,4kg以上使用焊接法兰,两片法兰盘之间加上密封点,然后用螺栓紧固。不同压力的法兰有不同的厚度和使用不同的螺栓。水泵和阀门,在和管道连接时,这些器材设备的局部,也制成相对应的法兰形状,也称法兰连接。凡是在两个平面在周边使用螺栓连接同时封闭的连接零件,一般都称为"法兰",如通风管道的连接,这一类零件可以称为"法兰类零件",但是这种连接只是一个设备的局部,如法兰和水泵的连接,就不好把水泵称为"法兰类零件",比较小型的如阀门等,可以称为"法兰类零件"。

(四)管道组成件的装卸与保养要求

CBE009 管道组成件的装卸要求

1. 装卸要求

钢管存放的场地应平整,大石块、地在积水,存入场地应保持1%~2%坡度。钢管需要遮盖时,应保证钢管表面通风。对已经验收合格的钢管,应分规格、材质、偏差值(同向)分层码垛分开堆放,且堆放高度不宜超过3m。

焊接材料应存放在通风干燥的库房,焊条长期存放时的环境温度不宜超过60°。架空电力线路电压为60kV,施工机具在装卸过程中,任何部位与它的安全距离应大于5.1m。

管道、管件、阀门、管道附件及其他设备材料不允许露天存放。

各类管道组成件的防腐材料应分类存放,易挥发的材料应密闭存放。

CBE010 管道组成件的保养要求

2. 保养要求

管道组成件要尽可能加深预制深度,但部件或组合件的大小和重量要便于搬运和吊装,有利于现场整体组装。预制成的部件或组合件应具有较大的刚性,防止吊装时产生不允许的永久变形。管道组成件存放于仓库时,环境温度不宜超过 40°,存放的场地地面应平整、无石块,并保持 1%~2% 的坡度,管道组成件所堆放的最下层应垫枕木,管道离地不应小于 500mm。

管道组成件及其附件、防腐管、塑料管和各种型材应分别同向、分层码垛堆放,高度不应超过 1m。对于管道组成件及管道支撑件的材料牌号、规格和外观质量,应逐个进行目测检查后进行几何尺寸、管壁厚度等抽样检查。

存放的管道组成件应在端部加临时盲板,防止杂物进入管内并且管道组成件应逐件进行标记。

CBE030 螺栓的热紧、冷紧要求

（五）螺栓的热紧、冷紧要求

1. 热紧要求

螺栓的热紧,指的是与螺母紧固时加热螺栓,螺栓冷却后其长度要收缩,即热胀冷缩原理。管道螺栓紧固应适度,并应有安全技术措施,保证操作人员安全。热态紧固应在保持工作温度 2h 后进行。管道工作温度为 250~300℃ 时,一次热、冷紧温度为 300℃。大于 350℃ 时,一次热、冷紧的工作温度是 350℃。当设计压力小于 6MPa 时,热态紧固的最大内压力应小于 0.3MPa。大于 6MPa 时,热态紧固的最大内压力应小于 0.5MPa。

2. 冷紧要求

螺栓冷紧时要在螺栓的螺纹上涂抹高温防卡剂,将螺母旋转到极限位置。在使用液压扭矩扳手冷紧时要注意扳头找正,螺栓中心线与扳头中心线重合,而且支点牢固,在螺栓全部冷紧完毕后应使用榔头敲击检查螺栓是否有松动现象。

CBF002 管道表面缺陷的处置方法

（六）管道表面缺陷的处置方法

在工艺管道安装过程中,由于各种原因造成管道在安装使用前已经存在各种缺陷,如深浅度划痕、凹陷等缺陷,若不进行一定修补继续进行安装使用,势必会影响到整个工程质量,严重将导致出现安全事故,为了能确保工程质量,根据相关标准要求,针对管道在安装前出现的各种缺陷因进行合理处置,已达到能满足工程需要,具体规定如下:

（1）《石油天然气工业　管线输送系统用钢管》(GB/T9711—2017) 规定,咬边深度不超过 0.79mm,且不超过规定壁厚的 12.5% 的咬边,应采用修磨法去除。

（2）《石油天然气工业　管线输送系统用钢管》规定,划痕补焊焊接的最小长度为 50.8mm。分层面积大于或等于 7.742㎡ 应将带有缺陷的管段切除。

（3）《石油天然气工业　管线输送系统用钢管》规定,所有冷态形成的深度超过 3.18mm 并带有尖底凿痕的摔坑可采用修磨法去除。

（4）《石油天然气工业　管线输送系统用钢管》规定,摔坑深度是指摔坑的最低点与钢管原始轮廓线之间的距离。

（5）《石油天然气工业　管线输送系统用钢管》规定,深度超过 0.79mm 或钢管壁厚 12.5% 的咬边缺陷可以拒收整根钢管。

（七）对焊管件的检验方法

在工艺管道安装施工中，对焊管件是一种用焊管制造的管件，在不同的领域和行业中广泛使用和推广。在使用中适用的范围不同，需要使用的环境也不同，需要按照一定条件进行使用。为了能保证对焊管件在工程中的质量达到要求，在使用前应对其进行严格检测，具体检测标准如下：

（1）公称直径在 125~200mm 之间异径接头总长允许偏差为±2mm。管件上不得有深度大于公称壁厚的 5%，且最大深度不得大于 0.8mm 的结疤、折叠、轧折、离层等缺陷。

（2）《钢制对焊管件 类型与参数》（GB/T 12459—2017）规定，对焊管件的壁厚允许偏差不应小于公称壁厚的 87.5%。

（3）《钢制对焊管件 类型与参数》规定，公称直径为 100mm 的 90°弯头中心至端两尺寸偏差为±2mm。

（4）《钢制对焊管件 类型与参数》规定，公称直径在 80~90mm 之间的所有管件，坡口外径允许偏差±1.6mm。

（5）《钢制对焊管件 类型与参数》规定，深度超过公称直径壁厚 12% 或大于 1.6mm 的机械伤痕和凹坑应去除。

（八）推制弯管的检验方法

大型推制弯管的成型工艺过程是复杂的，需要根据不同的材质和用途进行焊接，在一定的压力下进行逐渐成形。推制弯管的成型需要按照一定的工序进行，严格遵守相应的流程过程，否则生产出的推制弯管就会产生质量问题。大型推制弯管的生产加工需要使用这种工序进行生产，生产时严格按照规则进行生产，保证生产的推制弯管具有良好的质量保证。大型推制弯管的成型工艺过程是复杂的，需要根据不同的材质和用途进行焊接，在一定的压力下进行逐渐成形。推制弯管的成型需要按照一定的工序进行，严格遵守相应的流程过程，否则生产出的推制弯管就会产生质量问题。

弯管表面应光滑、无尖角肉缺口、分层、刻痕、结疤、裂纹、裂缝等缺陷或缺欠。在外观检查前，推制弯管表面应达到《涂覆涂料前钢材表面处理 表面清洁度的目视评定 第 1 部分：未涂覆过的钢材表面和全面清除原有涂层后的钢材表面的锈蚀等级和处理等级》（GB/T 8923.1-2011）规定的 SA2 级。

大型推制弯管成形技术的基本工艺过程是：首先焊接一个横截面为多边形的多棱环壳或两端封闭的多棱扇形壳，当内部充满压力介质后，施以内压，在内压作用下横截面由多边形逐渐变成圆，最终成为一个圆形环壳。这就是大型推制弯管的工艺成型过程。

弯管弧任意处圆度不应大于 3%。推制弯管的壁厚最大减薄率应不大于 9%，壁厚减薄率计算公式为

$$(t_1 - t_h)/t_1 \times 100\% \qquad (2-3-1)$$

式中　t_1——弯制前壁厚，mm；

　　　　t_h——弯制后壁厚，mm。

推制弯管弧的弯曲度最大偏差为±0.5°。推制弯管可采用千斤顶来进行冷整形，其永久变形量不能大于冷整形前外径的 1.5%。管子受力大小是与管子的外壁与中性层的距离

成正比。管子直径越大,弯曲时受力和变形也越大。

（九）设备连接附件的外观检验方法

| CBF012 法兰 |
| 的外观检验方法 |

1. 法兰的外观检验方法

法兰的锻造表面应光滑,不得有锻造伤痕、裂纹等缺陷。加工表面不得有毛刺、有害的划痕和其他降低法兰强度及连接可靠性的缺陷环连接面法兰的密封面应全部逐项检查,槽的两个侧面不得有机械加工引起的裂纹、划痕或撞伤等表面缺陷。法兰密封面不得有径向沟槽及其他影响密封性能的损伤。法兰密封面应光滑、平整、不得有砂眼、气孔及径向划痕。凹凸面配对法兰其配合线良好,凸面高度应大于凹面深度。法兰的加工质量应符合技术条件的各项规定:法兰安装时,法兰公称尺寸小于 DN100mm 时,尺寸公差为 0.5mm。当螺纹规格为 M10 ~ 24mm 时,法兰螺栓孔中心圆直径允许偏差为 ±1.0mm。当螺栓规格为 M27mm ~ M33mm 时,法兰螺栓孔间距允许偏差为±0.6mm。

| CBF014 紧固 |
| 件的外观检验 |
| 方法 |

2. 紧固件的外观检验方法

紧固件是用作紧固连接用且应用极为广泛的一类机械零件。紧固件使用行业包括能源、电子、电器、机械、化工、冶金、模具和液压等行业,在各种机械、设备、车辆、船舶、铁路、桥梁、建筑、结构、工具、仪器、化工、仪表和用品等方面,都可以看到各式各样的紧固件,是应用最广泛的机械基础件。它的特点是品种规格繁多,性能用途各异,而且标准化、系列化、通用化的程度也极高。

管道紧固件质量证明书应包括:产品名称、规格和数量,材料牌号,标准号,出厂日期和检验标记。螺栓、螺母表面不得有裂纹、凹陷、皱纹、切痕、损伤等缺陷存在。设计压力等于或大于 10.0MPa 管道用的合金钢螺栓、螺母应逐件进行光谱分析。设计温度低于−19℃的低温管道用合金钢螺栓、螺母,应逐件进行光谱分析,每批应抽 2 个进行低温冲击韧性试验。螺栓、螺母的螺线应完整,无划痕、毛刺缺陷。螺纹牙侧表面粗糙度不大于 6.3mm。$D_W \leqslant$ 150mm 的法兰外径允许偏差为±2.0mm。

| CBF016 垫片 |
| 的外观检验方法 |

3. 垫片的外观检验方法

垫片是管道法兰实现密封不可缺少的组成件之一。垫片的种类繁多,按其材料和结构大致可分为三大类,非金属垫片,例如,材料有橡胶、石棉橡胶、柔性石墨、聚四氟乙烯等。金属复合型垫片,例如,各种金属包垫、金属缠绕垫及金属垫片。

正确地选用垫片是保证管道工程无泄漏的关键。对于同一种工况,一般有若干种垫片可供选择,必须根据介质的物性、压力、温度和设备大小、操作条件、连续运转周期长短等情况,合理的选择垫片。

突面和全平面法兰,公称直径小于或等于 300mm 时,选用非金属垫片,内径极限尺寸偏差为±1.5mm。非金属垫片的厚度极限偏差为 0.20mm,同一垫片厚度差应不大于 0.2mm。金属椭圆垫环宽的极限偏差为±2.0mm。《管法兰用非金属平垫片技术条件》(GB/T 9129—2003)规定,凹凸面管法兰石棉橡胶垫片厚度的允许偏差为±0.2mm。缠绕垫片本体表面在不应有伤痕、空隙、锈斑等缺陷,垫片本体表面非金属带应均匀突出金属带,且要平整。缠绕式垫片内外环厚度下尺寸极限偏差为 3.0~3.3mm。

二、技能要求

(一)准备工作

1. 设备

序号	名称	规格	数量	备注
1	电焊机	—	若干	—
2	气割工具	—	若干	—
3	角向磨光机	220V,ϕ125mm	1 台	—

2. 材料及工具准备

(1)材料准备。

序号	名称	规格	数量	备注
1	无缝钢管	ϕ60mm×3.5mm	若干	—
2	煨制弯头	DN50mm,$R=90°$,1.5D	1 个	—
3	平焊法兰	DN50mm,PN1.6MPa	2 片	—
4	单头螺栓	M16×60mm	8 条	附螺帽
5	橡胶石棉垫片	$\delta=3$mm	2 片	—
6	石笔	—	若干	—

(2)工具准备。

序号	名称	规格	数量	备注
1	卷尺	3m	1 个	—
2	直角尺	—	1 把	—
3	钢板尺	—	1 把	—
4	手锤	—	1 把	—
5	划针	—	1 把	—
6	样冲	—	1 个	—
7	锉刀	—	1 把	—
8	砂轮片	ϕ125mm	2 片	—
9	钢丝刷	—	1 把	—
10	布剪刀	—	1 把	—
11	石笔	—	1 把	—
12	圈带样板	—	1 块	—

3. 人员要求

1 人操作,电气焊配合,穿戴齐全劳动保护用品。

(二)操作规程

(1)识读图纸,准确了解图纸所要表达的含义。

（2）测量90°弯管所需下料尺寸。

（3）实测弯头长度、法兰片厚度等数据尺寸。

（4）根据以上测量出的尺寸数据，计算下料。

（5）切割、打磨，清理管口切割飞溅。

（6）先进行90°"L"弯的组对、点焊，完成后尺寸复检。

（7）进行法兰片的组对、点焊，完成后整体预制质量复检。

（8）检验合格后施焊，施焊结束后复检并清理焊口。

（三）注意事项

（1）测量固定90°弯管尺寸数据时，应根据实际情况选取适用的测量工具。

（2）管件测量方法正确，测量数据精准；计算应准确无误，划线下料应精准。

（3）切割时应及时与操作人员准确表达所要切割的位置，切割完成后及时清理氧化铁等杂物。

（4）弯头与管段进行组对"L"弯时，先点焊弯头两侧中弧位置，后点焊弯头内弧与外弧。

（5）"L"弯组对点焊完毕后，一定要进行尺寸复检。

（6）法兰片组对时，注意管段的插入深度是否符合要求。

（7）及时清理切割及施焊后的飞溅、氧化铁等杂物。

（8）正确使用测量工具及操作机具，严禁野蛮操作。

项目二　制作双弯头、双法兰组件

一、相关知识

CBE001 管道的组对要求

（一）管道的组对要求及预制安装要求

1. 组对要求

管道的组对是指管段、法兰、三通、弯头和大小头等的对装，它是管道施工中主要操作工艺，直接关系到管道质量的好坏。

管道预制的目的是将管道系统中各种管材和管件组装成各种部件和组合件，以便充分发挥机械效益，减小劳动强度及高空作业，提高施工质量及施工速度。管道组对要求如下：

（1）管道组对焊接连接时，为了保证接头质量应采取不同的坡口形式。

（2）管道组对需在主管上开孔时，最好一次完成，并清除氧化铁等杂物。

（3）管道组对安装时，其焊缝严禁设在支架、吊架上。

（4）壁厚相当于Ⅰ级、Ⅱ级焊缝的接口错边量不超过壁厚的10%，且不大于2mm。

（5）管道组对中心线的偏差量规定，地上应大于1mm/m，地下不应大于2mm/m。

（6）管道组对前，需将管端局部凹凸、椭圆等变形进行修正。

（7）预制成的部件或组合件，应考虑到工地安装时土建与设备可能出现的误差，应在适当部位留出调整活口，预留长度为100mm左右。

（8）应在预制成的部件或组合件端部加临时盲板，防止杂物进入管内，并在预制件上加写预制编号。

CBE022 管道的预制安装要求

2. 预制安装要求

管道预制宜按管道单线图施行,自由管段和封闭管段要选择合理,封闭管段需待自由管段现场安装后,按实际测量尺寸加工预制。管道切割前应移植原有标记。碳钢管宜采用机械方法切割。当采用氧乙炔火焰切割时,必须保证尺寸正确,且切口表面应用砂轮修磨平整。镀锌管宜用钢锯或其他方法机械加工。不锈钢应采用等离子切割方法,采用砂轮切割修磨时,应使用专用砂轮片。

油田集输管道施工时,单根管道敷设且管径小于219mm的管道施工带宽度应不小于14m。多管共沟地面布管时,应保证各条管道净距离不小于1m。地下的管道与管道交叉时,新建管道除保持足够的埋深外,新建管道与旧管道净间距不得小于0.3m。管道下沟前,管沟应符合设计要求深度,沟底平直,边坡一致,管沟中心线偏移应小于或等于100mm。管道预制完成后,应摆放至指定区域并进行管口封堵,以防管道进入杂物。管道螺纹连接时,工作温度大于300℃的管线上除有特殊安排外,螺纹接头安装完毕后,应全部焊死。

(二)壁厚相同及不同的管道与管件组对要求

CBE004 壁厚相同的管道与管件组对要求

1. 壁厚相同的管道与管件组对要求

在工艺管道安装过程中,壁厚相同的管道与管件组对的要求如下:

(1)钢管组对内壁错边量不应超过壁厚的10%,且不大于2mm。

(2)管壁厚在3.0~9.0mm时,对口间隙为1.0~2.0mm。

(3)铝及铝合金壁厚小于或等于5mm的管道组对内壁错边量不大于0.5mm。

(4)壁厚大于5mm的铝及铝合金管道组对内壁错边量,不宜超过壁厚的10%,且不大于2mm。

(5)管道对接焊接的壁厚小于或等于3mm时,可采用Ⅰ形接口,但要留间隙进行焊接。

(6)管道对接焊接时壁厚20~60mm,应开U形接口,其对口间隙为1.0~3.0mm。

2. 壁厚不同的管道与管件组对要求

CBE005 壁厚不同的管道与管件组对要求

在工艺管道安装工程中,壁厚不同的管道与管件进行组对安装时,应遵循以下规定:

(1)当取管壁厚度不等,内壁消薄长度应大于4倍壁厚差。

(2)两管组对壁厚差小于或等于10mm,且外壁不等时,应加15°倾斜进行过渡。

(3)管道相对壁厚内外均不等时,内外管壁均应同以15°斜角进行过渡处理。

(4)两管组对时,当壁厚差小于或等于10mm,且内壁不等,但由于受长度条件的限制,斜角可改为30°。

(5)两壁厚相差大于25%或大于3mm时,必须对厚壁端进行加工处理。

(6)管道组对前,需将管端的内外表面25~30mm范围内泥垢、锈斑等清除干净。

(三)管道组对的间隙要求及坡口角度要求

CBE015 管道组对的间隙要求

1. 组对间隙要求

在工艺管道安装工程中,管道组对时,间隙应符合以下要求:

(1)用400mm直尺在距焊缝中心200mm处测量平直度,当管道公称通径小于100mm

时，允许偏差为 1mm；当管道通径大于等于 100mm 时，允许偏差为 2mm。但全长允许偏差均为 10mm。

（2）管道对接焊口组对应做到内壁齐平，内壁错边量不宜超过壁厚的 10%，且不大于 2mm。当内壁错边量超过上述的规定要求或外壁错边量大于 3mm 时，应进行修整。

（3）钢管壁厚等于 3mm，无坡口，钢管组对时，应留有 1~1.5mm 间隙。

（4）直管段上两环向焊缝间距必须大于 1.5 倍的管道外径。

（5）管道与管体对接，壁厚大于 9mm，采用下向焊焊接方法，组对间隙为 1~2.0mm。承插式三通接头主管壁厚为 7~16mm 时，组对间隙为 1.5~2.5mm。

（6）管道根焊采用下向焊条焊接时，因为下向焊焊条电弧吹力大，穿透力强，所以组对间隙要比上向焊组对间隙小。

（7）管段与平焊法兰组对时，管段与法兰的环向间隙应均匀。

CBE016 管道组对的坡口角度要求

2. 坡口角度要求

在工艺管道安装工程中，管道加工后的坡口角度决定了焊接工艺质量的好坏，在《工业金属管道工程施工规范》（GB50235—2010）中对坡口角度有以下要求：

（1）管壁厚度<3mm 的管道对焊时一般不开坡口，管壁厚度≥3mm 时，管端应开坡口。管道的坡口加工宜采用机械方法，也可以采用等离子弧、氧乙炔焰等热加工方法。

（2）开坡口的接头，不留钝边的坡口称锐坡口，背面无衬垫情况下焊接第一层焊道时极易烧穿，而且需用较多的填充金属，故一般都留钝边。根部间隙是为了保证根部都能焊透。

（3）管道壁厚为 9~26mm，焊接前需开 V 形坡口，该管道的坡口角度应为 55°~65°。

（4）管道对接焊缝，管壁厚小于 9mm，采用上向焊焊接方法，坡口角度为 70°±5°。

（5）管道壁厚为 3~9mm，焊接前需开 V 形坡口，该管道的坡口角度应为 65°~75°。

（6）承插式三通接头主管壁厚 7~16mm，坡口角度为 50°±5°。

（7）钢制管道壁厚在 20~60mm 之间可选择双 V 形坡口。

CBE008 铸铁管口的组对连接要求

（四）铸铁管口的组对连接要求及承插管件的检验方法

1. 组对连接要求

在管道工程中，铸铁管、陶瓷管、混凝土管及塑料管等管材通常采用承插连接，它主要用于给水、排水、化工、燃气等工程。因铸铁管在管道工程中应用较多，其承插组对连接的要求如下：

（1）铸铁管道铺设前，承插接口应不得有黏砂、飞刺、沥青块等，并要烧去承插部位的沥青层。

（2）沿直线铺设的管道，承插接口环形间隙应均匀。在昼夜温差变化较大或负温下施工时，管子两侧应填土夯实，顶部应填土覆盖。

（3）石棉水泥接口填塞油麻辫的间隙应为接口间隙的 1.5 倍。

（4）采用承插连接方法进行青铅接口时，阴沉口内油麻打入深度为承口的 2/3。

（5）承插铸铁管 $DN100mm \sim DN250mm$ 沿直线敷设时，安装对口轴向间隙最大为 5mm。

（6）沿曲线铺设的铸铁管，每个承插接口的最大允许转角：公称直径 $DN \leq 500mm$ 时为 2°，公称直径 $DN > 500mm$ 时为 1°。

2. 承插管件的检验方法

CBF008　承插管件的检验方法

承插管件主要是由圆钢或钢锭模压锻造毛坯成型,然后经车床机加工成型的一种高压管道连接配件。

承插管件系列包括三种连接形式:承插焊连接(SW)、对焊连接(BW)、螺纹连接(TR)。一般承插焊接、对焊连接形式管件压力等级分为3000LB(SCH80)、6000LB(SCH160)、9000(XXS)。螺纹连接形式管件压力等级分为2000LB、3000LB、6000LB。

承插管件表面应无肉眼可见的裂纹、折叠、夹渣等缺陷。奥氏体不锈钢管件表面应进行酸洗或钝化处理。公称通径为15~20mm的所有管件承口内径偏差为0~0.30mm。公称通径为25~50mm的所有承插管件流通孔直径偏差为±0.4mm。公称通径为25~50mm的90°承插弯头的中心至承口距离偏差为±2mm。公称通径为25~50mm的双承口管箍承口间距允许偏差为±4mm。

(五)管道对接焊缝的组对要点及焊接接口形式

CBE006　管道对接焊缝的组对要点

1. 管道对接焊缝的组对要点

在工艺管道安装工程中,管道对接焊缝的组对有以下几点要求:

(1)管道组对时,地下管道中心线的偏差量不应大于2mm/m。

(2)钢管对接时,应进行点焊。管径在100mm以上的需点焊4处。

(3)钢管对接时,应校圆,管口圆度应小于或等于$3D_W/1000$,管端部不应有超过0.5mm机械损伤。

(4)法兰与管道对接时,300mm>DN>100mm时,自由管段法兰面与管道中心垂直度允许偏差为1.0mm。

(5)管道与法兰对接时,封闭管段法兰螺栓孔对称水平度允许偏差为±1.6mm。

(6)在组对带有纵向焊缝或螺旋焊缝钢管时,不要把两管的焊缝对焊在一起,一定要使连接两管的螺旋焊缝或纵向焊缝错开100mm以上。

(7)管道手工焊接作业应留有一定的作业空间,其管底距地面空间应大于0.4m。

CBE003　管道组对的焊接接口形式

2. 管道组对的焊接接口形式

管道组对焊接时,开坡口是为了保证电弧能深入焊缝根部,使根部焊透,以及便于清除熔渣,获得较好的焊缝成型。而且坡口能起到调节基本金属与填充金属的比例作用。

管道组对焊接接口的选择,应根据管径、管道壁厚、管道承受压力来确定,并以保证焊接质量、填充金属少、便于操作和减少焊接变形为目的。无论何种材质的管材,当厚度超过允许标准时,都需要进行坡口加工。坡口根据形状的不同分为基本型、组合型和特殊型三类。

基本型坡口形状简单,加工容易,应用普遍。主要坡口形式有以下几种:I形坡口、V形坡口、双V形坡口、U形坡口、X形坡口和带垫板的V形坡口等。管道焊接V形坡口的角度应是60°~70°;输油输气管道线路工程的管道焊接V形坡口角度应是60°~70°;当管道壁厚在3~9mm时,管道与法兰对接连接应采用Y形接口形式。法兰与管道对接壁厚大于9mm时,其接口应采用U形接口形式。

注意:管道组对焊接时,不可用I形接口形式加大接口间隙来代替V形接口。

二、技能要求

（一）准备工作

1. 设备

序号	名称	规格	数量
1	电焊机	—	若干
2	气割工具	—	若干
3	角向磨光机	220V，ϕ125mm	1 台

2. 材料及工具准备

（1）材料准备。

序号	名称	规格	数量
1	无缝钢管	ϕ60mm×3.5mm	若干
2	钢法兰闸阀	DN50，PN1.6MPa	1 个
3	煨制弯头	DN50mm，$R=90°$，1.5D	2 个
4	平焊法兰	DN50mm，PN1.6MPa	2 片
5	石笔	—	若干

（2）工具准备。

序号	名称	规格	数量
1	卷尺	5m	1 个
2	角尺	500mm	1 把
3	钢板尺	1000mm	1 把
	水平尺	600mm	1 把
4	手锤	1.5kg	1 把
5	划针	—	1 个
6	样冲	—	1 个
7	锉刀	500mm	1 把
8	砂轮片	ϕ125mm	2 片
9	圈带样板	—	1 块

3. 人员要求

1 人操作，电气焊配合，穿戴齐全劳动保护用品。

（二）操作规程

（1）识读图纸，准确了解图纸所要表达的含义。

（2）实测弯头长度、法兰片厚度等数据尺寸。

（3）根据以上测量出的尺寸数据，计算下料。

（4）切割、打磨，清理管口切割飞溅。

（5）先进行"车轱辘"管段的组对、点焊，完成后尺寸复检。

（6）再进行"车轱辘"左右两侧"L"管段的组对、点焊，完成后尺寸复检。

（7）三部分各复检符合要求后分别进行施焊,焊后及时清理焊口。

（8）先进行"车轱辘"管段与任意一侧"L"弯组装,完成后进行组装质量复检;符合要求后再进行另一侧的"L"弯组装,完成后再进行整体组装质量复检。

（三）注意事项

（1）管件测量方法正确,测量数据精准;计算应准确无误,画线下料应精准。

（2）切割时应及时与操作人员准确表达所要切割的位置,切割完成后及时清理氧化铁等杂物。

（3）组对中间"车轱辘"管段时,应注意保证管段两端法兰孔平行。

（4）弯头、法兰与管段进行组对"L"弯时,先组对点焊弯头与管段(弯头不摆头),后进行法兰片的组对点焊。

（5）各部施焊完成进行组装时,应注意两法兰直线度偏差为±1mm,两侧"L"管段平行度偏差为±1mm。

（6）法兰片组对时,注意管段的插入深度是否符合要求。

（7）及时清理切割及施焊后的飞溅、氧化铁等杂物。

（8）正确使用测量工具及操作机具,严禁野蛮操作。

项目三　制作双弯头、四法兰汇管

一、相关知识

（一）管汇的制作要求及制作尺寸偏差要求

CBE013 管汇的制作要求

1. 管汇的制作要求

管汇是油气田地面建设集输管道工程中常用的金属构件,它承受压力,但又不属于压力容器。为保证管汇制作与安装的质量,管汇制作要按以下标准执行:

（1）制作管汇母管宜选择整根无缝钢管,若采用焊接钢管对接时,纵缝或螺旋缝应错100mm以上。

（2）对于螺旋焊缝钢管,在管端的螺旋处还应进行补强焊接,其长度应小于20mm。

（3）管汇采用插入式连接时,应在母管上开孔并加工坡口,坡口角度为45°～60°。

（4）管汇组对时,当公称直径大于或等于200mm时,定位点焊6点。

（5）管汇采用骑座式连接时,母管的开孔直径应比支管内径小2.0mm。

（6）固定母管画出中心线,按图纸要求的间距画出开孔中的线和开孔线。

（7）管汇采用盲板封头时,应进行内嵌焊,盲板厚度超过10mm时,应加工坡口,用成型封头时,应采用单面焊接对接焊缝。

（8）封堵前应将管汇内部清理干净。

（9）管汇最高工作压力应小于32MPa,温度范围应为40～460℃,如管汇输送介质为轻烃或液化气,应提高一类。

（10）管汇的制作和安装应按设计进行施工。如需修改设计,必须取得设计单位同意。

2. 管汇制作尺寸偏差要求

管汇制作时，为了能保证工艺的安装质量，根据《工业金属管道工程施工规范》（GB50235—2010）标准规范要求，在进行子管与母管的组对安装过程中，应遵循以下规定：

（1）支管与母管两中心线的相对偏移允许偏差为±1.5mm。

（2）当母管公称直径≤100mm时，允许偏差为1L/1000（L为管道有效长度），最大为15mm。

（3）当支管公称直径≤300mm时，法兰水平度允许偏差为1mm。

（4）管汇支管接管法兰长度组对时允许偏差为1.5mm，支管法兰纵向、横向水平度或垂直度允许偏差每米不超过2mm，管汇主管总长水平度允许偏差不超过5mm。

（5）管汇采用插入式连接时，坡口角度允许偏差应为±2.5°。

（6）在地沟内安装管汇时，母管底面与沟底的距离应大于200mm。

（二）管道的预组装要求

工艺管道安装工程中，管道预组装必须具备以下条件方可组装：组成件材质、规格、型号、符合设计要求；组成件内外表面泥土，油污清理干净；标识齐全，其他预组装要求如下：

（1）管段预组装时，应垫置牢固，定位可靠，防止焊接过程中产生变形，预组装方向的总长 L 允许偏差为±5mm。

（2）管道预组装间距 N 偏差为±2mm。

（3）管段预组装相邻的螺栓孔应跨中安装，安装精准度的允许偏差为±1mm。

（4）新装置内部管道，弯头、支管、变径较多的管段尽量加大预制比例，总体可达60%~70%。

（三）管道组对点焊的焊缝位置要求

在工艺管道焊接时，点焊的焊缝位置也有明确规定，具体要求如下：

（1）直管段上两对接焊口中心面间的距离，当公称直径大于或等于150mm时，不应小于150mm；当公称直径小于150mm时，不应小于管道外径。

（2）焊缝距离弯管（不包括压制、热推或中频弯管）起弯点不得小于100mm，且不得小于管道外径。

（3）环焊缝距支、吊架净距不应小于50mm；需热处理的焊缝距支、吊架不得小于焊缝宽度的5倍，且不得小于100mm。

（4）有加固环的卷管，加固环的对接焊缝应与管道纵向焊缝错开，其间距不应小于100mm；加固环距管道的环焊缝不应小于50mm。

（5）严禁在管道焊缝及其边缘上开孔。

（6）卷管的纵向焊缝应置于易检修的位置，且不宜在底部。

（四）卷管及夹套管加工的制作要求

1. 卷管加工的制作要求

（1）卷管的同一筒节上的纵向焊缝不宜大于2道，两纵缝间距不宜小于300mm。

（2）卷管端面与中心线的垂直偏差不得大于管道外径的1%，且不大于3mm。

（3）卷管公称直径小于800mm时，圆长偏差为±5mm，圆度偏差为外径的1%，且不大于 4mm。

（4）卷管的校圆样板与管内壁对接纵缝处不贴合间隙不得大于壁厚的 10% 加 2mm，且不得大于 3mm。

（5）卷管的校圆样板的弧长应为管道圆长的 1/6 ~ 1/4。

（6）卷管加工过程中，对有严重伤痕的部位，必须进行修磨，修磨处的壁厚不得小于设计壁厚。

CBE012　夹套管加工的制作要求

2. 夹套管加工的制作要求

夹套管就是在工艺管外面再安装一个套管，在两管之间的空隙中通入热水、热油、蒸汽或联苯-联苯醚等。

夹套管的形式有内管焊缝隐蔽和外露形两种。一种是内外套管都焊在法兰上，另一种是外管用管帽形式直接焊在内管管壁上。夹套管的预制工作在夹套管的施工中占有很重要的地位。

夹套管加工前必须查清单线加工图的各部尺寸、方向。夹套管预制的主要流程如下：工艺管画线下料→定位板焊接→单管试压→切料→坡口制备→预制外管弯头→预留活口→夹套外管下料→组对内管→内管焊接→内管探伤检查→内管试压→夹套外管组对焊接→夹套外管探伤检查→附件焊接→夹套外管试压→安装。

夹套管主管必须使用无缝钢管，当主管有环向焊缝时，必须经射线试验、强度试验合格后，方可隐蔽。夹套管定位板应与介质流向平行安装，不得影响介质流动和热位移。

夹套管的封闭段应留有 50 ~ 100mm 的调整余量。夹套管加工完毕后，套管部分应按设计压力的 1.50 倍进行试验。当主管公称直径小于或等于 80mm 时，夹套管间距为 3 ~ 5m。制作水平夹套管时，定位块的其中一件应配置在正下方，另两块距此块圆周 120° 安装。

CBE019　静设备配管的要求

（五）静设备配管的要求

输送、供给设备所需流体介质的管道的配置、连接、试验、调整和试运转的施工作业。充分利用管道组合件中的法兰短管，调节配管与设备法兰的径向偏差。配管的固定焊口应尽量靠近系统管道，以减少焊接应力对设备的影响。配管最终与设备连接时，其设备转速大于 6000r/min 的位移值应小于 0.02mm。其设备转速小于或等于 6000r/min 的位移值应小于 0.05mm。

设备管道安装常用二次安装法和一次安装法。

1. 二次安装法

二次安装法是将管道在安装现场边配制边安装，点焊组合成形后，将管道拆下进行正式焊接和酸洗处理等，再进行正式安装，此法能保证安装尺寸符合现场实际，又能保证管道系统的清洁度。

2. 一次安装法

一次安装法是通过现场实测数据，在管道加工厂或组装场地将管道预制成形，并经酸洗处理，一次安装到位。此法多用于管形不复杂及不可拆卸的套管连接的焊接管道，可节省人力、物力，加快施工进度，但施工者须有较高的技术素质，才可保证施工质量，避免返工。

静设备配管时，施工带沿线每隔一段距离要开辟一处管道与其他材料的堆放场地。当设备为立式时，由于所配工艺管线安装标高较高，需要在设备就位前将这些管道组对安装好,随设备一起吊装。

二、技能要求

(一)准备工作

1. 设备

序号	名称	规格	数量
1	电焊机	—	若干
2	气割工具	—	若干
3	角向磨光机	220V,ϕ125mm	1台

2. 材料及工具准备

(1)材料准备。

序号	名称	规格	数量
1	无缝钢管	ϕ60mm×3.5mm	若干
2	煨制弯头	DN50mm,$R=90°$,1.5D	2个
3	平焊法兰	DN50mm,PN1.6MPa	4片
4	石笔	—	若干

(2)工具准备。

序号	名称	规格	数量
1	绘图工具	—	1套
2	卷尺	5m	1个
3	角尺	500mm	1把
4	钢板尺	1000mm	1把
5	水平尺	600mm	1把
6	手锤	1.5kg	1把
7	划针	—	1个
8	样冲	—	1个
9	锉刀	500mm	1把
10	布剪刀	—	1把
11	砂轮片	ϕ125mm	2片
12	圈带样板	—	1块

3. 人员要求

1人操作,电气焊配合,穿戴齐全劳动保护用品。

(二)操作规程

(1)识读图纸,准确了解图纸所要表达的含义。

(2)根据图纸要求进行马鞍支管展开样板及主管开孔样板绘制。

(3)测量所给弯头、法兰片等附件厚度尺寸数据,根据以上测量出的尺寸数据进行计算、下料。

（4）切割、打磨下料管段，清理管口切割飞溅。

（5）先进行主管"车轱辘"管段的组对、点焊，完成后尺寸复检。

（6）再进行支管"L"管段的组对、点焊，完成后尺寸复检。

（7）三部分各复检符合要求后分别进行施焊，焊后及时清理焊口。

（8）先进行主管"车轱辘"管段与任意一侧"L"弯支管组装，完成后进行组装质量复检；符合要求后再进行另一侧的"L"弯支管组装，完成后再进行整体组装质量复检。

（三）注意事项

（1）管件测量方法正确，测量数据精准；计算应准确无误，画线下料应精准。

（2）切割时应及时与操作人员准确表达所要切割的位置，切割完成后及时清理氧化铁等杂物。

（3）组对主管段"车轱辘"管时，应注意保证管段两端法兰孔平行。

（4）弯头、法兰与管段进行组对"L"弯时，先组对点焊弯头与管段（弯头不摆头），后进行法兰片的组对点焊。

（5）各部施焊完成进行组装时，应注意两法兰直线度偏差为±1mm，两侧"L"管段平行度偏差为±1mm。

（6）法兰片组对时，注意管段的插入深度是否符合要求。

（7）及时清理切割及施焊后的飞溅、氧化铁等杂物。

（8）正确使用测量工具及操作机具，严禁野蛮操作。

项目四　管道组装

一、相关知识

（一）管道的安装前准备

工业管道安装前，必须具备以下条件：

（1）有关管道安装项目的设计图纸齐全。做好技术准备、材料准备和机具准备。技术准备是管道安装前准备工作的核心。材料准备包括进行核对物料的规格、数量及外观检验。熟悉图纸资料和布置、安排施工场地。施工方案已编制。施工技术员向班组做了施工技术交底和安全技术交底，并下达工程任务单和限额领料记录。

（2）与管道安装有关的土建工程经核对位置和尺寸，经验收合格，确认无误，并已办妥交接手续。

（3）作业场地必须平整及施工用水、电、气等达到施工需要。

（4）材料准备。材料包括主材和辅材两部分。主材是指管材、管件、阀门及附件等，都按设计图纸核对材质、规格、型号、数量等正确无误，检验合格，并具有合格证及相关资料。辅材是指焊条、油、麻、棉纱及垫片等按进度计划满足需要，并能保证连续施工。

（5）采用胀口或翻边连接的管子，施工前应每批抽1%且不少于两根进行胀口或翻边试验，不合格者不得使用。

CBE039　管道的安装前准备

（6）管道安装部位或车间内装饰工程已完成。

（7）管道两端起止点的设备已找正、找平安装好，并且设备的二次灌浆的强度已经达到要求。

（8）管道安装前期准备的目的是为了给以后的施工创造良好的条件。

CBE040 管道安装的一般规定

（二）管道安装的一般规定

管道工程应根据要求安装，完工后必须进行试压，检查合格后，才可进行其他工程。管道安装变径宜采用大小头，同心大小头宜用在垂直管道上。两对接直管段焊缝的距离一般不小于100mm。如遇到管道敷设位置相矛盾时，一般小口径管道让大口径管道。管道安装时，应保持横平、竖直，且符合设计和规程要求。

1. 管道安装时，管道的连接处要求

（1）一般情况下，管道的连接处和纵向焊缝的设置应考虑易于检查、维修，确保质量和不影响管道运行的位置，如穿墙套管中或其他隐蔽地方，一般不应设置焊缝和法兰等。

（2）管道的对接焊缝或法兰等接头，一般应离开支架100mm左右。

（3）直管段两个对接焊缝距离一般不得小于100mm。

（4）钢板卷管的纵向焊缝应置于易检查、维修的地方。

（5）在管道的纵向焊缝和对接焊缝处不宜开孔或连接支管等。

2. 支管与主管的连接要求

（1）当管道输送的介质中含有固体颗粒时，主管与支管的夹角除设计规定外，一般要求不大于30°，且接口焊缝根部应保持平滑。

（2）当管道输送一般介质时，允许90°相接，但输送气（汽）体介质的管道，支管宜从主管的上方或侧方接出，而输送液体的管道宜从主管的下方或侧面接出，以利于流体的输送和排液或放气。

3. 管道安装完的检查要求

应对整个系统进行详细的外观检查，检查管道的布置、质量是否符合设计要求，有无遗漏等；进行全面检查后，在按规定进行强度及严密试验。试验未合格前，焊缝及接头处不得涂漆及保温。

CBE037 油田集输管道的安装要求

（三）油田集输管道的安装要求

油田集输管道工程是指油气田范围内的输送管道。按照输送介质和工艺要求的不同，可分集油管道、输油管道、集气支线、集气干线及注水、注汽等管线。

在油田集输管道安装工程中，对管道公称直径小于500mm的V类管道进行组对时，如采用斜接口连接，偏斜角度应不大于5°，大于等于500mm的V管道进行组对时，偏斜角度应不大于3°。

集油管线一般管径较小，ϕ76mm~ϕ89mm较多，如井口管线长，则采用ϕ114mm，伴热管常采用ϕ48mm碳钢无缝管进行安装。油田集输管道是指敷设在油田内，距离不超过25km。管径大小根据输送量而定，一般在ϕ159mm~ϕ529mm。在通清管球的主管道上开孔时，当支管直径大于主管直径1/4时，主管开孔应成栅状，栅的方向与主管轴线平行。集输管道的外件热管应安装在主管中心下方45°位置，并应与管绑紧。

（四）管道安装的质量要求

在工艺管道安装工程中，管道安装时应遵循《工业金属管道工程施工规范》（GB 50235—2010）规定，具体要求如下：

（1）与转动设备或静止设备，连接的第一道法兰加临时盲板隔离，严防脏物进入。

（2）管道安装要平、直；拐弯处设弯头或偏口，紧靠巷壁，不拐急弯。

（3）水平管道安装，当 $DN \leqslant 100mm$ 时，允许偏差为 $2L‰$（L 为管道有效长度），最大为 50mm。

（4）管道接头接口要拧紧，用法兰盘连接的管道必须加密封垫，做到不漏气、不漏水。

（5）管道安装时，立管铅垂度允许偏差 5‰，最大为 30mm。成排管道间距允许偏差是 15mm。室外架空及地沟管道安装标高允许偏差为 ±20mm。

（6）管端切口平面与管道轴线的垂直度小于管子直径的 1%，且不超过 3mm。

CBE029　管道安装的质量要求

（五）连接机器的管道安装要求

CBE023　连接机器的管道安装要求

（1）管道与设备连接，特别是大型设备或动设备（比如空压机、制氧机、汽轮机等），无论是焊接还是法兰连接，都应采用无应力配管。

（2）连接机械设备的管道，其固定焊口应远离机器。

（3）管道与机械设备连接前，应在自由状态下检验法兰的平行度和同轴度，偏差应符合规定要求。管道与机械设备最终连接前，应在联轴节上架设百分表监视机器位移。管道经试压、吹扫合格后，应对该管道与机器的接口进行复位检验。

（4）管道安装合格后，不得承受设计以外的附加载荷。

（5）管道系统与机器最终连接时，应在联轴节上架设百分表，监视机器位移，当转速小于 6000n/min 时，其位移应小于 0.05mm。当转速大于 6000n/min 时，其位移应小于 0.02mm。

（6）管道与设备连接前，应在自由状态下，检验法兰的平行度和同轴度，使之符合规定。布管轴线应符合设计要求，而且相邻管口错开 100～200mm，以便清管和处理管口。管道与机器连接，当机器转速为 3000～6000r/min 时，其平行度偏差不大于 0.15mm，同轴度偏差不大于 0.50mm。当机器转速大于 6000r/min 时，其平行度偏差不大于 0.10mm，同轴度偏差不大于 0.20mm。

（六）蒸汽管道、热力管道的安装要求

CBE033　蒸汽管道的安装要求

1. 蒸汽管道的安装要求

蒸汽管道是输送热能的管道，输送介质的温度在 100℃ 以上，一般选用无缝钢管和耐温、耐压的阀门及其他管道组件。

蒸汽管道安装时，应设有坡度，室外管道的坡度一般为 0.003。并且管道的坡度应与介质流向一致，但不论与介质流向相同与相反，一定要坡向疏水装置。室内蒸汽管坡度应与介质流动方向一致，以减少噪声。当蒸汽管道与其他管道在同一支架共同敷设时，应加设疏水装置。蒸汽管道为水平管道时，管道上使用的变径宜采用偏心大小头。大小头的下侧应取平，以利于排水蒸汽管道安装时，在水平管道上，阀门的前侧、流量孔板的前侧以及最低处均应设置疏水装置或放水阀。疏水装置应根据设计进行，对一般装有旁通的疏水装置，如设计无详图时，也应装设活接头或法兰，并在疏水阀或旁通阀的后面，以便检修。蒸汽管道上的伸缩补偿器应按设计提供的补偿量对补偿器进行预拉伸。

CBE034 热力
管道的安装要求

2. 热力管道的安装要求

热力管道常用的管材为焊接钢管或无缝钢管，其连接方式一般为焊接。对口焊接时，若焊接处缝隙过大，不允许在管端处加拉力延伸使管口密合，应另加一段短管。

热力管道安装时，固定点间的管道中心线应成直线，每10m偏差不应超过5mm。热力管道的布置应使管道主干线力求短直。热力管道敷设时，跨越公路的净高为4m。热力管道安装应有坡度，当汽水逆向流动时的坡度值不得小于0.005。当汽水同向流动时的坡度值不得小于0.003。热力管道安装的平面布置主要有树枝状和环状两类。热力管道在地沟敷设时，与沟底的净距离宜为100~200mm。

CBE035 埋地
管道的安装要求

（七）埋地管道、燃气管道的安装要求

1. 埋地管道的安装要求

埋地管道作为油气的传输载体，地面工程的重要设施之一，是连接上游资源和下游用户的纽带，由于管道长期埋在地下，随着时间推移，外界土壤特性及地形沉降等因素的影响，管道会发生腐蚀，穿孔和泄漏给油田和国家带来严重损失。

埋地管道安装过程中，应注意布管时管子距沟边坡不应小于0.5m。相邻两管口应离开100~200mm，以便清理和处理管口。管沟土质为更塑的轻亚黏土，坡向有静载，不设支撑的管沟边坡坡度为1:0.5。回水管线距离地面应为80mm。埋地管道中，相邻而方向相反的两个弹性弯曲之间，不可以直接过渡。经试压合格与最终防腐后，应复测管道标高和坐标合格后，符合要求后方可回填。

CBE038 燃气
管道的安装要求

2. 燃气管道的安装要求

民用与工业燃气是一种清洁无烟的气体燃料，它燃烧时温度高，易点燃，易调节，使用方便，是一种理想的燃料。燃气由几种气体混合组成，包括可燃气体和不可燃气体。可燃气体有一氧化碳、氢和碳氢化合物等；不可燃气体有二氧化碳、氮和氧等。

（1）室内燃气管道安装。

① 管材及连接。

室内燃气管道应采用低压流体输送用镀锌钢管，采用螺纹连接，用聚四氟乙烯生料带当作填料，或用厚白漆、黄粉甘油的调和剂，不得使用麻丝作填料。

② 阀门。

燃气管道的公称直径大于或等于65mm时，管路中的阀门一律采用闸板阀；公称直径小于65mm时，应采用旋塞阀。

③ 套管。

室内燃气管道穿墙或穿楼板时，均应加设套管。所加设的套管应大于穿墙管两个规格，穿墙套管的两端应与墙面平齐，穿楼板的套管下端与楼板地面相平，上端应高出楼板50mm，套管与被套管间应用阻燃材料填塞。

④ 引入管。

燃气分配管与室内水平干管之间的一段穿过建筑物墙壁的管段，称为引入管。引入管一般从地下引入室内，也可以在室外设立管后引入室内。引入管应设0.005的坡度，坡向燃气管道。埋地引入管应设在冰冻线以下0.15m深处。

（2）其他要求。

① 燃气管道一般均采用钢管,但在室外埋地敷设时也可用铸铁管。

② 燃气管道室外坡度不得小于 0.003,坡向可遵循小口径管坡向大口径管;室内坡向室外。

③ 在任何情况下,燃气管道不得与动力电缆和照明电缆敷设在同一地沟内。

④ 燃气管道不允许使用青铜或黄铜等各种阀门和附件,因硫化物对铜有腐蚀作用。

⑤ 燃气管道安装焊接时,焊缝距煨制弯头的起弯点不少于 100mm 且不小于管道外径。其标高允许偏差为 15mm。成排管道间距允许偏差为 5mm。$DN≤100$mm 水平弯曲的允许偏差为 1/1000,最大不超过 20mm。

⑥ 燃气管道安装时所采用的弯头、三通等,宜采用机制管件。

（八）管道补偿器及支吊架的安装要求

1. 管道补偿器的安装要求

补偿器安装前应检查补偿器是否完好,内套管的工作表面不得有影响性能的损伤;安装前检查内套管的伸出长度,要保证其满足管道系统的补偿要求;补偿器安装前应进行预拉伸或压缩,允许偏差为±10mm。在管道中安装使其与两端的连接管处于同一轴心上,其轴心线偏移应小于 0.3%管道的公称直径。导向支座应保证运行时的自由伸缩,不得偏离中心。应按规定的安装长度及温度变化,留有剩余收缩量,其允许偏差为±5mm。

CBE027 补偿器的安装要求

安装方法通常采用将管道连接好后,根据补偿器的长度截掉同长度管段的方法来安装补偿器;补偿器的固定端要与管道的固定支架相连接,并与补偿器的固定端与固定支架间距离尽可能短。当垂直安装球型补偿器时,壳体端应在上方。补偿器在垂直安装时,应设置排气及疏水装置。平行臂应与管道坡度相同,两垂直臂应平行。

CBE028 支吊架的安装要求

2. 支吊架的安装要求

（1）管道支吊架的安装应符合设计文件的规定。不锈钢和钛管道安装时应防止铁离子污染,在碳钢支吊架与不锈钢或钛管接触处应用与管道相同的材料或非金属材料隔离。

（2）管道安装时,应及时进行支吊架的固定和调整工作。支吊架的安装位置应准确,并保证平直、牢固。管道和支承面接触应良好。导向支架和滑动支架的滑动面应无歪斜和卡涩现象。

（3）无热位移的管道,吊架其吊杆应垂直安装;有热位移的管道吊架其吊点应设在位移的相反方向,按位移值的 1/2 偏位安装。两根热位移方向相反或位移值不等的管道不得同时使用同一吊杆。

（4）固定支架应在补偿装置预拉伸或预压缩前固定。导向支架或滑动支架的滑动面应洁净平整,不得有歪斜和卡涩现象。

（5）不得在无补偿装置的热力管道直管段上同时安装两个及以上固定支架。

（6）弹簧支、吊架的弹簧安装高度应按设计文件规定进行调整。弹簧支架的临时固定件应待系统安装、试压、隔热完毕后方可拆除。

（7）支吊架的固定必须牢固,支吊架的焊接应由合格焊工施焊,并不得有漏焊、欠焊或焊接裂纹等缺陷。管道与支架焊接时,管道不得有咬边、烧穿等现象。

（8）不得在滑动支架底板处临时点焊定位。仪表及电气的支撑件不得焊在活动支架上。

（9）从有热位移的主管引出小直径的支管时，支管的支架类型和结构应符合设计要求，并不应限制主管的位移。

（10）管道的固定支架应按设计文件要求安装，并应在补偿器预拉伸之前固定。

CBE024 伴热管的安装要求 （九）管道伴热管及夹套管的安装要求

1. 伴热管的安装要求

伴热站应进行集中预制，预制时要按设计文件的要求开孔和焊接支管，开孔宜采用机械方法，预制时应采取措施防止焊接变形。弯头部位的伴热管绑扎带不得少于 3 道。直伴热管位移直径为 10mm 时，绑扎点间距不应超过 800mm；直伴热管公称直径大于 20mm 时，绑扎点间距不应超过 2000mm。

当主管线为不锈钢管，伴热管为碳素钢管时，隔离垫宜采用氯离子含量不超过 50μg/g。伴热管经过主管法兰时，伴热管应相应设置可拆卸的连接件。应与主管平行安装，施工时不能将伴热管直接点焊在主管上。伴热站的安装位置，应按设计文件要求进行摆布，如设计文件无规定时，应考虑现场情况，由工程技术人员画出布置图，伴热站的布置应以管线布置就近、集中为原则，尽量减少工程量。

CBE025 夹套管的安装要求 2. 夹套管的安装要求

套管在石油化工、化纤等装置中应用较为广泛，它由内管（主管）和外管组成，一般工作压力≤25MPa，工作温度为−20~50℃，材质采用碳钢或不锈钢，内管输送的介质为工艺物料，外管的介质为蒸汽、热水、冷媒或联苯热载体等。

夹套管的型式有内管焊缝隐蔽型与外露型两类。内管焊缝隐蔽型的内管焊缝均被外管所包覆；而内管焊缝外露型则将内管的焊缝暴露在外。一般工艺夹套管多采用内管焊缝外露型。夹套管按内管、外管进行分类，夹套管的类别不同，其制作、安装要求也不同。

夹套管的安装采用法兰连接时，垂直管段凸面和榫面法兰在凹面和槽面法兰的上面。水平管段迎着流体方向的凸面和榫面法兰在凹面和槽面法兰的前面。

夹套管安装的标高和坐标应符合设计要求，其标高偏差不应超过±5mm。坐标偏差不应超过±10mm。

夹套管安装的水平偏差小于等于 1/1000，最大不超过 20mm。垂直偏差小于等于 1/1000，最大不超过 15mm。

CBE032 铸铁管道的安装要求 （十）铸铁管及不锈钢管的安装要求

1. 铸铁管的安装要求

铸铁管道敷设前，应清除砂粒、毛刺、沥青块等，并烤去承插部位的沥青涂层。在昼夜温度变化较大或负温下施工时，管道中部两侧应填土夯实，顶部应填土覆盖。

铸铁管道安装用填塞物的麻应有韧性、纤维较长或无麻皮，并应经石油沥青浸透、晾干。油麻辫的粗细应为接口缝隙的 1.5 倍。每圈麻辫应相互搭接 100~150mm，并经压实打紧。打紧后的麻辫填塞深度应为承插深度的 1/3，且不应超过三角凹槽的内边。承插式铸铁管用石棉水泥和膨胀水泥作接口材料时，其填塞深度应为接口深度的 1/2~2/3。公称直径小于 75mm 的承插铸铁管，其对口最小轴向间隙为 3mm。

铸铁管道按连接方法不同可分为承插式和法兰式两种。其中承插式最为常用，法兰式用来与带法兰的控制件(如阀门)相连接。搬运、安装铸铁管时,应轻放;安装法兰铸铁管时,不得强力连接。因为铸铁管的性质较脆不抗冲击。铸铁管道安装时,管道之间应成直线,并从低处向高处铺设,将承口向着高的方向。

安装法兰铸铁管道时,应采用不同长度的管道调节,不得强行安装。

CBE031 不锈钢管道的安装要求

2. 不锈钢管道的安装要求

不锈钢管道的安装,除应按照一般工艺管道安装要求和输送酸、碱等腐蚀性介质管道安装的有关规定以外,还应根据不锈钢的特性,在安装过程中注意以下几点:

(1)不锈钢管道吊运,不能与其他金属直接接触,应加垫木板或橡胶板等其他非金属材料。当采用氧乙炔焰切割不锈钢管道上的焊接卡具时,应在距离管道表面3mm处切割,然后用砂轮进行修磨。不锈钢管用砂轮切割或修磨时,不允许用普通砂轮片切割,应使用不锈钢专用砂轮片或等离子切割。

(2)不锈钢管道连接焊口处的焊缝,焊后要进行酸洗和钝化处理。在不锈钢管上焊接组对卡具时,卡具材质与管材相同,否则应用焊接该钢管的焊条在卡具上堆焊过渡层。不锈钢管道安装时,严禁用铁质工具敲击。不锈钢管道与支架之间应垫入不锈钢或氯离子含量不超过 50μg/g 的非金属垫片。

(3)不锈钢管道安装前,应进行一般性清洗,并用干净布擦干,除去油渍等其他污物,如设计另有要求,应按要求做其他处理。

(4)当管道表面有机械损伤时,必须加以修整,使其光滑,并要求进行酸洗和钝化处理(当划痕在 0.2mm 以下、且无黑斑时,可以不进行处理)。

(5)不锈钢管道的坡口加工、组对方法与碳钢管相同,组对好的管道应便于施焊,并应减少固定焊和仰焊;在安装过程中,尽量扩大预制量,以减少固定焊,力求做到整体预制安装。

CBE036 (管廊)附塔管道的安装要求

(十一)(管廊)附塔管道的安装要求

(管廊)附塔管道安装时,管道对口应在距接口中心 200mm 处测量平直度,当管道公称直径小于 100mm 时,允许偏差为 1mm;当管道工程直径大于等于 100mm 时,允许偏差为 2mm。全长允许偏差为±10mm。

附塔管道首尾两跨的最外端管道,其长度宜留有不小于 150mm 的调节余量。引出管廊外的三通支管,宜在管廊吊装定位后,焊接支管。开孔接管的中心位置偏差≤10mm,接管外伸长度允许偏差为±5mm。

塔就位后,安装的附塔管道立管沿铅垂度偏差与塔体一致后,与塔体组合吊装。附塔管道宜在塔体吊装前,预先安置在上,检验合格与塔体组合吊装。管道支管不可与塔体直接焊接,焊接时应加护板。塔起吊前,应对附塔管道的牢固程度进行检查,消除一切不安全因素。

(十二)阀门的选用原则及安装要求

CBF001 阀门的选用原则

1. 选用原则

阀门在管路中主要起到接通或截断介质;防止介质倒流;调节介质压力、流量等参数;分离、混合或分配介质;防止介质压力超过规定数值,以保证管路或容器、设备安全等作用。在管道工程中,由于使用目的不同,阀门的类型多种多样,分类方法较多。

阀门应根据阀门的用途与介质的特性,最大工作压力、介质的最高温度及介质流量、管道公称通径来选择。其选用原则如下：

（1）在选用阀门时，应根据其功能特点进行选择，如通常不需要经常启闭，并且保持闸板全开或全闭的阀门是闸阀。

（2）按照介质通断性质选用阀门时，作为介质的切断或调节及节流作用应安装截止阀。

（3）为了防止介质倒流选用阀门时，应安装止回阀。

（4）按照调节介质参数选用阀门时，为了能使介质的压力、流量等参数符合工艺要求，需要安装控制阀。

（5）阀门选用时的主要技术性能中，密封性能是阀门最重要的技术性能指标。

2. 安装要求

CBE026 阀门的安装要求

阀门的安装应按照阀门使用说明书和有关规定进行。安装前应根据阀门的用途与介质的特性，最大工作压力、介质的最高温度以及介质流量、管道公称通径来选择。阀门施工过程中要认真检查，精心施工。阀门安装前，应试压合格后才进行安装，仔细检查阀门的规格、型号是否与图纸相符，检查阀门各零件是否完好，启闭阀门是否转动灵活自如，密封面有无损伤等，还要清洗、试压、更换密封填料垫片，必要时还需进行研磨。确认无误后，即可进行安装。水平管道上的阀门的阀杆，最好垂直向上，不宜将阀杆向下安装。阀杆向下安装，不便操作，不便维修，还容易腐蚀阀门出事故。落地阀门不要歪斜安装，以免操作不方便。

并排管线上的阀门，应有操作、维修、拆装的空位，其手轮间净距不小于100mm，如管距较窄，应将阀门错开摆列。安全阀应垂直安装。采用承插连接的阀门，在承插端头应留有0.5~1mm间隙。阀门的安装高度一般以阀门操作手柄距地面1~1.2m为宜。阀门在水平管路上安装时，阀杆最好垂直向上或向左偏45°。

（十三）阀门的安装位置要求及外观检验方法

CBF005 阀门的安装位置要求

1. 安装位置要求

（1）阀门的安装位置应根据阀门的功能特点进行选择。但为了便于开关，手够不到的地方不能配置阀门。应安装在用手开关不产生困难的位置。

（2）凡有可能以不安全姿势操作阀门的位置，或者有危险的地方，都不能安装阀门。必须考虑阀门的安装位置是否符合安全操作姿势的要求。

（3）因为阀门的安装位置易造成磕头或绊倒等不安全问题，所以不应将阀门设置在主要通道及检查通道等。应安装在不妨碍操作人员操作的位置。

（4）对于有压力表、流量计等表示调整情况的装置，一般应将阀门设置在便于观察的位置。使操作人员一边检查确认，一边能方便地操作阀门。

（5）在流量计测点的管内易产生偏流，影响流量计的可靠性，所以阀门应安装在流量计的前面，并要离开流量计一段距离。因靠近流量计前装阀，容易引起流体偏移。

2. 外观检验方法

CBF010 阀门的外观检验方法

阀门的外观检验，应仔细核对所用阀门的型号规格是否与设计相符合。根据阀门的型号和出厂说明书，检查、对照阀门可否在所要求的条件下应用。此外还应检查阀体内外表面有无砂眼、沾沙、氧化皮、毛刺、缩孔及裂纹等缺陷；阀门阀体的轻微锈蚀、凹陷及其他机械损伤的深度，不应超过产品相应标准允许的壁厚负偏差。阀杆与阀芯连接是否灵活可靠，阀杆有无弯曲，螺纹有无损坏；阀座与壳体结合是否牢固，有无松动、脱落的现象；阀芯与阀座是否吻合,密封面有无缺陷;阀托与填料压盖是否配合适当;阀盖法兰的结合情况;填料、垫片、螺栓材质是否符合使用温度要求,有无足够的调节余量;验收合格的阀门两端需要防护盖保护,手柄或手轮操作灵活轻便,不得有卡涩现象。阀门阀体上应有制造厂铭牌、铭牌和阀体上应有制造厂名称、阀门型号、公称压力、公称通径等标识。

闸阀的闸板密封面中心必须高于阀体密封面中心。隔膜阀在运输时,隔膜阀应处于关闭位置,但不可关得过紧,以防止损坏隔膜。直通式铸钢阀门的连接法兰密封面应相互平行,在每100mm的法兰密封面直径上,平行度偏差不得超过0.15mm。直通式铸铁阀门连接法兰的密封面应互相平行,在每100mm的法兰密封面直径上,平行度偏差不得超过0.2mm。

(十四)阀门的安装要求

1. 减压阀的安装要求

(1)减压阀不应设在靠近移动设备或容易受冲击的地方,应设在振动小、有足够空间和便于检修处。

(2)蒸汽系统减压阀组前应设疏水阀。

(3)系统中介质夹带渣物时,应在阀组前设置过滤器。

(4)不论何种减压阀均应垂直安装在水平管道上,不可错装。

(5)注意方向性,阀体箭头指向介质流动方向,切勿装反。

(6)减压阀安装时,可以不安装泄水短管,但在减压阀前一般都装有油水分离器。要注意减压后的管径应比减压阀的公称直径大1~2级。减压阀的两端应设置切断阀门,最好采用法兰截止阀。

(7)减压后的低压管上应设置安全阀,以保证减压阀运行的可靠性,保证系统安全运行。

(8)使用减压阀,一般要满足减压阀进、出口压力差不小于0.15MPa.

(9)减压阀安装时,一般减压前的管径应与减压后的公称直径相同,也可扩大口径。

2. 安全阀的安装要求

安装前应对产品进行认真检查,验明有无产品合格证及说明书,便于明确出厂时的定压情况;查产品有无铅封及完好程度;查产品外观有无损伤。

安全阀在安装前,应按设计规定进行调试、定压。定压是安全阀安装的重点环节,必须认真做好。具体安装要求如下:

(1)普通型弹簧式安全阀,其背压不超过安全阀定压值10%。

(2)排入密闭系统安全阀出口管道应顺介质流向45°斜接排放总管顶部。

(3)安全阀与锅炉压力容器之间的连接短管的截面积,不得小于安全阀的流通截面,整个安全阀同时装在一个接管上,接管截面积应不小于安全阀流通截面积总和的1.25倍。

(4)当排入放空总管或去火炬总管介质带有凝液或可冷凝气体时,安全阀出口应高于总管,否则,应采取排液措施布置。

(5)自身重量较大的安全阀安装时,要考虑安全阀拆卸后吊装的可能性,必要时应设吊杆。

(6)安全阀应尽量布置在便于检查和维修的地方,并应垂直安装以保证管道系统畅通。

3. 球阀的安装要求

球阀使用时流体的阻力小。全开时球体通道、阀体通道和连接管道的截面积相等,并且直线相同,介质流过球阀,相当于流过一段直筒的管道,在各类阀门中球阀流体阻力最小。球阀适合于安装在低压和大通径场合。而且启闭迅速,启闭时只需把球体转动90°即可。结构较简单,体积较小,重量较轻。特别是它的高度远小于闸阀和截止阀。带传动机构的球阀,均应直立安装。密封性能好。但使用温度范围较小球阀一般采用软密封圈,使用温度受到密封圈材质的限制。密封圈材料的开发及金属硬密封球阀的应用能扩大球阀的使用温度范围。安装球阀时,球阀的前后管线应保证同轴,两法兰密封面应平行。带扳手操作的球阀,可安装在管路或设备的任意位置上,并留有扳手旋转的位置。带传动机构的球阀,均应直立安装或按产品使用说明书的规定安装。

CBF015 止回阀的安装要求

4. 止回阀的安装要求

止回阀是能自动阻止流体倒流的阀门。止回阀的阀瓣在流体压力作用下开启,流体从进口侧流向出口侧。当进口侧压力低于出口侧时,阀瓣在流体压差、本身重力等因素作用下自动关闭以防止流体倒流。

止回阀一般分为升降式、旋启式、蝶式及隔膜式等几种类型。直通式升降止回阀一般只能安装在水平管路上。立式升降止回阀和底阀一般应安装在垂直管路上。并且介质自下而上流动。旋启式止回阀安装位置不受限制,通常安装于水平管路上但也可安装于垂直管路或倾斜管路上。

安装止回阀时,应注意介质的流动方向,应使介质正常的流动方向与阀体上箭头指示的方向一致,否则就会截断介质的正常流动。底阀应安装在水泵吸水管路的底端。止回阀关闭时,会在管路中产生水锤压力,严重时会导致阀门、管路或设备损坏大口径管路。选用安装单瓣旋启式止回阀时,为减少水锤压力,最好采用减路。单瓣旋启式止回阀一般只适合安装在中等通径场合。应引起选用者的高度重视。

CBF009 疏水阀的选用原则

(十五) 疏水阀的选用原则

疏水阀是从储有蒸汽的密闭容器内自动排出凝结水,同时保持不泄漏新鲜蒸汽的一种自动控制装置,必要时也允许蒸汽按预定的流量通过。因此疏水阀是防治水垂现象,保持系统正常运行,节约能源和提高经济效益的关键阀件。

按启闭件的驱动方式,蒸汽疏水阀可分为三类;由凝结水液位变化驱动的机械型蒸汽疏水阀;由凝结水温度变化驱动的热静力型蒸汽疏水阀;由凝结水动态特性驱动的热动力型蒸汽疏水阀。

凝结水低于额定最大排量15%时,不应选用脉冲式疏水阀。在需要安静的环境里,不宜安装噪声较大的热动力式疏水阀。间歇操作的室内蒸汽加热设备和管道,需选用排气性能较好的吊桶式疏水阀。疏水器的组装有带旁通管和不带旁通管两种形式,而后者多用于热动力型疏水阀。在需要立即排除凝结水的场合,不宜安装有过冷度(一定压力下冷凝水的温度低于相应压力下饱和温度的差值)的疏水阀。室外工作的疏水阀,一般不宜安装机械型疏水阀。

CBF017 孔板流量计的工作原理

(十六) 孔板流量计的工作原理及安装注意事项
1. 工作原理

孔板流量计是利用流体流过孔板时,在孔板前后产生差压来测量流量的一种流量仪表。是目前工业生产中用来测量气体、液体和蒸汽流量最常用的流量仪表。它的误差是由基本误差和附加误差组成的。孔板流量计的孔板不尖锐将使流量增大,不适合于测两相流。当流量计投入现场使用时,由于安装、使用以及流动条件发生了变化,孔板流量计的误差远远大于计算所得的误差。

　　孔板流量计工作原理为:充满管道的流体流经管道内的节流装置,在节流件附近造成局部收缩,流速增加,在其上、下游两侧产生静压力差。在已知有关参数的条件下,根据流动连续性原理和伯努利方程可以推导出差压与流量之间的关系而求得流量。其基本公式如下:

$$q_m = \frac{C}{1-\beta_4} \varepsilon \frac{\pi}{4} d^2 \sqrt{2\Delta Px\rho} \qquad (2-2-4)$$

$$q_v = \frac{q_m}{\rho} \qquad (2-2-5)$$

式中　C——流出系数,无量纲;

　　　　d——工作条件下节流件的节流孔或喉部直径,mm;

　　　　D——工作条件下上游管道内径,mm。

2. 安装注意事项

CBF013　孔板流量计的安装注意事项

　　为了保证孔板流量计能正确工作,在孔板前后必须留有足够的直管段长度。孔板一般安装在水平管道上因其易于满足前后直管段长度的要求。为了便于检修和安装,也可安装在垂直管道上。当孔板安装在并排管上时,需要为孔板及其引线的安装留下足够的位置。安装测量气体的孔板流量计时,气体取压口最好在管道的上部。安装测量液体的孔板流量计时,液体取压口在侧面以下但不要在正下方。孔板流量计正负取压口引出的导压管在任何情况下都要保持平行。孔板流量计测量蒸汽时,取压口应安装在管道侧面。

　　孔板安装位置应尽量便于操作和检修,测量引线的阀门,应尽量靠近一次仪表。管架上水平管道的孔板应安装在管架梁附近,避免安装在两管架中间。孔板一般都要配合差压变送器用的,导压管与差压变送器连接时要注意正负压不要装反,字母“H”为正向。安装孔板流量计时,孔板方向标“+”的为正向,标“-”的为负向,“+”是迎着流体过来的方向。调节阀与孔板组装时,为了便于操作一次阀和仪表引线,孔板与地面距离一般取 1.8~2m。

（十七）石油系统常用管道的防腐层要求及其剥离方法

CBH009　石油系统常用管道的防腐层要求

1. 防腐层要求

　　石油系统常用管道防腐层有沥青防腐层,环氧煤沥青防腐层,和聚乙烯胶带防腐层。沥青防腐层的总厚度应大于 4mm。沥青防腐层特加强级的每层防腐厚度为 1.5mm。环氧煤沥青防腐层特加强级的总厚度应大于 0.6mm。聚乙烯胶带防腐层加强级的防腐总厚度大于等于 1.0mm。聚氯乙烯防腐强度高,耐冲击性能和绝缘性能较好,适用于大规模机械化生产。环氧煤沥青防腐具有耐盐类、碱类腐蚀的能力,同时具有抗潮性、抗微生物的能力,并且使用安全、简单。

2. 防腐层的剥离方法

CBH015　防腐层的剥离方法

　　金属管道敷设于空气或土壤中,常常由于化学作用、生物作用和电化学作用,而使金属管道的外表面和内壁不断被腐蚀破坏,为了避免和减少这种腐蚀,就要求采取相应的防腐措施,清除管线防腐层时,严禁使用气焊割的方法进行操作。泡沫夹克防腐管道的防腐层进行剥离时,应先量取所需切断的尺寸位置后再进行剥离。

防腐层质量检查记录包括防腐层厚度检查。普通级石油沥青防腐层的结构为二布三油。管线防腐所使用的环氧粉末是不可回收再使用的。清除管线 3PE 防腐层时,可以使用火烤。

CBH007 防腐层涂漆的要求

（十八）防腐层涂漆的要求

涂料防腐施工所需的设备简单,成本低廉,便于推广使用而且施工简便,抑郁现场维修,尤其用于面积较大,造型复杂的钢结构和设备保护涂漆环境不得低于 5℃,否则应采取适当的防冻措施。涂漆层表面颜色应一致,流淌、漏涂、皱纹等都应符合设计。对所需涂漆的管道进行涂漆时,所有经处理后的管道表面均应在 4h 内涂底漆。不保温设备、管道的涂层干膜总厚度为大于等于 150μm。对于冷换设备,选择涂漆方法的温度应按照进、出口温度的高温点。管道材质是有色金属管、不锈钢管、镀锌钢管、镀锌铁皮和铝皮保护层的不宜涂漆。

采用手工涂刷时,一般遵循先难后易、先里后外、先边后面的原则。涂漆施工中,应尽量可能少蘸漆料,增加涂刷次数,多刷勤蘸,禁止横刷乱涂。

CBH010 管道的基本识别色要求

（十九）管道的基本识别色、保护色及安全色要求

1. 基本识别色要求

管道的基本识别色主要用于管内流体和状态。在管道上涂刷宽 150mm 的色环。基本识别色色环应涂刷在所有管交叉点阀门和穿孔侧的管路上。若管道的基本识别色使用胶带缠绕时,其带宽应为 150mm 的色环。

涂刷管道识别色时,若将管道的颜色涂刷为淡紫色,说明该管内介质为酸或碱。若将管道的颜色涂刷为淡绿色,说明该管内介质为水。若将管道的颜色涂刷为海灰色,说明该管内介质为蒸汽。若将管道的颜色涂刷为淡棕色,说明该管内介质为矿物油、植物油、动物油或其他易燃液体。若将管道的颜色涂刷为铁黄色,说明该管内介质为气态或液态气体。若将管道的颜色涂刷为淡酞蓝色,说明该管内介质为空气和氧气。

CBH011 管道的保护色要求

2. 保护色要求

管道保护色是指在选择使用识别色的方法后,管道的其他部分进行防腐所涂刷的油漆颜色。在施工中,管道的保护色往往受到环境的影响而必须选用一种颜色进行涂刷时,允许该区域所有管道可以涂刷该种单色涂料。室外地沟内管道也可以涂刷单色涂料。

管道的保护色编号为 B05 时,该管道保护色应为海灰色,输送的介质为热水、热软水;管道的保护色编号为 R01 时,该管道保护色应为铁红色,输送的介质为煤气;管道的保护色编号为 B01 时,该管道保护色应为深灰色,输送的介质为盐酸、可燃气体;管道的保护色编号为 Y09 时,该管道保护色应为铁黄色,输送的介质为氨水;管道的保护色编号为 Y06 时,该管道保护色应为草绿色,输送的介质为氯气,液氯;管道的保护色编号为 RP01 时,该管道保护色应为粉红色,输送的介质为纯碱;管道的保护色编号为 PB02 时,该管道保护色应为深酞蓝色,输送的介质为烧碱。

CBH012 管道的安全色要求

3. 安全色要求

《安全色》(GB 2893—2008)规定了安全色的使用范围,在管道安全色涂漆施工中,应依据其为标准。如大红色应用于消防管道,淡酞蓝色应用于饮用水,淡黄色与黑色间隔斜条应用于危险警告,也可根据本企业的原料、成品和中间品的性能自行规定。

安全色的使用可以从以下三种方法中选择:

（1）当管道全长涂基本识别色时,在基本识别色上涂刷宽为 100mm 的安全色色环。

（2）在两个各宽 150mm 的基本识别色色环之间，涂刷一个宽 100mm 安全色色环。

（3）在两个各宽 150mm 的基本识别色色环之间，用安全胶带缠绕一个宽 100mm 的安全色色环。

安全色的涂刷部位与识别符号同步。

（二十）管道的涂色识别符号及涂色规定

CBH013　管道的涂色识别符号

1. 涂色识别符号

管道的识别符号用于标识管内流体的性质、名称和流向，具体要求如下：

（1）流体的名称可写全称，或用化学符号或英文符号表示，流体流向应用对比明显的白色或黑色在基本识别色或基本识别色色环附近涂刷箭头。如为双向流动涂刷箭头。

（2）管道的标识符号要求为中文仿宋体，化学符号、英文代号为黑体大写。为了美观一致应制模板后涂漆。当管道或保温直径大于或等于 90mm 时，一律在管道上标注。

（3）标识符号应从设备的管接头、阀件上方醒目处开始标注，相距不超过 2.5m，注字的间距要便于操作。

（4）流体的其他标识符号，例如，流体的压力、温度、浓度等，可由使用单位根据实际需要涂刷，但不得与基本识别色色环的识别符号混淆。

CBH014　阀门的涂色规定

2. 涂色规定

阀门的涂色规定中要求，材料为灰铸铁的阀体应涂刷黑色；材料为合金钢的阀体应涂刷淡酞蓝色；材料为可锻铸铁的阀体应涂刷黑色；材料为球墨铸铁的阀体应涂刷黑色；材料为碳素钢的阀体应涂刷中灰色；材料为耐酸钢的阀体应涂刷中酞蓝色；材料为不锈钢的阀体应涂刷中酞蓝色。

阀门的密封材质涂色规定中，密封材质为耐酸钢、编号为 PBO4 时，涂刷颜色为中酞蓝色；密封材质为巴氏合金、编号为 YO6 时，涂刷颜色为淡黄色；阀体材质为不锈钢、编号为 PBO4 时，涂刷颜色为中酞蓝色；密封材质为铜合金钢、编号为 RO3 时，涂刷颜色为大红色；密封材质为渗氮钢、编号为 PBO4 时，涂刷颜色为中酞蓝色；密封材质为塑料、编号为 RO4 时，涂刷颜色为紫红色；密封材质为橡胶、编号为 GO4 时，涂刷颜色为中绿色。

CBH001　管道的腐蚀特性

（二十一）管道的腐蚀特性

管道腐蚀现象的描述可以理解为材料在其所处的环境中发生的一种化学反应。金属腐蚀根据腐蚀过程的特点和机理可分为化学腐蚀、电化学腐蚀和物理腐蚀三种。碳素钢管在水中的腐蚀主要与水中的溶解氧有关。铸铁管的耐腐蚀性能优于碳素钢管。

金属腐蚀又分为全面性腐蚀和局部性腐蚀。全面性腐蚀就是腐蚀分布在整个金属表面上，全面性腐蚀可能是均匀的，也可能是不均匀的，整个管道表面发生均匀腐蚀时，其危害性一般较小。局部性腐蚀就是腐蚀破坏集中于一定的区域内，而表面的其他部分则几乎未被破坏，局部腐蚀又可分为多种形式，例如，管道表面的腐蚀形态像斑点一样属于斑点腐蚀，它所占的面积较大，腐蚀较浅。

CBH002　碳素钢管的腐蚀特性

（二十二）碳素钢管及其他管材的腐蚀特性

1. 碳素钢管的腐蚀特性

碳素钢管是一种钢管合金，生产中常见的碳素钢管一般分为高碳、中碳、低碳三类。碳素钢管的耐腐蚀性要比普通铁管强。碳素钢可以输送水、蒸汽、煤气油类以及 70% 以上浓硫酸和常温下的碱液。在稀硫酸和盐酸中,碳素钢管的腐蚀与溶液的浓度成正比。当硫酸浓度超过70%时,对碳素钢的腐蚀反而小了。碳素钢管道在运行一般介质时,其管道腐蚀余量最多为3mm,只有催化剂管道一般为6mm。

碳钢管在大气中的腐蚀程度为0.2~0.5mm/a。大气中的腐蚀除与氧有关外,还与大气中的二氧化硫、二氧化碳等混合量有关,这些气体能加快碳素钢的腐蚀。

CBH003 其他管材的耐腐蚀特性

2. 其他管材的耐腐蚀特性

(1)铜合金管耐腐蚀较强,常用于输送化工液体、气体等原料。

(2)不锈钢中由于含有小量的铬、镍等合金元素,这些元素能大大提高钢的耐腐蚀性能。但是不锈钢管会发生晶间腐蚀。

(3)硬聚氯乙烯管和软聚氯乙烯管不仅成本低而且对大部分酸、碱、盐和碳氢化合物有机溶剂等介质都有良好的耐腐蚀性,多用于输送石油化工产品。

(4)球墨铸铁管的屈服强度性能优于铸钢。而且耐腐蚀性能比较好,技术性又能接近于普通碳素钢管,是一种很有发展前景的耐腐蚀性能钢材。

CBH008 地下管道的防腐结构

3. 地下管道的防腐结构

地下管道防腐、保温管道在油田应用相当普遍。这种管道的防腐、保温的安装一般有两种方法:一是防腐保温安装工程全在现场进行;二是在工厂内预制好防腐管段,再运到现场经焊接连接。

地下管道防腐处理一般都采用普通、加强和特加强三种防腐处理。埋设在一般泥土中的管道应用普通防腐层。但是由于地下管道受到水和各种酸、碱、盐类及杂散电流的腐蚀,所以对管道外壁必须做特殊的防腐处理。涂敷好的防腐层,宜静置自然固化,当需要加温固化时,防腐层加热温度不宜超过80℃。钢管外防腐层采用玻璃布作加强基布时,在底漆表干后,对高于钢管表面2mm的焊缝两侧,应抹腻子使其形成平滑过渡面。管道敷设在电阻为5~20Ω·m、含盐量为0.05%~0.75%和含水为5%~12%的腐蚀性较高的泥土时,应采用加强防腐。

CBH004 人工除锈的要求

(二十三)人工、化学及喷砂除锈的要求与方法

1. 人工除锈的要求

人工除锈主要为人工使用钢丝刷和磨砂纸除锈,所需劳动力巨大,效率低,但能够把一些死角清理的比较干净,管道安装施工现场多为人工除锈。

人工除锈时,若金属表面锈蚀层较厚,可先用锤敲打除掉,然后再用砂布等擦拭表面。若管材表面锈蚀不厚,可直接用钢丝刷、砂布擦拭表面,直到露出金属本色。若管材表面油污较多,可用汽油或5%的热苛性钠溶剂清洗,待干燥后再除锈。

金属表面除锈应符合《涂装前钢材表面预处理规范》(SY/T 0407—2012)中的ST2级标准。管内壁有锈蚀时,可用圆形钢丝刷两头系上绳子反复拉,将锈除掉,然后拉刷干净。

CBH005 化学除锈的方法

2. 化学除锈的方法

化学除锈就是采用酸洗的方法,使其与铁锈进行化学反应,使其铁锈成分变成氯化铁或硫酸铁,以达到去除铁锈的目的。除锈过程各工序必须连续地进行,中途不应停顿,否则会影响除锈质量和效果。

除锈时将管道轻轻放入槽内浸泡,以不溢出洗液为宜,浸泡期间经常翻动管道,浸泡时间一般为 10~15min 为宜。使用缓蚀剂可延缓管材与酸液的化学反应速度,以免伤及管材深部。酸洗溶液的配置比例为水加 8%~10% 的工业盐酸。大多数酸洗在常温下进行,当需加热酸洗时,也常把温度控制在 60~70℃。酸洗时一般都需要搅拌。在喷射清洗时,通常用 100~170kPa 的压力,有时也用 280kPa 的压力,靠泵加压。

3. 喷砂除锈的要求

CBH006 喷砂除锈的要求

喷砂除锈是以 0.3~0.5MPa 的压缩空气为动力,通过喷枪把石英砂粒喷到金属表面进行除锈的。依靠磨料的冲击和研磨作用,将金属表面的铁锈氧化皮、旧的漆层及其他污物清理掉。还能使金属表面形成粗糙面,以增加油漆对金属管的附着力。

喷砂除锈方法操作简单,除锈质量好,效率高;缺点是需要压缩空气和专用设备,操作时灰尘,环境恶劣。喷砂除锈时,方向应置于顺流风向,喷嘴与工件表面成 70° 角,并距离工件表面约 100~150mm 左右。喷射和抽射除锈,用字母 Sa 表示,分为四个等级,其中非常彻底地喷射或抛射除锈等级为 Sa2.5。

4. 测厚仪的使用方法

CBH016 测厚仪的使用方法

测厚仪是用来测量材料及物体厚度的仪表。在工业生产中常用来连续或抽样检检测产品的厚度。在使用测厚仪正式进行测试之前,必须调零,否则会出现定位初始值偏差故障。在测量时测头与试样表面应保持垂直。使用时,不能自动进行零点校核。

在使用超声波测厚仪时,要在一点处用探头进行二次测厚。测量中探头的分割面要互为 90°,测量后读取的数值应以最小作为被测工件的厚度值。电磁测厚仪在原则上适用于非导磁覆层测量,一般要求基本磁导率达 500H/m 以上。

二、技能要求

(一)准备工作

1. 设备

序号	名称	规格	数量	备注
1	电焊机	—	若干	—
2	气割工具	—	若干	—
3	角向磨光机	220V,φ125mm	1 台	—

2. 材料及工具准备

(1)材料准备。

序号	名称	规格	数量	备注
1	绘图纸	2 号	1 张	—
2	无缝钢管	φ60mm×3.5mm	若干	—
3	煨制弯头	DN50mm,R=90°	若干	—
4	钢法兰闸阀	DN50mm,PN1.6MPa	1 个	—
5	平焊法兰	DN50mm,PN1.6MPa	2 片	—
6	单头螺栓	M16×60mm	8 条	附螺帽
7	橡胶石棉垫片	δ=3mm	2 片	—

续表

序号	名称	规格	数量	备注
8	石笔	—	若干	—

（2）工具准备。

序号	名称	规格	数量	备注
1	卷尺	5m	1个	—
2	角尺	500mm	1把	—
3	钢板尺	1000mm	1把	—
4	水平尺	600mm	1把	—
5	手锤	0.75kg	1把	—
6	扳手	12in	2把	—
7	划针	—	1个	—
8	样冲	—	1个	—
9	锉刀	500mm	1把	—
10	布剪刀	—	1把	—
11	砂轮片	ϕ125mm	2片	—
12	圈带样板	100mm×200mm	1块	—

3. 人员要求

1人操作，两人配合，穿戴齐全劳动保护用品。

（二）操作规程

（1）识读图纸，准确了解图纸所要表达的含义。

（2）可根据图纸要求绘制管道组装草图，准确掌握管路走向。

（3）测量所给阀门、弯头、法兰片等附件的长度、厚度尺寸数据，根据以上测量出的尺寸数据进行计算、下料。

（4）切割、打磨下料管段，清理管口切割飞溅。

（5）先进行主管管段的组对、点焊，完成后尺寸复检。

（6）再进行支管管段的组对、点焊，完成后尺寸复检。

（7）复检符合要求后分别进行施焊，焊后及时清理焊口。

（8）先进行阀门一侧的管路组装，完成后进行组装质量复检；符合要求后再进行另一侧的另一侧组装，完成后再进行整体组装质量复检。

（三）注意事项

（1）管件测量方法正确，测量数据精准；计算应准确无误，画线下料应精准。

（2）切割时应及时与操作人员准确表达所要切割的位置，切割完成后及时清理氧化铁等杂物。

（3）组对主管管段时，应注意保证管段两端法兰孔平行。

（4）弯头、法兰与管段进行组对支管管段时，先组对点焊弯头与管段（弯头不摆头），后进行法兰片的组对点焊。

（5）各部施焊完成进行组装时，应注意两法兰直线度偏差为±1mm，两侧支管管段平行度偏差为±1mm。

（6）法兰片组对时，注意管段的插入深度是否符合要求。

（7）及时清理切割及施焊后的飞溅、氧化铁等杂物。

（8）正确使用测量工具及操作机具，严禁野蛮操作。

项目五　填写管道工艺提料表

一、准备工作

（一）材料及工具准备

1. 材料准备

序号	名称	规格	数量	备注
1	碳素笔	—	1支	—
2	计算器	—	1个	—
3	铅笔	HB	1支	—
4	橡皮	—	1块	—

2. 提料单（答题纸）

序号	名称	规格、型号	单位	数量	备注
1					
2					
3					
4					
5					
6					

（二）人员要求

1人操作，穿戴齐全劳动保护用品。

二、操作规程

（1）识读图纸，准确了解图纸所要表达的含义。

（2）准确掌握图纸中各管段、管件等规格型号，划分、整合相同规格型号的管段、设备及管件。

（3）先进行管段提料。根据图纸管段规格的种类进行分别计算各管段长度。

（4）设备提料。将图纸内各种规格型号设备分别进行单独编制。

（5）设备附件的编制。根据设备的规格型号编制设备所需的连接附件。

（6）管件的编制。根据图中管段规格及管路走向确定所需管件的规格及数量。

（7）复检。逐一进行编制内容项目的核对，复核相对应数据的准确度。

三、注意事项

（1）准确识图，针对图中的管段、设备、设备附件及管件等规格型号进行准确区分。

（2）填写提料表时，应注意图中说明是否有关于提料表填写顺序的要求。

（3）计算管段时，管段提料长度包括设备及管件长度。

（4）填写规格型号、数量时，应根据图中相关说明进行填写，不能出现数量偏差。

（5）设备连接附件中，螺栓的规格型号应符合实际工作要求，螺栓的长度偏差±1mm。

（6）管件的规格型号应与管段对应准确，不能出现多项、少项问题。

项目六　管道试压

一、相关知识

CBG002 GB 50235—2010 标准中关于试压的要求

（一）试压的要求及注意事项

1. 试压要求

（1）《工业金属管道工程施工规范》（GB 50235—2010）中规定，冲洗管道应使用洁净水，冲洗奥氏体不锈钢管道时，水中的氯离子含量不得超过 25mg/L。

（2）应测量试验温度，严禁材料试验温度接近脆性转变温度。

（3）输送剧毒流体、有毒流体、可燃流体的管道必须进行泄漏性试验。

（4）对承受外压的管道，其试验压力应为设计内、外压力之差的 1.5 倍，且不得低 0.2MPa。

（5）夹套管内管的试验压力应按内部或外部设计压力的最高值确定。

（6）以液体或气体为介质，对管道逐步加压，达到规定的压力，以检验管道强度和严密性的试验。

（7）压力试验合格后要填写"管道系统压力试验和泄露性试验记录"其格式宜符合规范表规定。

（8）管道安装完毕，热处理和无损检验合格后，方可进行压力试验。

CBG001 试压的注意事项

2. 注意事项

管道安装完毕后，应按设计规定对管道系统进行强度和严密性试验，以检查管道系统及各连接部位的工程质量。

一般热力管道和压缩空气管道用水做介质进行强度及严密性试验，煤气管道和天然气管道用气体做介质进行严密性试验，各种化工工艺管道的实验介质，应按设计的具体规定采用。如设计无规定时工作压力不低于 0.07MPa 的管道一般采用水压试验，工作压力低于 0.07MPa 的管道一般采用气压实验。

管道系统施工完毕，并符合设计要求和规范的有关规定。应检查核对已安装的管道、管件、阀门、紧固件等是否全部装完，并符合规定。试压临时管道必须按正式要求焊接。支架吊架安装完毕,埋地管道的坐标、标高、坡度及管基、垫层等经复查合理。冬季试压操作必须采取防冻措施。有冷脆倾向的管道,应根据管材的冷脆温度,确定实验介质的最低温度,以防止脆裂。

渗漏性试验应重点检验阀门填料函法兰或螺栓连接处及放空、排气、排水阀等,以发泡剂检验不渗漏为合格。当调节阀不与管道一同试验时,有旁通管路的应用盲板隔离。埋地压力管线,在液压试验前,需将管内充水浸泡24h。集输管道在进行强度试验时,不得沿管道巡线,过往车辆应加以限制。

(二)管道试压的操作要求

CBH004 管道试压的操作要求

1. 管道试压的目的

输气管道在建成后必须经过强度试压和严密性试压,方可投产。管道强度试压的目的:一是验证管道的整体强度,能否承受管道以后运行的压力;二是为提高管道输量和管道输送能力提供试验依据。

管道水压试验过程能够暴露管道中的缺陷,通过及时修整,从而保证管道运行的安全,管道水压试验的强度越高,能够暴露出的管道缺陷越多,暴露出的缺陷尺寸也越小。严密性试验是为了验证新建的管道是否存在泄漏点。

2. 试压介质

管道强度试压介质分为空气和水两种。采用水进行管道分段强度试压,在管道存在缺陷而在试压中出现泄漏或破裂时,由于水具有不可压缩的特性,管道内试压介质的减压速度大于管道的开裂扩展速度,管道能够迅速止裂,不会造成大段破裂和严重的次生灾害,因此把水作为目前进行管道试压的首选试压介质。而采用压缩空气进行分段强度试压,在管道出现泄漏或破裂时,由于管道内介质的减压速度小于管道的开裂扩展速度,在管道止裂韧性不能满足止裂要求时会造成管道的大段破裂和严重的次生灾害,因此采用空气试压时钢材必须要满足韧性要求,而且试压强度较低。

3. 操作要求

管道系统试压时,压力表满刻度值应为被测压力(强度压力)的1.5~2.0倍。管道试压试验前将不能参与试验的系统、设备仪表及管附件给予隔离。油田集输管道用液体进行强度试验,合格标准是无断裂,目测无变形、无渗漏,压降小于或等于1%为合格。集输管道气密性试验压力为0.6MPa,介质为压缩空气;当管两端的介质试验压力后,进行焊缝检查和压降试验。

管道系统试压完毕后,严禁在管道上进行开孔、修补、焊接临时支架、托吊架。管道按设计或规范要求进行稳压。稳压时应组织人员对管线焊缝、阀门法兰进行检查。

(三)压力试验介质的选择方法

CBG005 压力试验介质的选择方法

根据试验方法不同所用试验介质也不同,一般来说试验所采用的介质为水、空气或工作气体(水可以用其他的液体代替、空气可以用其他的惰性气体代替、工作气体可以用惰性气体和工作气体的混合气体代替)。选用试验介质时应防止试验介质对管道材料的腐蚀和污染。以水为试验介质时试验水温和环境温度应在4℃以上,当温度低时应采取特殊的措施。另外在往管道充水时应尽量避免混入空气。以空气或工作介质为试验介质,当试验压力高于6bar时,应对被试管道采取特殊的措施(如对所有的焊缝进行无损检测等)。

以水为介质进行压力试验主要适用于工作压力大于 16bar 的压力管道,因为在高压下以气体为介质进行压力试验比以水为介质进行压力试验具有更大的危险性。以水为介质进行压力试验其试验精度高,因为水的压缩性很小,试验时如果有泄漏的话就有很大的压力降。以空气为介质进行压力试验时比以水为介质进行压力试验更经济,因为以空气为介质进行压力试验时省去了压力试验前的充水和试验后的放水及管道投用前的干燥工作。以工作气体为介质进行压力试验主要适用于比较短的管路或设备与管道的连接处的试验。

当采用可燃气体介质进行试验时,其闪点不低于 50℃。作水压试验时,为了防止水的倒流在连接管口需安装单流阀。真空试验属于严密性试密的一种,应在强度试验合格后进行。对位差较大的管道,液压试验应以最高点压力为准,但最低点压力不得超过管道组成件的承受力。真空度试验按设计文件要求,对管道系统抽真空,达到设计规定的真空度后,关闭系统 24h 后系统增压率不应大于 5%。气压试验介质一般用空气和惰性气体。

CBH006 管道系统的试验要求

（四）管道系统的试验要求

1. 压力试验

以液体或气体为试验介质,对管道系统逐步加压,达到规定的试验压力,以检验管道系统的强度和严密性。例如,某输水管线全长 1600m,整个管道为双管同槽敷设,试压采用注水法,压力为 1.0MPa,分段长度原则上不大于 1km。

2. 真空度试验

对管道系统抽真空,使管道系统内部形成负压。以管道系统在规定时间内的增压率,检验管道系统的严密性。例如,设计压力大于 1MPa 的流体管道阀门每个都需要进行壳体压力试验和密封试验,不合格不允许使用。设计压力小于 1MPa 的流体管道阀门抽查 10%试验,如不合格,加倍抽查,仍不合格,该批阀门不得使用。

3. 泄漏性试验

以气体为试验介质,在设计压力下,采用发泡剂、显色剂、气体分子感测仪或其他专门手段等,检查管道系统中的泄漏点。

管道系统试压前,系统安装施工已完,支、吊、托架安装工程也已完成。管道系统试压时,管道试压应有经批准的、完善的试压技术措施或试压技术方案。压力表的量程是试验压力的 1.5 倍为宜。压力表的精度不应低于 1.5 级,且压力表不能少于 2 块。管道系统试压时,管道焊接和热处理工作应结束,并经检查合格,焊缝及其他应检查的部位未经防腐、保温。管道的试验压力小于或等于设备试验压力时,应按照管道试验压力进行试验。

CBH007 管道吹洗前的准备

（五）管道吹洗前的准备

吹洗是利用吹气或液体使被测介质与仪表部件或测量管线不直接接触,以保护测量仪表并实施测量的一种方法。吹气是通过测量管线向测量对象连续定量地吹入气体。冲液是通过测量管线向测量对象连续定量地冲入液体。对于腐蚀性、黏稠性、结晶性、熔融性、沉淀性介质进行测量,并采用隔离方式难以满足要求时,才采用吹洗。

管道系统的压力试验完成后,应分段对管道进行吹扫与清洗。管道吹洗前,应将系统内不允许吹洗的设备及管道进行隔离。检验管道支、托、吊架的牢固程度,必要时应予以加固。不应安装孔板,法兰连接的调节阀及重要阀门等,应采取流经旁路或卸掉阀头及阀座加保护套管保护措施。根据管道的使用要求、工作介质及管道内表面的脏污程度,确定吹洗方案。

脱脂后应将管内有机溶液排尽,当设计无规定时,用紫外线灯照射,脱脂表面应无紫蓝荧光或用白色滤纸擦拭管道及附件的内壁,纸上无油迹为合格。

CBH009 管道清洗的要求

(六)管道清洗的要求

管道清洗是指对管道进行清洗,使管道内恢复材质本身表面。清洗后,在干净的金属表面形成一层致密的化学钝化膜,可以有效地防止污垢的再次产生,并且能有效地对设备进行保护,使设备不受腐蚀或者其他化学破坏作用,有效地保证设备的安全和延长设备的使用寿命的工作流程。

在清洗管道之前,首先应搞清楚管道分布情况,并了解使用年限,使用情况,堵塞情况,埋入和露出建筑物部分有无损坏等问题。疏通前注意了解其材质,除铸铁和陶瓷外,系统内还有些什么材质,如有水泥等结构材料的设备和管道。管道酸洗前,内壁有明显油斑时,必须先进行脱脂处理。

为便于管道清洗,一般要分成几个小的清洗段,分段的办法主要根据管道的容积、楼层的高低、清洗方便,以及分段的可能性。一般以一个单元内的三、四层楼为一段较好。管道采用循环法酸洗前,管道系统应进行试漏检查。管道采用循环法脱脂的循环时间,应视系统及管径大小、脏污程度等确定,一般不少于60min。管道的排水支管也要进行冲洗。

管道清洗完毕后,进行验收,查看管道是否疏通清洗干净,畅通,达到要求。管道清洗出的脏物不得进入已合格的管道。管道吹洗合格复位后,不得再进行影响管内清洁的其他作业。

CBH008 管道水冲洗的要求

(七)管道水冲洗的要求

管道吹洗顺序应按主管、支管、疏排管顺序进行。工作介质为液体的管道再投入使用前,一般应用洁净水冲洗,已清除管道内部焊渣等杂物。冲洗用水,可根据管道工作介质及材质选用饮用水、工业用水、澄清水或蒸汽冷凝水。如用海水冲洗时,则需用清洁水再次冲洗。奥氏体不锈钢管道不得使用海水或氯离子含量超过25mg/L的水进行冲洗。

水冲洗的排放管应引入排水井或排水沟中,保证排泄畅通和安全。排放管的截面积不得小于被冲洗管道截面积60%。排水时,不得形成负压。

公称直径小于600mm的液体管道,宜采用水冲洗。水冲洗时,应以管内可能达到的最大流量或不小于1.5m/s的流速进行,且应连续。当设计无规定时,以出口的水色和透明度与入口处目测一致为合格。当管道经水冲洗合格后暂不运行时,应将水排净,并应及时用空气或氮气吹干。

CBH010 空气吹扫的要求

(八)管道空气、蒸汽吹扫的要求

1. 空气吹扫

工作介质为气体的管道,一般应用空气进行吹扫。氧气管道应用不带油的压缩空气或氮气进行吹扫;仪表管道应用无油干燥空气进行吹扫。

采用空气吹扫忌油管道时,气体中不得含油。空气吹扫过程中,当目测排气烟尘时,应在排气口设置贴白布或涂白漆的木制靶板检验,5min内靶板上无铁锈、尘土、水分等其他物质时为合格。

采用爆膜法吹扫管道时,爆膜前管道压力应为0.1～0.25MPa,并据此选择爆膜的厚度和层数。进气口和泄气口必须分置管道两端,泄压口前方100m长,3m宽范围内不得站人及有易燃物品。空气吹扫时,每一次吹扫口的吹扫时间不少于 5min,清洁度高的管线不应少于 30min。压力不得超过管道的设计压力,流速不宜小 20m/s。

氧气管道应用空气吹扫,但在投入使用前还必须应用氮气进行吹扫至化验合格。氧气吹扫的排气管应接至室外,排出口距离地面应不小于 2.5m,并应远离火源。

燃气管道应用空气吹扫,但投入使用前煤气管道必须用煤气进行吹扫。天然气管道必须用天然气进行吹扫,至排出气体经化验合格为止。各种化工工艺管道的吹扫,应按设计的具体要求进行。

CBH011 蒸汽吹扫的要求 | **2. 蒸汽吹扫**

蒸汽管道应用蒸汽进行吹扫。非蒸汽管道如用空气吹扫不能满足清洁要求时,也可用蒸汽吹扫,蒸汽吹扫管线先按加热、冷却、再加热的顺序循环进行。但考虑其结构能承受高温和热膨胀的补偿能力。蒸汽吹扫前,应先缓慢升温暖管,及时排水,并应检查管道热位移。且恒温 1h 后进行吹扫,然后自然降温至环境温度,再升温、暖管、恒温,进行第二次吹扫,如此反复进行一般不应小于三次。吹扫先采取每次只扫 1 根,轮流吹扫的办法。

吹扫总管用总气阀来控制蒸汽流量,吹扫支管用管路中分支处的阀门控制流量。在开启气阀前,应先将管道中的冷凝水经疏水阀排放干净。吹扫压力应尽量维持在管道设计压力的 75% 左右,最低不应低于工作压力的 25%。蒸汽管道应以大流量蒸汽进行吹扫,吹扫流量为设计流量的 40%~60%,流速一般不应低于 30m/s,吹扫时间每次 20~30min。当排气口排出蒸汽完全清洁时才能停止吹扫。蒸汽阀的开启和关闭都应缓慢,不能过急,以免形成水锤现象而引起阀体破裂。

蒸汽吹扫的排气管应引向室外,并加以明显标志。管口应朝上倾斜,以保证安全排放。排气管道应具有牢固的支撑,以承受其排放的反作用力。排气管的直径不宜小于被吹扫管直径,长度应尽量短。

蒸汽吹扫时,在排放口设置一块刨光的板,以板上无铁锈、脏物为合格。利用铝板制作的靶片,蒸汽管道吹扫后,当设计文件无规定时,靶片上肉眼可见的冲击斑痕不得多于 10 点,痕深应小于 0.5mm。

CBG003 严密性试验的检漏方法 | **(九) 严密性试验的检漏方法**

严密试验应在强度试验合格后进行。在严密性试验过程中,如有渗漏不得带压处理。

做过气压试验,并且检查合格的管道(容器)可免做气密性试验。气密性试验应在液压试验合格后进行,试验压力为设计压力的 1.0 倍。石油天然气站内工艺管线规定的严密性试验稳压时间为 30min。煤油渗漏试验是将焊缝清理干净,涂以白粉浆(白石灰与水搅拌成的粉浆)晾干后在焊缝另一面涂以煤油使表面得到足够的浸润,经半小时后,面粉上没有油渍为合格。

输油/输天然气的管道,其泄漏检测方法目前集中在光纤检测法、负压波检测法和次声波检测法这三种方法上。光纤检测法的原理是管道发生泄漏时,管道周边会有温度下降的情况出现,光纤对温度变化十分敏感,能够检测出来。该方法对光纤的质量要求非常高,并且光纤埋设要贴近管道,目前尚无成功报道。负压波法的原理是管道发生泄漏时,管道内的压力会降低,产生负压,压力传感器能够采集到负压波信号。负压波法成本低,但负压波应用面窄,海底管道、天然气管道都不能使用,即使是输油管道,停输检修期间无效,有拱跨的管道应用效果也比较差,定位精度较低。次声波法的原理是管道发生泄漏时,泄漏能量在泄漏处引起管道振动,振动产生的次声波信号能被次声波传感器采集到。次声波法适应面广,定位精确,但是成本一直居高不下,阻碍了该技术的推广。

（十）管道干燥的要求

CBH012　管道干燥的要求

（1）当采用吸湿剂时,干燥后管道末端排出的混合液中,甲醇、甘醇类吸湿剂含量的质量百分比大于80%为合格。

（2）当采用真空法时,选用的真空表精度不小于1级,干燥后管道内气体水露点宜连续4h低于-15℃为合格。

（3）当采用干燥气体吹扫时,可在管道末端配置水露点分析仪,干燥后排出气体水露点值宜连续4h比管道输送条件下最低环境温度至少低5℃、变化幅度不大于3℃为合格。

（4）管道干燥结束后,如果没有立即投入运行,宜充入干燥氮气,保持管内为微正压密封,防止外界湿气重新进入管道,否则应重新进行干燥。

（5）干燥应在输气管道试压、清管后进行。

（6）干燥方法可采用吸水性泡沫清管塞反复吸附,注入甲醇、甘醇类吸湿剂清洗,干燥气体(压缩空气或氮气等)吹扫,真空蒸发等上述一种或几种方法的组合应因地制宜、技术可行、经济合理、方便操作、对环境的影响最小。

二、技能要求

（一）准备工作

1. 材料及工具准备

序号	名称	规格	数量
1	碳素笔	—	1支
2	计算器	—	1个
3	铅笔	HB	1支
4	橡皮	—	1块

2. 人员要求

1人操作,穿戴齐全劳动保护用品。

（二）操作规程

1. 试压必备条件

（1）管道系统试压前应熟悉有关施工资料,认真阅读设计技术文件或施工验收规范,试验范围内的管道已按图纸施工完毕,安装质量符合相关规定。

（2）管道系统试压用的检查仪器应在有效期内,其精度符合规定要求,压力表不少于2块。不允许试压的管道附件,如孔板、调节阀等,应暂时拆下妥善保管,临时用短管代替或采取其他措施,待试压合格后重新复位。氧气管道在试压前应检查管道支架,吊架的牢固程度,必要时应予以加固。

（3）管道系统吹扫方案已批准,并进行技术交底。

（4）有特殊要求的管道系统,应按设计文件规定采用相应的试压方法。进行间断性的试压,试压压力不得超过容器和管道的设计压力。

2. 试压操作技术要求

（1）先以水为试验介质时,应按试验压力分三次升压,每升一级压力要注意观察管子变化。应先升至要求的试验压力,观测 10min,如压力不降,再降至工作压力进行外观检查,如无破裂、变形和渗水等现象,则认为试验合格。

（2）强度试验合格后再做严密性试验。如无破裂、变形和渗水等现象,则认为试验合格。

（3）管道系统试压合格后,应及时恢复原状和封闭。管道试压合格并复位后,不得再进行影响管内清洁的其他作业。

（4）管道系统试压完毕后,应及时填写管道系统试压、清洗记录表,并签字。

（三）注意事项

（1）管道试压施工前,应编制施工方案,制定安全措施,并充分考虑施工人员及附近公众与设施的安全。

（2）试压作业应统一指挥,并配备必要的交通工具,通信及医疗救护设备。

（3）试压排放到指定位置,不得危及人和物的安全。试压区域设置工作区,应有明显的警戒线或警戒标志,严禁非工作人员进入。排放口应有安全的保护,排放时应有专人监护。

第三部分

中级工操作技能及相关知识

模块一　施工准备

项目一　根据平、立面图按比例绘制流程图

一、相关知识

ZBA001　车间工艺管道的排列原则

（一）车间工艺管道的排列与避让原则

1. 排列原则

（1）水平横管排列原则。

① 气体管路应排列在液体管路上面。

② 热介质管路排列在上，冷介质的管路排列在下。

③ 保温管路排列在上，不保温管路排列在下。

④ 无腐蚀性介质的管路排列在上，有腐蚀性介质的管路排列在下。

⑤ 高压介质的管路排列在上，低压介质的管路排列在下。

⑥ 金属管路排列在上，非金属管路排列在下。

⑦ 小口径管路应尽量支撑在大口径管路上方或吊挂在大管路下面。

⑧ 不经常检修的管路应排列在检查频繁的管路上面。

（2）垂直立管的排列原则。

① 大口径管路应靠墙壁安装，小口径管路应排列在外面。

② 支管少的管路应靠墙壁安装，支管多的管路应排列在外面。

③ 常温管路应靠墙壁安装，热介质管路应排列在外面。

④ 高压管路应靠墙壁安装，低压管路应排列在外面。

⑤ 不经常检修的管路应靠墙壁安装，经常检修的管路应排列在外面。

2. 避让原则

ZBA002　车间工艺管道相遇的避让原则

（1）车间工艺管道纵横交错较为复杂，当分支管路与主干管路相遇时，分支管路应避让主干管路。

（2）当管路与大口径管路相遇时，小口径管路应避让大口径管路。

（3）当有压力管路与无压力管路相遇时，有压力管路应避让无压力管路。

（4）当低压管路与高压管路相遇时，低压管路避让高压管路。

（5）当分支管路与主干管路相遇时，分支管路应避让主干管路。

（6）当辅助管路与物料管路相遇时，物料管路不用避让。

（二）车间工艺管道间距的确定方法

ZBA003　车间工艺管道间距的确定方法

管道间距以便于对管道、阀门及保温层进行安装和检修为原则。由于室内空间较小，间

距也不宜过大。对于管道中法兰的边缘及保温层外壁等管道最突出的部分,距墙壁或柱边的净开档距离不应小于100mm;距管架横梁保温端部不小于100mm;两根管道最突出部分的净开档,中低压管路的净距离约为40~60mm。高压管路的净距离约为70~90mm。车间工艺管道对于并排管路上的并列阀门手轮,其净距离约为100mm。

ZBA004 车间工艺管道安装的注意事项

（三）车间工艺管道安装的注意事项

车间工艺管道安装时,应了解全车间建筑物、设备的结构及材质,以便固定管道。管道不应遮挡门、窗,应避免通过电动机、配电盘及仪表盘的上方。管道与管道设备连接中不得强力对口,不允许将管道与阀门的重量支撑在设备上,尤其是有色金属或非金属材料设备,尽量用支吊架将重力分散,以免增加管道、阀门、附件及设备连接口等的附加应力。当分支管从主干管的上侧引出时,在支管上靠近主管处安装阀门时,宜装在分支管的水平管段上。管道上安装仪表用的各控制点和流量孔板等,应在管道安装时一起做好,这样可避免管道固定后再开孔焊接,造成铁屑焊渣落入管腔内而影响冲洗调试。采用无缝冲压管件时,管件不宜直接与平焊法兰焊接,中间应加设直管段,直管段长度不小于公称直径且不应小于120mm。输送易燃易爆介质的管道,不得敷设在走廊、楼梯和生活间。管道上一般设置安全阀、防爆膜、阻火器和水封等安全装置,放空管应引至室外高出邻近建筑物。

管道安装时,管道的连接处应符合下列要求:一般情况下,管道的连接处和纵向焊缝设置应考虑易于检查、维修,确保质量和不影响管道运行的位置。管道的对接焊缝或法兰等接头,一般应离开支架100mm左右。直管段两个对接焊缝距离一般不得小于100mm。

支管和主管的连接应符合下列要求:对于输送含有固体颗粒介质的管道,除设计规定外,主管与支管的夹角一般不大于30°,且接口焊缝根部应保持光滑;输送一般介质管道允许90°相接,但输送气体介质的管道,支管宜从主管的上方或侧面接出,而输送液体介质的管道,支管宜从主管的下方或侧面接出,以利于流体的输送和排液或放气。

管道安装因故中断,应及时采取临时有效措施封闭敞开的管口,以避免异物进入管内堵塞管道。管段吊装后,不允许长期处于临时固定状态,调整后应马上将其固定完毕,以免发生意外事故。管道安装完毕后,应对整个系统进行详细的外观检查,检查管道的布置、质量是否符合设计的要求,有无遗漏等;进行全面检查后,再按规定进行强度及严密性试验。在试验未合格前,焊缝及接头处不得涂漆及保温。

CBA006 化工工艺管道仪表流程图的表示方法

（四）化工工艺管道仪表流程图的表示方法

1. 设备的画法

化工管道仪表流程图设备的表示方法是用细实线来反映设备的大致轮廓。一般不按比例,但要保持它们的相对大小及位置高低。设备上重要的接管口位置,应大致符合实际情况,两个及两个以上相同设备一般应全部画出。

2. 设备的标注

将设备的名称及位号,在流程图上方或下方靠近设备位置排成一行,并在设备图中注写其位号。

设备位号及名称的注写方法如图3-1-1所示,在水平粗实线的上方注写设备位号,下方注写设备名称。设备位号由设备类别号(表3-1-1)、车间或工段号、设备顺序号及相同设备数量尾号等组成。化工管道仪表流程图的管道流程线用水平线和垂直线表示(不用斜线）。发生交叉式应将一线断开或绕弯通过,管道转弯处一般画成直角,管道流程线上应用箭头表示物料流向。装置内各流程图之间相衔接的管道,用图纸接续标志来表明,标志内注明与管道连接的图号。

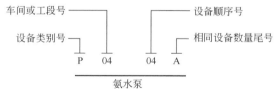

图 3-1-1　设备位号及名称的注写方法

表 3-1-1　管道仪表流程图中常用设备、机器图例

设备类型	代号	图例
塔	T	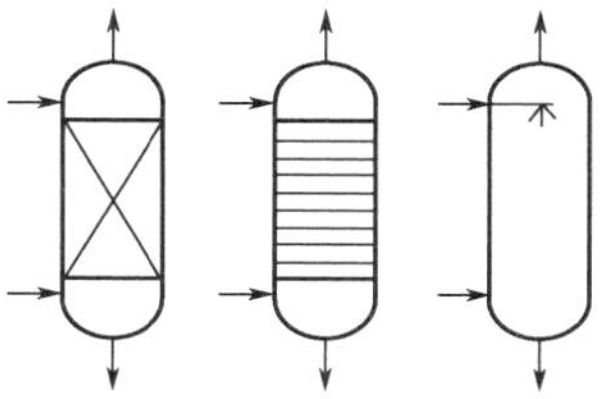 填料塔　板式塔　喷洒塔
容器	R	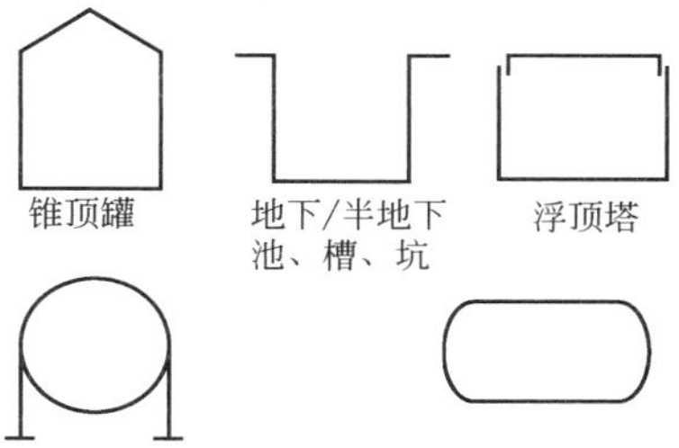 锥顶罐　地下/半地下池、槽、坑　浮顶塔 球罐　卧式容器
压缩机	C	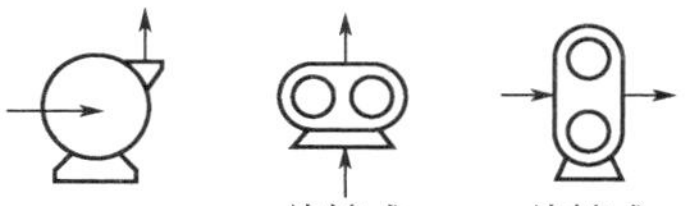 鼓风机　旋转式压缩机(卧式)　旋转式压缩机(立式)
泵	P	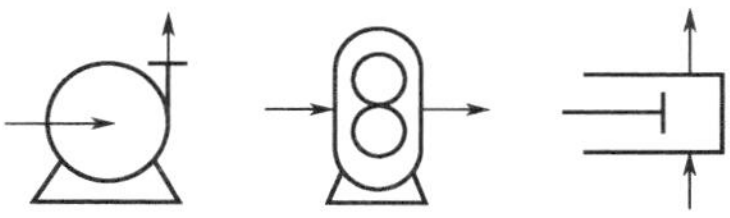 离心泵　旋转泵、齿轮泵　往复泵

　　仪表管道流程图中的每条管道都要标注管道代号。横向管道的管道代号注写在管道线上方,竖向管道则注写在管道线左侧,字头向左。管道代号主要包括物料代号、工段号、管道序号、管道外径、壁厚和管道材料等。

ZBA007 识读化工工艺管道仪表流程图的方法

（五）化工工艺管道仪表流程图的识读方法

管道仪表流程图是设计绘制设备和管道布置图的基础，又是管道仪表施工安装的依据，因此读懂管道仪表流程图很重要。管道仪表流程图中给出了物料的工艺流程，以及为实现这一工艺流程所需设备的数量、名称、位号，管道的编号、规格以及阀门和控制点的部位、名称等。阅读管道仪表流程图的任务就是要把图中给出的这些信息完全理解掌握，以便为识读管道布置图和管道、仪表安装打下基础。

管道仪表流程图识读的一般方法、内容和步骤如下：

（1）识读管道仪表流程图的第一步应该首先看懂标题栏和图例说明。标题栏和图例说明是为了能了解所识读的图样名称、图形符号和文字代号的含义，以及管道的标注等。

（2）识读管道仪表流程图时，要查明系统设备状况，了解设备名称、数量、位号，必要时进一步了解设备的型号、参数、材质，还要明确与管路的连接情况。

（3）识读管道仪表流程图时，还要了解物料的流程。对不同物料要明确其来龙去脉，通过查看管道代号了解输送的物料、管段编号及管道规格等。

（4）识读管道仪表流程图时，要重点了解仪表控制点情况。查明仪表控制点的分布情况、仪表的种类、安装地点等。

（5）还要查看阀门及管件的设置情况。了解阀门的种类、型号、规格以及特殊管件的分布等。

ZBA018 锅炉房管道流程图的识读要求

（六）锅炉房管道流程图的识读要求

锅炉房管道施工图包括管道流程图、平面图、剖面图，有的设计单位不绘制剖面图，而绘制管道系统图。管道流程图又称汽水流程图或热力系统图。锅炉房内管道系统的流程图，它主要表明管路系统的作用和汽水的流程，同时反映了设备之间的关系。流程图一般将锅炉房的主要设备以方块图或形状示意图表现出来。管道流程图的管道通常都标注有管径和管路代号，通过图例可以知道管路代号的含义，从而有助于了解管路系统的流程和作用。

锅炉房管道流程图是反映工艺流程的图纸。一般锅炉的水、汽管道系统与其他系统是分开来画的，而水、汽系统是锅炉房的主要流程。在锅炉房管道流程图中，若出现多台相同型号的锅炉，一般只画一台的管道连接系统图。锅炉房管道流程图不同于平剖面图，不按比例、标高，不考虑设备大小及安装位置。识读锅炉房管道流程图时，应注意该流程图不仅包括水、汽管道系统、除灰系统，还包括上煤系统及通风除尘系统。识读锅炉房管道流程图时，在管道断开处或流向不易判断的管段，应标有介质的流动方向。

二、技能要求

（一）准备工作

1. 材料及工具准备

（1）材料准备。

名称	规格	数量
答题纸	—	1 份

（2）工具准备。

序号	名称	规格	数量
1	绘图铅笔	HB	2 支
2	三角板	—	1 套
3	绘图模板	—	1 把
4	橡皮	—	1 块
5	单面刀片	—	1 片
6	碳素笔	黑	1 支

2. 人员要求

1 人操作,穿戴齐全劳动保护用品。

(二)操作规程

（1）看懂给出的平面、立面个视图。

（2）在给出的两个视图上,将所绘制的管道对应编号。

（3）流程图应自左至右按生产过程绘制,进出装置的管道一般画在流程图的始端和末端,必要时可画在图的上下端。

（4）用粗实线表示管道,并用箭头表示管内物料介质的流向。

（5）流程图中的阀门都需要标出,并加以编号。

（6）绘制完成后,标注图名及比例。

(三)注意事项

（1）绘制流程图应注意其布局应合理。

（2）所绘制的流程图应按对应关系进行绘制。

（3）绘图时保留作图线,图线应符合标准。

（4）尺寸标注要符合标准。

（5）使用单面刀片时,应正确使用,以免造成划伤。

项目二　根据平、立面图按比例绘制管道轴测图

一、相关知识

（一）输油管道的布置方法

输油管道一般采用无缝钢管,对于敷设在室内的架空管道,当管径小于 50mm 时,也可采用焊接钢管。输油管道的布置及安装要求如下:

（1）厂区输油管道一般采用架空敷设,并尽可能与热力管道共同敷设,在条件允许时也可采用地面敷设,特殊情况下也可采用地沟内敷设。

（2）架空油管道跨越铁路、公路及人行道的最小垂直净距,应遵守以下规定:管底至铁路铁轨顶不小于 6m;管底至公路路面不小于 4.5m;管底至人行道地面不小于 2.2m。

（3）埋地输油管道通过铁路、公路时,油管应敷设在套管或地沟内。套管或地沟的外伸

ZBA005 输油管道的布置方法

长度要求如下：铁路不小于 20m；公路不小于 20m。上述套管或地沟顶距铁路轨底的最小垂直净距离不应小于 1.0m，距公路路基槽底不应小于 0.5m。

（4）厂区油管道在地沟内敷设时，地沟顶部埋设深度一般不小于 0.5m，地沟坡度应与油管道的坡度一致，并应在地沟低点设置排水装置。

（5）输油管道和蒸汽伴热管道布置时，应有一定的坡度，坡向低排放点。

（6）厂区输油管道布置时，必须按要求加设补偿器和放空管，并尽量将放空管引向污油池。

（7）输油管道应设置蒸汽吹扫管，油管道与蒸汽管道的吹扫接点的连接方式分为活动接头和固定接头。宜采用软管将蒸汽管与油管接通，不吹扫时将软管卸开，以免发生油、气窜通，也可在两阀之间加装一个检验阀，或在油管一侧安装止回阀。

（8）输油管道沿线伴热管采用蒸汽为热源时，应从油管道的最高点引入，在最低点设置疏水装置或者放空阀。

（二）化工工艺管道设备布置图的表示方法

ZBA008 化工工艺管道设备布置图的表示方法

1. 布图比例

平面图和剖视图可以绘制在同一张图纸上，也可以单独绘制，剖视图的数量应尽量少画。布置图的比例一般采用 1∶100，也可采用 1∶200 或 1∶50。

2. 设备布置图的绘制要求

（1）设备布置图一般只画平面图，当平面图表示不清楚时，可绘制剖视图或轴测图。每层只画一张平面图，当有局部操作平台时，在该平面图上可以只画操作台下的设备。局部操作台及其上面的设备另画局部平面图。

（2）多层建筑物或构筑物，应依次分层绘制各层的设备布置平面图，并在图形下方注明"EL×××.×××平面"。

（3）剖视图是在厂房建筑的适当位置上，垂直剖切后绘制出来的，用来表示设备竖向布置的情况，剖视符号规定用 A-A、B-B 等大写英文字母。

（4）设备布置图一般以联合布置的装置或独立的主项为单元绘制，界区以粗双点画线表示，在界区外侧标注坐标，以界区左下角为基准点。

（5）在管道布置图中，公称尺寸（*DN*）大于和等于 400mm 的管道应用双线来表示。小于或等于 14in 的管道用单线来表示。阀门与控制元件组合作为自控系统执行器，不仅要画出控制阀门，而且要将控制元件表示出来。

（三）化工工艺管道设备布置管段图的识读方法

ZBA009 识读化工工艺管道设备布置管段图的方法

1. 了解概况

由于管道布置图设计是在工艺管道仪表流程图和设备布置图的基础上进行的。因此，首先应通过读懂工艺管道仪表流程图、设备布置图来熟悉本工序的工艺流程、设备布置及分区情况，做到心中有数。在识读管道布置图时，首先通过阅读图纸目录，宏观了解本套图纸中管道布置图样的类型、图纸数量，了解图例的含义及设备位号的索引、非标准管件、管架等图样的提供情况；然后通过剖视图、向视图及轴测图等的初步浏览，了解管路竖向布置及立体走向，一些图面上的相应施工技术要求也要认真阅读。识读设备布置图时，应对照管道布置图、管口方位图、设备图，查清设备布置图上所表示的管口方位、标高、数量与管道布置图、管口方位图是否一致。

2. 详细分析

依照管道仪表流程图的流程顺序,按设备位号和管道编号,从主要物料开始,以平面布置图为主,配合剖视图,依次逐条明确管道与各设备的连接关系、分支及转弯情况。如此再进行另一种物料的流向关系分析,直至将所有的主要物料和辅助物料的流向情况全部了解。明确物料流向后,再对照管道仪表流程图,了解各管道上的阀门、仪表、管件和管架等,详细阅读管道、阀门等的定位尺寸、代号及各种相关的文字标注和说明。对多层结构的复杂管道布置,需反复阅读和认真检查核对,特别是各层图纸间的连接关系是否正确,确保完整准确地了解车间或装置内设备、管道、仪表等的整体布置情况。识图时先明确各视图配置情况,从第一层开始,配合有关剖视图,从位号最小的设备开始,按顺序逐条分析各管口连接管段的布置情况,了解其来龙去脉,分支转弯情况,阀门、管件、管架、仪表控制点的配置部位,同时分析尺寸及其他有关标注。识读了一层平面以后,再依次进行其他楼层平面布置的分析,直至完全了解透彻。对于只有平面布置图的系统,各管道的相对位置及走向均要通过平面尺寸标注、标高数据、管道编号、管内物料流向箭头等因素综合进行判断。

3. 建立起设备与管道连接的空间形状

在看懂管道走向的基础上,在平面布置图上,以建筑定位轴线、设备中心线、设备管口法兰等尺寸基准,阅读管道的水平定位尺寸;在剖视图上,以地面为基准,阅读管道的安装标高;管口表上阅读管道在设备上的位置及标高;最后参考安装方位标、管道轴测图最终建立起设备与管道连接的空间立体形状。

(四)识读化工工艺管道设备布置管架图的方法

在化工管道设备布置图中采用的管架有两种,即标准管架和非标准管架。两类管架均属于详图范畴。标准管架可查找标准图,特殊管架应按照《特殊管架图》(HG/T 20519.16—1992)中的规定进行绘制。画法与机械制图基本相同。图面上除管架的结构总图外,还应编制相应的材料表。

> ZBA010 识读化工工艺管道设备布置管架图(管件图)的方法

化工工艺管道的管架结构总图应完整的表达管道的结构与尺寸,供制造、安装之用。必要时,应标注技术要求和施工要求。

(五)识读消防工艺管道施工图的方法

> ZBA011 识读消防工艺管道施工图的方法

建筑消防管道平面图是反映消防设备、消防管道及主要组件的布置,以及消防设备、管道与建筑物之间的平面位置关系识读时应掌握的主要内容和注意事项如下:

(1)查明消防设备的布置情况,消防泵房一般设在建筑物的地下室或建筑首层,要明确消防泵房内消防设备的构成,对其中的消防主泵、稳压泵应查明其型号和参数,气压罐要查明类型、型号、容积及其他参数,如果是成组设备要查明消防供水设备的类型、组成、型号及相关参数,要查明消防泵的位置和定位尺寸,同时查明水泵基础尺寸,如图纸上未标明时,以无隔振安装应较水泵机组底座四周宽出 100~150mm,有隔振安装较水泵隔振台四周各宽 150mm 确定。消防水箱根据用途不同设置的位置也不相同,一般在屋顶设置高位水箱,而中间转输水箱则设在建筑基础层内。识读平面图时要明确消防水箱布置在哪里,水箱的数量、容积及相关参数,还要查明水箱的定位尺寸。水箱外壁至墙面的距离,有阀一侧一般为 0.8~1.0m,无阀一侧为 0.5~0.7m。

（2）查明消防供水情况。不设消防泵的建筑要查找消防管道进入建筑的入口位置、管径、控制阀门的设置及阀门的型号、规格、位置等。有消防水泵的系统要查明消防水泵的水源是直接从室外引入，还是设水池（设水池要查明水池的位置、容积、定位尺寸及接管情况）。直接从室外管网连接消防水泵时，要明确水泵进水管的位置、管径、阀门设置等。按消防水管道布置要求规定，从室外给水管道上单独接出消防管道，从城市给水管网上直接吸水的消防泵吸水管，在与室外管网连接前应设置倒流防止器，并查明倒流防止器的设置情况。

（3）了解室内消防管道的布置情况。对于消火栓给水系统，首先要查明供水总管的位置，从室外直接接入的总管一般画在底层平面图上，要明确进入室内的具体位置、管径、标高；如果从消防泵房供水的，要查找消防泵房所在层的平面图或泵房放大图，找出接入管网的总管，查明管径、标高。供水干管是环状网时，要明确环状网的范围、与立管的连接、环管上阀门的设置。立管在平面图上用小圆圈表示，可按立管编号逐一识读，看图时要注意不同楼层的平面布置图（最好对照看）。消防管道施工图中，识图时应沿着水流方向从总干管开始，查明管路的具体布置、管径、标高及阀门的设置情况。识读消防管道施工图时，自动喷水灭火系统的喷头都是用图例画在平面图上的。识读自动喷水管道系统时，应先查找供水管道。消防管道施工图中，每个报警阀组控制的最不利点处应设末端试水装置。

（六）给排水管道施工图的特点

给水工程通常是指自水源取水，经水净化处理后，经输配水系统送往用户，直至到达每一个用水点的一系列构筑物、设备、管道及其附件所组成的综合体。给水工程可分为室外给水工程和室内给水工程两大部分。

排水工程一般是指生活、生产污水和雨水管网、污水处理及污水排放的一系列管道、设备及构筑物所组成的综合体。排水工程也可以分为室外排水工程和室内排水工程两大部分。

给排水平面图、剖面图及详图采用正投影进行绘制。给排水管道施工图有两种表达方式，即系统轴测图和展开系统原理图。展开系统原理图是用示意性来绘制的。管道、阀门、器具和设备一般采用图例来表示，有很强的示意性。管道坡度无须按比例画出，管径和坡度均用数字注明。展开系统原理图一般不按比例绘制，它主要反映系统的来龙去脉和工作原理。

（七）识读设备总图及设备布置图

1. 识读设备总图

（1）设备总图中的视图，各种表格、文字资料要布置对称，美观整齐。

（2）设备总图中的总装配图不是制造零件的直接依据，不必注出每个零件的全部尺寸。

（3）总装配图是表达产品部件与部件、部件与零件或零件间的连接图样。

（4）装配图分为部件装配图和整机装配图两种。

（5）装配图应包括装配与检验所必需的数据和技术要求。

（6）在装配图中，构成机械零件几何形状的点、线、面统称为零件的几何要素。

2. 识读设备布置图

设备布置图用来表达设备在平面和立面上的布置，识读时应掌握的主要内容和方法步骤如下：

（1）了解建筑结构、具体方位、占地大小、内部分隔情况及设备安装定位的有关建构筑物的布置情况。查明厂房或框架的定位轴线尺寸。了解建筑物的分层情况、标高以及操作平台、地坑、安装孔等具体尺寸、位置、结构等。厂房建筑图是以建筑物的定位轴线为基准的。

（2）先从设备一览表了解设备的种类、名称、位号和数量等内容，再从平面图、剖视图中分析设备与建筑结构、设备与设备相对位置及设备高。在设备的安装位置添加设备的图形或标记，并标注尺寸。操作人员必须核对设备布置图上的设备编号、名称和数量是否与带控制点的工艺流程图上的数据相同。

（3）根据设备在平面图和剖视图中的投影关系、设备的位号明确其定位尺寸，即在平面图中查明设备平面定位尺寸，在剖视图中查明设备高度方向的定位尺寸。平面定位尺寸标准一般是建筑定位轴线，高度方向定位尺寸基准一般是厂房室内地坪。从而确定设备与建筑结构、设备间的相对位置。

（八）一般偏置管的绘制要求

一般偏置管在国内的工艺管道工程施工图中不常见，但在国外施工图纸上出现频率较多，为了能了解一般偏置管的含义，准确掌握其画法，其绘制方法及要求如下：

如图3-1-2(a)是竖放斜三通管的平、立面图，管1是立管，管2是偏置管。画轴测图时作两条辅助线 ab 和 bc，画好立管1之后在其上面找到三通分支点 a，然后作平行于 OY 轴的细实线 ab，再作平行 OZ 轴的细实线 bc，连接 ac 即为偏置管2，由于偏置管2在正立面内倾斜，因此在投射平面 abc 内画上与 OZ 轴平行的细实线，如图3-1-2(b)所示。

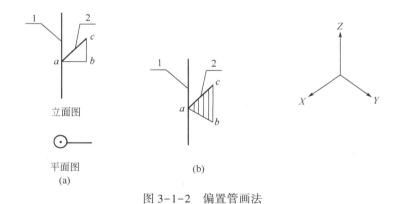

图3-1-2　偏置管画法

二、技能要求

（一）准备工作

1.材料及工具准备

（1）材料准备。

名称	规格	数量
答题纸	—	1份

（2）工具准备。

序号	名称	规格	数量
1	绘图铅笔	HB	2 支
2	三角板	—	1 套
3	绘图模板	—	1 把
4	橡皮	—	1 块
5	单面刀片	—	1 片
6	碳素笔	黑	1 支

2. 人员要求

1 人操作,穿戴齐全劳动保护用品。

（二）操作规程

（1）详读绘图说明,了解绘制要求。

（2）识读所给平、立面图含义,准确掌握视图中管段走向。

（3）根据所给视图中的比例尺寸要求进行合理布局,掌控所绘制的轴测图在绘图纸上的合理位置。

（4）先在绘图纸中间位置绘制出辅助坐标轴,在绘图纸右上角依据辅助坐标轴绘制出标准坐标轴。

（5）依据辅助坐标轴进行轴测图绘制,先绘制主线,后绘制分支;先绘制管段,后绘制管段上的设备。

（6）图中出现一般偏置管时,应注意所给尺寸条件,按照长宽、长高、宽高进行按比例绘制,并保留绘制辅助线(细虚线)。

（7）标注尺寸,先标注长向、宽向尺寸,后标注纵向尺寸。

（8）复核管段走向及尺寸是否存在偏差。

（9）图名及比例标注。

（三）注意事项

（1）绘制辅助坐标轴时,应采用细虚线或细点画线,其轴间角必须符合要求。

（2）所绘制轴测图应按投影关系进行绘制,准确掌握绘图比例。

（3）绘图时保留作图线,图线应符合标准。

（4）一般偏置管进行尺寸标注时,应注意合理标注。若有标高尺寸时,应在管道合理位置标注标高尺寸。

（5）使用单面刀片时,应正确使用,以免造成划伤。

项目三　根据平、立面图模拟工艺配管

一、相关知识

ZBA014 放样
的概念

（一）放样及画线基准的概念

1. 放样

展开放样即用作图法将板料或型钢制作成金属结构件,根据图样,用 1∶1 的比例在平台上画出所需要的图形,并将其各个表面依次摊开在一个平面上的过程。放样是根据构件特点及工艺需要,在施工图的基础上用1∶1的比例准确结构的全部或部分投影图。

在管道工程构件制作过程中,放样操作往往作为首道工序进行。金属结构的放样一般要经过线型放样、结构放样和展开放样三个过程。在针对构件放样时,可按构件的中性层弯曲半径或里皮尺寸等进行必要的计算及展开。通过放样可以获得构件制作过程中所需要的放样图、数据、样板和草图等。

实尺放样是光学放样、计算机放样等新工艺的基础。

2. 画线基准

在着手画线前,必须仔细分析结构图样,首先确定基准线或基准面,这种基准线或基准面称为画线基准。放样画线基准上的点、线、面位置又称设计基准。放样画线的基准是画线时,用以确定其他点、线、面空间位置的依据。在选择放样画线基准时,可以选择一个平面和一条中心线作为基准。

放样画线时,由于平面上需要确定几何要素的位置,所以要有两个独立的坐标,每个图应选两个基准,可选择以两条(个)相互垂直的面作为基准。

（二）放样画线基准的选择要求

图样中做尺寸基准的线或面必须是放样基准。放样时,一般较短的基准线可以用粉线画出,对于外形尺寸较长的大型金属构件放样时,可用拉钢丝配合直角尺画出基准线。采用激光经纬仪可做出大型结构的放样基准线。放样基准可根据下列要求进行选择:

（1）以两个互相垂直的平面(或线段)为基准。

（2）以两条相互垂直的中心线为基准。

（3）以相互垂直的一个平面和一条中心线为基准。

放样时,各放样图中的基准线必须做得十分准确,且要经过必要的检验,在不违背原设计基本要求下,其结构应符合成型工艺要求。放样图能否正确表达合理处理的放样结构,是产品成型加工的关键。

二、技能要求

（一）准备工作

1. 设备

序号	名称	规格	数量
1	工作台	—	1个
2	转盘式台虎钳	150mm	1个

2. 材料及工具准备

（1）材料准备。

序号	名称	规格	数量
1	铁线	10号	若干
2	透明胶	—	若干
3	碳素笔	—	1支

（2）工具准备。

序号	名称	规格	数量
1	钢板尺	500mm	1把
2	克丝钳	—	1把
3	直角尺	250×500mm	1把
4	手锤	1.5kg	1把
5	锉刀	—	1把

3. 人员要求

1人操作，穿戴齐全劳动保护用品。

（二）操作规程

（1）详读工艺配管说明，了解模拟配管要求。

（2）识读所给平、立面图含义，准确掌握视图中管段走向。

（3）将所给铁线用手锤进行颠制取直。

（4）根据所给视图中的比例尺寸要求进行模拟工艺配管，掌控所给平立面图各管段方向。

（5）先配制工艺主线，后配制工艺分支，管段上的设备可采用口取纸进行标识。

（6）模拟工艺配管时，各弯点应采用手锤颠制进行弯曲。

（7）复核管段走向及尺寸是否存在偏差。

（三）注意事项

（1）操作时，应注意准确掌握平立面图中管路方向。

（2）模拟工艺配管时，各管路结合点可采用透明胶带粘贴牢固，以防改变管路走向。

（3）配制管路颠制弯点尺寸应合理控制，并注意控制管路方向的准确性，使用手锤颠制弯点时，应注意用力得当，以防用力过大，铁线出现断裂现象。

（4）模拟工艺配管制作时，应保证铁线所代表的管路符合所给图示要求，确保其同一性。

（5）正确使用台虎钳，夹持铁线时用力均匀；使用手锤时，严禁野蛮操作。

（6）过长的铁线在进行弯制配管时，易造成划伤或扎伤，所以操作前应严格控制好铁线长度及方向，做到保护好自己的同时，不伤害他人。

项目四　使用与维护手持砂轮机

一、相关知识

ZBB001　螺旋
夹具的使用要求

（一）螺旋夹具、楔条夹具、杠杆夹具的使用要求

1. 螺旋夹具

螺旋夹具是通过丝杆与螺母相对运动传递外力以紧固零件的，它具有夹、压、拉、顶和撑等多项功能。螺旋夹具是目前应用最广泛的一种紧固夹具，具有通用性强，结构简单、能产生较大的夹紧力、使用可靠等优点，但螺旋夹具每转行程较小、动作缓慢、效率低，所以在单件和小批量生产中应用较多。螺旋拉紧器主要在焊接作业中起到拉紧工件、矫正工件形状、防止焊接变形时使用,螺旋推撑器主要在支持工件、矫正工件形状、防止焊接变形时使用。螺旋夹具的螺旋撑圆器在焊接作业中,主要用以矫正圆筒工件的圆柱度、防止变形及消除局部变形。

方形螺旋夹具的俗称卡兰,它主要用于对工件的夹紧。凡是用来对零件施加外力,使其获得可靠和正确定位的工艺设备称为组装夹具。

2. 楔条夹具

ZBB002　楔条夹具的使用要求

楔角夹具是利用楔条的斜面将外力转变为夹紧力,从而达到夹紧工件的目的。为保证楔条夹具在使用中能自锁,楔条或楔板的楔角应小于其摩擦角,通常楔角为 $10° \sim 15°$,一般小于 $12°$。斜楔外角小,自锁性能好,夹紧力大但夹紧行程小,移动距离长,不便于装夹工件。如需要增加楔条夹具的作用效果,可在楔条下面加入垫铁,不必为增加楔条厚度而加大楔角。

楔条通常用碳素工具钢制造,淬火后的硬度为 $50 \sim 62$ HRC。使用楔条夹具时,将工件放入夹具后锤击斜楔头,则斜楔对工件产生夹紧力,对夹具产生正压力从而把工件夹紧。加工完毕后锤击楔小头,即可松开工件。楔条夹具无论是对齐板料还是夹紧板料,只需用手锤敲击楔条尾端即可,因此,楔条夹具操作简单、调整方便,即可单独使用又可与螺旋夹具、杠杆夹具和其他装配工具联合使用。

楔条夹具多用于板料和大型容器以及球罐的组装。但楔条夹具中扣定圈和挡铁有时要焊在装板料上,拆除时有可能出现拉料现象,损坏了装板料表面,这对于有特殊表面要求的材料,例如,不锈钢、低温钢等是不利的。

3. 杠杆夹具

ZBB003　杠杆夹具的使用要求

凡利用杠杆使工件被夹紧的夹具称为杠杆夹具。

杠杆夹具结构简单,应用也非常广泛。杠杆有三点两臂,三点即支点、力点、重点。支持杠杆转动的固定点是支点,对杠杆施力的一点是力点,承受重物或抵抗阻力的一点称为重点。杠杆作用有三种情况,即支点在中间,重点在中间,力点在中间。两臂即力臂和重臂,支点到力点的距离称为力臂,支点到重点的距离称为重臂。

杠杆计算公式是:

$$力 \times 力臂 = 重 \times 重臂$$

由此可见,力臂大于重臂时杠杆省力,力臂小于重臂时杠杆费力,力臂与重臂相等,杠杆既不省力也不费力。撬杠是最简单的杠杆夹具。

杠杆夹具中的 U 形夹,不仅用于组装,还可用于矫正和反转工件,槽钢、工字钢、板料的翻转。

(二)液压夹具、偏心夹具的使用要求

ZBB004　液压夹具的使用要求

1. 液压夹具

液压夹具的工作原理与气动夹具基本相似,工作方式也基本相同的,可参考气动夹具设计液压夹具。液压夹具比气动夹具获得的夹紧力更大,可大几倍到几十倍。夹紧可靠,工作平稳,耐冲击,结构尺寸可以做得很小,常用在要求夹持力很大且空间尺寸受限的地方;缺点是夹紧力和自锁力不稳定。液压夹具既能在粗加工时承受大的切削力,也能保证在精密加工时的准确定位,还能完成手动夹具无法完成的支撑、夹紧和快速释放。

ZBB005 偏心夹具的使用要求

2. 偏心夹具

利用偏心件直接或间接夹紧工件作用的机构称为偏心夹具,即由偏心轮或凸轮的自锁性能来实现夹紧作用的夹紧装置。常用的偏心夹具是带有偏心孔的圆偏心轮,偏心轮是一种回转中心与几何中心不重合的零件。偏心轮的形式有两种,一种是圆形偏心轮;另一种是非圆形的曲线偏心轮。制作偏心轮时,一般用中碳钢车制后进行淬火,使偏心轮的工作面具有较好的耐磨性。偏心轮直径 D 一般取 $40\sim80mm$。偏心轮的偏心距 e 一般取 $0.075D$。

ZBB010 台钻的使用要求

（三）台钻、台式砂轮机的使用要求

1. 台钻

（1）台钻在使用前应熟悉结构与性能,以及润滑系统和各手柄的作用。

（2）台钻在使用过程中工作台面要保持清洁。

（3）台钻在头架移动前应先松开锁紧手柄,调整合适后再紧固。

（4）台钻变速时,应先停车并关闭电源,再进行调整。

（5）台钻钻通孔时,必须使钻头通过工作台的让刀孔或在工件下垫上垫铁,以免损坏工作台面。

（6）如台钻在工作时发生故障或出现不正常响声时,应立即停车,再检查原因。

（7）台钻的电器盒及转换开关在台钻的右侧,操作转换开关可使主轴正反转或停机。

（8）台钻工作完毕时,应消除杂物,将外露滑动面及工作台擦拭干净。

ZBB006 台式砂轮机的使用要求

2. 台式砂轮机

台式砂轮机是固定在工作台上,用于修磨刀具、刃具,也可对小型机件和铸件的便面进行去刺,磨光、除锈等。使用台式砂轮机时,应采用短时工作制,它的额定运转时间为 $30min$。单项感应式砂轮机只适用于修理厂和实验室对零件的磨削、去毛刺机修磨刀刃具等。三项感应式砂轮机适用于一般工矿企业和修理厂对零件的磨削、去毛刺及清理铸件等。型号 M3225 的台式砂轮机,砂轮尺寸 $250mm\times25mm\times32mm$ 中的 $32mm$ 表示的是孔径尺寸;型号 M3215 的台式砂轮机,砂轮尺寸 $150mm\times20mm\times32mm$ 中的 $20mm$ 表示的是厚度尺寸。

ZBB007 电动葫芦的使用要求

（四）电动葫芦的使用要求

电动葫芦按结构形式可分为固定式和小车式两种。固定式电动葫芦和手拉葫芦一样,可以安装在固定支架上做垂直或不同角度的起吊工作。小车式电动葫芦则悬挂在工字梁上或安装在多种形式的重机上,可沿着直线或曲线吊运重物,作业面积较大。

电动葫芦结构紧凑、安全可靠。电动葫芦一般水平运行速度为 $20m/min$,垂直提升速度为 $8m/min$,一般提升高度为 $3\sim30m$,起吊质量为 $0.25\sim20t$,如图 3-1-3 所示。

电动葫芦使用的注意事项如下:

（1）一般用途的电动葫芦可以在 $-20\sim30℃$ 的温度范围内使用,在有易燃易爆危险和酸、碱类气体的环境中不宜使用,也不能用于运送熔化的金属液及其他易燃易爆的物品。

（2）不能超载使用。

（3）减速器内和其他应当润滑的部件应按说明中的规定定期润滑。

（4）电动机出厂时轴向移动量已调到 $1.5mm$ 左右,在使用中,它将随着制动环的磨损而逐渐加大,如发现制动后重物下滑量较大,就要对制动器进行调整。但调整数次后就应更换新环,以保证制动安全。

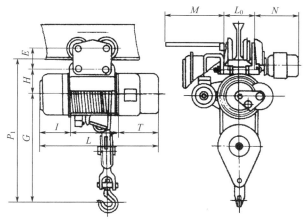

图 3-1-3　电动葫芦

（五）丝锥及常用测量工具的使用与维护要求

ZBB009　丝锥
的使用要求

1. 丝锥

常用的手用丝锥由二或三只组成一套,称为头锥、二锥和三锥。丝锥也分为手用丝锥和机用丝锥。在使用丝锥时,应用铰手夹持丝锥柄部的方头。加工螺纹时,还应适时添加煤油。使用丝锥时,丝锥与工件表面要垂直,在旋转过程中要经常反方向旋转,将铁屑挤断。用后的丝锥应及时清除杂物,在其表面涂抹机油,妥善保管。

ZBB008　测量
工具的维护要求

2. 测量工具

工艺管道安装过程中,常常使用到一些精密的测量仪器、工具等,为了能保证测量工具的精准性,在使用操作后,应将所使用的测量工具进行合理的维护,具体要求如下:

（1）用测量工具测量工件前,应将测量工具的测量面和工件的测量面擦净。

（2）在使用测量工具过程中,不能将测量工具与工具或刀具放在一起,以免发生磕碰使测量工具受损影响其精准度。

（3）使用精密测量工具测量时,若发现测量工具读数出现较大误差,应将测量工具及时送交计量室检修。

（4）验收游标卡尺时,要求刃口合缝严密且不错位。合像水平仪与框式水平仪相比,具有范围大和精度高的特点。

（5）游标卡尺主尺一格与副尺一格的差数即该尺的最小读数值。

二、技能要求

（一）准备工作

1. 设备

序号	名称	规格	数量	备注
1	工作台	—	1 个	—
2	台虎钳	150mm	1 个	—
3	手持砂轮机	220V,φ125mm	1 台	—

2. 材料及工具准备

（1）材料准备。

序号	名称	规格	数量	备注
1	电缆盘	220V	1个	—
2	20号无缝钢管	φ60mm×3.5mm	500mm	—
3	石笔	—	若干	—

（2）工具准备。

序号	名称	规格	数量	备注
1	角度尺	—	1把	—
2	砂轮扳手	—	1把	—
3	砂轮片	φ125mm	1片	—
4	碳刷	—	1个	与砂轮机同型号
5	弯尺	500mm×250mm	1把	—
6	手锤	1.5kg	1把	—
7	锉刀	—	1把	—

3. 人员要求

1人操作，穿戴齐全劳动保护用品。

（二）操作规程

（1）检查。按照说明书要求，在使用前必须检查各部位是否正常（主要外壳、手柄、防护罩、砂轮片等不得有裂纹，检查开关是否灵活、碳刷是否完整等）。

（2）安装。按照说明书中的安装要求，安装砂轮机各部件，确保安全防护罩安装正确。

（3）使用前，接通电源后先试转（空转），检测其运转是否正常。

（4）检测完毕使用时，戴好护目镜，双脚站稳，保持身体平衡，不要过分加力。

（5）启动砂轮机时，待转速稳定后在进行工件的打磨。操作过程中，根据所要打磨的工件随时调整打磨角度。

（6）当砂轮片磨损到原半径1/3（或砂轮机轴与砂轮孔配合不好）时，必须更换砂轮片。

（7）打磨操作完毕后，先关闭电源开关，后拔掉电源插头。

（8）操作完毕后，及时清理砂轮机打磨铁屑，进行运转部位的保养。

（三）注意事项

（1）砂轮机在接通电源前，砂轮机的手动电源开关必须处于"断开"位置。

（2）使用过程中若出现异常响声、断续运转或出现严重火花等现象时，应立即停止使用，在排除故障后方可恢复使用。

（3）操作过程中，若有急事离开或遇突然停电时，应及时断开电源，拔下电源插头。

（4）操作前，必须检查砂轮片是否完好，确保砂轮片无缺陷、裂纹等现象。

（5）更换碳刷时，必须保证砂轮机处于断电状态，以防更换时误操作发生危险。

（6）使用时，必须佩带护目镜，防护手套，打磨工件时，确保火花飞溅区域无人员、易燃物等。

模块二　管道预制组对、设备安装

项目一　热煨制方形胀力弯

一、相关知识

（一）管道测绘的目的、原理及方法

ZBC001　管道测绘的目的

1. 管道测绘的目的

管道测绘就是操作人员所进行的管段尺寸测量工序。能有效检查管道设计尺寸、标高等数据是否与实际相符。管道测绘时，通常以管道的中心线为基准进行测量。就是在施工现场按照设计图纸的要求，根据现场实际情况对待安装的管段尺寸进行实测，并绘制成施工草图，以满足管道加工和预制需要。目前，由于各种因素影响（如设备制造、安装误差、土建施工误差），如果直接按照设计图纸上的尺寸下料制作往往给安装工作带来一些困难，管道测绘数据的不准确会间接造成返工浪费。所以施工前一般都要进行现场实测。另外在石化生产装置中，有时根据检修计划需要改造或更换部分管路，有时需要新增一部分管路，必须保证原管路或设备接口位置不变，尤其是对于高压管路，由于装配要求十分严格，预制的管路必须严格按照实际尺寸配置，以保证检修或安装的高质量。

ZBC002　管道测绘的原理

2. 管道测绘的原理

管道测绘是利用三角形的边角关系和空间三轴坐标来确定管道的位置尺寸和方向。测绘时首先要确定基准，根据基准进行测绘。根据施工图纸和施工现场的具体情况进行选测测绘方法。管道工程一般都要求横平、竖直、眼正（法兰螺栓孔正）、口正（法兰面正）。因此基准的选择离不开水平线、水平面、垂直线和垂直面。测绘时应根据施工图纸和施工现场的具体情况进行选择。管道测绘时，应按已知控制水准点对全管线每隔 50~100m，设临时水准点，并进行多次闭合复测。

ZBC003　管道测绘的方法

3. 管道测绘的方法

管道中法兰的安装位置，一般情况下是平眼（双眼），个别情况下也有立眼（单眼），这两种情况都称之为眼正。测量时，可以法兰眼水平线或垂直线为准，用水平尺或吊线方法来检查法兰是否眼正。

法兰密封面与管道的轴线互相垂直式时为正口。当法兰口不正时，称为偏口（或张口），测量方法应用直角尺检查。

管道测绘测量长度时，一般采用钢卷尺。管道转弯处测量到转弯的中线点，可在管道转弯处两边的中心线上各拉一条细线，两条线的交叉点就是管道转弯处的中心点。测量标高时一般采用水准仪，也可以从已知的标高用钢卷尺测量。

测量角度可以采用经纬仪。但常见的方法是在管道转弯处两边的中心线上各拉一条细线,用量角器或活动角尺测量两条直线的夹角,也就是弯管的角度。

ZBC005　90°
弯管的下料方法

（二）90°弯管的下料方法

弯管是改变管道方向的管件。在管道交叉、转弯、绕梁等处都可以看到弯管的存在。工程中所用的煨制弯管具有较好的伸缩性、耐压高、阻力小等优点,因此得以广泛应用。

弯管的尺寸是由管径、弯曲角度和弯曲半径三个条件所决定的。弯曲角度可根据图纸和施工现场的实际情况来确定,根据确定后的弯曲角度制作角度样板,依据角度样板进行煨制并按照样板进行检查煨制管件的弯曲角度是否符合要求。样板可用圆钢煨制,圆钢的直径根据所煨制管径的大小选用 10~14mm 即可。

弯管的弯曲半径应按管径大小、设计要求及有关规定而定。因为如果弯曲半径过大,会造成浪费材料,而且弯曲部分所占的地方也大,这样会给管道装配带来困难;弯曲半径若选的太小,弯管背部管壁会由于过分伸长而减薄,使其强度降低,在弯管里侧管壁被压缩,形成褶皱状态,因此在弯管时,一般规定热煨弯管的弯曲半径不应小于管道外径的 3~5 倍;冷弯弯管的弯曲半径不小于管道外径的 4 倍;冲压弯管的弯曲半径不应小于管道外径。

针对工程中常用的 90°弯管,其下料方法及质量控制要求如下:

（1）应保证弯管两端管口垂直。

（2）应先测量出的弯管的中心弧线。

（3）为了检测下料的准确度,应对弯管尺寸进行复检。

（4）为了能保证下料的准确度,应将弯管水平放置在平整的钢板上。

（5）弯管的曲率半径应一致。

（6）对于管径较大的 90°弯管下料时,应先测量出弯管的曲率半径。

ZBC006　煨制
DN 25-Z 形弯
方法

（三）煨制 DN25-Z 形弯方法

手工弯管可在平台上进行,并放出地样。首先把模具固定好,然后将管道上的弯曲起点与模具上的对应点对正,用活动靠紧销卡住,用套管或扳弯器将管道顺着模具的弧进行弯曲。要注意管道外壁必须与模具靠紧、贴严,有间隙时可用木锤锤击,力量要适中,以防将管道敲扁。管道的中心线与拉力方向最好成 90°,弯曲的管段按样板形状进行弯曲,样板放到管道的中心线处,按样板煨好的弧段用冷水冷却,使该处不再继续弯曲,让弯曲不够的地方和没弯曲的地方继续弯曲。手工煨制 Z 形弯时,砂子要打实锤痕不大于 0.5mm,砂径均匀无杂质且干燥,所用胎具外径应小于盘管内壁直径 5~10mm,其加热温度为 900~950℃,加热钢管长度应大于弯曲长度且不少于 200mm。

在弯曲过程中,有时会将管道弯得过度,可以沿着管道外侧浇水,使其冷却收缩而自行回弯。弯好的弯头冷却后,往往略微自行回弯 3°~5°,故在弯管时应比样板弯 3°~5°,这样冷却后便会准确地符合所需的弯曲角,之后应在将弯头盖上一层干砂在空气中逐渐冷却。由于加热区管段的氧化层已被烧掉,因此在加热管段上应涂一层机油,以防再次氧化。煨制 DN25mm 以下的 Z 形弯时,为了能尽快缩短加热部位的冷却时间,应采用阴凉处自然冷却的办法。

ZBD008　煨制
门形弯管方法

（四）煨制门形弯管方法

1. 煨制方法

门形弯管广泛应用于碳钢、不锈钢管道、有色金属管道和塑料管道。它是由四个 90°弯管组成的,其常见的四种类型如图 3-2-1 所示,图 3-2-1 中 1 型 $B=2H$;2 型 $B=H$;3 型 $B=0.5H$;4 型 $B=0$。

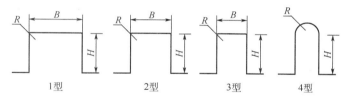

图 3-2-1　门型弯管

B—门型弯管横向尺寸,mm;H—门型弯管纵向尺寸,mm

门形弯管须用优质无缝管制作。整根补偿器用一根管子弯制而成。制作尺寸大的补偿器也可用两根或三根管子焊接制成。接头连接时,公称通径小于 200mm 的,焊缝与长臂轴线垂直;公称通径大于 200mm 的,焊缝与长臂轴线成 45°。

制作门形弯管时,公称直径小于 150mm 的门形弯管,用冷弯法弯制;公称直径大于 150mm 的门形弯管,用煨制弯管组焊制作。用管子弯制的弯管曲率半径 R 通常为(3~4)DN。补偿器的椭圆率、壁厚减薄率、波浪度和角度偏差应符合规范的有关要求。门形弯管四个弯头的角度都必须保持 90°,并要求处于一个平面内。平面的扭曲偏差不应大于 3mm/m,且全长不得大于 10mm。垂直长臂长度偏差为±10mm,但两条臂的长度必须一样长,水平臂的长度偏差为±20mm。

煨制门形弯管应采用优质无缝钢管制作。门形弯管接头连接时,公称直径小于 200mm 的,焊缝与长臂轴线应垂直;公称直径大于 200mm 的,焊缝与长臂轴线应成 45°。当煨制门形弯管,弯管的椭圆率或褶皱不平度超过标准要求时,只能报废另行煨制。

2. 煨制计算

【例 3-2-1】　某油罐加热器采用 $\phi60$mm×3.5mm 的钢管煨制,如图 3-2-2 所示,试计算该加热器,需钢管多少 m 及总质量为多少 kg($\rho=7850$kg/m³)?

解:(1)先求出钢管长度 L。

$$L = 6×5000+2×1000+5×75×3.14$$
$$\approx 33.18(\text{m})$$

(2)再求加热器总重。

$$G = \pi L(D-\delta)\delta\rho$$
$$= 3.14×33.18(0.06-0.0035)×0.0035×7850$$
$$\approx 161.7(\text{kg})$$

答:该加热器需 $\phi60$mm×3.5mm 钢管 33.18m,总重为 161.7kg。

【例 3-2-2】　某低压管道跨越一处工艺阀组时需煨制门型弯,该管道采用 $\phi33$mm×3.5mm 的钢管煨制,弯制后壁厚为 3mm,该弯管的壁厚减薄率是多少?

解:$I = [(\delta_{前}-\delta_{后})/\delta_{前}]×100\%$
$$= [(3.5-3)÷3.5]×100\%$$
$$\approx 14\%$$

答：该弯管的壁厚减薄率是 14%。

二、技能要求

（一）准备工作

1. 设备

序号	名称	规格	数量
1	气焊设备	—	1套
2	压力钳	—	1把
3	工作台	—	1个

2. 材料及工具准备

（1）材料准备。

序号	名称	规格	数量
1	计算用纸	A4	1张
2	20号无缝钢管	$\phi27mm \times 3mm$	4m
3	锯条	—	若干
4	石笔	—	若干
5	工程砂	—	若干

（2）工具准备。

序号	名称	规格	数量
1	直角尺	500mm	1把
2	卷尺	5m	1把
3	手锤	1.5kg	1把
4	锯弓	—	1把
5	90°弯样板	—	1个
6	游标卡尺	300mm	1把

3. 人员要求

1人操作、气焊配合,穿戴齐全劳动保护用品。

（二）操作规程

（1）详读图纸,了解图纸相关要求。

（2）依据图纸所给数据进行计算并画线。

（3）根据画线位置进行锯割下料。

（4）打磨锯割管口,将锯割后的管口毛刺进行处理。

（5）依据图纸尺寸要求进行放地样,并设置煨弯胎具。

（6）在下好料的管段上画出所要煨制的区域,与气焊配合人员进行沟通。

（7）进行煨制,先煨制一个门型弯,冷却后进行尺寸检验,符合要求后依次煨制其余三个门型弯。

（8）门型弯位置完成后,进行总体尺寸复检及平整度、直角度质量检测。

（三）注意事项

（1）操作前,必须穿戴齐全劳动保护用品。

（2）计算下料时,应考虑煨制时管道的回弹余量。

（3）放地样、设定胎具时,应考虑操作空间,便于管道煨制时不受限。

（4）锯割、打磨管道时,正确使用工具,以防发生危险。

（5）煨制管道时,必须有专业气焊人员进行操作。

（6）煨制时,应缓慢、均匀用力煨制,不得过急或过缓。

（7）煨制完成后,管道降温时不得使用水击方法进行冷却。

项目二　煨制弹簧管

一、相关知识

（一）弯管的一般要求

ZBE008　弯管的一般要求

1. 弯管弯曲变形的几种情况

管子弯曲（无论采用热弯或冷弯）是在管子外加力矩的作用下产生弯曲变形的结果,当弯管的管径小于或等于150mm时,椭圆率不得大于10%。一般规定管子弯曲后,管壁减薄率不得超过15%。

在这个弯曲变形的过程中会产生几种情况:外侧管壁减薄,管子弯曲后管子外侧的管壁由于受拉应力的作用,使管子外侧的壁厚减薄而降低了承压强度。内侧管壁折皱变形,管子弯曲后内侧管壁受压力的作用,不仅增加壁厚,由于管子可塑性较差,压应力不仅使管子产生压缩变形,而且很大程度上产生折皱变形而形成波浪。管子截面椭圆变形在弯管过程中,由于管子弯曲段内外侧管壁厚度的变化,还使得弯曲段截面由原来的圆形变成了椭圆形。

钢管应在其材料特性允许的范围内冷弯或热弯。弧形弯管是带有三个弯曲角的管件。中间角一般成90°,侧角成135°。弯曲半径越小,弯头背面管壁减薄就越严重,对背部强度的影响就越大。

2. 热煨弯管的装砂目的

（1）为了使管子在加热后弯曲时,能保持正确的形状,即防止管子热弯时截面产生椭圆形或弯曲处内侧产生皱褶。

（2）另外砂子有储热作用,在弯管过程中,使管壁的冷却速度减慢,保证有足够的弯管操作时间,不会因管壁冷却过快而影响弯管质量。

3. 管子冷弯制的优点

（1）管内不用装砂。

（2）不需加热设施,节约能源。

（3）操作安全,无须场地限制,方便灵活。

（4）冷煨弯头强度高于热煨弯头。

4. 弯管的计算

【例3-2-3】　某一管道弯曲前规格为 $\phi159mm \times 6mm$,弯曲后规格为 $\phi150mm \times 6mm$,求

该弯管的缩径率是多少？

解：$S = \left[(\delta_{弯前} + \delta_{弯后})/2\delta_{弯前} \right] \times 100\%$

$\qquad = \left[(159 + 150) \div 2 \times 159 \right] \times 100\%$

$\qquad \approx 97\%$

答：该弯管的缩径率是 97%。

【例 3-2-4】 某一管道弯曲前规格为 $\phi133mm \times 6mm$，弯曲后规格为 $\phi128mm \times 6mm$，求该弯管的椭圆率是多少？

解：$T = \left[(\delta_{弯前} - \delta_{弯后})/\delta_{弯前} \right] \times 100\%$

$\qquad = \left[(133 - 128) \div 133 \right] \times 100\%$

$\qquad \approx 4\%$

答：该弯管的椭圆率是 4%。

ZBE001 管道的调直方法

（二）管道的调直方法

为保证安装质量，做到横平竖直，弯曲的管道在使用前应进行调直处理。一般情况下大口径管道弯曲较少，也不易调直，若有弯曲部分可将其去掉，用在其他需要用弯管的地方。最容易产生弯曲的管道是小口径管道。当管道有明显的弯曲时，凭肉眼即可观察到，或用拉线法检查。较长的管道也可用滚动法检查，将管道平放在两根平行的圆管或方木上，轻轻滚动。如滚动快慢不均匀，来回摆动，则停止时向下的一面就是凸弯曲面，应做上记号进行调直。然后反复检查，直到多次滚动速度均匀，并能够在任意位置上停止时，则此管道已调直。当管道需要调直时，可采用以下几种方法进行调直。

冷调法一般用于 $DN50mm$ 以下弯曲程度不大的管子，可在常温状态下进行调查。铜盘管可采用冷拉伸调直法。根据具体操作方法不同可分为以下几种：杠杆调直法、锤击调直法、调直台法、大弯卡调直器调直法。管子调直一般还使用油压机、手动压床，或是使用千斤顶。大直径管段的调直则需要采用气压或油压机。热校直是将弯曲的管子在热状态下进行调直，其适用于公称直径大于 50mm 的管子。对于口径在 15~25mm 的管子，如果是大慢弯，可用弯管平台人工扳别的办法进行调直。对于 $DN>100mm$ 以上的钢管一般不需调直，因大管产生弯曲的可能性较小。

ZBE002 管道套丝的质量要求

（三）管道套丝的质量要求

管道套丝要分几次完成，一次套成不仅费力还容易损坏螺纹和板牙。应根据管径不同套 2~3 次，甚至 4 次。一次套成俗称"一版勒"，这样操作极易磨损板牙，使板牙变钝，缩短板牙使用寿命，同时容易使管丝出现缺陷。长管套丝时，管后端一定要垫平。套丝时，第一次或第二次铰板的活动标盘对准固定标盘刻度时，要略大于相应的刻度。管螺纹加工时，丝头的前端 2/3 处应为梢口。套丝长度要适当，收尾过度要平缓，防止螺纹根部锥度过大。螺纹要完整。螺纹不完整会影响管螺纹连接的严密性和强度。管道安装中，当支管要求坡度时，遇到管螺纹不端正，则要求有相应的偏扣，俗称"歪牙"，歪牙的最大偏离度不能超过 15°。

螺纹表面应光滑，若螺纹表面不光滑，在连接时易将缠上去的填料割断，也会降低使用的严密性。为了使螺纹表面光滑，除注意不要采用一次套完的方法外，还应在套扣过程中，在管头上不断地加润滑油进行润滑。

管螺纹连接的具体要求如下：

(1)加工螺纹清洁、规整、断丝和缺丝不大于总牙数的10%。

(2)螺纹连接时，松紧程度要适当。螺纹太松，严密性差，连接不牢固。螺纹过紧，连接时易撑裂铸铁管件，而外露螺纹过多极易腐蚀，管道连接强度也随之降低。

(3)合格的螺纹能用手拧2~3牙，管扣上紧后，还外露2~3牙为宜。

随着工业的发展，机械套丝机得到了广泛的应用，它减轻了工人劳动强度，提高了生产率。机械套丝机可进行切管，管内倒角和套丝等加工，操作灵活、简便、质量轻便，很适用于施工现场和野外作业。

ZBE003 管道扩口、缩口的方法

(四)管道扩口、缩口方法

管道组对口径大小不一时，就需要改变管径，扩大或缩小对应后，才能对接安装。管道缩口就是把大口径管道通过加工处理，按管道对接要求收缩成对应的小管径，常见的缩口方式有整体凹模缩口、分瓣凹模缩口和旋压缩口等。扩口与缩口变形相反，是使管材或冲压空心件口部扩大的一种成形方法。

扩口在管材加工中应用较多。管道扩口后的扩口端外径尺寸应为扩口前的1.2倍。管道扩口后，可以采用水压试验，检验其密封性能(试验压力应根据不同压力级别分别进行)。一般情况下，焊接钢管只能在热状态下进行扩口或缩口。偏心大小头就是大口中心线与小口中心线不同轴而平行的接口管件。

(五)弯曲半径的选择方法

ZBE006 弯曲半径的选择方法

1. 管道弯曲半径的选择原则

(1)弯曲变形在满足技术要求的前提下，弯曲半径尽量选得小一些。

(2)管径较大或管壁较薄的管道，应采用较大的弯曲半径，管径较小或管壁较厚的管道，应采用较小的弯曲半径。

2. 选择方法

合理的弯曲半径可明显地减少弯管的有害变形，提高弯管的质量。

管道的弯曲半径尺寸从减少弯管的有害变形来看选得越大越好，从弯管的制作安装来看选得越小越好。合理的弯曲半径应该是弯曲变形能在满足技术要求的前提下，弯曲半径应选得尽量小些。一般原则是管径较大或管壁较薄的管道，应采用较大的弯曲半径。一般常用的弯曲半径见表3-2-1。

表 3-2-1　常见弯头的弯曲半径

管径 DN,mm	弯曲半径 R,mm	
	冷弯	热煨
25 以下	3DN	
32~50	3DN	
65~80	4DN	3.5DN
100~200	4~4.5DN	4DN
200~300	5~6DN	5DN

弯管时,随着管径的增大,必须相应地增大弯管的弯曲半径,一般规定管径为 $\phi133\sim$ $\phi159mm$ 时,选 $R=4D$ 的弯曲半径;管径为 $\phi159\sim273mm$ 时,选 $R=5D$ 的弯曲半径。管道流体压力 $p<10MPa$ 时,其管道的弯曲半径宜大于管子外径的3.5倍。冷弯弯管的弯曲半径不应小于管外径的4倍。焊接弯头的弯曲半径不应小于管道外径的1.5倍。冲压弯头的弯曲半径应不小于管道外径。

3. 弯管椭圆度的质量要求

(1)输送剧毒流体或设计压力 $P\geqslant10MPa$ 的钢管椭圆率不超过5%。

(2)其他流体设计压力 $P<10MPa$ 的钢管椭圆率不超过8%。

(3)铜管、铝管椭圆率不超过9%。

(4)铅管椭圆率不超过10%。

4. 弯曲半径的计算

【例3-2-5】 某一管道弯曲前其规格为 $\phi159mm\times6mm$,求该弯管的理论弯曲半径是多少?

解: $R=4D$

$\qquad=4\times150$

$\qquad=600(mm)$

答:该弯管的理论弯曲半径是600mm。

【例3-2-6】 某一管道弯曲前其规格为 $\phi273mm\times7mm$,求该弯管的理论弯曲半径是多少?

解: $R=5D$

$\qquad=5\times250$

$\qquad=1250(mm)$

答:该弯管的理论弯曲半径是1250mm。

| ZBE007 弯曲弧长的计算方法 |

(六)弯曲弧长的选择方法及计算

1. 选择方法

弯管弧长计算半径应是弯管中轴线的弯曲弧度半径(一般由设计给出管线走向决定)。

弯头弧长的计算公式为

$$L=\alpha\pi R/180° \tag{3-2-1}$$

式中 α——弯曲角度,°;

$\qquad R$——弯曲半径,mm。

管道弯曲弧长计算时的弧度系数是0.0175,0.175R 等于10°弧长。弧长 L 与弯管角度 α、弯管弯曲半径 R 成正比。在弯管弧度计算时,弧度与 π 不成正比,因为 π 是常数,是固定不变值。计算弯头内侧弧长时,应用弯曲半径减一半的管径后再乘以相应的数值。

2. 弯曲弧长计算

【例3-2-7】 某一管道弯曲前其规格为 $\phi27mm\times3mm$,需制作一个弯曲半径为200mm,弯管角度为90°的管段,求该弯管的弧长是多少?

解： $L = \alpha\pi R / 180°$

$\quad = (90° \times 3.14 \times 200) \div 180°$

$\quad = 314 (mm)$

答：该弯管的弧长是 314mm。

【**例 3 - 2 - 8**】 某一管道弯曲前其规格为 $\phi 27mm \times 3mm$，需制作一个弯曲半径为 200mm，弯管角度为 90° 的管段，求该弯管的热伸长量是多少？

解： $L_{伸长} = R\tan\alpha/2 - \alpha\pi R/360°$

$\quad = 200 \times \tan90° \div 2 - 90° \times 3.14 \times 200 \div 360°$

$\quad = 200 - 157$

$\quad = 43 (mm)$

答：该弯管的热伸长量是 43mm。

除了知道弯管的弧长以外，弯管前还需要一段直管，主要用于固定管道，便于煨制时操作。对于 DN 小于 150mm 的管道，该管段一般不应小于 400mm；对于 DN 不小于 150mm 的管子，一般该管段不应小于 600mm。为了使弯管尺寸完全符合要求，还要进行起弯点、终弯点等方面的计算。

（七）煨制圆柱弹簧管的方法

管道热煨是对管道弯曲部分进行加热后再进行加工的一种方法，分为无皱褶充砂热煨和有充砂热煨两种。热煨主要工序为计算弯曲管段长度和确定加热范围、充砂、加热和煨管、清砂等。

90° 弯管在管道预制和安装中应用较多，弯曲半径若无特殊要求计算方法如下。

热煨的计算方法为

$$R = 4D$$

冷弯的计算方法为

$$R = (5 \sim 6)D$$

冲压焊接折皱的计算方法为

$$R = (1 \sim 1.5)D$$

弯管部分的长度近似等于中心弧长的长度，即 1.57R，也就是说 90° 的弯曲部分长度为弯曲半径的 1.57 倍。施工中均依此式计算 90° 弯管的加热长度。

二、技能要求

（一）准备工作

1. 设备

序号	名称	规格	数量	备注
1	电焊设备	—	1 台	—
2	气焊设备	—	1 台	—
3	工位台	—	1 个	—

2. 材料及工具准备

（1）材料准备。

序号	名称	规格	数量	备注
1	计算纸	A4	1张	—
2	20号有缝钢管	$DN15mm$	3m	—
3	20号无缝钢管	$DN20mm$	1m	加力杠
4	20号无缝钢管	$DN200mm$	500mm	胎具用料
5	角钢	50mm×50mm×5mm	1m	—
6	石笔	—	若干	—
7	工程砂	—	若干	—

（2）工具准备。

序号	名称	规格	数量	备注
1	锉刀	—	1把	—
2	手锤	1.5kg	1把	—
3	锯弓	—	1把	—
4	锯条	—	若干	—
5	内、外卡钳	300mm	1把	—
6	卷尺	3m	1个	—
7	直角尺	500mm×250mm	1把	—
8	塞尺	—	1把	—

3. 人员要求

1人操作、电气焊配合，穿戴齐全劳动保护用品。

（二）操作规程

（1）详读图纸，了解图纸所要表达的含义及相关要求。

（2）依据图纸所给数据进行计算弯曲管段长度并画线。

（3）根据画线位置进行锯割下料。

（4）打磨锯割管口，将锯割后的管口毛刺进行处理。

（5）依据图纸尺寸要求进行放地样，并设置煨弯胎具。

（6）灌砂。将准备好的工程砂灌入所要煨制的管段内，并将管口封好。

（7）在下好料的管段上画出所要煨制的区域，与气焊配合人员进行加热沟通。

（8）根据计算结果及画线方向进行均匀加热、煨制。

（9）煨制完成后，进行总体尺寸复检及平整度、直角度质量检测。

（三）注意事项

（1）操作前，必须穿戴齐全劳动保护用品。

（2）计算弯曲管段长度、下料时，应考虑煨制时管子的回弹余量。

（3）放地样、设定胎具时，应考虑操作空间，便于管子煨制时不受限。

（4）锯割、打磨管道时,正确使用工具,以防发生危险。

（5）煨制管道时,必须有专业气焊人员进行操作。

（6）煨制时,应缓慢、均匀用力煨制,不得过急或过缓,以防管段出现椭圆度不符合要求现象。

（7）煨制管段时,管段必须与胎具贴合紧密,以防出现尺寸偏差。

（8）煨制完成后,管道降温时不得使用水击方法进行冷却。

项目三　制作不等径同心斜骑马鞍管件

一、相关知识

（一）制作等径同心斜骑三通及等径同心斜骑马鞍管件的方法

> ZBD001　制作等径同心斜骑三通管件的方法

1. 等径同心斜骑三通管件

（1）按已知尺寸画出主视图和断面图。

（2）直接画出等径斜三通管的结合线。

（3）六等分支管断面圆半圆周,由各等分点引与支管中心线平行的直线交结合线于 $1'$、$2'$、$3'$、$4'$、$5'$、$6'$、$7'$各点。

（4）画管 I 的展开图。画一水平线 1-1 等于断面圆周长 $\pi(D+t)$,并十二等分;由各等分点引下垂线 $1-1'$、$2-2'$、$\cdots$、$1-1'$,使其等于支管上相应的素线长度;用光滑曲线连接各点,即得管 I 的展开图。

（5）画管 II 开孔展开图。在由管 II 右端点所引下垂线上截取断面图半圆周长 $\frac{1}{2}\pi(D-t)$,并六等分,由各点向左引水平线,与结合线上各点所引的下垂线相交,将各对应相交点连成曲线,即为管 II 开孔实形。

同心斜骑三通管件展开画法如图 3-2-3 所示。

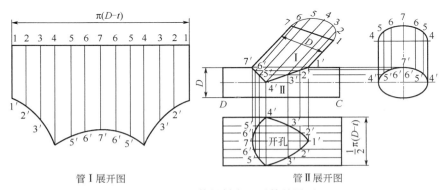

管 I 展开图　　　　管 II 展开图

图 3-2-3　等径斜交三通管的展开

制作等径同心斜骑三通管件时,应画出母管中心线。等径同心斜骑三通管件的支管两尖部中心线应与主管的中心线相结合。三通管件时的组对角度允许偏差为±1°,支管组对尺寸允许偏差为±1mm，在主管上的开孔应小于支管内径2mm。

若φ89mm×4.5mm作为支管，φ114mm×4.5mm作为主管，制作异径同心斜骑三通管件时的组对间隙应为2mm。

ZBD002 制作等径同心斜骑马鞍管件的方法

2. 等径同心斜骑马鞍管件

（1）按已知尺寸画出主视图和侧视图，并求出结合线。

（2）画管Ⅰ展开图。在AB延长线上截取1-1等于断面圆周展开长度 $\pi(d+t)$，并十二等分，由各点引1-1的直角线，与由结合线各点所引的与AB平行的直线相交，将各对应交点连成曲线，即为管Ⅰ展开图。

（3）画管Ⅱ开孔展开图。在由点D引的下垂线上截取管Ⅱ断面半圆周长度 $\frac{1}{2}\pi(D-t)$，并由中点1′上下照录各点，由各点向左引水平线，与由主视图点C和结合线各点所引下垂线相交，将各对应交点连成曲线及直线，即为管Ⅱ展开图的1/2和切孔实形。

同心斜骑马鞍管件展开画法如图3-2-4所示。

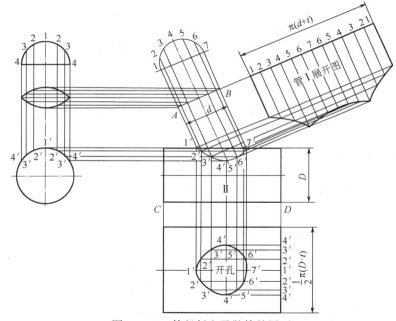

图3-2-4 等径斜交马鞍管的展开

水平管的切孔画线（即马鞍孔画线）：首先将管按圆周分为四等份，通过等分点c的平行于管道中心线的直线上，取 $ec=OC$，$fc=OB$，分别以圈带圆滑连接 a,e,b 和 a,f,b 各点，此即为切孔的切割线，切割时应按斜交角度进行切割。

制作等径同心斜骑马鞍时，应先点焊支管尖部，以方便调整管件角度。支管中心线应与主管中心线重合；支管与主管结合部位应清理打磨长度为20mm；支管与主管的组对尺寸偏差为±1mm；马鞍支管外角边做壁厚处理，内角边不做壁厚处理。

ZBD003 制作异径四通斜骑马鞍管件的方法

（二）制作异径四通斜骑马鞍管件的方法

在工艺管道安装工程中，常常使用到四通管件，其样板绘制展开及制作方法基本与三通马鞍的方法相同,其差别就在于一个是三通管件,一个是四通管件。在绘制展开样板时,若两支管的角度一致,可只绘制一个支管展开样板和一个主管开孔样板即可。若主管上的两个支管角度存在差异,那么必须根据其角度的不同进行两个支管样板及主管开孔样板的绘制。在组对制作异径斜四通管件时,应掌握以下要求:

(1)根据图纸所给出的尺寸要求先组对一侧支管。

(2)制作异径斜四通管件时,应保证两根支管同轴。

(3)制作异径斜四通管件时,两支管的轴线允许偏差为±1mm。

(4)制作异径斜四通管件时,两支管与主管平行度的允许偏差为±1mm。

(5)制作四通斜马鞍管件时,两支管与主管结合后的夹角必须相等。

(6)制作四通斜马鞍管件时,若有一支管与主管不平行时严禁用手锤敲击支管矫正。

二、技能要求

(一)准备工作

1.设备

序号	名称	规格	数量
1	电焊机	—	1台
2	气割工具	—	1套
3	台虎钳	—	1台
4	工位台	—	1个
5	手持砂轮机	220V,φ125mm	1台

2.材料及工具准备

(1)材料准备。

序号	名称	规格	数量
1	绘图纸	2号	1张
2	20号无缝钢管	φ60mm×3.5mm	300mm
3	20号无缝钢管	φ76mm×3.5mm	500mm

(2)工具准备。

序号	名称	规格	数量
1	绘图工具	—	1套
2	卷尺	3m	1个
3	直角尺	—	1把
4	钢板尺	—	1把

序号	名称	规格	数量
5	手锤	—	1 把
6	砂轮片	$\phi125mm$	2 片
7	画针	—	1 把
8	样冲	—	1 个
9	钢丝刷	—	1 把
10	锉刀	—	1 把
11	布剪刀	—	1 把
12	石笔	—	1 把
13	圈带样板	—	1 块

3. 人员要求

1 人操作、电气焊配合，穿戴齐全劳动保护用品。

（二）操作规程

（1）识读图纸，准确了解图纸所要表达的含义。

（2）绘制支管展开图及主管开孔图，投影关系应正确。

（3）画出主管及支管四条中心线，做支管壁厚处理，在展开图及开孔图的对应位置进行画线。

（4）将管段上所要保留切割线打样冲眼。

（5）切割、打磨，清理管口切割飞溅。

（6）组对、点焊。点焊时，先点焊支管马鞍尖部，进行尺寸及角度复检合格后再进行点焊马鞍内角及外角。

（7）四点点焊完毕后，进行尺寸复检。

（8）检验合格后施焊，施焊结束后复检并清理焊口。

（三）注意事项

（1）绘制支管展开样板及主管开孔样板时，必须进行壁厚处理。

（2）支管展开样板周长误差不得超过±2mm，十二等分误差不得超过±1mm。

（3）样板展开尺寸偏差不得超过±1mm，并保证曲线圆滑。

（4）制作时，正确使用工具，严禁野蛮操作。

（5）为了保证制作质量，应将支管及主管各画出 4 条等分中心线，并对应打上样冲眼。

（6）切割时，应提示切割人员所绘制切割线的准确位置。

（7）及时清理切割及施焊后的飞溅、氧化铁等杂物。

（8）组对时，严格控制支管与主管的组对位置，其位置偏差不得超过±1mm。

项目四　制作等径斜骑尖角三通管件

一、准备工作

(一)设备

序号	名称	规格	数量
1	电焊机	—	1 台
2	气割工具	—	1 套
3	台虎钳	—	1 台
4	工位台	—	1 个
5	手持砂轮机	220V,ϕ125mm	1 台

(二)材料及工具准备

1. 材料准备

序号	名称	规格	数量
1	绘图纸	2 号	1 张
2	20 号无缝钢管	ϕ76mm×3.5mm	800mm

2. 工具准备

序号	名称	规格	数量
1	绘图工具	—	1 套
2	卷尺	3m	1 个
3	直角尺	—	1 把
4	钢板尺	—	1 把
5	手锤	—	1 把
6	砂轮片	ϕ125mm	2 片
7	划针	—	1 把
8	样冲	—	1 个
9	钢丝刷	—	1 把
10	锉刀	—	1 把
11	布剪刀	—	1 把
12	石笔	—	1 把
13	圈带样板	—	1 块

(三)人员要求

1 人操作、电气焊配合,穿戴齐全劳动保护用品。

二、操作规程

（1）识读图纸,准确了解图纸所要表达的含义。

（2）绘制支管展开图及主管开孔图,投影关系应正确。

（3）画出主管及支管四条中心线,不做支管壁厚处理,在展开图及开孔图的对应位置进行画线。

（4）将管段上所要保留切割线打样冲眼。

（5）切割、打磨,清理管口切割飞溅。

（6）组对、点焊。点焊时,先点焊支管马鞍尖部,进行尺寸及角度复检合格后再进行点焊马鞍内角及外角。

（7）四点点焊完毕后,进行尺寸复检。

（8）检验合格后施焊,施焊结束后复检并清理焊口。

三、注意事项

（1）绘制支管展开样板及主管开孔样板时,不做壁厚处理。

（2）支管展开样板周长误差不得超过±2mm,十二等分误差不得超过±1mm。

（3）样板展开尺寸偏差不得超过±1mm,并保证曲线圆滑。

（4）制作时,正确使用工具,严禁野蛮操作。

（5）为了保证制作质量,应将支管及主管各画出4条等分中心线,并对应打上样冲眼。

（6）切割时,应提示切割人员所绘制切割线的准确位置。

（7）及时清理切割及施焊后的飞溅、氧化铁等杂物。

（8）组对时,严格控制支管与主管的组对位置,其位置偏差不得超过±1mm。

项目五　制作异径单法兰三通管件

一、相关知识

ZBD004 制作双法兰直管段的方法

（一）制作双法兰直管段的方法

在工艺管道安装工程中,法兰与管段的组对是广泛的,不管是单法兰还是双法兰与直管段的组对,其制作标准是一致的。在单法兰与直管段组对时,其步骤、方法比较简单,只考虑法兰片与直管段的垂直度及直管段插入法兰片的深度即可,而双法兰与直管段组对时,其步骤及方法就比较复杂,不但要考虑法兰片与管段的垂直度、插入深度,还要考虑两片法兰的平行度、法兰孔的平行度等诸多因素,这些相关因素不确定都会影响到管件制作的质量标准。在制作双法兰直管段时,应着重考虑一下条件是否符合要求。

（1）法兰面与直管段组对垂直度的允许偏差为±1°。

（2）制作双法兰直管段时,两片法兰孔应平行。

（3）制作双法兰直管段时,直管段的四条中心线应与法兰片的两条等分线相对应。

（4）制作双法兰直管段时，法兰片的轴线应与直管段的轴线相重合。

（5）制作双法兰直管段时，制作完成后应量取 A 法兰水线到 B 法兰水线总长是否符合要求。

（6）制作双法兰直管段时，法兰面与管口组对间隙为 2～3mm。

ZBC004　法兰短管的下料方法

（二）法兰短管的下料方法

在工艺管道安装工程中，法兰短管在组对下料时，应严格按照施工图上的尺寸要求进行下料。画线时，应注意画线方法是否正确，作画线标记应采用石笔作为标记工具。条件许可的情况下，打上样冲眼，作画线标记应采用点符号进行标记。

法兰短管切割时，可采用氧乙炔或卧式砂轮机进行切割，这两种方式各有优缺点，操作时，可根据现场条件及管径的大小来决定采用哪种切割方式。若采用卧式切管机进行切割时，应考虑切割片的厚度及管段的直线度。切割后的管段管口应保持口正。

二、技能要求

（一）准备工作

1. 设备

序号	名称	规格	数量
1	电焊机	—	1 台
2	气割工具	—	1 套
3	台虎钳	—	1 台
4	工位台	—	1 个
5	手持砂轮机	220V，ϕ125mm	1 台

2. 材料及工具准备

（1）材料准备。

序号	名称	规格	数量
1	绘图纸	2 号	1 张
2	20 号无缝钢管	ϕ89mm×4.5mm	300mm
3	20 号无缝钢管	ϕ114mm×4.5mm	500mm
4	平焊法兰	DN80mm，PN1.6MPa	1 片
5	石笔		若干

（2）工具准备。

序号	名称	规格	数量
1	绘图工具	—	1 套
2	卷尺	3m	1 个

续表

序号	名称	规格	数量
3	角尺	—	1 把
4	水平尺	—	1 把
5	手锤	0.75kg	1 把
6	砂轮片	$\phi125mm$	2 片
7	锉刀	—	1 把
8	布剪刀	—	1 把
9	钢丝刷	—	1 把
10	圈带样板	—	若干

3.人员要求

1 人操作、电气焊配合,穿戴齐全劳动保护用品。

(二)操作规程

(1)识读图纸,准确了解图纸所要表达的含义。

(2)绘制支管展开图及主管开孔图,支管展开及主管开孔样板均做支管壁厚处理,投影关系应正确。

(3)画出主管及支管四条中心线,,在展开图及开孔图的对应位置进行画线。

(4)将管段上所要保留切割线打样冲眼。

(5)切割、打磨、清理管口切割飞溅。

(6)先组对三通管件并进行点焊。点焊时,先点焊支管马鞍尖部,进行尺寸及角度复检合格后再进行点焊马鞍内角及外角。四点点焊完毕后,进行尺寸复检。

(7)三通管件预制点焊完毕后,先组对主管两端法兰,后组对支管法兰。

(8)法兰组对完毕后,进行总体尺寸复检,检验合格后施焊,施焊结束后复检并清理焊口。

(三)注意事项

(1)绘制支管展开样板及主管开孔样板时,做壁厚处理。

(2)支管展开样板周长误差不得超过±2mm,十二等分误差不得超过±1mm。

(3)样板展开尺寸偏差不得超过±1mm,并保证曲线圆滑。

(4)三通管件制作时,正确使用工具,严禁野蛮操作。

(5)为了保证制作质量,应将支管及主管各画出 4 条等分中心线,并对应打上样冲眼。

(6)切割时,应提示切割人员所绘制切割线的准确位置。

(7)及时清理切割及施焊后的飞溅、氧化铁等杂物。

(8)组对时,严格控制支管与主管的组对位置,其位置偏差不得超过±1mm。

(9)法兰组对时,严格控制管段插入法兰的深度、垂直度及两法兰平行度,特别注意主管两法兰的法兰孔的同眼度必须符合要求。

项目六　制作等径同心四通管件

一、准备工作

(一)设备

序号	名称	规格	数量
1	电焊机	—	1台
2	气割工具	—	1套
3	台虎钳	—	1台
4	工位台	—	1个
5	手持砂轮机	220V,ϕ125mm	1台

(二)材料及工具准备

1. 材料准备

序号	名称	规格	数量
1	绘图纸	2号	1张
2	20号无缝钢管	ϕ60mm×3.5mm	1m
3	石笔	—	若干

2. 工具准备

序号	名称	规格	数量
1	绘图工具	—	1套
2	卷尺	2m	1个
3	角尺	500mm	1把
4	手锤	0.75kg	1把
5	砂轮片	ϕ125mm	2片
6	锉刀	500mm	1把
7	布剪刀	—	1把
8	钢丝刷	—	1把
9	圈带样板	—	若干

(三)人员要求

1人操作、电气焊配合,穿戴齐全劳动保护用品。

二、操作规程

(1)识读图纸,准确了解图纸所要表达的含义。

(2)绘制支管展开图及主管开孔图,投影关系应正确。

(3)画出主管及支管四条中心线,支管展开及主管开孔展开样板做壁厚处理,在展开图及开孔图的对应位置进行画线。

（4）将管段上所要保留切割线打样冲眼,并将主管及主管四条等分线均用划针画出。

（5）切割、打磨,清理管口切割飞溅。

（6）先组对三通管件并进行点焊。点焊时,先点焊支管马鞍尖部,进行尺寸及角度复检合格后再进行点焊马鞍内角及外角。四点点焊完毕后,进行尺寸复检。

（7）三通管件预制点焊完毕后,再组对主管另一侧支管,点焊方法及顺序同上。

（8）四通管件预制点焊完毕后进行尺寸复检,复检合格后进行施焊,最后及时清理施焊后的焊接药皮及飞溅。

三、注意事项

（1）绘制支管展开样板及主管开孔样板时,根据图纸要求考虑支管及主管开孔展开样板是否需要做壁厚处理。

（2）支管展开样板周长误差不得超过±2mm,十二等分误差不得超过±1mm。

（3）样板展开尺寸偏差不得超过±1mm,并保证曲线圆滑。

（4）四通管件制作时,正确使用工具,严禁野蛮操作。

（5）为了保证制作质量,应将支管及主管各画出 4 条等分中心线,并对应打上样冲眼。

（6）切割时,应提示切割人员所绘制切割线的准确位置。

（7）及时清理切割及施焊后的飞溅、氧化铁等杂物。

（8）组对时,严格控制支管与主管的组对位置,其位置偏差不得超过±1mm。

（9）四通管件组对时,严格控制两支管的垂直度、平行度、同轴度等技术要求及标准,特别是四通管件组对后的整体平整度必须符合要求。

项目七　制作同心大小头

一、相关知识

ZBD005 制作同心大小头的方法

（一）制作同心大小头的方法

大小头又称异径管,按照圆心是否在同一直线上可分为同心和偏心两种,大小头按制造方法分为冲压大小头、钢板卷焊大小头、钢管捶制大小头和钢管焊制大小头。除冲压大小头外,均在现场制作,若现场不具备展开放样的条件,可采用计算法进行制作。在施工中常用钢管焊制大小头图 3-2-5 所示,其展开图如图 3-2-6 所示。

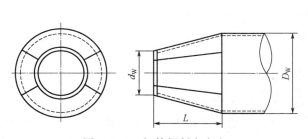

图 3-2-5　钢管焊制大小头

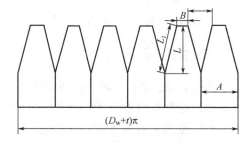

图 3-2-6　钢管焊制大小头展开图

大小头的长度 L 一般为两管直径差的 2~3 倍,并应不小于表 3-2-2 中的规定。

表 3-2-2 大小头长度

小管公称直径,mm	大管公称直径,mm										
	100	125	150	200	250	300	350	400	450	500	600
	大小头长度,mm										
50	150										
65	70	150									
80	50	150	200								
100		70	150	250							
125			70	200	250						
150				150	250	300					
200					150	250	300	400			
250						150	250	300	400	500	
300							150	250	300	400	600
350								150	250	350	500
400									150	250	400
450										150	300
500											200

抽条长度 L_1 由以下公式求出:

$$L_1 = \sqrt{\left(\frac{D_W - d_W}{2}\right)^2 + L^2} \qquad (3-2-2)$$

$$A = \frac{(D_W + t)}{n} \qquad (3-2-3)$$

$$B = \frac{(d_W + t)}{n} \qquad (3-2-4)$$

$$B_1 = A - B \qquad (3-2-5)$$

式中 D_W——大头钢管外径,mm;

      d_W——小头钢管外径,mm;

      n——等分数,也是抽条数,对于直径为 50~100mm 的管道,$n = 4~6$;直径为 100~400mm 的管道,$n = 6~12$;直径为 400~600mm 管道,$n = 12~18$;

      t——样板用材料厚度,mm。

求出上述数值后,即可切割去 B_1(抽条下料),然后用手锤敲打使小端成为圆形,直径为 d_W,检查无误后即可焊接,焊接前应按要求开坡口。

制作同心大小头时,大头与小头的差值应为两号管径。制作同心大小头若采用抽条方法,制作时,必须计算出两管径的周长。一般来说抽条的份数宜为 6~8 份。采用抽条法制作若出现抽条不均,造成间隙过大时,严禁采用加强筋进行补焊,应重新下料制作。若采用放射线法放样时,要必须保证中心线与管口端部垂直。

(二)同心大小头的计算方法

【例3-2-9】 某工地现场需制作一个 $\phi377mm \times \phi273mm$ 的同心大小头,若采取抽取 8 瓣的制作方法,该大小头应抽取每份最大的间距是多少?

解:$L = \pi(D-d)/n$

$\qquad = 3.14 \times (377-273) \div 8$

$\qquad = 40.82(mm)$

答:应抽取每份最大的间距是 40.82mm。

【例3-2-10】 现场需制作一个规格为 $\phi325mm \times \phi219mm$ 同心大小头,设定高度为 180mm,求该大小头斜边长度是多少?

解:$L = H^2 + (D-d)^2$

$\qquad = 180^2 + (325-219)^2$

$\qquad \approx 208.89(mm)$

答:该大小头斜边长度是 208.89mm。

二、技能要求

(一)准备工作

1. 设备

序号	名称	规格	数量
1	电焊机	—	1台
2	气割工具	—	1套
3	台虎钳	—	1台
4	工位台	—	1个
5	手持砂轮机	220V,ϕ125mm	1台

2. 材料及工具准备

(1)材料准备。

序号	名称	规格	数量
1	绘图纸	2#	1张
2	20 号无缝钢管	DN150mm	500mm

(2)工具准备。

序号	名称	规格	数量
1	卷尺	5m	1个
2	计算器	—	1个
3	钢板尺	1m	1把
4	水平尺	—	1把
5	手锤	2kg	1把
6	砂轮片	ϕ125mm	2片
7	锉刀	—	1把
8	布剪刀	—	1把
9	圈带样板	—	1块

3.人员要求

1人操作、电气焊配合,穿戴齐全劳动保护用品。

(二)操作规程

(1)识读图纸,准确了解图纸所要表达的含义。

(2)先计算或直接量取图纸中所要求的大、小管径周长,根据其大、小管径周长数据进行计算放样。

(3)放样时,先绘制大管管径,再根据小管径计算数据及所需分瓣份数进行小管径放样。

(4)依据绘制后的展开样板进行画线、下料。

(5)切割、打磨,清理切割飞溅、氧化铁。

(6)用手锤摔制大小头,可用气焊加热进行辅助摔制。

(7)摔制时,可根据管径大小及现场施工环境因素决定是否需要进行依次点焊还是最后摔制完成后总体点焊。

(8)点焊完成后,进行尺寸复检,检验合格后进行施焊,最后进行施焊后的焊接清理。

(三)注意事项

(1)同心大小头绘制展开样板时,不需要做壁厚处理。

(2)大、小管径管展开样板周长误差不得超过±2mm,十二等分误差不得超过±1mm。

(3)样板展开尺寸偏差不得超过±1mm,并保证中心等分均匀。

(4)同心大小头制作时,正确使用工具,严禁野蛮操作。

(5)为了保证制作质量,应依据所分份数将摔制管段画出等分中心线,并对应打上样冲眼。

(6)切割时,应提示切割人员所绘制切割线的准确位置。

(7)及时清理切割及施焊后的飞溅、氧化铁等杂物。

(8)摔制组对时,严格控制第一份摔制质量,严格控制摔制后的同心度、缩口圆滑度等质量要求,不得过盈、过量,其整体摔制完成后小管径管口尺寸允许偏差为±2mm。

(9)摔制完成后,依次进行点焊,以防焊接后变形;点焊完成后进行尺寸复检。

(10)施焊完成后,及时进行焊接清理。

项目八　制作偏心大小头

一、相关知识

(一)制作偏心大小头的方法

偏心大小头常用不均匀的抽条方法制作,如图3-2-7所示。图中 A、B、C、D、E 等可由下列各式确定:

$$A = \frac{\pi d_H}{8}$$

(3-2-6)

ZBD006　制作偏心大小头的方法

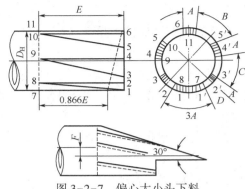

图 3-2-7　偏心大小头下料

$$B = \frac{3}{12}\Delta L \qquad (3-2-7)$$

$$C = \frac{2}{12}\Delta L \qquad (3-2-8)$$

$$D = \frac{1}{12}\Delta L \qquad (3-2-9)$$

$$E = 2(D_H - d_H) \qquad (3-2-10)$$

$$\Delta L = \pi(D_H - d_H) \qquad (3-2-11)$$

式中　d_H——小头直径，mm；

　　　ΔL——大小头周长差，mm。

将管道圆周按图中形式分瓣画线，如管径较大，可适当增加分瓣数。切割抽条后，用焊炬加热留下部分的根部，再用手锤敲打，使其端头与小口径的直径相同，然后进行焊接。

（二）偏心大小头的计算方法

【例 3-2-11】　制作一个抽条（瓣）$\phi 159mm \times \phi 89mm$ 偏心大小头，求斜边长度是多少？

解：$L_{斜} = 2(D-d)$

　　　$= 2 \times (159-89)$

　　　$= 140(mm)$

答：该大小头斜边长度是 140mm。

【例 3-2-12】　制作一个抽条（瓣）$\phi 159mm \times \phi 89mm$ 偏心大小头，求该大小头底部直边长度是多少（$n = 0.866$）？

解：$L_{斜} = 2(D-d)$

　　　$= 2 \times (159-89)$

　　　$= 140(mm)$

$L_{直} = 0.866 L_{斜}$

　　$= 0.866 \times 140$

　　$= 121.2(mm)$

答：该大小头底部直边长度是 121.2mm。

制作偏心大小头时，应注意以下几点：

（1）用放射线法放偏心大小头样板时,应绘制出大小头的立面图。

（2）用计算法制作的偏心大小头误差较小,尺寸易保证。

（3）制作偏心大小头时,管壁的下半部不用加热,只需左右摆动管子即可。加热长度应大于大管径与小管径之差的2.5倍。管口的收缩限度为:50mm可缩到15mm,而100mm只能缩到65mm。

（4）制作偏心大小头时,不得有过烧现象,敲打时应尽快完成,尽可能减少加热时间和次数。

二、技能要求

（一）准备工作

1. 设备

序号	名称	规格	数量
1	电焊机	—	1台
2	气割工具	—	1套
3	台虎钳	—	1台
4	工位台	—	1个
5	手持砂轮机	220V,φ125mm	1台

2. 材料及工具准备

（1）材料准备。

序号	名称	规格	数量
1	绘图纸	2号	1张
2	20号无缝钢管	DN150mm	500mm

（2）工具准备。

序号	名称	规格	数量
1	卷尺	5m	1个
2	计算器	—	1个
3	钢板尺	1m	1把
4	水平尺	—	1把
5	手锤	2kg	1把
6	砂轮片	φ125mm	2片
7	锉刀	—	1把
8	布剪刀	—	1把
9	圈带样板	—	1块

3. 人员要求

1人操作、电气焊配合,穿戴齐全劳动保护用品。

（二）操作规程

（1）识读图纸,准确了解图纸所要表达的含义。

（2）先计算或直接量取图纸中所要求的大、小管径周长，根据其大、小管径周长数据进行计算放样。

（3）放样时，先绘制大管管径，再根据小管径计算数据及所需分瓣份数进行小管径放样。

（4）依据绘制后的展开样板进行画线、下料。

（5）切割、打磨，清理切割飞溅、氧化铁。

（6）用手锤摔制大小头，可用气焊加热进行辅助摔制。

（7）摔制时，可根据管径大小及现场施工环境因素决定是否需要进行依次点焊还是最后摔制完成后总体点焊。

（8）点焊完成后，进行尺寸复检，检验合格后进行施焊，最后进行施焊后的焊接清理。

（三）注意事项

（1）偏心大小头绘制展开样板时，不需要做壁厚处理。

（2）大、小管径管展开样板周长误差不得超过±2mm，十二等分误差不得超过±1mm。

（3）样板展开尺寸偏差不得超过±1mm，并保证中心等分均匀。

（4）偏心大小头制作时，正确使用工具，严禁野蛮操作。

（5）为了保证制作质量，应依据所分份数将摔制管段画出等分中心线，并对应打上样冲眼。

（6）切割时，应提示切割人员所绘制切割线的准确位置。

（7）及时清理切割及施焊后的飞溅、氧化铁等杂物。

（8）摔制组对时，严格控制第一份摔制质量，严格控制摔制后的偏心量、缩口圆滑度等质量要求，不得过盈、过量，其整体摔制完成后小管径管口尺寸允许偏差为±2mm。

（9）摔制完成后，依次进行点焊，以防焊接后变形；点焊完成后进行尺寸复检。

（10）施焊完成后，及时进行焊接清理。

项目九 制作单节虾壳弯

一、相关知识

ZBD007制作90° 单节虾壳弯的方法

（一）制作90°单节虾壳弯方法

在工艺管道安装工程施工中，有些管道由于压力低、温度低、管壁薄，转弯时的弯曲半径又比较小，常采用虾壳弯。虾壳弯由若干个带有斜截面的直管段构成，组成的节一般为两个端节及若干个中节，端节为中节的一半。虾壳弯一般采用单节、两节或三节以上的节数组成（这里节数指中节数）。节数越多，弯头越顺，对介质流体的阻力越小。虾壳弯的弯曲半径 R 与弯管中心线的半径相仿，其计算公式为

$$R = mD \tag{3-2-12}$$

式中　R——弯曲半径，mm；

　　　　D——管道外径，mm；

m——所需要的倍数。

由于虾壳弯的弯曲半径小,所以 *m* 一般在 1~3 倍管外径的范围内,最常用的是 1.5~2 倍管外径。制作 90° 虾壳弯时,虾壳弯各节外弧接触处必须做壁厚处理。如图 3-2-8 是单节虾壳弯的立体图。

单节虾壳弯的展开图的画法步骤如下:

(1)在左侧作 $\angle AOB = 90°$。以 *O* 为圆心,半径 *R*(即 *mD*)为弯曲半径,画出虾壳弯的中心线。

(2)单节 90° 虾壳弯由一个中节和两个端节所组成,因此,端节的中心角 $\alpha = 22.5°$。作图时先将 90° 的 $\angle AOB$ 平分成两个 45° 角($\angle AOC$ 及 $\angle COB$),再将 45° 的 $\angle COB$ 平分成两个 22.5°($\angle COD$ 及 $\angle DOB$)角。

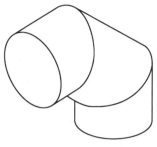

图 3-2-8　单节虾壳弯立体图

(3)以弯管中心线与 *OB* 的交点为圆心,以管道外径的 1/2 长为半径画圆,然后 6 等分半个圆周。

(4)通过半圆上的各等分点作垂直于 *OB* 的直线,各垂直线与 *OB* 线相交各点的序号是 1、2、3、4、5、6、7,与 *OD* 线相交各点的序号是 1′、2′、3′、4′、5′、6′、7′,再将端节左右、上下对称展开。

(5)在图 3-2-9 中,*OB* 延长线上画直线 *EF*,在 *EF* 上量出管外径的周长并 12 等分,从左至右等分点的顺序标号是 1、2、3、4、5、6、7、6、5、4、3、2、1,通过各等分点作垂直线。

(6)以直线 *EF* 上的各等分点为基点,分别截取 1-1′、2-2′、3-3′、4-4′、5-5′、6-6′、7-7′ 线段长,画在 *EF* 相应的垂直线上,将所得的各交点用光滑的曲线连接起来,就是端节展开图。如果在端节展开图的另外一半,同样对称地截取 1-1′、2-2′、3-3′、4-4′、5-5′、6-6′、7-7′ 后用光滑曲线连接起来,即得中节展开图。

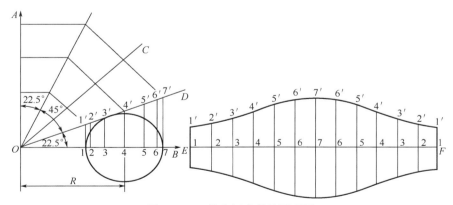

图 3-2-9　单节虾壳弯的展开图

(二)制作 90° 双节虾壳弯方法

双节虾壳弯展开图的画法具体步骤如下:

(1)作 $\angle AOB = 90°$,以 *O* 为圆心,以半径 *R*(即 *mD*)为弯曲半径,画出虾壳弯的中心线。

(2)因为整个弯管由两个中节和两个端节(相当于 6 个端节)组成,因此,端节的中心角

$\alpha = 15°$。作图时,先将 $90°$ 的 $\angle AOB$ 分成 3 等份,使每只角均为 $30°$,再将离直线 OB 最近的 $30°$ 角平分,则 $\angle COB$ 为 $15°$。

（3）以弯管中心线与 OB 的交点为圆心,以管子外径的 $1/2$ 长为半径画半圆并 6 等分。

（4）通过半圆上的各等分点,作垂直于 OB 的直线,交 OB 各点的序号是 1、2、3、4、5、6、7,交于 OD 各点的标号是 $1'$、$2'$、$3'$、$4'$、$5'$、$6'$、$7'$,四边形 $11'7'7$ 是个直角梯形,也是该弯头的端节。

（5）沿 OB 延线方向画直线 EF,在 EF 上量出管外径的周长并 12 等分。从左至右等分点的顺序标号是 1、2、3、4、5、6、7、6、5、4、3、2、1,过各等分点作垂直线。

（6）以直线 EF 上的各等分点为圆心,以 1-$1'$、2-$2'$、3-$3'$、4-$4'$、5-$5'$、6-$6'$、7-$7'$ 的线段长为半径,左右、上下对称地在 EF 相应的诸垂直线上画出相交点,将所得的交点用光滑的曲线连接起来,即双节虾壳弯中节的展开图,如图 3-2-10 所示。

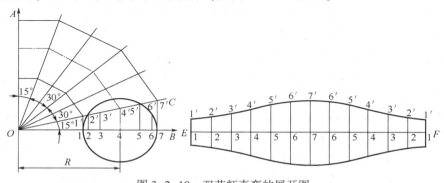

图 3-2-10　双节虾壳弯的展开图

二、技能要求

（一）准备工作

1. 设备

序号	名称	规格	数量
1	电焊机	—	1 台
2	气割工具	—	1 套
3	台虎钳	—	1 台
4	工位台	—	1 个
5	手持砂轮机	220V,ϕ125mm	1 台

2. 材料及工具准备

（1）材料准备。

序号	名称	规格	数量
1	绘图纸	2 号	1 张
2	20 号无缝钢管	ϕ89mm×4.5mm	500mm
3	石笔	—	若干

（2）工具准备。

序号	名称	规格	数量
1	卷尺	5m	1个
2	钢板尺	500mm	1把
3	水平尺	—	1把
4	手锤	2kg	1把
5	砂轮片	ϕ125mm	2片
6	布剪刀	—	1把
7	锉刀	—	1把
8	划针	—	1个
9	样冲	—	1个
10	圈带样板	—	1块

3.人员要求

1人操作、电气焊配合,穿戴齐全劳动保护用品。

（二）操作规程

（1）识读图纸,准确了解图纸所要表达的含义。

（2）先绘制单节虾壳弯展开样板,投影关系正确,展开样板应做壁厚处理。

（3）展开样板的长度允许偏差为±2mm,且等分应均匀。

（4）画线前,应将管段进行4等分画线,并打上样冲眼。依据绘制后的展开样板进行画线、下料。

（5）切割、打磨,清理切割飞溅、氧化铁。

（6）进行预制、点焊。点焊时应进行虾壳弯腰部两侧点焊,后进行其内角及外角的点焊。

（7）点焊完成后,及时进行整体角度及平整度检测。

（8）检验合格后进行施焊,最后进行施焊后的焊接清理。

（三）注意事项

（1）单节虾壳弯绘制展开样板时,必须进行壁厚处理。

（2）展开样板的12等分误差不得超过±1mm。

（3）样板展开的曲线圆滑要符合要求,应保证样板的对折性接近于完全重合。

（4）虾壳弯组对制作时,正确使用工具,严禁野蛮操作。

（5）为了保证制作质量,应在下料管段画出等分中心线,并对应打上样冲眼。

（6）切割时,应提示切割人员所绘制切割线的准确位置。

（7）及时清理切割及施焊后的飞溅、氧化铁等杂物。

（8）虾壳弯组对时,严格控制预制质量,其错边量、组对间隙、组对角度、平整度等质量符合规范要求,特别是相关预制组对尺寸必须符合图纸要求。

（9）施焊完成后,及时进行焊接清理。

项目十 锯割制作四边形支架

一、相关知识

（一）型钢

1. 号料的概念

利用样板、样杆、号料草图及放样得出的数据，在板料或型钢上画出零件真实的轮廓和

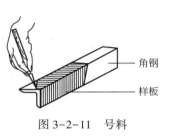

图 3-2-11 号料

孔口的真实形状，与之连接构件的位置线、加工线等，并注出加工符号，这一工作过程称为号料。号料通常由手工操作完成，如图 3-2-11 所示。

号料是一项细致、重要的工作，必须按有关的技术要求进行。同时，还要着眼于产品整个制造工艺，充分考虑合理用料问题，灵活而准确地在各种板料、型钢及成型零件上进行号料画线。

号料的一般技术要求如下：

（1）熟悉施工图样和产品制造工艺，合理安排各零件号料的先后次序，而且零件在材料上位置的排布，应符合制造工艺的要求。

例如，某些需经弯曲加工的零件，要求弯曲线与材料的压延方向垂直；需要在剪床上剪切的零件，其零件位置的排布应保证剪切加工的可靠性。

（2）根据施工图样，验明样板、样杆、草图及号料数据；核对钢材牌号、规格，保证图样、样板、材料三者一致。对重要产品所用的材料，应有检验合格证书。

（3）检查材料有无裂缝、夹层、表面疤痕或厚度不均匀等缺陷，并根据产品的技术要求酌情处理。当材料有较大变形，影响号料精度时，应先进行矫正。

（4）号料前应将材料垫放平整、稳妥，既要利于号料画线和保证精度，又要保证安全和不影响他人工作。

（5）正确使用号料工具、量具、样板和样杆，尽量减小操作引起的号料偏差。例如，弹画粉线时，拽起的粉线应在欲画之线的垂直平面内，不得偏斜。

（6）号料画线后，在零件的加工线、接缝线及孔的中心位置等处，应根据加工需要打上錾印或样冲眼。同时，按样板上的技术说明，用白铅油或瓷漆标注清楚，为下道工序提供方便。文字、符号、线条应端正、清晰。

2. 号料的方法

因型钢截面形状多样，故其号料方法也有特殊之处。

整齐端口长度号料，一般采用样杆或卷尺确定长度尺寸，再利用过线板画出端线，如图 3-2-12（a）所示。

中间切口或异形端口号料时，先利用样杆或卷尺确定切口位置，然后利用切口处形状样板，画出切口线，如图 3-2-12（b）所示。

型钢上号孔的位置，一般先用勒子画出边心线，再利用样杆确定长度方向上孔的位置，

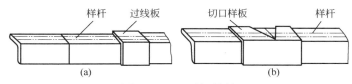

图 3-2-12　型钢号料

然后利用过线板画线。有时也用号孔样板来号孔的位置。

号料画线,为加工提供直接依据。为保证产品质量,号料画线偏差要加以限制。常用的号料画线允许误差值见表 3-2-3。

表 3-2-3　常用号料允许误差

序号	名称	允许误差,mm
1	直线	±0.5
2	曲线	±(0.5~1)
3	结构线	±1
4	钻孔	±0.5
5	减轻孔	±(2~5)
6	料宽和长	1~4
7	两孔(钻孔)距离	±(0.5~1)
8	铆接孔距	±0.5
9	样冲眼和线间	±0.5
10	扁铲(主印)	±0.5

3. 二次号料

对于某些加工前无法准确下料的零件(如某些热加工零件,有余量装配等),往往都在一次号料时留有充分的裕量,待加工后或装配时再进行二次号料。

在进行二次号料前,结构的形状必须矫正准确,消除结构中存在的变形。在精确定位之后,方可进行。中、小型零件可直接在平台上定位画线,如图 3-2-13 所示。大型结构,则在现场用常规画线工具并配合经纬仪等进行二次画线。

某些装配定位线或结构上的某些孔,需要在零件加工后或装配过程中画出,也属二次号料。

4. 角钢弯曲料长的计算

角钢的断面是不对称的,所以中性层的位置不在断面的中心,而是位于偏向角钢根部的重心处,即中性层与角钢根部距离为 Z_0,Z_0 值的大小与角钢断面尺寸有关,角钢弯曲件的料长计算以重心层尺寸为准。

(1)等边角钢内弯直角料长。

如图 3-2-14 所示,已知尺寸为 l_1、l_2,R 及角钢规格,设料长为 l。

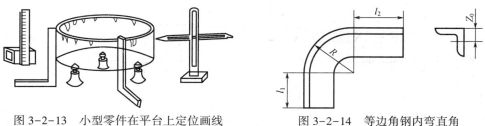

图 3-2-13　小型零件在平台上定位画线　　　图 3-2-14　等边角钢内弯直角

计算公式为

$$l = l_1 + l_2 + \frac{\pi}{2} + (R - Z_0) \qquad (3-2-13)$$

式中　l_1, l_2——角钢直边长度,mm;

　　　　R——角钢外弧半径,mm;

　　　　Z_0——角钢重心距,mm。

【例 3-2-13】　已知一等边角钢内弯直角,l_1 为 200mm,l_2 为 300mm,R 为 150mm,等边角钢规格为 70mm×70mm×6mm,求料长 l(Z_0 为 19.5mm)?

解:$l = 200 + 300 + \dfrac{\pi}{2} \times (150 - 19.5)$

　　　$= 705(\text{mm})$

(2)等边角钢内弯任意角料长。

如图 3-2-15 所示,已知尺寸为 l, R, α 及角钢规格,设料长为 l。

计算公式为

$$L = l + \frac{\pi \alpha (R - Z_0)}{180°} \qquad (3-2-14)$$

式中　l——角钢直边长,mm;

　　　　R——角钢外弧半径,mm;

　　　　α——弯曲角度;

　　　　Z_0——角钢重心距,mm。

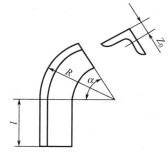

图 3-2-15　等边角钢内弯任意角

【例 3-2-14】　已知一角钢一端内弯 30°,弯曲半径 R 为 500mm,直边长 Z 为 1000mm,

等边角钢规格为 75mm×75mm×8mm,求料长 l(Z_0 为 21.5mm)?

解: $L = 1000 + \dfrac{30\pi(500-21.5)}{180°}$

$\qquad = 1250.5(\text{mm})$

(3)等边角钢外弯任意角料长。

如图 3-2-16 所示,已知尺寸为 l_1、l_2、R、α 及角钢规格,设料长为 l。

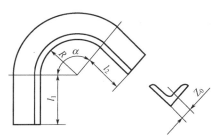

图 3-2-16 等边角钢外弯任意角

计算公式为

$$l = l_1 + l_2 + \frac{\pi\alpha(R+Z_0)}{180°} \qquad\qquad (3\text{-}2\text{-}15)$$

式中 l_1,l_2——角钢直边长,mm;

$\qquad R$——角钢内弧半径,mm;

$\qquad \alpha$——弯曲角度;

$\qquad Z_0$——角钢重心距,mm。

【例 3-2-15】 已知等边角钢外弯 100°,两端直边 l_1、l_2 为 150mm,内弧半径 R 为 100mm,等边角钢规格为 45mm×45mm×5mm,求料长 l(Z_0 为 13mm)?

解: $l = 2×150 + \dfrac{100\pi(100+13)}{180°}$

$\qquad = 497.2(\text{mm})$

(4)不等边角钢内弯任意角料长。

如图 3-2-17 所示,已知尺寸为 l_1、l_2、R、α 及角钢规格,设料长为 l。

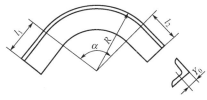

图 3-2-17 不等边角钢内弯任意角

计算公式为

$$l = l_1 + l_2 + \frac{\pi\alpha(R+Y_0)}{180°} \qquad\qquad (3\text{-}2\text{-}16)$$

式中 l_1，l_2——角钢直边长度，mm；

　　　　R——角钢外弧半径，mm；

　　　　α——弯曲角度；

　　　　Y_0——角钢短边重心距，mm。

【例3-2-16】   已知按角钢长边内弯不等边角钢，两直边 l_1 为40mm，l_2 为200mm，外弧半径 R 为240mm，弯曲角度 α 为120°，不等边角钢规格为90mm×56mm×7mm，求料长 l（Y_0 为30mm）？

$$解：l = 400+200+\frac{120\pi(240-30)}{180°}$$

$$= 1039.8(mm)$$

（5）不等边角钢外弯任意角料长。

如图3-2-18所示，已知尺寸为 l_1、l_2、R、α 及角钢规格，设料长为 l。

计算公式为

$$l = l_1+l_2+\frac{\pi\alpha(R+X_0)}{180°} \tag{3-2-17}$$

式中 l_1，l_2——角钢直边长度，mm；

　　　　R——角钢内弧半径，mm；

　　　　α——弯曲角度；

　　　　X_0——角钢长边重心距，mm。

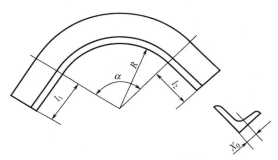

图3-2-18　不等边角钢外弯任意角

（二）消防管道支架的制作、安装要求

ZBG008 消防管道支架的制作、安装要求

消防管道支架设置的高度和间距，应符合设计要求和施工规范的要求，具体要求如下：

（1）尺寸和形式应根据现场实际情况确定，支架上孔眼应采用钻床进行开孔，严禁使用电、气焊进行开孔。

（2）支架的横梁应牢固的固定在墙、柱子或其他构筑物上。横梁长度方向应水平，顶面应与管子中心线平行。

（3）支架上飞边毛刺要及时打磨掉，其端头要进行倒角处理。

（4）固定支架必须安装在设计规定的位置，并应使管道牢固的固定在支架上，以便抵抗管道的水平推力。

（5）消防管道支架上孔眼的孔径比所穿螺栓直径大1~2mm为宜。

（6）立管支架的安装位置一般要求以 1.5~1.8m 为宜。

（7）公称直径 DN100mm（不保温管道）的管道支架最大间距应为 6.5m。

（8）支架的受力部分，如横梁、吊杆及螺栓等的规格，应符合设计或有关标准图的规定。支架的长度应使管道中心离墙的距离和管道中心之间的距离符合设计要求。

二、技能要求

（一）准备工作

1. 设备

序号	名称	规格	数量
1	电焊机	—	1 台
2	气割工具	—	1 套
3	台虎钳	—	1 台
4	工位台	—	1 个

2. 材料及工具准备

（1）材料准备。

序号	名称	规格	数量
1	计算纸	A4	1 张
2	角钢	30mm×30mm×3mm	1200mm
3	石笔	—	若干
4	机油	—	若干

（2）工具准备。

序号	名称	规格	数量
1	卷尺	3m	1 个
2	直角尺	—	1 把
3	钢板尺	—	1 把
4	手锤	—	1 把
5	锯弓	300mm	1 把
6	锯条	300mm	若干
7	锉刀	—	1 把
8	划针	—	1 个
9	样冲	—	1 个
10	锉刀	—	1 把

3. 人员要求

1 人操作、电气焊配合，穿戴齐全劳动保护用品。

（二）操作规程

（1）识读图纸，准确了解图纸所要表达的含义。

（2）先依据图纸相关数据进行计算。

（3）依据计算结果，在角钢上进行画线号料。

（4）准备工具进行锯割，锯割前必须进行尺寸复检。

（5）锯割后折弯，并检验其角度是否符合要求。

（6）依次锯割、折弯后，再次进行尺寸复检，符合要求后进行点焊。

（7）点焊完成后，及时进行整体角度及平整度检测。

（8）检验合格后进行施焊，最后进行施焊后的焊接清理。

（三）注意事项

（1）量取画线长度时，应准确掌握切割尺寸。

（2）切割时，应注意正确使用锯弓，严禁野蛮操作。

（3）锯割后，应及时检测角钢端口锯割角度、垂直度及尺寸是否符合要求。

（4）锯割后，应及时进行管口清理，以防划伤。

（5）角钢折弯时，应缓慢均匀用力，以防速度过快发生断裂现象。

（6）角钢折弯角度控制在±1°，组对间隙控制在1mm。

（7）点焊完成后，必须进行整体尺寸复核及平整度校验。

项目十一　锯割制作三角形支架

一、准备工作

（一）设备

序号	名称	规格	数量
1	电焊机	—	1台
2	气割工具	—	1套
3	台虎钳	—	1台
4	工位台	—	1个

（二）材料及工具准备

1. 材料准备

序号	名称	规格	数量
1	计算纸	A4	1张
2	角钢	30mm×30mm×3mm	1200mm
3	石笔	—	若干
4	机油	—	若干

2. 工具准备

序号	名称	规格	数量
1	卷尺	3m	1个
2	直角尺	—	1把
3	钢板尺	—	1把
4	手锤	—	1把
5	锯弓	300mm	1把
6	锯条	300mm	若干
7	锉刀	—	1把
8	划针	—	1个
9	样冲	—	1个
10	锉刀	—	1把

(三)人员要求

1人操作、电气焊配合,穿戴齐全劳动保护用品。

二、操作规程

(1)识读图纸,准确了解图纸所要表达的含义。

(2)先依据图纸相关数据进行计算。

(3)依据计算结果,在角钢上进行画线号料。

(4)准备工具进行锯割,锯割前必须进行尺寸复检。

(5)锯割后折弯,并检验其角度、垂直度是否符合要求。

(6)依次锯割、折弯后,再次进行尺寸复检,符合要求后进行点焊。

(7)点焊完成后,及时进行整体角度及平整度检测。

(8)检验合格后进行施焊,最后进行施焊后的焊接清理。

三、注意事项

(1)量取画线长度时,应准确掌握切割尺寸。

(2)切割时,应注意正确使用锯弓,严禁野蛮操作。

(3)锯割后,应及时进行管口清理,以防划伤。检测角钢端口锯割角度、垂直度及尺寸是否符合要求。

(4)角钢折弯时,应缓慢均匀用力,以防速度过快发生断裂现象。

(5)角钢折弯角度控制在±1°,组对间隙控制在1mm。

(6)点焊完成后,必须进行整体尺寸复核及平整度校验。

模块三　工艺管道安装、质量控制

项目一　安装离心泵进出口工艺配管

一、相关知识

（一）管道组对的点焊要求

在工艺管道安装工程中，管道在焊接前一般都需要先点焊，后焊接。点焊前，应将需要焊接的管口进行检测，不符合质量要求的要进行修口、清根，管端端面的坡口角度、钝边、间隙等应符合要求，在管段对口检查合格后方可进行点焊。

管道组对点焊时，必须要做到两根管道的中心保持在一条直线上。在对口处两个管口中心要找正，两根管道倾斜角度不能超过要求。管道端不得有超过 0.5mm 深的机械伤痕。需点焊的管节应先修口、清根，管端端面的间隙应符合要求。管道组对点焊不应小于 3 处，沿圆周均匀分布，长度应为 10～15mm。应使焊缝可自由伸缩，并应使焊口缓慢降温。冬季焊接时，若焊件温度低于 0℃，所有钢材应在点焊处 100mm 范围内预热到 15℃ 以上。

（二）管道组对的坡口要求

在工艺管道安装工程中，为了保证焊缝的焊接质量，无论何种材质的管材，当厚度超过允许标准时，都需要进行坡口加工。管件的坡口形式和尺寸应符合设计文件规定。当设计文件无规定时，可以执行现场设备、工业管道焊接工程施工及验收规范的规定。管道坡口加工可采用机械方法，也可以采用人工打磨、等离子弧、氧-乙炔切割方法进行加工。坡口形式分为 I 形、V 形、带垫板的 V 形、X 形、双 V 形和 U 形等几种。当设计图纸对坡口尺寸有要求时应执行设计图纸的规定。管道坡口加工可用车床或管道坡口机、气割、挫削、錾削等方法进行。坡口机分为手动和电动两种。用坡口机加工坡口时，应先调整坡口机与管口保持一定的角度。坡口加工后，应对坡口角度、坡口钝边等进行测量检查。管道坡口的选择，应选用填充金属量少，且能保证焊接质量的形式。

坡口加工的质量应符合以下要求：

（1）管道对接焊接时，壁厚超过 3mm 就应开坡口焊接，为保证焊道的质量要求，应采取不同的坡口形式。

（2）坡口表面应平整，不得有裂纹、重皮、毛刺及凹凸、缩口等现象。

（3）管段管口端面的倾斜偏差为管子外径的 1%，且不得超过 2mm。

（4）坡口尺寸和角度应该符合《工业金属管道工程施工规范》（GB 50235—2010）要求。

（三）电焊焊接方法

焊条电弧焊是手工操作焊条进行焊接的电弧焊方法，是通过焊条与工件间产生的电弧热将金属熔化的焊接方法。在焊接过程中,焊条药皮熔化分解成气体和熔渣,在气、渣的联合保护下,有效地排除了周围空气的有害影响。通过高温下熔化金属与熔渣间的冶金反应,还原和净化金属得到优质焊缝。不同位置焊件的基本焊接方法主要有平焊、立焊、横焊、仰焊等。

焊条电弧焊时焊接电弧的引燃称之为引弧。常用的引弧方法有直击法引弧,划擦法引弧。接触引弧是让焊条与焊件接触形成短路,然后迅速地离开焊件表面 2~3mm,即产生电弧。电弧焊时,焊条横向摆动的范围与焊缝要求的宽度及焊条直径有关。

焊接过程中,因气流的干扰、磁场的作用或焊条偏心的影响,使电弧中心产生电弧偏吹。沿焊件厚度方向不均匀加热时,易产生角度变形。抑制法可控制焊件变形,但易使焊件产生内应力,不宜多用。

手工电弧焊时,电弧电压与电弧长度有以下三种关系:

(1)在手工电弧焊的正常焊接电流范围内,电弧焊的静特性几乎是一条水平直线。

(2)在某一电弧长度下,焊接电流变化时电弧电压基本保持不变,而电弧电压主要与电弧长度有关。

(3)电弧越长,电弧电压越高;电弧越短,电弧电压越低。

在中碳钢焊接时,选用焊条有以下三点原则:

(1)尽可能选用碱性低氢型焊条,当焊接接头强度不要求与母材相等时,应选用强度较低的碱性低氢型焊条。

(2)如果能采用严格控制预热温度和尽量减少熔深的工艺措施,也可以利用钛钙型焊条。

(3)特殊情况下,可采用铬镍不锈钢焊条。

(四)钢管气焊方法

ZBE010 钢管
气焊方法

气焊是利用可燃气体加上助燃气体,在焊炬里进行混合,并使他们发生剧烈的氧化燃烧,然后利用氧化燃烧的热量去熔化工件接头部位的金属和焊丝,使熔化金属形成熔池,冷却后形成焊缝。

由于填充金属的焊丝是与焊接热源分离的,所以焊工能控制热输入量、焊接区温度、焊缝的尺寸和形状及熔池黏度。由于气焊火焰种类是可调的,因此焊接的氧化性或还原性是可控制的。但是热量分散,热影响区及变化大。生产效率低,除修理外不易焊接较厚工件。

气焊规范只要指对焊丝直径,火焰能率,操作时的焊嘴倾斜角和焊接速度根据不同工件正确选用,并严格执行。不锈钢、耐热钢采用相应的焊粉是气剂 101。气焊与电焊一样,有平焊、立焊、横焊和仰焊四种位置。气焊时,如果焊丝直径过粗,会使焊丝加热时间增加,并使焊件过热,扩大热影响区的宽度,而且还会导致焊缝产生未焊透等缺陷。焊炬与焊丝的动作必须均匀协调,才能保证焊缝质量。左焊法适用于焊接 5mm 以下的薄板和低熔点的金属。

ZBE049 泵入
口管段的安装
要求

(五)泵入口管道及阀门的安装要求

1. 泵入口管道安装要求

在工艺管道安装工程中,泵的入口管段安装有严格的安装规定,具体安装要求如下:

(1)泵的入口管道宜短而直,并且应具有一定的柔性。

(2)泵吸入管道在满足热应力的前提下尽量短且少拐弯,在任何情况下入口管道不允许有袋形。

（3）为了防止汽蚀发生，泵吸入口管道系统的有效汽蚀余量，至少是泵所要求汽蚀余量的 1.1 倍以上。

（4）双吸入泵的吸入口要设一段至少有 3 倍管径长的直管段，对大型泵则直管段长应为 5~7 倍管径。

（5）当泵的入口水平管道较长时，应有 1/50~1/100 的坡度。

（6）当泵的入口管道系统有变径管时，管径 $DN \geq 65mm$ 以上应采用偏心大小头，以防止变径处气体积聚。

（7）当泵从中心线以下抽吸时，应在吸入管端安装底阀，并加注液管口或加自引罐抽吸或加真空泵抽吸。

（8）泵入口管道安装时，应对较高温和高温管道做热应力分析，从而保证泵嘴受力符合要求。

（9）当泵吸入管较长时，最好设计成一定的坡度（$i = 5‰$），当泵比容器低时坡向泵，泵比容器高时坡向容器。

（10）泵入口吸入管系统由于气体积聚，也会发生汽蚀。因此在泵入口的吸入管中途不得有气袋。

2. 泵入口阀门的安装要求

阀门是通过改变其流道面积的大小来控制流体的流量、压力和流向的机械产品。阀门规格品种繁多，而且阀门的新结构、新材料、新用途不断发展，为统一制造标准，也为了正确选用和识别阀门，我国阀门行业规定了"三化"标准，即系列化、通用化、标准化的标准。

其中泵入口阀门的安装要求如下：

（1）泵入口的切断阀，一般使用闸阀或其他阻力较小的阀门。

（2）泵入口安装的切断阀应尽可能靠近泵入口管嘴设置，以便最大限度地减少阀门泵嘴之间的滞留量。

（3）当泵入口安装的切断阀高度在 1.8~2.3m 时，应设置移动式操作平台。

（4）当管道尺寸比泵管嘴大两级以上时，泵入口安装的切断阀尺寸应管道尺寸小一级。

（5）当泵的入口管道尺寸比泵管嘴大一级时，切断阀与管道尺寸相同。

（6）装置外管墩上的泵管道，应考虑切断阀的操作与通行性，一般情况下应设操作走廊平台，切断阀统一布置在操作走廊的两侧。

（六）离心泵吸水管路、压水管路的安装要求

1. 离心泵吸水管路的安装要求

离心泵的吸水管路的安装，对泵的正常运行有着十分重要的影响。实际工作中，往往由于泵的吸水管路布置不合理，或者安装不当，影响了泵的流量和正常运行。离心泵的吸水管路安装时，应遵循以下原则：

（1）进口应低于水源最低位置，即 $h \geq 0.5m$，大流量水泵要浸入水下至少 1m。

（2）进口边缘距水源壁不小于 $0.75D~1.0D$（D 为吸水管直径的 1.3~1.5 倍）。

（3）在同一水源处装有多条吸水管时，其进口边缘的距离不应小于（1.5~2.0）D。

为了保证离心泵的正常工作，在吸水管路上应设有必要的管件和附件，如闸阀、减缩阀弯头和进水口等。离心泵的吸水管路常处于负压工作状态,一般采用钢管,接口采用焊接或法兰连接。整个吸水管路从泵吸入口起应保持下坡趋势,以免在管路中积聚气泡。如安装不当,装成水平或局部鼓起状态,容易在管内积聚气泡影响吸水。

ZBG002 离心泵压水管路的安装要求

2. 离心泵压水管路的安装要求

在离心泵的压水管路上应安装止回阀,有特殊要求时,止回阀一般安装在水泵和闸阀之间。但当城市供水系统中多为水源、泵站时,在压水管路上一般可不设置止回阀。

当压水管路装有异径管时,止回阀的位置应装在闸阀和异径管之间,不应装在闸阀后或紧靠泵出口处,使用止回阀的目的是在电机突然发生故障后阻止压力水反击水泵,防止水泵受到损坏。为了安装与拆卸方便,避免管路上的应力传至泵上,在压水管路上应设柔性接口或橡胶接头。

在泵房内,压水管路采用的设计流速可比吸水管路大。为了承受管路中的内压力所产生的推力,在三通、弯头处可设支墩。当管径 $DN \geqslant 400$mm 时,压水管路上的闸阀多采用电动或水利操作。

（七）离心泵的操作要求及密封要求

ZBG003 离心泵的操作要求

1. 操作要求

离心泵的主要过流部件有吸水室、叶轮和压水室。离心泵在运转时避免空转,避免在关闭出口阀时长时间运转。严禁用水冲洗电动机,离心泵应在关闭出口阀的情况下启动。

离心泵开机前应先加注引水,加水时,要先关闭出水阀。应先检查各零件是否完好,联轴器是否牢固。离心泵关机前,应先关闭出水阀,然后再关闭电动机。离心泵停车后,不能马上停冷却水,待离心泵的温度降到80℃以下方可停水。带传动的离心泵机组应装设防护罩,并保持传动带工作面的清洁且不得受潮。进水池水面应保持一定高度,若降得过低,水泵应停止运行,切忌水泵长期无水空转。

检查泵出入口管线及附属管线,法兰,阀门安装是否符合要求,地脚螺栓及地线是否良好,联轴器是否完好。启动电动机时,若启动不起来或有异常声音时,应立即切断电源检查,消除故障后方可启动。

2. 密封要求

ZBG004 离心泵的密封要求

离心泵的密封要求较为严格,应遵循以下原则:

（1）在压盖与轴或轴套外径的配合间隙上必须保证四周均匀,用塞尺检查各点允许偏差应不大于0.1mm。

（2）离心泵密封处轴的径向窜动量不超过±0.5mm。

（3）安装离心泵密封处轴套或轴的径向圆跳动应符合相应规定,表面粗糙度不超过3.2mm。

（4）离心泵的弹簧压缩要按照规定进行,不允许有过大或过小现象,要求误差为±2mm。

（5）安装时必须将安装部位及机械密封清洗干净,防止任何杂质进入密封部位。密封面在装配时可涂抹透平油和锭子油。水泵的填料、轴承和泵轴间的摩擦损失属于水泵的机械损失。

由于离心泵叶轮出口液体是高压,入口是低压,高压液体经叶轮与泵体之间的间隙泄漏而流回吸入处,所以须安装密封环,以减小叶轮与泵体之间的泄漏损失。

ZBG005 设备润滑要求

（八）设备润滑要求

设备润滑指的是向润滑部位供给润滑剂的一系列的给油脂、排油脂及其附属装置的总称。机械设备都需要定期的润滑，以前润滑的主要方式是根据设备的工作情况到达一定保养期后进行人工润滑。设备的润滑可分为两种，即自动和人工。

不同的设备，不同运动状态的不同部分，润滑油所起的作用是不一样的。设备保养中，主要的环节是加注润滑油。润滑油在摩擦表面形成一层油膜，可减小部件相互间的摩擦阻力。润滑脂的黏度比润滑油的大。润滑脂一般用于低速重载机械的润滑。钙基润滑脂呈黄色，防水性好，耐热性差。

ZBG006 防凝管与暖泵管的安装要求

（九）防凝管与暖泵管的安装要求

1. 防凝管的安装要求

布置露天互为备用的离心泵、往复泵时，时常要装防凝管线。在输送 200℃ 以上高温流体时，为防止启动备用泵时骤然受热使泵发生故障，应设置暖泵管道。泵安设防凝管时，应尽量靠近阀门，且应拐弯 1 次以上。在输送易冻和凝固的流体时，为防止备用泵结冻凝固，可采用配置设有限流孔板的防冻循环管道。

2. 暖泵管道的安装要求

暖泵管道主要是给备用泵用的，是一根绕过泵出口隔断阀或止回阀的侧线管道，由管道与阀门连接组成。安装泵的进出口管道时，必须考虑管道的热伸长，以防止热应力影响泵嘴与法兰的密封。如果泵运行出现问题，暖泵管道能够及时地切换至备用泵上。如果输送的物料温度过高，且备用泵没有暖泵管的话，容易对机泵造成损坏。当机泵温度瞬间从常温升至 200℃ 以上时，容易造成机泵各部件的损坏。

ZBE036 油泵配管的安装要求

（十）油泵配管的安装要求

（1）地下母管敷设要挑选表面无伤痕的管道，并准确地按图样要求摆好母管（标高、坐标、间距），配管安装应在泵就位调整固定好之后进行。

（2）对于双吸入泵，为了避免双向吸入水平离心泵的汽蚀，双吸入管要对称布置，以保证两边流量分配均匀。

（3）连接时应沿泵出口或泵进口从上往下连接。先连接泵头，加好临时支撑后，再连接阀门及过滤器。过滤器下面要加过滤器支撑，避免过滤器下坠使法兰别劲。

（4）泵出口的切断阀和止回阀之间用泄液阀放净，管径大于 $DN50mm$ 时，也可在止回阀的阀盖上开孔装放净阀。

（5）为了避免管道、阀门的重量及管道热应力所产生的力和力矩超过泵进出口的最大允许外载荷，在泵的吸入和排出管道上须设置管架。

（6）与法兰或丝头连接的支管下料时，应考虑插入法兰丝头的长度。

（7）当泵出口中心线和管廊柱子中心线间距离大于 0.6m，出口管线上的旋启式止回阀应放在水平位置。

（8）当管线架于泵体上方时，管底距地面不应小于 2m。

（9）单吸泵的进口处，最好配置一段 3 倍进口直径的直管，以避免产生汽蚀。

（10）对于泵进出口上的压力表或其他仪表应注意区分，同时应注意安装方向。

（十一）仪表管道管材的选择要求

测量仪表是生产自动化的主要工具之一，在整个生产过程中，它起着监视、控制和调节的作用。管道工程中，最常用的有温度、压力、流量和液位等的测量仪表。这些仪表在管道系统中的安装工作，一般均由油气管道安装工来完成。因此，油气管道安装工应了解管道系统中常用测量仪表的工作原理、性能和安装方法，并能正确的安装。

仪表管道管材在选择时，应遵循以下原则：

（1）连接时，管道的材质、规格应符合设计要求、规定，材料应有合格证。

（2）仪表管道常用管材有纯铜管、塑料管、碳钢管、铝管及管缆等。分析仪表的取样管道材质，应选用不锈钢管。

（3）仪表管道管材选用时，若生产装置有防静电要求，则禁止使用聚乙烯管及尼龙管（缆）。

（4）从控制室至接管箱，宜选用多芯管缆，并且管缆的备用芯数不应少于工作芯数的 10%。

（5）从控制室至调节阀或现场仪表的气动管线，宜选用 PVC 护套紫铜管或不锈钢管。

（6）在气动信号管道的管径选择上，宜选用 $\phi6mm×1mm$ 或 $\phi8mm×1mm$ 的管材。

（7）聚乙烯管或尼龙管（缆）的使用环境温度应符合产品的适用温度范围。

（十二）压力表的安装要求与使用要求

1. 压力表的安装要求

压力表应安装在便于观察的和检修的位置上，并且不受高温、震动、冰冻的影响。

为了准确测得静压力，压力表取压点应在直管段上，并设切断阀。测量蒸汽压力时，应加装凝液管，对于有腐蚀性介质测量压力时，应加装充有中性介质的隔离罐；压力表连接处应加密封垫片，一般低于 80MPa 的用石棉纸板，低于 20MPa 压力用铝片，温度及压力更高时（500MPa），用退火紫铜或铅垫。

压力表安装时，应先检测导压管是否过细、过长或过粗，一般内径为 6~10mm。要选在被测介质流动的直管部分，不要选在管路的弯头、交叉或其他容易形成旋涡的地方。

压力表安装时，汽包及集箱间应设存水弯。压力表存水弯采用钢制弯管时，其内径不应小于 10mm。盘面应端正，表盘应标有警示红线。

液柱测压原理是以静电力学为基础，一般用两种密度不同的液体在 U 形管内，一端与大气相通，一端与被测介质相连，用产生差压来测量介质压力。

用弹性变形原理测量压力是利用被测压力作用于弹性元件时，弹性元件便产生相应的变形量，根据变形量的大小来测量介质的压力。

电测压力法是通过传感器直接把被测压力状况变成电信号，它可利用某些机械和电气元件实现这一变化。

2. 压力表的使用要求

（1）普通压力表等级分为 1.0 级、1.6 级（原 1.5 级）、2.5 级、4.0 级。

（2）在使用压力表测量液体压力时，取压点应在管道的上方或下方使导管不积存气体。测量气体压力时，取压点应在管道的上方使导管不积存液体。使用时应缓慢打开阀门，使压力慢慢升到工作位置。

（3）测量流动介质压力时,应使取压点与流动方向相向,并应清除钻孔毛刺。当被测压力剧烈变化时,应选量程在 1/3~1/2 之间的压力表。测量低压的压力表或变送器的压力高度时,宜与取压点的高度一致。

（4）仪表在使用完毕后,应缓慢卸压,不要使指针猛然降至零位,这样指针回撞在盘止钉上,会将指针打弯甚至折断。

（5）压力表按规定应按时检修。

ZBF005 测温仪表的工作原理

（十三）测温仪表的工作原理及安装要求

1. 工作原理

大多数物质当温度变化时,其体积也随着改变。膨胀式温度计是利用物体受热膨胀这一原理进行测量。

玻璃管式温度计是最常见的一种,由于其构造简单,准确度较高,便于使用,且价格低廉,所以在工程测量中被广泛地采用。

双金属温度计结构简单、机械温度大和价格低廉,其量程为 $-50~600℃$ 。

测量精度高,便于远距离多点集中测量和自动控制,但结构复杂不能测高温的是电阻温度计。

利用金属的热电性质可以制成热电偶温度计。

热电阻温度计是利用导体或半导体的电阻随温度变化的特性制成的。压力温度计是根据封闭的固定体积中气体和液体受热时,其压力会随着温度而变化的性质制成的。

ZBF003 测温仪表的安装要求

2. 安装要求

温度测量仪表的种类很多,按其测量方式可分为接触式和非接触式两类;按其测量原理可分为膨胀式、压力式、电阻式、电热式、辐射式五类。

测温仪表的安装应在整个工程施工结束时进行,其安装位置应便于观察和检修,且不易被机械损坏。安装承受压力的感温元件,都必须保证其密封性。感温元件的安装应确保测量数据的准确性。介质工作压力为 100MPa 时,感温元件安装必须加保护外套。

测温元件安装位置,应按设计提供要求位置安装,安装取原部件不应在焊缝及其边缘上开孔和焊接。在管道安装时,取原部件轴线应与工业管道轴线垂直相交。水平安装时其插入深度在大于 1m 时,应采取防弯曲措施。

ZBF010 物位仪表的分类

（十四）物位仪表的分类、使用及安装要求

1. 分类

物位仪表按其物理原理可分为直读式、差压式、浮力式、电磁式四类。

直读式物位仪表可从测量结构上直接读出液位。玻璃管液位计和玻璃板液位计都是直读式物位仪表,它们利用连通器原理,通过旁通玻璃管读数。根据测量要求,有透光式和反射式等形式。

差压式仪表是利用液柱或堆料堆积,对某定点产生压力原理工作的,又可分为差压式物位仪表和压力物位仪表。

浮力式物位仪表是利用浮子的高度随液位变化而改变,或液体对浸沉于液体中的浮子（或沉筒）的浮力随液位高度而变化的原理来工作的。浮力式物位仪表又可分为浮子带钢丝绳或钢带的、浮球带杠杆的和沉筒式。

电磁式物位仪表能测出电量变化和测知物位变化。

2. 使用要求

ZBF011 物位仪表的使用要求

由于被测对象种类繁多,检测的条件和环境也有很大差别,所以物位检测的方法多种多样,以满足不同生产过程的测量要求。物位检测仪表按测量方式可分为连续测量和定点测量两种。

直读式浮标液位计适用于储罐液面的测量。

浮力式物位仪表的浮子是随液位高度变化来进行工作的。

电容液位变送器与电容液位控制器适用于测量黏度较大的液体。

双法兰差压式液位计适应于波动较大的液面,具有耐腐蚀性。

侧装式浮球液位计常用于压力容器及油表盘刻度指示值的显示。

玻璃管、玻璃板液位计可用于四种容器的液位显示。

3. 安装要求

ZBF012 物位仪表的安装要求

物位仪表安装时,应重点遵循以下要求:

(1)玻璃管液面计安装时,应设在容器上比较安全的一侧,且介质温度应小于100℃。

(2)玻璃管液面计安装时,介质的压力应小于0.55MPa。

(3)透光型玻璃板液面计的安装方位必须使光线正对可视方向。

(4)安装差压式液位计时,一般采用 $DN25mm \sim DN160mm$ 管嘴,用 $\phi18mm \times 3mm$ 钢管接出。

(5)玻璃板和玻璃管液面计的开口管嘴常用 $PN40mm$、$DN20mm$ 凸面法兰安装。

(6)外浮筒液位计直接安装在容器或塔的外壁上时,应加一个放液阀、一个放气阀。

仪表管道安装时对外观也有一定的要求。管道安装时要把管道校直。敷设管道时要横平竖直、整齐统一、美观合理、固定牢靠,拐点、端部要挂标牌,标明编号、名称及用途。

仪表管道支架结构及安装原则如下:仪表管支架一般由角钢和扁钢构成。支架可以现场制作,也可预制加工。支架的宽度取决于实际敷设管道的需要。安装时最好把所有的支架都安装在垂直平面上,支架切勿水平安装。

ZBF009 螺杆流量计的工作原理

(十五)螺杆流量计的工作原理

螺杆流量计采用双螺旋转子测量,没有脉动,运转平稳的螺杆流量计转子每转1周输出8个计量腔容积的液体。螺杆流量计主体是由一对螺旋转子和壳体之间构成的计量室。计数信号是由螺旋转子的转动通过磁钢传动计数器计数的。当被测介质通过螺杆流量计时,螺杆转子在液体压力的作用下产生转动力矩,螺旋转子以匀速旋转,螺杆流量计的开关上箭头指向必须与水管的水流方向一致。

螺杆流量计主要用于各种黏度油品的测量,测量精度高,优于0.25%。安装螺杆流量计时,管道应尽量避免垂直方向的变化,在管路的高处与膨胀水箱之间安装手动或自动排气阀。

ZBF004 椭圆齿轮流量计的安装要求

(十六)流量计的安装要求

1. 椭圆齿轮流量计的安装要求

(1)椭圆齿轮流量计在安装前应清洁管道,应尽可能选择灰尘少、周围无腐蚀性气体的地点,若含气体应安装排气装置。

(2)椭圆齿轮流量对前后直管段没有一定的要求,它可以水平或垂直安装。

（3）安装时,应使流量计的椭圆齿轮转动轴与地面平行。

（4）椭圆齿轮流量计在安装前应清洁管道,若液体内含有固体颗粒,则必须在管道上游加装过滤器。

（5）如流体中含有大量的夹杂物时,过滤器的口径应比一般标准大一级或安装并联双过滤器。

（6）椭圆形流量计在进出口压力差的作用下,产生作用力矩,使椭圆齿轮连续转动。进口侧压力 P_1 大于出口压力 P_2。

2. 腰轮流量计的安装要求

ZBF006 腰轮流量计的安装要求

（1）安装流量计应将进出口封装物去掉,必须防止颗粒状杂质掉入计量室内。

（2）安装时,计量室表涂防锈油,可用汽油或煤油冲洗干净,并严格清除管道内杂质。

（3）腰轮流量计安装时,物料进出口为垂直或水平位置,都应尽量保持转子轴线水平。

（4）当气体压力波动范围较大时,为保证计量精度,流量计上游应安装调节器。

（5）为防止新安装管道中有锈渣、焊渣及其他杂质进入流量计内,用户应先将过渡管安装在流量计的安装位置上。

（6）管道配焊时,应使用过渡管,不可直接与流量计焊接。腰轮流量计上应安装过滤器和过滤网。

3. 刮板流量计的安装要求

ZBF007 刮板流量计的安装要求

（1）刮板流量计应安装在室内,如果只能安装在室外的话,应增加对流量计的保护措施,避免流量计受雨水,日光的侵蚀。

（2）避免将流量计安装在温度过高或过低、湿度过高、有腐蚀性气体及强烈振动的场合。

（3）如流量计安装了光电式电脉冲转换器时,还应考虑避免磁场干扰。

（4）安装刮板式流量计时,应考虑流量计的使用、读数及检修是否方便。

（5）流量计的前面必须安装过滤器。

（6）在靠近流量计的出口处的管道上应安装温度计,以便掌握介质温度。

（7）刮板流量计的前后可不设直管段,因此可以不受限制地安装在容易操作的位置。

（8）若需要流量计有远传信号,应配置相应的光电式电脉冲转换器和二次仪表。

4. 涡轮流量计的安装要求

ZBF008 涡轮流量计的安装要求

（1）安装场所应符合环境温度-25~55℃,湿度<80%RH。

（2）流量计可水平或垂直安装,垂直安装时流体流动方向应自下而上。

（3）为了检修时不致影响液体的正常输送,建议在流量计传感器的安装处,安装旁通管道。当流体中混有游离气体时,应加装消气器。

（4）涡轮流量计传感器前后直管段要求,上游端至少应有10倍公称通径长度的直管段。下游端至少应有5倍公称通径长度的直管段。

（5）使用涡轮流量计时,液体在管道内的充盈量为100%。

（十七）阀门的安装要求

ZBF013 截止阀的安装要求

1. 截止阀的安装要求

截止阀是利用装在阀杆下面的阀盘来控制启闭的阀门,在管道中主要用作切断阀,也可用来调节流量。截止阀结构复杂,流体阻力较大,主要用于水、汽、气等水暖和工业管道工程中,适用于低压、中压、高压管道,不适用于带颗粒、黏度较大的液体管路中,截止阀只允许介质单向流动,即安装时让介质低进高出。截止阀的结构形式分有直通式、直流式和角式三种。

根据截止阀规格的特点,安装时应遵循以下原则:

(1)截止阀只许介质单向流动,安装时有方向性。

(2)应安装在公称直径小于150mm的管路上。

(3)截止阀应安装在对流阻要求不严的管路上,即对压力损失考虑不大的地方。

(4)电动截止阀尽量垂直安装,阀杆向上。

(5)截止阀可根据安装管道的位置及介质和介质的温度来选择碳钢或合金钢的阀门。

(6)截止阀安装时,应注意介质的流向,严格按阀门流向箭头指示的方向安装。

> ZBF014 安全阀的调试方法

2. 安全阀的调试方法

安全阀是用于防止因介质超过规定压力而引起设备和管路破坏的阀门,当设备或管路的工作压力超过规定数值时,安全阀便自动打开,自动排除超过的压力,防止事故的发生,保证生产安全进行,当压力复原后又自动关闭。安全阀按其结构形式可分为杠杆式、弹簧式和脉冲式三类。

安全阀调试时,应遵循以下原则:

(1)安全阀安装前,必须进行调试,而定压是最重要的环节。

(2)安全阀调试时,压力应稳定,每个安全阀的启闭试验不能少于3次。当工作介质为气体时,应用空气或惰性气体作为调试介质。

(3)经调整的安全阀在工作压力下不得有泄漏现象发生。

(4)对弹簧直接载荷式安全阀进行定压时,应使用螺丝刀调整弹簧的压紧程度来进行。

(5)对杠杆重锤式安全阀进行定压时,应使重锤在杠杆上微微滑动来进行调整。

> ZBF015 减压阀的安装要求

3. 减压阀的安装要求

(1)减压阀不应设置在靠近移动设备或容易受冲击的地方,应设在振动小、有足够空间和便于检修处。

(2)蒸汽系统的减压阀组前应设置疏水阀。

(3)若工作介质中夹带渣物时,应在减压阀前设置过滤器。

(4)减压阀的前后应安装压力表,阀组末端还应安装安全阀。

(5)无论何种减压阀均应铅垂安装,正置或倒置根据阀门的具体结构而定,不可错装,即正置的不可倒置,倒置的也不能正置。

(6)减压阀应直立安装在水平管道上,阀盖与水平管道垂直。

(7)注意方向性,阀体箭头指向介质流动方向,切勿装反。

(8)减压阀安装时,前后需加阀门,并设有旁通管。

> ZBF018 蝶阀的安装要求

4. 蝶阀的安装要求

蝶阀的启闭件为一圆盘,绕阀体内一固定轴旋转,转角的大小就是阀门的开度,供管道或设备上全开、全闭用。蝶阀的结构简单、轻巧、开关迅速,但密封性差,适合制造较大管径的阀门,该阀只适用于低压管路,用于输送水、空气煤气等介质。

蝶阀安装时,应遵循以下原则:

(1)安装前,应清洗管道内腔和密封面。

(2)安装前,应预先调整管道上的连接件。

(3)电动、电液蝶阀出厂时,已将控制机械的启闭行程调好,用户第一次接通电源前要先手启开 45°位置,再按电动开关,查看指示盘方向一致即可。

(4)蝶阀安装后,它的开启位置应按蝶板的旋转角度来确定。

(5)带有旁通阀的蝶阀,开启前应先打开旁通阀。

(6)带扳手的蝶阀,可以安装在管路或设备的任何位置上。

ZBF016 疏水阀的安装要求

5. 疏水阀的安装要求

疏水阀的功能是自动的、间歇的排除蒸汽管道、加热器、散热器等设备系统中的冷凝水,而又能防止蒸汽泄出,并能防止管道中水锤现象的发生,故又称阻汽排水器或回水盒。

根据疏水阀的动作原理,疏水阀主要有热力型、热膨胀型和机械型三种。机械型疏水阀主要有浮筒式、钟形浮子式。由于浮筒式疏水阀体积大,结构复杂,体积笨重,钟形浮子式疏水阀容易漏气,工作压力不高,凝水流动间断等问题,目前虽然仍有使用,但生产已经很少,逐渐趋于淘汰。

疏水阀用于蒸汽管道疏水时,应安装在蒸汽管道中所有的最低点。应设冲洗管,用来放气和冲洗管路。疏水阀要布置在蒸汽管道系统减压阀或调节阀的前面。疏水阀在螺纹连接的管道系统安装时,组装的疏水器两端应装有活接头。疏水阀与后截断阀之间应加设检查管,用于检查疏水阀工作是否正常。工作时,为了加速启动凝结水的排出,应设旁通管。

ZBF017 过滤器的安装要求

6. 过滤器的安装要求

Y 形过滤器是输送介质的管道系统不可缺少的一种过滤装置,Y 形过滤器通常安装在减压阀、泄压阀、定水位阀或其他设备的进口端,用来清除介质中的杂质,以保护阀门及设备的正常使用 Y 形过滤器安装在介质自下而上的垂直管道上,并应选用反流式。安装在水平管道上时,滤网抽出方向应向下。

T 形过滤器外形上像字母"T",所以称为 T 形过滤器。T 形过滤器是除去液体中少量固体颗粒的小型设备,角式 T 形过滤器应安装在管道 90°拐弯的场合。

安装在立管上的泵进口过滤器,为降低泵进口阀门的高度,可采用异径过滤器。压缩机进口管道上应安装过滤器或可卸短节,以便开车前临时安装过滤器和清扫管道。过滤器的安装位置应靠近被保护的设备。

ZBE026 长输工艺管道的组对安装要求

(十八)长输管道的工艺安装要求

1. 长输工艺管道的组对安装要求

(1)长输管道运输和布置应在堆土的另一侧进行,管沟边缘与管道外壁的安全距离不得小于 500mm。

(2)布管时,应注意管道首尾衔接,相邻两管口应呈锯齿形错开。

(3)组对前应在距离管沟边缘 1m 以外处做好支撑,其高度为 400~500mm。严禁用硬土块、冻土块和石块支撑。

(4)组装前,应对管道逐根清管,管内不得有石头、纸屑和泥土等杂物。焊接的管段在收工前应用临时盲封堵管端,防止其他物体进入管内。

（5）管道组对时，不得强力对口，且应保护钢管绝缘层。

（6）用内对口器组对管道，可不进行定位焊。在根焊道焊完后，才能撤出对口器。用外对口器或无对口器组对时应进行定位焊。

（7）长输管道对口时应采用无点焊组对方法，坡口钝边有深度超过 1mm 的碰伤，应补焊磨平后再对口。

（8）在弹性敷设管段两个相邻而方向相反的弹性弯曲中间应采用直管段连接。

（9）长输管道组对时，相邻环缝间距不得小于 1.5 倍管径。

（10）长输工艺管道钢管组对时，定位焊缝厚度不得大于 2/3 壁厚。

（11）公称直径不小于 400mm 的长输管道组对焊接时，应对焊缝清根，并进行封底焊。

（12）长输管道放线时，一般放一条中线和两条占地边界线，中线桩的间距为 20~30m。

长输管道组对安装时，应遵循以下原则：

（1）准备工作应检查上道工序管口的清理质量，用自制清管器清管。

（2）将管口 20mm 范围内脏污用钢丝刷等专用工具进行清理，达到 St3 级。

（3）检查管口钝边、坡口是否符合要求，钝边应在 1~1.6mm，坡口角度为 30°~35°。

（4）对口间隙控制在 2mm，检查螺旋焊缝间距是否确保错开并大于 100mm，且螺旋焊缝接头处不能放在底部。

（5）除连死口或弯头外，管道组装应采用内对口器或外对口器。

长输管道在特殊地段的组对安装要求应遵循以下原则：

（1）当管道在纵向坡角大于 15°或横向坡角大于 10°的坡地进行组对时，应对管道和施工机具采取锚固或牵引措施。

（2）当管道在纵向坡角小于 20°时，钢管组对应自上而下进行，当大于等于 20°时，可在坡顶将管道组对焊接，再吊运或牵引就位。

（3）当坡地较长时，应采取沟下组对，并自下而上进行。

（4）当横向坡角大于 18°时，应采取沟下组对的方法。

（5）水平转角大于 5°的弹性弯曲管段在沟上组对时，应在曲线的末端留断点。

2. 长输工艺管道安装的施工工序

我国长输管道施工基本采用下向焊和手工半自动焊、配以管道外对口器或与先进的管道内对口器、吊管机等设备配合施工的机械化流水作业线加快了施工速度。

长输管道安装的施工工序中，应遵循以下原则：

（1）应将测量放线这一工序放在首位。

（2）先进行分段试压后，才能考虑全线试压。

（3）布管占有重要位置，往往在运管后进行。

（4）通球是检测管道疏通质量的必不可少的环节。

（5）长输工艺管道安装适用于采用机械化流水作业的集输管道工程。

（6）站内钢质工艺管道安装施工工序适用于设计温度不超过材料使用温度的工业低、中、高压金属管道的工艺安装。

3. 长输工艺管道安装前的注意事项

（1）长输管道安装前，若横向坡角大于 18°时，应采取沟下作业的方法。

ZBE027　长输工艺管道安装的施工工序

ZBE028　长输工艺管道安装前的注意事项

（2）安装前，管材要先进行预热。

（3）管道组装前应将管端20mm内的油污、铁锈、熔渣等清除干净，并将管端的螺旋焊缝进行补焊，其长度不应小于50mm。

（4）长输管道安装前，若纵向坡角小于20°时，管道应自上而下进行安装。

（5）长输管道安装前，若纵向坡角大于或等于20°时，管道可在坡顶进行安装后再吊运或牵引就位。

（6）管端如有较轻度变形可用专用工具矫正，不得用锤直接敲击管壁。矫正无效，应将变形部分管端切除。

（7）长输管道组对安装前，应将管道坡口进行30°～35°的修磨。

（8）长输管道组对安装前，应对管道逐根清管，管内不得有石头、泥土等杂物。

4. 长输工艺管道安装的质量要求

ZBE029 长输工艺管道安装的质量要求

（1）长输管道组对时，应将管端20mm范围清理干净。

（2）热弯弯管在加热温度大于320℃时，弯管的曲率半径不得小于4倍公称直径。

（3）长输管道对口组装时，除管道连头或组对弯头外，应采用内对口器或外对口器进行组装。

（4）当采用斜口时，其偏转角不宜大于3°，相邻两斜口的间距在偏转角同向时，不得小于5倍的管道公称直径。在偏转角异向时，不得小于30倍的管道公称直径。

（5）长输管道布管时，管沟边缘与管外壁应留有不小于500mm距离。

（6）长输管道组对安装时，其错边量应不大于2mm。

（7）长输管道安装过程中若使用外对口器，必须在根焊完成50%后方可拆卸。

（8）长输管道组对安装时，若在碰头时出现间隙过大，严禁使用工具或机械进行强力组对。

【例3-3-1】 设某管道每天输油量为$6190×10^3$kg，输送油的密度为$0.9×10^3$kg/m³，流速为1.5m/s，求该管内径。

解：$D = \sqrt{\dfrac{4Q}{\pi \rho V t}}$

$\quad = \sqrt{\dfrac{4×6190×10^3}{3.14×0.9×10^3×1.5×86400}}$

$\quad = 0.260(\text{m})$

$\quad = 260(\text{mm})$

答：该管内径为260mm。

【例3-3-2】 某ϕ273mm×6mm输油管道，已知其输送油的密度为$0.9×10^3$kg/m³，流速为1.5m/s，求1h的输油量为多少？

解：$A = \pi d^2/4$

$\quad = 3.14×0.261^2÷4$

$\quad ≈ 0.053(\text{m}^2)$

$Q = \rho A v t$

$$= 0.9×10^3×0.053×1.5×3600$$
$$≈258(t)$$

答：该管道 1h 的输油量为 258t。

5. 长输工艺管道吊装的一般要求

ZBE030　长输工艺管道吊装的一般要求

长输工艺管道吊装机具一般包括吊重机具和顶重机具。吊重机具包括索具、施力机构及支持机构组成的起重机械；顶重机具主要是千斤顶。

长输管道对口吊装时所使用的吊管机数量不宜少于 2 台。吊带宽度应大于 100mm。管道下沟后应使管道轴线与管沟中心线重合，其横向偏差应符合规范要求。沟槽坡顶用来进行管道吊装的场地应进行处理，保证荷载满足吊装要求，吊车支腿距沟边至少 1.5m 以外。所有使用的吊车必须经检验合格并在合格期限内方可使用。对现场制作专用吊索具应符合方案设计要求，并经质检人员检验合格。

吊装杆、架在吊装工作中是支持重物的构件。在管道施工中常采用有起重杆、人字架、三脚架、龙门架等，是施工现场最常用、最重要、最简单的临时性起重装置。

（十九）管道穿越、跨越施工要求

ZBE031　管道穿越河流的施工方法

1. 管道穿越河流的施工方法

管道穿越河流的敷设形式有埋沟敷设和裸露敷设两种。埋沟敷设的管道不受水流的作用，不阻塞河道。裸露敷设的管道适应在河底稳定平坦、无激流、不影响船只通航、不被锚锭破坏河流。对于河流，一般采用围堰导流大开挖的方法。用围堰筑坝的方法将河水导流或截流，然后在坝内用机械或人工的方法开始挖管沟。

在管道穿越河流的方法中，水下拉铲挖沟法适合于河流宽度较小，水流变化不大之处。气举法一般适用于软土层，且带有砂性。用挖泥船在河床挖沟，然后将预制的管道利用发送道或牵引道发送管道下沟。不开挖管线在河床下穿越的方法主要有顶管法、隧道法和水平定向钻穿越法。

2. 管道穿越公路、铁路的施工方法

ZBE032　管道穿越公路、铁路的施工方法

铁路穿越一般都采用顶管的施工方法，也可采用隧道的穿越方法。一般公路、水渠穿越大都采用顶管穿越的施工方法或大开挖的施工方法。

较重要的公路和铁路的穿越一般采用顶管的施工方法。顶管法适用于软底层、大口径的管线穿越，其特点为质量好，误差小。管道穿越铁路或公路的夹角应尽量接近 90°，但在任何情况下都不得小于 30°。管道穿越后，应将套管两端用沥青油麻封堵，并立即与干线管道连接。

3. 管道穿越的安装要求

ZBE035　管道穿越的安装要求

（1）穿越管道安装所使用的钢管在安装前应做到外观检查，其表面不得有裂纹、褶皱、重皮及超过壁厚允许偏差等缺陷，如有坑槽、划痕、压扁、夹层等缺陷应修复或切除，但修复后不得降低钢材强度。

（2）管道穿越高速公路施工时，应设保护套管，套管伸出路基坡脚不应小于 2m。

（3）当采取无套管进行穿越时，距管顶以上 500mm 处应设置警示带。

（4）当穿越需加设保护套管时，保护套管应比输送管道外径大 100~300mm。

（5）根据穿越套管的埋设深度规定，自套管顶至路肩不应小于 1.7m，并至自然地面不

能小于 1m。

（6）凡铁路与天然气管道相互交叉，采用套管防护时，在套管一端，应预先引出一个排气管，排气管至最近铁路中心线水平距离不得小于 20m，距地面高度不得小于 1.5m。

（7）穿越管道的安装工程所使用的材料及配件的性能指标必须符合相应的国家标准或行业标准规定，并具有出场质量证明书、合格证和使用说明书。如技术资料不齐全或对管材、管件的质量有异议时，应进行抽样检查。

4. 管道跨越的结构形式

ZBE033 管道跨越的结构形式

在基建施工中，管道跨越的结构形式分为四种：门形管道跨越、轻型托架式管道跨越、桁架式管道跨越和管拱跨越。

门型管道跨越是一种适用于小型河流的跨越，形式简单，不需要支架，它是充分利用管道自身的支承能力来跨越公路、沟、渠和小型河流。外形类似管道门型温度补偿器，属于折线拱结构。管道架设除使用两个 45° 弯头外，其余都是直线管组装，结构简单，施工方便，造价低。

轻型托架式管道跨越也可称为下撑式组合管梁，它是利用管道作为托架的上弦受压杆，下弦拉杆一般是采用型钢或高强度钢索组成的，其腹杆很简单，只用少量钢管制成三角撑组成，其形状为正三角形或倒三角形，一般大都采用正三角形。在风速较大的地区，采用倒三角形则有较好的刚度。一般使用范围在 25～60m 的跨度，地形较好施工机具可以进入且较短的跨越可以利用机械设备直接吊装的方法施工。

桁架式管道跨越是利用管道作为桁架结构的上弦，它是由两片或两片以上的平面桁架组成三角形或矩形空腹梁结构。因其结构的刚度大，有良好的稳定性，还可以在管道上设置桥面作为人行通道。它比较适用于多管跨越，形状灵活、适应性强，但耗材较多。

管拱跨越是把管线制成近似抛物线形状，使它与管道由于自重及介质重量引起的压力曲线相接近，必然使管拱的弯曲应力有可能降低，它是管道跨越工程中一种很好的结构形式。在实际施工中很少把管道制成抛物线形状、往往把管道制成圆弧折线拱或抛物线折线拱，同样可获得这些效果。

在基建跨越工程等级划分跨越中，大型跨越的主跨长度应大于等于 150m。小型跨越的总跨长度应小于 100m。

5. 管道跨越的安装要求

ZBE034 管道跨越的安装要求

（1）跨越管段加工前应进行挑选，每根管段长不应小于 6m。

（2）跨越管道钢管端面应垂直钢管中心线，当管道公称直径小于 400mm 时，偏差值不超过 1.0mm。当管道公称直径≥400mm 时，偏差值不超过 1.5mm。

（3）管段加工时应按测量成果表中的管段编号顺序加工，编号应明显清晰。

（4）管段组对时应用内对口器或外对口器。

（5）组对错边量不得大于管壁厚的 10%，螺旋焊缝最大错边量不得大于 1.0mm。其总长度应小于该管周长的 10%。

（6）小型跨越管道安装时，其跨径允许偏差为 ±50mm。轴线平面位移允许偏差为 ±20mm。

（7）跨越管道的表面锈蚀、坑点深度不得超过 0.5mm。

（8）跨越段补偿器应整体吊装就位，并应焊接连接。补偿器最后碰死口，应选择室外温度较高时进行。

【例3-3-3】　已知管道外径为60mm，L_2 为500m，施工温度为15℃，工作温度为75℃，求 L_1 应为多少？

解：
$$L_1 = 1.1 \sqrt{\frac{\Delta L D}{300}}$$
$$= 1.1 \sqrt{\frac{360 \times 60}{300}}$$
$$= 1.1 \times \sqrt{72}$$
$$\approx 9.35 (m)$$

答：L_1 应为9.35m合适。

【例3-3-4】　某长为2km的管线，施工温度为20℃，投产后工作温度为60℃，试求其热膨胀量？

解：
$$\Delta L = \alpha L \Delta t$$
$$= 1.2 \times 10^{-5} \times 2000 \times (60 - 20)$$
$$= 0.96 (m)$$

答：热膨胀量为0.96m。

（二十）管式加热炉对流管、辐射管的制作要求

1. 对流管的制作要求

制作管式加热炉对流管时，管段的长度误差、坡口角度、对口间隙、错边量等应符合质量标准。其制作标准为：

（1）对流管托架应相互平行，对应孔中心线应与管架面垂直。

（2）对流管各排应自上而下逐步连接。

（3）两联箱的轴线应相互平行且与对流管垂直，进出口方位正确。

（4）炉管长度下料的允许偏差为0~2mm。

（5）炉管应用整根管子制作。若需拼接时，只许拼接一次，拼接后的直线度允许偏差为每米不应大于1.5mm。

（6）炉管拼接时最短的管节长度应大于500mm。拼接的炉管应逐根进行水压试验，炉管组对前应进行矫正，直线允许每米不大于1.0mm。

全长允许偏差：当炉管长度大于6000mm时，不应大于8.0mm；炉管长度小于或等于6000mm时，不应大于4.0mm。

2. 辐射管的制作要求

制作管式加热炉辐射管时，坡口角度、对口间隙、错边量等应符合质量标准。其制作标准为：

（1）进出口管应与相应管排垂直且方位正确，尺寸误差为±10mm。

（2）直管段的允许偏差为±3mm。管排4个面应相互垂直不得成菱形。

（3）四面管排都应各成一平面。四面管排的不平度误差为±5mm。

（4）制作完成后必须进行外观检查，内外表面应平整不得有裂纹、褶皱、重皮、划痕等缺

ZBE038　管式加热炉对流管的制作要求

ZBE039　管式加热炉辐射管的制作要求

陷,不应有严重的锈蚀。

ZBE037 方形补偿器的安装要求

（二十一）方形补偿器

1. 安装要求

（1）制作好的补偿器要经过检验合格后才允许安装。

（2）安装方形补偿器时,应保持与管道的坡度一致。

（3）将补偿器一端与管线对接焊好,另一端留出冷接焊口,冷紧接口要距离补偿器弯曲点 2～3m 处。

（4）门形补偿器通常成水平安装,只有在空间较狭窄而不能水平安装时,才允许垂直安装。水平安装时,平行臂应与管线坡度及坡向相同,垂直臂应呈水平。

（5）方形补偿器要进行预拉伸,拉伸量为计算伸长量的 50%,偏差值为±10mm。

（6）方形补偿器安装时,焊接咬边深度不大于 0.5mm,焊缝两侧咬边总长不得超过焊缝长度的 10%。

（7）将方形补偿器安装就位后,可用临时支架支撑到与管道同一标高。

（8）补偿器预拉伸或预压缩值必须符合设计规定,允许偏差为±10mm。

（9）检查补偿器各方面质量,尺寸、角度有偏差的在平台上稍加校正、修整,检查合格后方可进入安装程序。

2. 安装质量要求

（1）补偿器的椭圆率、壁厚减薄率、波浪度和角度偏差应符合规范的有关要求。

（2）方形补偿器的 4 个弯头的角度必须保持 90°,并要求处于一个平面。

（3）平面歪斜偏差不大于 3mm/m,且不得大于 10mm,垂直长度允许偏差为±10mm,两臂长之差应小于±20mm。

3. 安装距离要求

（1）方形补偿器的安装距离必须在 3 个活动支架以上。

（2）当其安装在有坡度的管线上时,补偿器两侧垂直臂应安装成水平,中间的水平臂及与管道连接段的连接点允许有坡度。

ZBE024 方形补偿器预拉伸注意事项

4. 预拉伸注意事项

方形补偿器的特点是坚固耐用、工作可靠、补偿能力强、现场制作方便,可用于碳素钢、不锈钢、铜管、铝管等多种管材,但占地面积大。补偿器拉伸时,应注意以下几点:

（1）采用拉管器进行预拉伸时,应保证拉管器的强度,双头螺栓的直径应进行力的计算。

（2）方形补偿器预拉伸均应采用冷拉伸方法,预拉伸多采用千斤顶及拉管器工具。

（3）预拉伸时,将千斤顶分别顶在补偿器的两臂位置,中间应采用木方支撑（在拉伸前不要将补偿器两端管道与固定支架焊住）。

（4）方形补偿器采用千斤顶进行预拉伸时,千斤顶规格应能满足对两臂撑开所需的压力。

（5）在补偿器两边的直管段适当部位（一般在 2～2.5m）留出 $\Delta L/2$ 的对口间隙,管口应对齐、对正。

（6）千斤顶置放位置不宜靠顶臂太近或顶在弯头处。操作时应两侧用力均匀,拉伸宜缓慢。

二、技能要求

（一）准备工作

1. 设备

序号	名称	规格	数量	备注
1	电焊机	—	1台	—
2	气割工具	—	1套	—
3	台虎钳	—	1台	—
4	工位台	—	1个	—
5	角向磨光机	220V，ϕ125mm	1台	—

2. 材料及工具准备

（1）材料准备。

序号	名称	规格	数量	备注
1	20号无缝钢管	ϕ60mm×4mm	3m	—
2	焊接弯头	DN50mm，$R=90°$，1.5D	4个	—
3	钢法兰阀门	DN50mm，PN1.6MPa	2个	—
4	平焊法兰	DN50mm，PN1.6MPa	4片	—
5	橡胶石棉垫片	$\delta=3$mm	4片	—
6	单头螺栓	M16×60mm	16条	附螺帽
7	石笔	—	若干	—

（2）工具准备。

序号	名称	规格	数量	备注
1	卷尺	3m	1个	—
2	直角尺	—	1把	—
3	钢板尺	—	1把	—
4	手锤	—	1把	—
5	活动扳手	12in	2把	—
6	划针	—	1把	—
7	样冲	—	1个	—
8	砂轮片	ϕ125mm	2片	—
9	锉刀	—	1把	—
10	布剪刀	—	1把	—
11	石笔	—	1把	—
12	圈带样板	—	1块	—

3. 人员要求

1人操作，电气焊配合，穿戴齐全劳动保护用品。

（二）操作规程

（1）识读图纸，准确了解图纸所要表达的含义。

（2）可根据图纸要求绘制泵的进出口工艺管道组装草图，准确掌握管路走向。

（3）测量泵进出口数据及所给阀门、弯头、法兰片等附件的长度、厚度尺寸数据，根据以上测量出的尺寸数据进行计算、下料。

（4）切割、打磨下料管段，清理管口切割飞溅。

（5）预制。先进行泵进出口管段的组对、点焊，完成后尺寸复检。

（6）复检符合要求后分别进行施焊，焊后及时清理焊口。

（7）先进行泵进口的管路组装，完成后进行组装质量复检；符合要求后再进行泵出口的组装，完成后再进行整体组装质量复检。

（三）注意事项

（1）泵配管的测量方法正确，测量数据精准。计算应准确无误，画线下料应精准。

（2）管道切割时，应及时与操作人员准确表达所要切割的位置，切割完成后及时清理氧化铁等杂物。

（3）预制组对时，应注意保证泵进出口两端的法兰孔平行。

（4）弯头、法兰与管段进行组对时，先组对点焊弯头与管段（弯头不摆头），再进行法兰片的组对点焊。

（5）各部施焊完成进行组装时，应注意两法兰直线度偏差为±1mm。

（6）法兰片组对时，注意管段的插入深度是否符合要求，并根据管径的大小决定是否进行里口焊接。

（7）及时清理切割及施焊后的飞溅、氧化铁等杂物。

（8）正确使用测量工具及操作机具，严禁野蛮操作。

（9）预制完成后，连接时应沿泵出口或泵进口从上往下连接。先连接泵头，加好临时支撑后，再连接阀门及过滤器。过滤器下面要加过滤器支撑，避免过滤器下坠使法兰别劲。

（10）对于泵进出口上的压力表或其他仪表应注意区分，同时应注意安装方向。

项目二　承插连接铸铁管

一、相关知识

ZBE017 铸铁管道的组对要求

（一）铸铁管道的组对要求及安装注意事项

1. 组对要求

铸铁管安装一般应逐根安装，如埋地应先挖开管沟，铸铁管在沟下进行承插连接。承插连接是铸铁管安装的基本方法，根据使用材料的不同可分为青铅接口和水泥接口两种。青铅接口又分为冷塞法和热塞法两种。

铸铁管道的安装一般遵循以下原则：

（1）DN75mm 铸铁管口承插对口之间的最小轴向间隙为 4mm。

（2）DN600mm～DN700mm 铸铁管口承插对口之间的轴向间隙为 7mm。

（3）在连接铸铁管用石棉水泥接口时，填充材料是自上而下地进行的。

（4）石棉水泥接口要求石棉绒的等级为 3 级。铸铁管承插连接的油麻辫应搓接 100～150mm，并经压实打紧。

（5）铸铁管承插口堵塞所用的油麻辫应有韧性、纤维较长和无麻皮，并应经石油沥青渗透后晾干。

2. 安装注意事项

ZBE018　铸铁管道安装的注意事项

（1）在铸铁管插口外表面和胶圈上涂刷润滑剂：将润滑剂均匀地涂刷在承口安装好的胶圈内表面、在插口外表面涂刷润滑剂时要将插口线以外的插口部位全部刷匀。应按下管的要求将管道下到槽底，通常采用人工下管法或机械下管法。

（2）将准备好的铸铁管设备安装到位，安装时注意不要将已清理的管道部位再次污染。清理管口，将承口内的所有杂物清除擦洗干净。

（3）将胶圈上的黏着物清擦干净，把胶圈弯为"梅花形"或"8"字形装入承口槽内，并用手沿整个胶圈按压一遍，或用橡皮锤砸实，确保胶圈各个部分不翘不扭，均匀地卡在槽内。

（4）在安装铸铁管时，为了将插口插入承口时省力、顺利，应先将插口放入承口内且插口压到承口内的胶圈上，接好钢丝绳和倒链，拉紧倒链；直到插口插入承口全部到位，承口与插口之间应留 2mm 左右的间隙，并保证承口四周外沿至胶圈的距离一致。

（5）做好铸铁管的安装工作是非常有必要的，在做安装工作的时候，一定要做好它的相关技术要点，这样才能让铸铁管的安装更加牢固，为以后的使用打下坚实的基础。

（6）铸铁管承插口堵塞所用的油麻辫应有韧性、纤维较长和无麻皮，并应经石油沥青渗透后晾干。在连接铸铁管时，青铅接口要求青铅的纯度为 99%。在抬运铅水时，应该戴脚罩，以防止烫伤。

（7）铸铁管在寒冷的冬季安装时，橡胶圈可用热水预热，以减少硬度，迅速安装。在沿直线敷设的铸铁管道中，承插接口环形间隙应均匀。

（8）安装法兰铸铁管道时，应采用不同长度的管道调节，不得强行连接。

ZBE019　水泥管道的安装要求

（二）水泥管道的安装要求

水泥管道是一种应用广泛的水泥制品，主要是由水泥、钢筋及其他材料共同加工作业制成的。它可以作为城市的下水管道，以及一些特殊厂矿里使用的上水管、水电管外层等。具体安装要求有以下几点：

（1）管径在 400mm 以下的水泥管，多制成承插口形状。

（2）水泥管承插口的接口方法是在承插口中填入 1∶3 的水泥砂浆。

（3）用膨胀水泥或石棉水泥做承接口材料时，其填塞深度为承接口深度的 1/2～2/3。

（4）石棉水泥接口填塞油麻辫的粗细应为接口间隙的 1.5 倍。

（5）水泥管道在井位处稳管时，应控制好检查井的内径尺寸，稳管的管口间隙为 10mm。

（6）水泥石棉打口，表面应平整严实，并应加湿养护 24h，寒冷季节应有防冻措施。

ZBE021　玻璃钢管道的安装要求

（三）玻璃钢管道的安装要求

玻璃钢管道是一种轻质、高强、耐腐蚀的非金属管道。玻璃钢管道从应用领域主要有：石油管道、化工管道、电力管道、制药管道、造纸浆液管道、城市给排水管道、工业污水管道、海水淡化管道、煤气输送管道、天然气输送管道等。玻璃钢夹砂管道和纤维缠绕玻璃钢夹砂管具有可靠性、安全性及经济性，主要用于埋地管和长输管线，具有轻质高强、抗腐蚀、使用寿命长、运行和维修成本低等特点，可为建设工程节约大量资金。

玻璃钢管道安装时，应遵循以下原则：

（1）玻璃钢管道在安装前应对设备管口、预埋件、预留孔洞、钢结构等涉及管道安装的内容进行复核。

（2）玻璃钢管道的坡度应按图纸的要求进行调整，调整方法可以利用支座达到坡度要求，焊缝应设置在便于检修、观察的地方。

（3）与传动设备连接的玻璃钢管道，安装前内部要处理干净，焊接固定管口一般应远离设备，以避免焊接产生应力对传动设备安装精度的影响。

（4）玻璃钢管道与机器连接前，应防止强力相对，在自由状态下检查法兰的平行度和同轴度。

（5）安全阀应垂直安装，在投入试运行时，要及时调校安全阀。安全阀的最终调校在系统上进行，开启和回座压力要符合设计文件的规定。

（6）阀门安装前，按设计文件核对其型号，并按介质流向确定其安装方向。当阀门与玻璃钢管道以法兰或螺纹方式连接时，阀门应在关闭状态下安装，如以焊接方式安装时，阀门不得关闭。

（7）所有仪表元件安装时，均采用临时元件替代，等试压、冲洗、吹扫工作结束后，投料前再正式安装。

（8）玻璃钢管的管径在 65mm 以下时，也可以用螺纹连接。玻璃钢管常温下使用压力可达 3MPa。

（9）玻璃钢夹砂管道管与管之间的接口形式，采用的是承插式双 O 形密封圈连接。

（10）玻璃钢管道安装时，每一道承插接口，可以用手动打压泵，打水压至 1.5 倍的管路工作压力。

（11）在使用挖掘机作为顶进设备时，一定不要采用起臂的方法进行安装，而应采用转动挖掘机头的方法缓慢安装。

玻璃钢管也适用于不锈钢管或其他金属管的连接。

二、技能要求

（一）准备工作

1. 设备

序号	名称	规格	数量
1	角向磨光机	220V,φ125mm	1 台
2	工位台	—	1 台
3	气割设备	—	1 套

2. 材料及工具准备

（1）材料准备。

序号	名称	规格	数量
1	石棉绒	—	若干
2	铸铁管	DN200mm	3节
3	闸阀	ZH44-16,DN200mm	
4	承口法兰管件	DN200mm	1节
5	插口法兰管件	DN200mm	1节
6	水泥	425号	若干
7	油麻	—	若干
8	油毡纸	—	1m²

（2）工具准备。

序号	名称	规格	数量
1	卷尺	5m	1个
2	角尺	—	1把
3	手锤	2.5kg	1把
4	大锤	5kg	1把
5	锉刀	—	1把
6	布剪刀	—	1把
7	活动扳手	12in	2把
8	黏凿	2~4mm	2把
		4~8mm	2把
9	錾子	—	1把
10	磨片	φ125mm	2片
11	圈带样板	—	1块

3. 人员要求

1人操作、两人配合,穿戴齐全劳动保护用品。

（二）操作规程

（1）检验管道材质的合格证、检验报告等资料是否符合要求。

（2）定位测量所要安装的铸铁管道相关数据,并依据测量数据进行画线、下料。

（3）用氧乙炔设备进行切割断管。

（4）清理。清除黏砂、飞刺、沥青块等,并用气焊或柴油喷灯烤去承插部位的沥青层,保证管内清洁。

（5）将插口端先套入法兰压盖,再套入胶圈,胶圈边缘与安装线平齐。

（6）定位接管。将要连接的直管的管口放入翻转的橡胶圈内,并校准方位,与另一端接口挤实。

（7）管段插入承口后,检查承插质量是否符合标准要求。

（8）复检后,安装阀门并紧固螺栓,使胶圈均匀受力,螺栓紧固不得一次到位,要逐个逐次渐进式均匀紧固。

（三）注意事项

（1）安装法兰铸铁管时，应采用不同长度的管道调节，不得强行连接。

（2）安装前，应在插口上画好安装线，承插口端部的间隙取 5～10mm，安装线所在的平面应与管道的轴线垂直。

（3）在铸铁管推进过程中，尽量保证插入管的轴线与承口轴线在同一直线上。

（4）正确使用操作工具，严禁野蛮操作。

（5）安装完成后必须进行通水试验，以防渗漏现象。

项目三　热熔连接 PP-R 管

一、相关知识

ZBE020 塑料管道的组对要求

（一）塑料管道的组对要求

（1）直径小于 200mm 的挤压硬塑料管多采用承插连接。

（2）地下埋设管道应先用细砂回填至管上皮 100mm，上覆过筛土，夯实时勿碰损管道。

（3）管道在穿基础墙时，应设置金属套管。套管与基础墙预留孔上方的净空高度，设计无要求时不应小于 100mm。

（4）安装时先将立管上端伸入上一层洞口内，垂直用力插入至标记为止，一般预留胀缩量为 20～30mm。

（5）管道安装时，不得有轴向扭曲，穿墙或楼板时，不宜强制校正。

（6）给水聚丙烯管与其他金属管道平行敷设时应有一定的保护距离，净距离下宜小于 100mm，且聚丙烯管宜安装在金属管道的内侧。

（7）排水塑料管必须按设计要求装伸缩节。如设计无要求，伸缩节间距不大于 4m。

（8）切割管材，必须使端面垂直管轴线。管材切割一般使用管子剪或管道切削机。必要时可使用锋利的钢锯，但切割后管材断面应去除毛边和毛刺。

（9）塑料管道的焊接是在聚合物的黏流态下进行的，要经历三种状态的转变。塑料管道安装前，应对安装插口进行承插试验，但不得全部插入，一般为承口的 3/4 深度。

ZBE011 胀接的原理

（二）胀接的原理

胀接又称碾接，是指用胀管器利用金属的塑性变形和弹性变形的性质把管道扩大，消除管道与管孔的间隙借助外力将管道与管板胀接成为一体的严密连接方法，有机械法、爆炸法和液压等。

胀管器可分为前进胀管器和后退胀管器两类。胀大值（H）在 1%～3% 之间，对厚壁管和有色金属应取较大值。其原理是：管板孔壁减薄而发生塑性变形，管壁产生弹性变形，从而使胀口达到紧固且密封。胀管器取出后，因为管孔是弹性变形，试图恢复原状而向管道产生挤压力，而管壁是塑性变形，无法恢复原状，从而使管壁与管孔紧密地结合在一起。可以避免焊接变形，同时也便于维修时更换损坏的管道。

(三)胀接的准备要求

ZBE012 胀接的准备要求

(1)胀接前,需要进行试胀工作,已确定合适的胀管率和控制胀管程度的方法。

(2)试胀用的试件材质、厚度、直径、加工精度及工具、工艺和操作人员均应与正式胀管一样。

(3)胀接开始前,一定要用氯化碳或汽油将管孔或管端上的油脂清洗干净,待胀接管长度内的铁锈应清除干净。

(4)管端和管板孔壁都需打磨至见金属光泽。

(5)胀管工作宜在环境温度0℃以上时进行,温度过低应采取措施,防止胀口出现冷脆裂纹。

(6)待胀接的钢管端面应与管中心线垂直。

(7)准备胀接时,管板孔壁除工艺要求采用机加工环向沟槽外,不得存在其他任何顺管长度方向的机械损伤。

(8)待胀接的钢管端部应经退火处理。

(四)胀接的检验标准及注意事项

ZBE015 胀接的检验标准

1. 检验标准

胀接过程中,应随时按下列质量标准进行胀接检验:

(1)当管外径为32~62.5mm时,管外端伸出长度为10mm。偏差不应超过±3mm。

(2)当管外径为70~108mm时,管外端伸出长度为12mm,偏差不应超过±3mm。

(3)管口翻边斜度为15°,并伸入管孔口1~2mm处开始倾斜。翻边根部开始倾斜处应紧贴管孔壁面。

(4)胀口不应有过胀偏挤(单边)现象。

(5)胀口率应为1%~1.9%。

(6)胀口内壁由胀大部分过渡到未胀部分应均匀平滑,不得有切口和沟槽。

(7)翻边喇叭口的边缘上不得有裂纹。

(8)胀口应有足够的严密性,水压试验不应有渗漏现象。

在胀接过程中,根据上述标准,应随时检查胀口的胀接质量,及时发现和消除缺陷,并对检查结果做完整记录。

ZBE014 胀接的注意事项

2. 注意事项

(1)正式胀接之前应先进行试胀。还要用氯化碳或汽油将管孔和管端上的油脂清洗干净。

(2)试胀前,应首先测定管道与管板的硬度值是否匹配。如果两者硬度值相差很小时应对管道端部进行退火热处理。

(3)试胀应在试胀工艺试板上进行。试板应与产品管板的材料、厚度、管孔大小一致,试板上孔的数量应不少于5个。

(4)试胀所用管道的材料、规格应与产品用换热管一致,但长度可不一致,一般为管板厚度加50mm。

(5)胀管率应在1%~1.9%之间选取。

(6)翻边胀管时,为避免邻近的胀口松弛,应采取反阶式的胀管顺序。

（7）胀管器放入管内时,应保持胀杆正对管孔中心。

（8）胀口内壁应平滑、无凹陷、擦伤、重皮和起皮现象。

（9）需要补胀的接口,应使用翻边胀管器补胀。补胀好后,应对其邻近的几个胀口稍加补胀,以免受到影响而松弛,同一个胀口的补胀次数不宜超过两次。

（五）塑料管胀接的方法和形式

> ZBE013 塑料管胀接的方法

1. 塑料管胀接的方法

塑料管的胀接方法是利用塑料的塑性变形和弹性变形的性质使管端膨胀,然后将其连接。当胀管器对管端及管板管口的挤压力达到一定值时,管板内孔依靠弹性变形,紧紧地固住已发生塑性变形的管端,达到胀接目的。

机械胀接由于驱动力不同分为手动、风动、电动及液压马达驱动四种。当确定胀接机械类型后,应按设计要求加工管板孔。光孔胀接适用于介质压力不大于 0.6MPa,工作温度小于 300℃ 的条件。胀接时,管端喇叭口的翻边应与管道的中心线成 12°~15° 角。机械胀接时,管端喇叭口的翻边应伸入管孔 1~2mm 为宜。

> ZBE016 机械胀接的形式

2. 机械胀接的形式

机械胀管采用斜柱式,又称滚柱胀接法。胀接时,先将换热管与折流板、管板穿好并找正,在一端将换热管伸出管板 2~2.5mm 并找正,在另一端用托棒将换热管固定后即可开始胀管。先完成一端管道,另一端要进行修模后再进行胀接。

机械胀接时,管端喇叭口的翻边应伸入管孔 1~2mm 为宜。胀壳弹子槽轴心线的偏斜角通常为 2° 为宜。胀接形式按胀紧度可分为贴胀和强度胀。贴胀是为了消除换热管与管板孔之间缝隙的轻度胀接。强度胀接是为了换热管与管板连接的密封性能及抗拉脱强度的胀接。贴胀作用是可以消除缝隙腐蚀和提高焊缝的抗疲劳性能。胀管时,必须从管板中心开始,逐步向周围成圆形(或正三角形)扩散,以逐步消除应力。

二、技能要求

（一）准备工作

1. 设备

名称	规格	数量	备注
热熔器	RJD-2 型	1 套	与管材配套

2. 材料及工具准备

（1）材料准备。

序号	名称	规格	数量	备注
1	计算纸	A4	1 张	—
2	PPR 管	φ20mm×2.8mm	3m	—
3	PPR 管弯头	—	若干	与管材配套
4	PPR 管三通	—	若干	与管材配套
5	PPR 管阀门	—	若干	与管材配套

（2）工具准备。

序号	名称	规格	数量	备注
1	卷尺	5m	1个	—
2	角尺	—	1把	—
3	钢板尺	500mm	1把	—
4	锯弓	—	1把	—
5	锯条	—	1把	—
6	锉刀	—	1把	—

3. 人员要求

1人操作，穿戴齐全劳动保护用品。

（二）操作规程

（1）操作前，应检查连接管段或管件是否有损伤，认真清理管材端口外端油污、杂质和毛刺。

（2）画线、下料切割。切割时必须使PPR管材端面垂直于管的轴线。

（3）调节热熔机温度至熔接工艺要求的范围为（250±10）℃。

（4）加热。无旋转地把管端导入加热模头套内插入到所标识的深度，同时无旋转地把管件推到加热模头上，达到规定标识处。

（5）达到加热温度后，立即把PPR管材、管件从加热模具上同时取下，迅速无旋转地直线均匀插入到已热熔的深度，使接头处形成匀凸缘，并要及时控制插入后的反弹。

（6）冷却结束后，拆卸工具，熔接结束。

（三）注意事项

（1）热熔器采用的是三级安全插头，操作时不得随意擅改插头，使用时必须把手插头插入有接地线的插座上。

（2）在使用过程中，手及易燃物不能触及电熔块部位，以免发生意外。

（3）操作时，若红色指示灯长时间不出现跳变，说明仪器出现故障，应立即停止工作，并切断电源。

（4）正确使用操作工具，严禁野蛮操作。

（5）安装完成后必须进行通水试验，以防渗漏现象。

项目四 制作简易管式换热器

一、相关知识

（一）管道的布置要求

1. 特殊管道的布置要求

（1）液化烃管道的布置要求。

① 液化烃管道应地上敷设。当采用管沟敷设时，应采取防止液化烃在管沟内积聚的措施；并在进出装置及厂房处密封隔断。

ZBE046 特殊
管道的布置安
装要求

② 在两端有可能关闭且因外界影响可能导致升压的液化烃管道上，应采取安全措施。

③ 液化烃管道的热补偿应为自然补偿。

（2）氢气管道的布置要求。

① 氢气管道布置时，若管道输送的为湿氢，则管道敷设应有不小于0.003的坡度，管道的低点应设放净阀。氢气管道宜地上敷设。

② 氢气管道的连接宜采用焊接，但与设备或阀门等的连接可采用法兰连接。

③ 氢气输送湿氢的管道坡度不应小于0.003，管道的低点应设放净阀。

④ 氢气放空管上的阻火器应靠近放空口端部位布置。

（3）氧气管道的布置要求。

① 氧气管道易于架空敷设，并敷设在不燃烧材料组成的支架上。

② 氧气管道的连接应采用焊接，但与设备或阀门的连接可采用法兰或螺纹连接。

③ 氧气管道的弯头或三通不应与阀门的出口直接相连，阀门出口侧易有长度不小于5倍管道的外径，且不小于去1.5m的直管段。

④ 氧气管道不应使用异径法兰。

⑤ 氧气管道布置时，每隔80~100m处及进出厂房处应设置静电接地。

（4）真空管道的布置要求。

① 真空管道的设计应逐段进行压力计算，应以管道短，弯头数量少为原则。

② 真空泵的止回阀应设在泵进口切断阀的上游。当有备用泵时，总管上可用一个止回阀。

③ 引入蒸汽喷射泵的蒸汽管道，不得与其他用途蒸汽管道相连接，且应单独引至各喷射泵。

④ 多级蒸汽喷射泵的中间冷凝器的冷凝排出管（大气腿）不宜共用，每级喷射泵应有各自的大气腿，大气腿宜垂直插入分水中，如不能垂直插入分水中，可采用小于45°的弯头改变管道走向。大气腿的高度应根据工作中可能达到的最低绝压来计算，且不小于10m。大气腿上不应设置阀门。

（5）低温介质管道的布置要求。

① 低温介质管道的布置在满足管道柔性下应使管道短，弯头数量少，且应减少"液袋"。

② 低温介质管道应利用管道自然形状达到自然补偿。

③ 低温介质管道间距应根据保冷厚度法兰、阀门、测量元件的厚度及管道的侧向位移来确定。

④ 低温介质管道上的法兰不宜与弯头或三通焊接。

2. 夹套管道的安装要求

ZBE022 夹套管道的安装要求

夹套管在石油化工、化纤等装置中应用较为广泛，它由内管（主管）和外管组成。一般工作压力小于或等于25MPa、工作温度-20~350℃，材质采用碳钢或不锈钢，内管输送的介质为工艺物料，外管的介质为蒸汽、热水、冷媒或联苯热载体等。

夹套管的管道安装垂直偏差小于等于1/1000时，最大不超过15mm，水平偏差应小于等于1/1000最大不超过20mm。夹套管的形式有内管焊缝隐蔽型和外露型两种。夹套管同一焊缝的同一部位返修次数不锈钢不应超过1次。安装时所用的管件必须符合规范《石油化工有毒、可燃介质钢制管道工程施工及验收规范》（SH3501—2011）的规定。全夹套封闭前，内管焊缝应裸露，以便进行无损检测。

夹套管的安装形式有内管焊缝隐蔽型和外露型两种。隐蔽型主要是内外管都焊在法兰上，通过法兰连接使内管相通，外管需另一条管道跨过法兰使套管连通。外露型是采用外管用管帽或大小头直接焊在内管管壁上的一种施工方法。

夹套管安装时应注意：管道内必须吹扫干净；下料准确；内管焊缝应进行100%探伤检查，外管焊口按比例进行探伤检查；内管应按规定焊接定位板和导向板；内管经试压合格后再进行外管安装，外管安装后进行试压。

3. 蒸汽管道的布置要求

一般装置的蒸汽管道宜架空敷设，不宜管沟敷设，更不应埋地敷设。由工厂系统进入装置的主蒸汽管道，一般布置在管架的上层。

ZBE048 蒸汽管道的布置要求

蒸汽管道应按下列要求布置：

（1）蒸汽支管应自蒸汽主管的顶部接出，支管上的切断阀应安装在靠近主管的水平管段上，以避免存液。

（2）不得从用汽要求很严格的蒸汽管道上接出支管作其他用途。

（3）蒸汽支管的低点，应根据不同情况设排液阀或疏水阀。

（4）在蒸汽管道的方形补偿器上，不得引出支管。在靠近方型补偿器两侧的直管上引出支管时，支管不应妨碍主管的变形或位移。因主管热胀而产生的支管引出点的位移，不应使支管承受过大的应力或过多的位移。

（5）凡饱和蒸汽主管进入装置，在装置侧的边界附近应设蒸汽分水器，在分水器下部设经常疏水措施。过热蒸汽主管进入装置，一般可不设分水器。

（6）多根蒸汽伴热管应成组布置并设分配管，分配管的蒸汽宜就近从主管接出。

（7）直接排至大气的蒸汽放空管，应在该管下端的弯头附近开一个 $\phi6mm$ 的排液孔，并接 $DN15mm$ 的管道引至排水沟、漏斗等合适的地方。如果放空管上装有消声器，则消声器底部应设 $DN15mm$ 的排液管并与放空管相接。放空管应设导向和承重支架。

（8）连续排放或经常排放的乏汽管道，应引至非主要操作区和操作人员不多的地方。

蒸汽管道布置时，主管进入装置界区的切断阀上游和主管末端应设排液设施。蒸汽支管应从主管的顶部接出，当工艺要求支管上设置切断阀时，切断阀应布置在靠近主管的水平管段上。水平敷设的蒸汽主管道上排液设施的间隔在装置内时，饱和蒸汽管道间隔不宜大于80m，过热蒸汽管道间隔不宜大于160m。架空蒸汽管道一般宜沿建筑物、构筑物或其他管道共架敷设。采用高支架敷设时，其净高一般为4.5m以上，当管道跨越铁路、公路或交通要道时，如设计无要求时应按一般要求操作。无论哪种形式的热力地沟，保温层外壳至沟壁、沟底及相邻两根保温层表面净距离应大于或等于150mm，距沟顶净距应大于或等于100mm。水平敷设的蒸汽主管道上排液设施的间隔在装置外顺坡时宜为300m，逆坡时宜为200m。

ZBE047 泄压排放管道的布置安装要求

4. 泄压排放管道的布置要求

（1）由于管道布置形成的高点或低点，应根据操作、维修等需要设置放气管、排液管或切断阀。

（2）管道高点放气口应设在管道的顶部，管道低点排液口应设在管道的底部。

（3）对于全厂性的工艺、凝结水和水管道，在历年最冷月月平均温度的平均值高于0℃的地区，应少设低点排液；低于或等于0℃的地区，应在适当位置设低点排液。

（4）全厂性管道的低点排液如允许直接排放时，可在主管底部接出短管加法兰盖封闭。

（5）蒸汽主管（干管）的排液设施应包括分液包、切断阀和疏水阀。

（6）放气或排液管上的切断阀，宜用闸阀。对于高压、极度及高度危害介质的管道应设双阀，当设置单阀时，应加盲板或法兰盖。

（7）连续操作的可燃气体管道低点的排液阀应为双阀，排出的液体应排放至密闭系统。

（8）仅在开停工时使用的排液阀，可设一道阀门并加螺纹堵头、管帽、盲板或法兰盖。可燃液体管道及大于2.5MPa蒸汽管道上的排液管装一个切断阀时，应在端头加管帽（管堵）、盲板或法兰盖。

（9）设备或管道上的可燃气体安全泄压装置允许向大气排放时，排放口的高度应高出以安全泄压装置为中心、半径为8m范围内的操作平台。

（10）设备和管道上的蒸汽及其他非可燃介质经安全泄压装置向大气排放时，操作压力大于4MPa的蒸汽管道排放口的高度应高出建筑物顶3m以上。

（11）设备和管道上的蒸汽及其他非可燃介质经安全泄压装置向大气排放时，操作压力为0.6~4MPa的蒸汽管道排放口高度应高出以安全泄压装置为中心、半径为4m范围内的操作平台。

（12）设备和管道上的蒸汽及其他非可燃介质经安全泄压装置向大气排放时，操作压力小于等于0.6MPa的蒸汽管道排放口高度应高出邻近操作平台或建筑物顶1.8m以上。

（13）工业用水管道上的泄压排放管口宜就地朝下排放，泄压排放管道的排放口不得朝向邻近设备或行人通过的区域。

（二）有色金属管道的安装要求

ZBE025 有色金属管道的安装要求

有色金属管道安装时，应防止其表面被硬物划伤。铜、铝钛管调直，宜在管内充砂，用调直器调整，不得用铁锤敲打。调直后，管内应清理干净。有色金属管道与不锈钢管道采用氩弧焊连接。铝合金管对口间隙应为0.5~1mm。

1. 铜管的安装要求

大口径的铜管在焊接中，可采用加补焊环的方法焊接。铜管连接时，当直径大于50mm时，其安装偏差不应大于2mm；当公称直径小于或等于50mm时，其偏差不应大于1mm。铜合金管结疤块高度不得大于0.03mm。铜合金管表面纵向划痕深度不得大于0.04mm。翻边连接的管道，应保持同轴。

2. 不锈钢和有色金属管道的安装要求

（1）不锈钢和有色金属管道安装时，表面不得出现机械损伤。使用钢丝绳、卡扣搬运或吊装时，钢丝绳、卡扣等不得与管道直接接触，应采用对管道无害的橡胶或木板等软材料进行隔离。

（2）安装不锈钢和有色金属管道时，应采取防止管道污染的措施。安装工具应保持清洁，不得使用造成污染的黑色金属工具。不锈钢、镍及镍合金、钛及钛合金、锆及锆合金等管道安装后，应防止其他管道切割、焊接时的飞溅物对其造成污染。

（3）有色金属管道组成件与黑色金属管道支承件之间不得直接接触，应采用同材质或对管道组成件无害的非金属隔离垫等材料进行隔离。

（4）铜及铜合金、铝及铝合金、钛及钛合金管的调直，宜在管内充砂，不得用铁锤敲打。调直后，管内应清理干净。

（5）用钢管保护的铅、铝及铝合金管，在装入钢管前应经试压合格。

（6）不锈钢、镍及镍合金管道的安装，应符合下列规定：

① 用于不锈钢、镍及镍合金管道法兰的非金属垫片，其氯离子含量不得超过 50×10^{-6}。

② 不锈钢、镍及镍合金管道组成件与碳钢管道支承件之间，应垫入不锈钢或氯离子含量不超过 50×10^{-6} 的非金属垫片。

③ 要求进行酸洗、钝化处理的焊缝或管道组成件，酸洗后的表面不得有残留酸洗液和颜色不均匀的斑痕。钝化后应用洁净水冲洗，呈中性后应擦干水迹。

（7）铜及铜合金管道连接时，应符合下列规定：

① 翻边连接的管道应保持同轴，当公称尺寸小于或等于 50mm 时，允许偏差不应大于 1mm；当公称尺寸大于 50mm 时，允许偏差不应大于 2mm。

② 螺纹连接的管道，螺纹部分应涂刷石墨甘油。

③ 安装铜波纹膨胀节时，其直管长度不得小于 100mm。

（三）管道预拉伸

管道的预拉伸一般指高温或管径比较大的管道，比如蒸馏装置的减压转油线，在正常运行状态时管道有一定的伸长量，当检修时都要用倒链预拉伸，防止拆开连接后法兰错口，保证检修完毕后法兰能顺利恢复对中。热力管道的预拉伸一般是用于消除二次应力，通常在方形补偿器两侧进行预拉伸。其拉伸量与温度有关系，300℃以下为伸长量的50%，300℃以上为伸长量的70%。

> ZBE023 管道预拉伸前应具备的条件

预拉伸的作用在于减小热变形和热应力。在冷态对管道和热补偿件进行预拉伸，拉伸量为膨胀量的一半，这样，安装时管道各部分受拉应力，热态工作时其压应力相对会小一些。

同理，低温工作下的管道要预压缩。

管道预拉伸前，应具备以下条件：

（1）管道预拉伸前，预拉伸区域内固定支架间所有管口（预拉口除外）的焊接、探伤、热处理工作应全部完成。

（2）管道预拉伸前，预拉伸区域的支、吊架应安装完毕，管道与固定支架已固定处理完毕，预拉口附近的支吊架已预留足够的调整余量。

（3）需热处理的预拉伸管道焊缝，在热处理完毕后方可拆除预拉伸前安装的临时卡具。

（4）管道预拉伸是用于减小热变形和热应力。

（5）在冷态对管道和热补偿件进行预拉伸，拉伸量为膨胀量的一半。

（6）安装时，管道预拉伸各部分受拉应力作用，其压应力相对会小一些。

（四）室内、外给水、排水管道的布置安装要求

1. 室外给水管道的布置、安装及敷设要求

（1）布置要求。

> ZBE040 室外给水管道的布置要求

室外给水管道的布置应满足各用户对水量和水压的要求，并尽可能缩短管线长度、减少土方量、方便维修。室外给水管网形式有环状和枝状两种。枝状布置的投资少，但若管道损

坏会影响损坏点以后各用户的用水,供水安全可靠性差,一般在允许间断供水的小区采用。环状给水管网能前后贯通,连接成一个环状,管道较长一次投资高,但安全可靠性好,便于停水维修。

室外给水干管应布置在用水量大或不允许间断供水的配水点附近,既利于供水安全,又可减少流程中不合理的转输流量,节省管材。应力求管路简短,以减少工程量,降低造价。

室外给水管道布置引入管时,其间距不得小于10m,并在两条引入管之间的室外给水管上装阀门。在不允许间断供水的建筑,应从室外环状管网不同管段引入,室外引入管不少于2条。管道尽可能与墙、梁、柱平行,呈直线走向。在管道或保温层外皮的上、下应留有不小于150mm的净空间。

ZBE041 室外给水管道的安装要求

（2）安装要求。

① 给水管道埋地敷设时,应在当地冰冻线以下,且覆土厚度不小于500mm,穿越道路的部位的埋深不得小于700mm。

② 室外钢制管道水平纵、横方向安装时,每米管道安装的允许偏差值为1mm。

③ 室外钢制管道水平纵、横方向安装时,管道全长25m以上的允许偏差值不大于25mm。

④ 室外铸铁管道水平纵、横方向安装时,每米管道安装的允许偏差值为2mm。

⑤ 室外钢制管道垂直安装时,每米管道的立管垂直度允许偏差值为3mm。

⑥ 捻口所用的油麻必须清洁,填塞后捻实,其深度应占整个环形间隙深度的1/3。

⑦ 采用橡胶圈接口的埋地给水管道,在回填土前应用沥青胶泥,沥青麻丝等材料封闭胶圈接口。

⑧ 室外塑料管、复合管道水平纵、横方向安装时,每米管道安装的允许偏差值为1.5mm。

⑨ 室外钢制管道垂直安装时,管道在5m以上的垂直度允许偏差值不大于8mm。

ZBE042 室外给水管道的敷设要求

（3）敷设要求。

① 最佳水力条件如下:

a. 给水管道布置应力求短而直。

b. 为充分利用室外给水管网中的水压,给水引入管宜布设在用水量最大处或不允许间断供水处。

c. 室内给水干管宜靠近用水量最大处或不允许间断供水处。

② 维修及美观要求如下:

a. 管道应尽量沿墙、梁、柱直线敷设。

b. 对美观要求较高的建筑物,给水管道可在管槽、管井、管沟及吊顶内暗设。

c. 为便于检修,管井应每层设检修门。暗设在顶棚或管槽内的管道,在阀门处应留有检修门。

d. 室内管道安装位置应有足够的空间以利拆换附件。

e. 给水引入管应有不小于0.003的坡度坡向室外给水管网或坡向阀门井、水表井,以便检修时排放存水。

③ 生产及使用安全要求如下:

a. 给水管道的位置,不得妨碍生产操作、交通运输和建筑物的使用。

b. 给水管道不得布置在遇水能引起燃烧、爆炸或损坏原料、产品和设备的上面,并应尽量避免在生产设备上面通过。

c. 给水管道不得穿过商店的橱窗、民用建筑的壁橱及木装修等。

d. 对不允许断水的车间及建筑物,给水引入管应设置两条,在室内连成环状或贯通枝状双向供水。

e. 对设置两根引入管的建筑物,应从室外环网的不同侧引入,如不可能且又不允许间断供水时,应采取下列保证安全供水措施之一:

(a)设储水池或储水箱。

(b)有条件时,利用循环给水系统。

(c)由环网的同侧引入,但两根引入管的间距不得小于10m,并在接点间的室外给水管道上设置阀门。

④ 保护管道不受破坏要求如下:

a. 给水埋地管道应避免齐置在可能受重物压坏处。管道不得穿越生产设备基础;在特殊情况下,如必须穿越时,应与有关专业协商处理。

b. 给水管道不得敷设在排水沟、烟道和风道内,不得穿过大便槽和小便槽。

c. 给水引入管与室内排出管管外壁的水平距离不宜小于1.0m。

d. 建筑物内给水管与排水管平行埋设或交叉埋没的管外壁的最小允许距离,应分别为0.5m和0.15m(交叉埋没时,给水管宜在排水管的上面)。

e. 给水横管宜有0.0027、0.005的坡度坡向泄水装置。

f. 结水管道穿楼板时宜预留孔洞,避免在施工安装时凿打楼板面。孔洞尺寸一般较通过的管径大50~100mm。管道通过楼板段应设套管。

g. 给水管道穿过承重墙或基础处应预留洞口,且舍顶上部净空不得小于建筑物的沉降量,一般不小于0.1m。

h. 通过铁路或地下构筑物下面的给水管,宜敷设在套管内。

i. 给水管不宜穿过伸缩缝、沉降缝和抗震缝,必须穿过时应采取有效措施。

j. 室外给水管道敷设时,管槽开挖应以直线为宜,槽底开挖宽度为公称直径(DN)加上300mm。若遇到管道在地下连接,应适当增加接口处槽底宽度,管道槽底宽度不宜小于管道公称直径(DN)加500mm。

k. 当室外给水管道人工开挖管槽时,要求沟槽底部平整、密实,无尖锐物体。

l. 当室外给水管道横穿车行道达不到设计深度时,应采取敷设钢制套管的措施进行保护。

m. 室外给水管道埋设在车行道下时,管道埋设时最小管顶覆土深度不应小于800mm。室外给水管道埋设在人行道下时,管道埋设时最小管顶覆土深度不应小于600mm。

ZBE043 室外排水管道的连接要求

2. 室外排水管道的布置要求

室外排水系统可分为污水和雨水排除两部分。污水和雨水分别排放称为分流制,污水和雨水用同一管道系统排放称为合流制,分流制有利于保护环境卫生,有利于污水的综合利用。合流制可减少管材用量,造价低,但因有时污水流量小,流速很低,易于淤积,影响环境卫生。

室外排水管道采用承插铸铁管连接时,一般采用1∶9水灰比(重量比)的水泥打口。室外排水管道采用套环接口连接时,水泥应选用3∶7的配合比(重量比)拌好填料。当管径大于 700mm 的对口缝隙较大时，在管内应用草绳塞严缝隙，等外部灰口打完再取出草绳。室外排水管道采用平企口接口的连接时，当管径大于 600mm，该对口应留有 10mm 缝隙。生活排水管道黏接连接系统，立管伸缩节的布置，应以不影响或少影响汇合部位相连通的管道产生位移为准则。敷设在室外雨落水管的雨水、空调凝结水排水，应排入室外明沟或散水坡，泄水口高度由当地的气候和环境条件确定。

承插排水管和管件的承口（带有双承口的管件除外），应与水流方向相反。管道穿入检查井井壁处，应严密不漏水。非金属污水管道应做渗水量试验。排出腐蚀性的污水管道不允许渗漏。

> ZBE045 室内给水管道的布置要求

3. 室内给水、排水管道的布置要求

（1）给水管道的布置要求。

室内给水管道布置时，各种给水系统可按照水平配水干管的敷设位置，布置成上行下给式、下行上给式和环装式三种管网形式。

室内给水管道宜布置成枝状管网，单向供水。不宜穿越伸缩缝、沉降缝及变形缝。需暗设时，敷设在找平层或管槽内的给水支管外径不宜大于 25mm。应离大、小便槽端部不得小于 500mm。不得妨碍生产操作、交通运输和建筑物的使用。不得布置在遇水会引起燃烧、爆炸的原料、产品和设备的上面。

室内给水方式应根据室外管网的水压和水量、建筑物的高度、卫生器具及水设备材料的承压能力和使用要求等因素决定，一般可分为直接供水方式、水泵加压供水方式与直接供水和水泵加压混合的供水方式。

> ZBE044 室内排水管道的布置要求

（2）排水管道的布置要求。

排出管是指室内排水管与室外第一检查井之间的连接管段。排水管的长度随室外检查井的位置而定，一般检查井中心至建筑物外墙的距离在 3~10m 范围内。

排水立管一般沿卫生间墙角设置，穿过楼板应预留孔洞，管顶部应设伸顶通气管，通气管顶端应设通气帽，其通气孔净面积不应小于管道截面面积的 2 倍。室内金属排水管道上的吊钩或卡箍应固定在承重结构上，固定件间距为横管不应大于 2m。室内埋在地下或地板下的排水管道的检查口，应设在检查井内。井底表面标高与检查口的法兰相平，井底表面应有 5% 的坡度，坡向检查口。室内污水排出管道起点的清扫口与管道相垂直的墙面距离不得小于 200mm。在室内污水排水横管的直线管段上，应按设计要求的距离设置检查口或清扫口。室内排水管道的排水通气管不得与风道或烟道连接。

二、技能要求

（一）准备工作

1. 设备

序号	名称	规格	数量
1	电焊机	—	若干
2	气割工具	—	若干
3	角向磨光机	220V，ϕ125mm	1 台

2. 材料及工具准备

（1）材料准备。

序号	名称	规格	数量
1	无缝钢管	$\phi 60\text{mm}\times 3.5\text{mm}$	若干
2	焊接弯头	$DN50\text{mm}, R=90°, 1.5D$	3 个
3	平焊法兰	$DN50\text{mm}, PN1.6\text{MPa}$	4 片
4	钢法兰阀门	$Z44H-16, DN50\text{mm}$	2 个
5	单头螺栓	$M16\times 60\text{mm}$	8 条
6	橡胶石棉垫	$\delta=3\text{mm}$	2 片
7	石笔	—	若干

（2）工具准备。

序号	名称	规格	数量
1	卷尺	5m	1 个
2	角尺	500mm	1 把
3	钢板尺	1000mm	1 把
4	水平尺	—	1 把
5	手锤	0.75kg	1 把
6	划针	—	1 个
7	样冲	—	1 个
8	锉刀	—	1 把
9	砂轮片	$\phi 125\text{mm}$	2 片
10	钢丝刷	—	1 把
11	圈带样板	—	1 张

3. 人员要求

1 人操作、电气焊配合，穿戴齐全劳动保护用品。

（二）操作规程

（1）识读图纸，准确了解图纸所要表达的含义。

（2）可根据图纸要求绘制管道组装草图，准确掌握管路走向。

（3）测量所给阀门、弯头、法兰片等附件的长度、厚度尺寸数据，根据以上测量出的尺寸数据进行计算、下料。

（4）切割、打磨下料管段，清理管口切割飞溅。

（5）分段预制。先进行主管管段的组对、点焊，完成后尺寸复检。

（6）分段组对。再进行支管管段的组对、点焊，完成后尺寸复检。

（7）复检符合要求后分别进行施焊，焊后及时清理焊口。

（8）总体组装。先进行阀门一侧的管路组装，完成后进行组装质量复检；符合要求后再进行另一侧组装，完成后再进行整体组装质量复检。

(三) 注意事项

(1) 管件测量方法正确,测量数据精准;计算应准确无误,画线下料应精准。

(2) 切割时应及时与操作人员准确表达所要切割的位置,切割完成后及时清理氧化铁等杂物。

(3) 组对主管管段时,应注意保证管段两端法兰孔平行。

(4) 弯头、法兰与管段进行组对支管管段时,先组对点焊弯头与管段(弯头不摆头),后进行法兰片的组对点焊。

(5) 各部施焊完成进行组装时,应注意两法兰直线度偏差为±1mm,两侧支管管段平行度偏差为±1mm。

(6) 法兰片组对时,注意管段的插入深度是否符合要求。

(7) 及时清理切割及施焊后的飞溅、氧化铁等杂物。

(8) 正确使用测量工具及操作机具,严禁野蛮操作。

项目五 管道吹扫

一、相关知识

ZBH008 管道吹扫接头管径的确定要求

(一) 管道吹扫接头管径的确定要求

在工艺管道安装吹扫过程中,吹扫接头的选择应遵循以下要求:

(1) 当被吹扫的管道公称直径 $DN<100mm$ 时,吹扫接头直径应选用 20~25mm。

(2) 当被吹扫的管道公称直径为 100~200mm 时,吹扫接头直径应选用 25~40mm。

(3) 当被吹扫的管道公称直径为 200~250mm 时,吹扫接头直径应选用 40~50mm。

(4) 当被吹扫的管道公称直径 $DN>250mm$ 时,吹扫接头直径应选用 50~80mm。

(5) 对于吹扫渣油、沥青及油浆等介质,管道的吹扫接头管径应适当增加一级。

(6) 吹扫接头的管径是根据被吹扫管道的介质、管径及长度确定的。

ZBH001 跨越管道的试压要求

(二) 跨越管道的试压要求及吹扫、通球要求

跨越管道试压前,应用清管器进行吹扫。用空气吹扫时,出口最小流速不得小于20m/s。用水清扫时,水的流速不得小于 1~1.5m/s。跨越管道的吹扫、试压和通球分为管端和整体两个阶段。管段的分段吹扫、试压应在管段组装、焊接完并经检验合格后进行;跨越管段的整体吹扫、试压和通球应在跨越管道全部完成后进行。

试压介质,应用水或空气,试压所用的压力表,必须经检验合格,其精度不应小于 2 级,表盘直径不应小于 150mm,表的满刻度应为被测压力的 1.5 倍以上,最小刻度不应大于每格 0.02MPa,压力表不得少于 2 块,分别装在试压管道两端;试压温度计读数刻度不得大于1.0℃,并经检验合格,安装位置应避免阳光暴晒。

1. 跨越管道的试压要求

(1) 跨越管道强度试验压力应缓慢上升,当压力大于 3.0MPa 时,宜分三次升压。

(2) 在压力为 30%和 60%时,分别稳压 30min,进行全面检查,无问题时升至试验压力。

（3）当试验压力为 2.0~3.0MPa 时，应分两次升压。

（4）当试验压力小于或等于 2.0MPa 时，可一次均匀、缓慢升压。

（5）采用空气介质试验时，每小时升压不得超过 1.0MPa。稳压期间，如有渗漏或异常，应泄压力处理后重新试压直至符合要求。

2. 跨越管道的吹扫、通球要求

（1）跨越管道的吹扫和通球应分为管段和整体两个阶段。

（2）管段的分段吹扫应在管段组装、焊接完成并经检验合格后进行。

（3）跨越管段的整体吹扫、通球应在跨越管道全部组装焊接完成后进行。

3. 跨越管道的计算

【例 3-3-5】　某 $\phi377mm \times 7mm$ 的跨越管道，设计压力为 4.8MPa，求该管道的环向应力是多少？

解：$\sigma_n = pd/2\delta$

$\quad = 4.8 \times 36.3 \div 2 \times 0.7$

$\quad = 124.46(MPa)$

答：该管道的环向应力是 124.46MPa。

【例 3-3-6】　某管道施工时的温度为 3℃，投产后的温度为 47℃，环向应力为 60MPa，求该管线的轴向应力是多少？

解：$\sigma_a = E\alpha(t_0 - t_1) + \mu\sigma_n$

$\quad = 2.6 \times 10^5 \times 1.2 \times 10^{-5} \times (3-47) + 0.3 \times 60$

$\quad = -90.8(MPa)$

答：该管道的轴向应力是 -90.8MPa。

（三）塑料管道的试压要求及注意事项

ZBH002　塑料管道的试压要求

1. 试压要求

（1）塑料管道试验压力应为管道系统工作压力的 2.0 倍，但不得小于 1.5MPa。热水管试验压力也应为工作压力的 2 倍，但不得小于 1.2MPa。

（2）埋地聚乙烯给水管道安装完毕后，应进行水压试验。并对要试压的管段进行划分，管道水压试验的长度不宜大于 1000m。

（3）水压试验前应先向管道系统充水，使系统浸泡，浸泡时间不应少于 12h。还应对试压管段端头支承挡板应进行牢固性和可靠性的检查，试压时，其支承设施严禁松动崩脱，不得用阀门作为封板。

（4）对中间设有附件的管段，分段长度不宜大于 500m，系统中管段的材质不同时，应分别进行试验。

（5）在工作压力的 1.15 倍状态下，稳压 2h，压降不超过 0.03MPa，同时检查各连接处不得渗漏，则为合格品。

2. 注意事项

（1）试验压力值是指管道末端最低点的压力。但若压力最高点的压力超过 1.0MPa，管道应采取分段试压。

（2）对采用黏接的管道，水压试验必须在黏接安装完成 24h 后进行，防止固化时间不够接口脱开。

（3）向试压管段缓慢注水，同时将管内空气排出，逐步将各配水点封堵。

（4）对于如 PE-X 管一类的柔性管材，加压过快过高会产生微量膨胀，导致水压试验发生误差。因此加压应采用手压泵缓慢升压，升压时间不应小于 10min，稳压 1h，以便消除管道膨胀对试压结果的干扰。

（5）稳压 1h 无渗漏现象后，再补压至规定的试压压力值，15min 内的压力降不超过 0.05MPa 为合格。

（四）给排水管道的试压要求及清洗要求

1. 工程常见给排水管道的试压要求

试验压力的大小、保压时间与管道材质有关，下面介绍常用的几种管材的压力试验方法及要求。

（1）建筑内给水管道压力试压要求。

试压前的准备工作如下：

① 试压前应对将要试压的系统进行一次全面的检查，检查系统的各类接口和连接点是否严密，检查系统各支吊架的位置是否正确，安装是否牢靠。

② 备好备齐试压用的试压泵、压力表、切断阀、泄水阀、止回阀、放气阀等。

③ 系统连接，将试压泵与系统连接，且在系统的最高点加设放气阀，最低点加设泄水阀。

（2）硬聚氯乙烯（PVC-U）、氯化聚氯乙烯（PVC-C）、聚乙烯类给水管道压力试压要求。

① 压力试验。

a. 将试压管段各配水点封堵，缓慢向系统供水，同时打开系统最高点的排气阀，待排气阀连续不断地出水时，说明系统充水完毕，关闭排气阀。

b. 系统充满水后，对系统进行水密性检查。

c. 加压宜采用手动加压泵，升压应缓慢，升压的时间不少于 10min。

② 强度试验。

强度试验的试验压力应为工作压力的 1.5 倍，但不小于 0.6MPa，当升压至规定压力时，停止加压，稳压 1h，压力降不得超过 0.05MPa，且系统无明显渗漏，强度试验合格。

③ 严密性试验。

强度试验合格后，泄压至工作压力的 1.15 倍，稳压 2h，压力降不得超过 0.03MPa，且系统的各类接口及连接点无渗漏为合格。

（3）埋地聚乙烯给水管道试压要求。

① 水压试验前的准备工作。埋地聚乙烯给水管道安装完毕后应进行水压试验。

② 水压试验前应先向管道系统充水，使系统浸泡，浸泡时间不应少于 12h。管道充水完毕后应对未回填的管道连接点（包括管子与管道附件的连接部位）进行检查，如发现泄漏，应泄压进行修复。

③ 对要试压的管段进行划分，管道水压试验的长度不宜大于 1000m。对中间设有附件的管段，分段长度不宜大于 500m，系统中管段的材质不同时，应分别进行试验。

④ 管道水压试验前应编制试压方案，试压方案应包括以下内容：

a. 管端后背堵板及支承设计。

b. 进水管路、排气管、泄水管设计。

c. 加压设备及压力表选用。

d. 排水疏导管路设计及布置。

e. 对试压管段端头支承挡板应进行牢固性和可靠性的检查,试压时,其支承设施严禁松动崩脱。不得用阀门作为封板。

f. 备好、备齐试压用的试压泵、压力表。压力表若采用弹簧管压力表时,其精度等级不应低于 1.5 级,压力表的量程范围应为试验压力的 1.3~1.5 倍,表盘直径不应小于 150mm;

g. 试压管段不得包括水锤消除器、室外消火栓等管道附件,试压系统的各类阀门应处在全启状态。给水管道试验压力不应小于 0.6MPa。生活用水与生产、消防合用的管道,试验压力应为工作压力的 1.5 倍,且不大于 1MPa。试验的方法是给管道系统灌满水加压制试验压力,10min 内压降不大于 0.05MPa,然后将试验压力降至工作压力进行外观检查,以不漏为合格。

根据给排水管道施工规范,对于内径大于 700mm 可按管道井段数量抽样选取 1/3 进行试验。无压力管道的闭水试验,一次试验长度一般不超过 5 个连续井段。管道和检查井浸水 24 小时后,此时水位会明显低于原设计水头,故将重新将水位补至设计要求水头位置。管线系统水压试验合格后,先对系统进行泄压,然后打开高点放气阀,再打开排净阀门把试压用水引至下一个试压管段。试验用压力表已经校验,并在周检期内,表的满刻度值应为被测最大压力的 1.3~1.5 倍。放气阀有水溢出时,系统内即灌满水,关闭排气阀。

2. 清洗要求

水冲洗的排放管应从管道末端接出,并接入可靠的排水井或沟中,并保证排泄畅通和安全。排放管的截面积不应小于被冲洗管道截面积的 60%。冲洗用的水可根据管道工作介质及材质选用饮用水、工业用水、澄清水或蒸汽冷凝液。如用海水冲洗时,则需用清洁水再冲洗。

管道冲洗,在安装之前,管道及配件的内外壁必须用 100~300kPa 的高压水冲洗,并能保证将管道内杂物冲洗干净后方可安装。给水管道系统冲洗流速一般不宜小于 3.0m/s。管网冲洗的水流方向应与管网正常运行时的水流方向一致。特殊情况下,给排水管道系统冲洗流速不得低于 1.5m/s,冲洗介质应采用干净自来水,并要求保证连续冲洗。安装后给排水系统的清洗,先把换热设备与系统分离开(即关闭设备进出口阀门),后开启旁通阀。

(五)其他管道的试压、吹扫及清洗要求

1. 供热管网的试压要求及计算

(1)试压要求。

供暖管网的水压试验压力按《采暖与卫生工程施工及验收规范》(执行,规定为工作压力的 1.5 倍,但不得小于 0.6MPa;按《城市供热管网工程施工及验收规范》)规定,其总体的试验压力为工作压力的 1.25 倍。

室外供热管网一般需要进行二次水压试验。当管道安装完毕后,先进行分段强度试验,试验压力为 1.5 倍工作压力,在稳压 10min 内应无渗漏。当供暖管网、设备及附件等均已安装完毕后,固定支架等承受推力的部位已经达到设计强度后,进行总体试压,试验管段长度以 1km 左右为宜。升压至试验压力,详细检查管道、焊口、管件及设备等有无渗漏,固定支

ZBH004 给排水管道的清洗要求

ZBH005 供热管网的试压要求

架是否有明显的位移等。要求在 1h 内压力降不超过 0.05MPa 即为合格。

当气温低于 0℃时，供热管网系统试压宜以气压进行试验。当室外温度为 0~10℃之间进行试验时，应用 50℃左右的热水进行试验。试验完毕后，应立即将管内存水放净，有条件时最好用压缩空气冲净。寒冷地区进行供暖管网试压时，应注意压力表指针是否摆动，防止压力表进水管冻结，造成超压发生事故。

（2）试压计算

【例 3-3-7】　对一根 φ159mm×4.5 管道试压，管道与泵连接处采用法兰连接，在法兰之间加盲板隔离，如管线试压压力为 2MPa，盲板用 A3 钢制作，其许用应力为 127MPa，求盲板最小厚度？

解：由法兰间盲板强度条件：$\sigma = 0.4PD^2/\sigma^2 \leqslant [\sigma]$

得：$\delta \geqslant \sqrt{\dfrac{0.4P}{[\sigma]}} D$

$$= \sqrt{\dfrac{0.4 \times 2}{127}} \times (159 - 4.5 \times 2)$$

$$= 11.91$$

$$\approx 12 (mm)$$

答：盲板最小厚度为 12mm。

【例 3-3-8】　对一根 φ159mm×4.5mm 管道试压，管道与泵连接处采用法兰连接，在法兰之间加盲板隔离，如盲板用 A3 钢制作，盲板最小厚度为 12mm，其许用应力为 127MPa，求管线试压压力？

解：由法兰间盲板强度条件：$c = 0.4PD^2/\sigma^2 \leqslant [\sigma]$

得：$\delta \geqslant \sqrt{\dfrac{0.4P}{[\sigma]}} D$

当盲板最小厚度为 12mm 时，$12 = \sqrt{\dfrac{0.4P}{127}} \times (159 - 4.5P)$

$$P \approx 2 (MPa)$$

答：管线试压压力约为 2MPa。

2. 热力管道的清洗要求

BZH006　热力管道的清洗要求

热力管道冲洗前，应先用 0.3~0.4MPa 的自来水先进行管道冲洗，当出水口的水色与进水口一致时，即认为冲洗合格。再用流速为 1~1.5m/s 的水进行循环冲洗，并持续 20h 以上，直至出水口水色透明为止。

热力管道进行水冲洗时，严禁冲洗废水排入管沟。用蒸汽吹洗时，冲洗口设置在冲洗末端及管道水平上升处。应先向管道内缓缓输入少量蒸汽进行预热，并恒温 1h 后再逐渐增大流量进行吹洗。不允许将废气排放进热力地沟、排水管道及检查井。

应设专人看管正在进行调试的阀件，以防他人随意拧动造成事故。对已做好定位记号的进户调节阀，应及时盖上检查井盖。在蒸汽吹扫过程中，不应使用疏水器来排除系统中的凝结水，最好将疏水器暂时拆除，待吹扫工作结束后再装上，并进行调整和投入运行。

3. 燃气管道的吹洗要求

ZBH007 燃气管道的吹洗要求

燃气管道竣工或交付使用前,应采用压力不小于管道工作压力的压缩空气进行吹扫,其杂质可由放散管或手孔等处排除,使管道保持洁净。管道的吹洗应在管道试压后进行。介质先采用压缩空气将管道内的水分及污物清除干净后,再用煤气进行置换。吹洗压力不应小于0.6MPa。每次吹洗长度应根据吹洗的介质、压力和气量来确定,一般不宜超过3km。钢管管道的吹扫口应设在开阔地段,并加固牢靠,吹扫段内的阀门全部打开,吹扫段终端拧紧阀门或加焊堵板。吹扫应反复进行数次。在吹扫过程中,可用木方轻打管道,用白纸检验出口空气的质量,白纸无杂物时,即认为合格。

吹扫时的放散管必须设置在安全可靠的地方,严禁火种,以免发生燃烧或爆炸事故。调压装置的吹扫不得与管道同时进行,应分别分段进行。

(六)工艺管道试运所应具备的条件

ZBI001试运所应具备的条件

1. 管道试运前应具备的条件

(1)管道系统施工完毕,且符合设计要求和管道安装施工有关规定。

(2)支、吊架安装完毕,配置正确,紧固可靠。

(3)焊接和热处理结束,并经检验合格,焊缝及其他应检查的部位,未经涂漆和保温。

(4)所有焊接法兰及其他接头均能保证便于检查。

(5)确认管线上的临时盲板、堵板、夹具及旋塞等已全部清除。

(6)埋地管道的坐标、标高、坡度及管基、垫层等径复查合格。试验用的临时加固措施经检查确认安全可靠。

(7)试验用的压力表已经校正,精度不低于1.5级,表的满刻度值为最大被测压力的1.5~2倍,压力表至少两块。气压试验的温度计,其分度值不能高于1。

(8)具有完善的、并经批准的试验方案。

(9)试验前需用压缩空气清除管内杂质,必要时用水冲洗,水流速度为1~1.5m/s,直到排出的水干净为止。

(10)试验前,须将不能参与试验的系统、设备、仪表及管道附件加以隔离。安全阀、爆破板应拆除。加置盲板的部位做好明显的标记和记录。

(11)管道系统试运前,应与运行中的管道设置隔离盲板。对水或蒸汽管道如以阀门隔离时,阀门两侧温差不得超过100℃。

(12)有冷脆倾向的管道,应根据管材的冷脆温度,确定试验介质的最低温度,以防止脆裂。

(13)试验过程中若发生管道泄漏,不可带压处理。待缺陷处理消除后,重新试验。

2. 确认达到试运所需的条件

(1)管道系统施工完毕,且符合设计要求和管道安装施工有关规定。

(2)支吊架安装完毕,配置正确,紧固可靠。

(3)焊接和热处理结束并检验合格,焊缝及其他应检查的部位已完成涂漆和保温。

(4)管线上临时用的夹具、堵板、盲板及旋塞等已全部清除。

(5)所有的焊接法兰及其他接头均能保证便于检查。

(6)埋地管道的坐标、标高、坡度及管基、垫层等经复查合格,试验用的临时加固措施经检查确认安全可靠。

（7）试验用的压力表应经校正，精度不低于 1.5 级,表的满刻度值为最大被测压力的 1.5~2 倍,压力表至少 2 块。气压试验用的温度计,其分度值不能高于 1。

（8）具有完善的并经批准的试验方案。

（9）相应的管道材质检验、试验记录、合格证明书等相关文件已进行合格审查。

（10）试运前,须将不能参与试运的系统、设备、仪表及管道附件加以隔离,安全阀、爆破阀应拆除,加盲板的部位做好明显的标记和记录。

3. 管道试运系统应进行审查的资料

（1）制造厂的管道、管道附件的合格证明书。

（2）管道校验性检查或试验记录。

（3）管道加工记录及阀门试验记录。

（4）焊接检验及热处理记录。

（5）设计修改及材料代用文件。

【例 3-3-9】 一管线 $\phi377mm\times6mm$ 试验压力开始时是 20MPa,温度为 15℃,24h 后,试验压力下降至 19.8MPa,环境温度为 20℃,计算压降率?

解：$\Delta p = [1-(19.8\times288.15)\div(20\times293.15)]\times100\%$

$\qquad = 2.7\%$

答：压降率为 2.7%。

【例 3-3-10】 一管线 $\phi273mm\times7mm$ 的压降率为 2.7%,开始时温度为 15℃,24h 后,试验压力下降至 19.8MPa,环境温度为 20℃,求开始时的试验压力?

解：$\Delta p = [1-(p_{终}\times T_{始})/(p_{始}\times T_{终})]\times100\%$

$2.7\% = [1-(19.8\times288.15)\div(p_{始}\times293.15)]\times100\%$

$p_{始} \approx 20(MPa)$

答：开始时的试验压力为 20MPa。

ZBI002 判断试运中异常现象的方法

4. 判断试运中异常现象的方法

（1）试运时,当压力过高或过低时,应注意检查机泵等设备是否运转正常,检查试运流程是否畅通,并检查试运流程所经过的阀门是否打开或者关闭,应打开的打开,应关闭的一定要关严。在阀门都按流程开关正确后,管道也无泄漏,压力仍过高或过低的,则应检查机泵设备运转是否正常,电压、电流是否符合说明书规定;电动机是否反转;检查设备运转是否有噪声或噪声是否符合设备说明书规定;机泵是否有振动,振动是否符合要求;检查系统中的单流阀、截止阀安装方向是否正确;压力表是否经过校验;试运介质是否满足试运要求或供应量是否够;阀门关闭是否严密(看阀门是否经过压力试验记录);如以上问题全部符合规定要求后,异常现象仍不能排除,则应考虑系统流程是否正确,应详细的检查。

（2）试运时系统温度过高或过低。首先要考虑加热炉运转是否正常,燃气或燃油系统燃烧是否正常,供油供气是否正常。

（3）试运时,如果发生渗漏,不能带压处理,应将系统泄压后再行处理,然后重新试运。

（4）试运时,法兰和密封圈泄漏的处理要求。

① 一般泄漏。处理方法是紧螺栓,但应注意:应均匀对称拧紧,出现法兰间隙不均现

象,脸部、头部应避开密封面。

②较严重泄漏。此时螺栓已不能拧紧或拧不动,处理方法为:加特制紧固卡子紧固;局部泄露严重,加钢丝打捻。

③特别严重泄漏。经上述方法处理无效,仍不能止漏,停运泄压,然后拆卸法兰、重新加垫紧固后再进行试运。

(5)丝堵泄漏。紧丝堵,换垫,焊死丝堵。

(6)设备、管线个别砂眼、小裂缝泄漏,可用铜丝打捻,温度低也可用铅丝打捻,待泄压后处理。

(7)管线局部振动过大,应临时用钢丝绳及链式起重机将其与附近固定物拉紧固定。

不允许在运行中的阀门上敲打、站人或靠阀门来支撑其他重物,尤其是铸铁阀门和非金属阀门。

(七)阀门压力试验的要求

ZBI003 阀门压力试验的要求

阀门进行压力试验时,应选用清洁的水作为试验介质。打开排气阀门,向试压系统(阀门和加压连接管道)内充水。充满水后关闭排气阀门,用手动加压泵向系统加注水加压。加压时压力应逐渐升至试验压力,不能急剧升压,试验压力达到后进行检查。强度试验检查,阀门试验压力及合格标准可按设计要求,公称压力不大于 3.2MPa 时,应取 1.5 倍的公称压力。试验时间不得小于 5min,以阀门壳体、填料无渗漏现象为合格。

阀门进行严密性试验时,阀件阀瓣应位于关闭位置。除单向阀、节流阀、蝶阀外,其他阀门的严密性试验压力一般按公称压力进行。当可以确定工作压力时,也可按 1.25 倍工作压力进行试验,以壳体填料及阀瓣密封面不渗漏为合格。

公称压力小于 1.0MPa,同时公称直径不小于 600mm 的闸阀,可以不单独进行强度、严密性试验。强度试验在系统试压时按管道系统的试验压力进行;严密试验可用色印等方法对闸板密封面进行检查。对焊阀门的严密性试压必须单独进行,强度试压一般可在系统试压时进行。低压阀门应从每批中抽检 10% 进行压力试验。

(八)泵启动试运前的检查要求

ZBI004 泵启动试运前的检查要求

泵启动试运前应先检查泵与电动机同心度复测。泵与电动机旋转方向的确认,各紧固连接部位不应松动,润滑油达到规定的油位,盘车是否灵活正常。检查吸水池水位是否正常,吸水管上阀门是否全开,压出管阀门是否已经关闭。

泵启动前应先灌泵,即关闭泵出口阀,关好泵进、出口连通阀。开大入口阀,打开放空阀,将空气赶干净后关闭,以使液体充满泵体。应重点检查电机运转方向是否正确,单独运转 4h 以上,电机声音是否正常,电机是否发热,电机振动情况是否正常。为了保证单机试运正常,塔、容器内的水液面要保持 30%～70%,防止泵抽空。还应检查冷却系统、润滑情况是否良好,泵轴承箱外壳温度小于等于 50℃。还应进一步冲洗管线、消除隐患,为联合试运创造条件。通过单机试运,对转动设备、工艺管线的设计和安装质量进行进一步检查。

ZBI005 水泵机组的试运启动要求

(九)水泵机组的试运启动要求

当泵及吸入管道内充满水后,关闭排气阀即可启动电动机。泵在初次启动时,宜做二、三次反复启动和停止的操作,然后再慢慢增加到额定转速。当泵的转速达到要求后,应缓慢打开泵的出口阀。

注意机组有无不正常的响声或振动,注意机组轴的温度及油量检查注意填料函处是否发热、滴水是否正常,注意仪表指针变化情况和吸水井水位变化。定期记录水泵、流量、电流、电压、功率等技术数据。离心泵必须经不小于8h的试运转,正常后方可验收交工。

活塞泵泵启动前,至少要搬动活塞行走一个往复,运动应自由无阻。启动时,应检查泵的振动情况,振动值不大于2.8mm/s为合格。泵运行时,应随时注意泵的出口流量及压力,并根据其变化判断过滤网的堵塞情况,当堵塞较严重时,应立即停泵处理。

（十）热力管道的试运要求

ZBI006 热力管道的试运要求

热力管道系统的试运是由系统充水、升温及正常循环三个工序组成。

热力管道进行系统充水时,应先向锅炉充水,待其充满后可向室外管网充水。同时应关闭各用户的供、回水阀,打开旁道管上的阀门,使外网管单独循环。当网内空气排净时,即可逐个向用户充水。系统满水后,锅炉点火升温,循环泵运转正常,锅炉内的水温达到50℃左右时即可向系统供热。

室外热网的热水应循环预热,不断向系统补水排气,并设专人负责查验压力表温度计。热力管道试运时,应重点检查室外伸缩器及支架的工作情况是否正常,以热网系统不渗不漏为合格。热力管道系统试运完毕后,应组织有关部门检查验收,填写试运记录。

二、技能要求

（一）准备工作

1. 设备

序号	名称	规格	数量	备注
1	压风机	—	1台	—
2	电焊机	—	1台	—
3	气割工具	—	1套	—
4	角向磨光机	—	1台	—

2. 材料及工具准备

（1）材料准备。

序号	名称	规格	数量	备注
1	答题纸	A4	1张	—
2	试压管	DN20m	5m	—
3	内螺纹截止阀	J41H-25,DN20mm	2个	—
4	弯头	R=90°,DN20mm	4个	—
5	单丝头	100mm	2个	—
6	双丝头	100mm	2个	—
7	压力表	1.5级	2块	量程为试验压力1.5倍
8	针型阀	DN20mm	2个	—
9	压力表接头	DN20mm	1个	—

序号	名称	规格	数量	备注
10	聚四氟乙烯生料带	—	若干	—
11	白布	—	1m²	—
12	木板	—	1m²	—
13	图钉	—	若干	—
14	石笔	—	若干	—

（2）工具准备。

序号	名称	规格	数量	备注
1	碳素笔	—	1支	—
2	活动扳手	12in	2把	—
3	铅笔	HB	1支	—
4	卷尺	5m	1个	—
5	手锤	1.5kg	1把	—
6	锉刀	—	1把	—
7	钢丝刷	—	1把	—

3. 人员要求

1人操作,穿戴齐全劳动保护用品。

（二）操作规程

（1）识读图纸,准确了解图纸所要表达的含义。

（2）根据图纸及相关标准编制吹扫方案。

（3）准备吹扫相关工机具,检查管道是否具备吹扫条件。

（4）检查完毕符合吹扫要求后,连接吹扫设备并检查连接是否安全牢固。做好吹扫准备工作。

（5）根据图纸要求决定是否进行分段吹扫。

（6）吹扫。按照技术标准要求开始吹扫。

（7）稳压、检漏。管道吹扫末端设定绑扎摆布的白板。

（8）确认管道吹扫合格后,清理工机具,按照安全操作规程进行吹扫后的设备、机具拆除、清理。

（三）注意事项

（1）必须针对工程管道性质编制唯一的吹扫方案。

（2）管道吹扫时,必须做好保护措施,清扫口与地面的夹角应在 30°～45°,清扫管段与被清扫管段必须采取平缓过度对焊,出口应设在开阔地段并加固。

（3）交通繁忙或人员密度大的地方,出口应加弯头或挡板令气流方向向下,其周围 5m 以内应设为禁入区,非工作人员不得入内。

（4）清扫时需有专人监护并不得对附近建筑物或其他设施造成破坏或污染。

（5）每一段吹扫完毕后,其两端应用临时盲板封闭,其中的分支接头均应按图纸要求,采用盲板或阀门进行封闭，不得使水及其他杂物进入管段造成新的污染。

（6）待各段全部吹扫合格后，撤除每段的临时盲板，按图纸要求连接各段，贯通全线。清扫时应先清扫主管道，然后再按由近至远的顺序清扫支管道，清扫出的脏物不得进入已合格的管道。

（7）气体清扫检验时，清扫气体的流速不小于20m/s；在吹扫出口，用白色靶板进行检查，其上无锈污及其他杂物为合格。

（8）管道吹扫完成后，方可进行试压工作。吹扫不合格，应泄压后按照规程重新进行吹扫，不得带压进行修补有缺陷的管道。

理论知识练习题

初级工理论知识练习题及答案

一、单项选择题(每题4个选项,只有1个是正确的,将正确的选项填入括号内)

1. AA001 当直线段倾斜于投影面时,直线段仍然是直线,但与原线段比要(　　)。
　　A. 长　　　　　　B. 短　　　　　　C. 相等　　　　　　D. 相似

2. AA001 正投影不受人与物体以及物体与投影面之间(　　)的影响。
　　A. 高度　　　　　B. 长度　　　　　C. 距离　　　　　　D. 大小

3. AA001 平行投影法分为(　　)和斜投影两种。
　　A. 正投影　　　　B. 平行投影　　　C. 轴测投影　　　　D. 垂直投影

4. AA002 为了能如实反映物体的三个(　　),一般采用三个相互垂直的平面做投影面。
　　A. 向度　　　　　B. 高度　　　　　C. 长度　　　　　　D. 宽度

5. AA002 当设置三个相互垂直的投影面时,侧立着的面为侧投影面,即为侧面或(　　)。
　　A. A 面　　　　B. H 面　　　　C. W 面　　　　　D. V 面

6. AA002 当设置三个相互垂直的投影面时,正立着的面为正投影面,即为正面或(　　)。
　　A. A 面　　　　B. H 面　　　　C. W 面　　　　　D. V 面

7. AA003 在三视图中,主视图与俯视图的"(　　)"是相等的。
　　A. 长　　　　　　B. 宽　　　　　　C. 高　　　　　　　D. 尺寸

8. AA003 在三视图中,俯视图与左视图的"(　　)"是相等的。
　　A. 长　　　　　　B. 宽　　　　　　C. 高　　　　　　　D. 尺寸

9. AA003 将物体放置在(　　)投影体系中分别向三个投影面进行正投影,即得到反映物体的三视图。
　　A. 一面　　　　　B. 两面　　　　　C. 三面　　　　　　D. 四面

10. AA004 直线在(　　)体系中,由于所处的位置不同可分为一般位置线、投影面平行线和投影面垂直线。
　　A. 正投影面　　　B. 斜投影面　　　C. 二维投影面　　　D. 三投影面

11. AA004 一般位置线是在空间处于同三个投影面都不平行的(　　)位置。
　　A. 倾斜　　　　　B. 垂直　　　　　C. 相交　　　　　　D. 相同

12. AA004 从直线的投影特性可以知道,一般位置线在三面上的投影长度(　　)实长。
　　A. 短于　　　　　B. 长于　　　　　C. 等同于　　　　　D. 近似于

13. AA005 投影面平行线有三种位置,其中正平线是指直线平行于(　　)。
　　A. 水平面　　　　B. 侧面　　　　　C. 立面　　　　　　D. 相反面

14. AA005 投影面平行线有三种位置,其中水平线是指直线平行于(　　)。
　　A. 水平面　　　　B. 侧面　　　　　C. 立面　　　　　　D. 相反面

15. AA005 投影面平行线有三种位置,其中侧平线是指直线平行于(　　)。

A. 水平面　　　　　B. 侧面　　　　　　C. 立面　　　　　　D. 相反面

16. AA006　投影面垂直线是指一条直线（　　）某一投影面。

A. 平行于　　　　　B. 垂直于　　　　　C. 相交于　　　　　D. 倾斜于

17. AA006　投影面垂直线有正垂线、（　　）、侧垂线三种位置。

A. 反垂线　　　　　B. 铅垂线　　　　　C. 后垂线　　　　　D. 立垂线

18. AA006　正垂线是指直线垂直于（　　）。

A. 正立面　　　　　B. 侧立面　　　　　C. 水平面　　　　　D. 反立面

19. AA007　在三投影面体系中，平面由于所处的（　　）不同也可分为三种。

A. 距离　　　　　　B. 环境　　　　　　C. 位置　　　　　　D. 地位

20. AA007　一般位置面是指在空间处于同三个投影面都不平行的（　　）位置。

A. 倾斜　　　　　　B. 水平　　　　　　C. 垂直　　　　　　D. 空间

21. AA007　一般位置面在三个投影面上的投影仍是（　　）图形。

A. 平面　　　　　　B. 立面　　　　　　C. 侧面　　　　　　D. 正面

22. AA008　投影面平行面在三面投影中，至少有一个面（　　）一个投影面。

A. 倾斜于　　　　　B. 垂直于　　　　　C. 平行于　　　　　D. 接近于

23. AA008　投影面平行面在三面投影中有（　　）位置。

A. 四种　　　　　　B. 三种　　　　　　C. 两种　　　　　　D. 一种

24. AA008　侧平面是指平面（　　）侧面。

A. 平行于　　　　　B. 接近于　　　　　C. 垂直于　　　　　D. 倾斜于

25. AA009　投影面垂直面是指（　　）一个投影面的直线。

A. 平行于　　　　　B. 接近于　　　　　C. 垂直于　　　　　D. 倾斜于

26. AA009　投影面垂直面在投影面上有（　　）位置。

A. 一种　　　　　　B. 两种　　　　　　C. 三种　　　　　　D. 四种

27. AA009　铅垂面是指平面垂直于（　　）。

A. 水平面　　　　　B. 侧立面　　　　　C. 垂直面　　　　　D. 正立面

28. AA010　管道工程图中所接触的形体都是由（　　）组成的。

A. 平面立体　　　　B. 基本形体　　　　C. 曲面立体　　　　D. 几何形体

29. AA010　平面立体是由若干平面（　　）图形围成的。

A. 三角形　　　　　B. 四边形　　　　　C. 五边形　　　　　D. 多边形

30. AA010　由于正棱柱体的棱线相互平行，且与上、下底相互（　　），因此棱柱体的投影也是平行的。

A. 相交　　　　　　B. 平行　　　　　　C. 垂直　　　　　　D. 交叉

31. AA011　曲面立体是由曲面或曲面与（　　）所围成的。

A. 侧面　　　　　　B. 平面　　　　　　C. 立面　　　　　　D. 倾斜面

32. AA011　当直线或（　　）绕固定轴线作回转运动形成曲面体时，称为回转体。

A. 垂直线　　　　　B. 平行线　　　　　C. 铅垂线　　　　　D. 曲线

33. AA011　圆环可以看作是一个圆绕不通过圆心但在一同一平面内的轴线（　　）而成的曲面体。

A. 旋转　　　　B. 翻转　　　　C. 回转　　　　D. 倒转

34. AA012　管道轴测图可根据轴测投影原理绘制管道(　　)。

A. 立面图　　　B. 立体图　　　C. 平面图　　　D. 三视图

35. AA012　管道轴侧图能把平、立面图的管线走向在(　　)面里形象、直观地反映出来。

A. 三维图　　　B. 三个图　　　C. 两个图　　　D. 一个图

36. AA012　在给排水、采暖通风及化工工艺的管道施工图中,(　　)占有着重要的地位。

A. 断面图　　　B. 剖视图　　　C. 三视图　　　D. 轴测图

37. AA013　管道图经常使用正等侧、正面斜等和正面斜二等侧,绘图时采用简化的(　　)伸缩系数。

A. 横向　　　　B. 轴向　　　　C. 纵向　　　　D. 斜向

38. AA013　轴测图中正等轴测图的三个坐标轴的变形系数的平方和为(　　)。

A. 1　　　　　B. 1. 24　　　　C. 2　　　　　D. 2. 24

39. AA013　物体上的直线在轴测图中,(　　)。

A. 形成平面　　B. 变成曲线　　C. 仍为直线　　D. 形成一个点

40. AA014　管道施工图属于(　　)和化工图的范畴。

A. 消防工艺图　B. 建筑图　　　C. 采暖工艺图　D. 管网图

41. AA014　管道施工图纸中,以不同的(　　)来表示不同介质或不同材质的管道。

A. 直线　　　　B. 图例　　　　C. 线段　　　　D. 图线

42. AA014　化工管路施工图既有(　　)的一面,又有与化工设备相关的一面。

A. 双面　　　　B. 单面　　　　C. 独立　　　　D. 兼容

43. AA015　识读图的顺序是首先识读(　　)。

A. 图纸说明　　B. 图纸要求　　C. 图纸目录　　D. 图纸概述

44. AA015　识读管道施工图的过程就是一个从平面到(　　)的过程。

A. 立面　　　　B. 内层　　　　C. 空间　　　　D. 整体

45. AA015　识读管道施工图必须利用(　　)还原的方法再现图纸各种线条、符号所代表的管路、设备等。

A. 局部　　　　B. 整体　　　　C. 投影　　　　D. 空间想象

46. AA016　在改建的管道施工图中,粗实线代表(　　)管道。

A. 新设　　　　B. 原有　　　　C. 预设　　　　D. 遮蔽

47. AA016　在管道施工图中,管件、阀件一般采用(　　)表示。

A. 粗实线　　　B. 中实线　　　C. 细实线　　　D. 虚线

48. AA016　在管道施工图中,构造层次的局部界线应采用(　　)表示。

A. 粗点画线　　B. 点画线　　　C. 虚线　　　　D. 波浪线

49. AA017　在管道图中常见有各种字母代号,其中字母 G 表示管道的(　　)。

A. 法兰　　　　B. 螺栓　　　　C. 管螺纹　　　D. 高度

50. AA017　为了区别各种不同类的管路,在图线的中间注有字母 YS,表示该管路为(　　)。

A. 氧气管　　　B. 乙炔管　　　C. 压缩空气管　D. 氩气管

51. AA017　为了区别各种不同类的管路,在图线的中间注有字母 W,表示该管路为(　　)。

A. 污水管　　　　　B. 污油管　　　　　C. 蒸汽管　　　　　D. 氢气管

52. AA018　施工图中的管件和阀件多采用规定的（　　）来表示。

　　A. 代号　　　　　B. 符号　　　　　C. 图例　　　　　D. 图样

53. AA018　在施工图中，━━━━━━代表的是（　　）。

　　A. 保温管　　　　　B. 地沟管　　　　　C. 管道伸缩器　　　　　D. 防护套管

54. AA018　在施工图中，━━┤┃┠━━代表的是（　　）。

　　A. 流量孔板　　　　　B. 盲法兰　　　　　C. 盲板　　　　　D. 垫片

55. AB001　游标卡尺按测量精度有 1/10mm、1/20mm 和（　　）三种。

　　A. 1/30mm　　　　　B. 1/40mm　　　　　C. 1/50mm　　　　　D. 1/60mm

56. AB001　游标卡尺测量工件时的读数方法分（　　）步骤。

　　A. 1 个　　　　　B. 2 个　　　　　C. 3 个　　　　　D. 4 个

57. AB001　游标卡尺可以用来测量外径内孔孔距、沟槽和（　　）。

　　A. 长度　　　　　B. 螺距中径　　　　　C. 锥面角度　　　　　D. 锥孔角度

58. AB002　万能角度尺的读数机构是根据（　　）制成的。

　　A. 几何原理　　　　　B. 拉杆原理　　　　　C. 杠杆原理　　　　　D. 游标原理

59. AB002　用角度尺测量（　　）的工件角度时，可把角尺卸掉，将直尺装上去，使它们连在一起。

　　A. 50°~100°　　　B. 50°~120°　　　C. 50°~140°　　　D. 50°~160°

60. AB002　万能角度尺是用来测量工件（　　）的量具。

　　A. 尺寸　　　　　B. 高度　　　　　C. 角度　　　　　D. 直径

61. AB003　使用手拉葫芦时，操作者应站在与手链轮同一平面内拽动链条，使手链轮沿着（　　）方向旋转，即可使重物上升。

　　A. 顺时针　　　　　B. 逆时针　　　　　C. 水平　　　　　D. 垂直

62. AB003　使用手拉葫芦拽动手链条时，用力应均匀和缓慢，不得用力过猛，以免手链条跳动或（　　）。

　　A. 跳槽　　　　　B. 不动　　　　　C. 卡环　　　　　D. 卡槽

63. AB003　当水平时用手拉葫芦时，应在拉链入口加垫（　　）链条。

　　A. 枕木托　　　　　B. 管托　　　　　C. 支撑　　　　　D. 承托

64. AB004　液压千斤顶可以单独使用，也可多个液压千斤顶同时通过（　　）一起使用。

　　A. 单流阀　　　　　B. 分流阀　　　　　C. 液压阀　　　　　D. 节流阀

65. AB004　千斤顶的起重行程较小，操作时不得超过额定（　　），以免损坏千斤顶。

　　A. 行程　　　　　B. 重量　　　　　C. 高度　　　　　D. 距离

66. AB004　使用千斤顶时，应先用手直接按顺时针方向转动（　　）。

　　A. 明杆　　　　　B. 暗杆　　　　　C. 杠杆　　　　　D. 摇杆

67. AB005　使用锉刀进行锉削前，身体应前倾（　　）左右。

　　A. 5°　　　　　B. 10°　　　　　C. 15°　　　　　D. 30°

68. AB005　当锉刀锉削推出 1/3 行程时，身体向前倾斜（　　）左右。

　　A. 5°　　　　　B. 10°　　　　　C. 15°　　　　　D. 30°

69. AB005　锉刀锉削的速度应控制在每分钟（　　　）。

　　A. 30~45 次　　　B. 30~50 次　　　C. 30~55 次　　　D. 30~60 次

70. AB006　锤柄长度要适中,一般为（　　　）。

　　A. 100mm　　　B. 200mm　　　C. 300mm　　　D. 400mm

71. AB006　使用手锤时,手柄与（　　　）不得沾有油脂。

　　A. 手锤　　　B. 手锤面　　　C. 手锤头　　　D. 锤头楔子

72. AB006　手锤由锤头和木柄组成,其规格用锤头（　　　）表示。

　　A. 大小　　　B. 质量　　　C. 形状　　　D. 尺寸

73. AB007　实心清管器(球)一般用于管径小于（　　　）的管线。

　　A. 50mm　　　B. 80mm　　　C. 100mm　　　D. 150mm

74. AB007　长输管道在建成使用前,首先要进行管线吹扫或清管,把施工时遗留的杂物（　　　）干净。

　　A. 回收　　　B. 清除　　　C. 整理　　　D. 收拾

75. AB007　清管器(球)外径与管道内径的过盈量为（　　　）。

　　A. 1%~1.5%　　B. 1.5%~2%　　C. 2%~3%　　D. 4%~6%

76. AB008　管子铰板是在钢管上加工出管的（　　　）的工具。

　　A. 坡口　　　B. 外螺纹　　　C. 焊缝　　　D. 内螺纹

77. AB008　管子铰板上用的板牙能加工出 1/2~4in 的牙形角为（　　　）的圆锥形管道外螺纹。

　　A. 65°　　　B. 60°　　　C. 55°　　　D. 50°

78. AB008　套螺纹的圆杆端要锉掉棱角,这样既起刀具的（　　　）作用,又能保护刀刃。

　　A. 导向　　　B. 隐蔽　　　C. 导入　　　D. 导出

79. AB009　管钳规格长度为 200mm 时,夹持管道的最大外径是（　　　）。

　　A. 15mm　　　B. 20mm　　　C. 25mm　　　D. 30mm

80. AB009　夹持管径为 $DN50mm$ 的管道时,管钳规格长度最小应该是（　　　）。

　　A. 250mm　　　B. 300mm　　　C. 350mm　　　D. 400mm

81. AB009　转动金属管或其他圆柱形工件的工具是（　　　）。

　　A. 克丝钳　　　B. 活动扳手　　　C. 索具　　　D. 管钳

82. AB010　使用扳手过程中,（　　　）以内不得站人。

　　A. 0.1m　　　B. 0.3m　　　C. 0.5m　　　D. 1m

83. AB010　活扳手虽使用轻巧、广泛、效率高,但不够精确,活动钳口易（　　　）。

　　A. 硬化　　　B. 歪斜　　　C. 产生裂纹　　　D. 脱落

84. AB010　固定扳手开口不能调节,因此扳手是（　　　）的。

　　A. 固定　　　B. 一定　　　C. 成套　　　D. 成捆

85. AC001　测量较长距离的尺寸应采用（　　　）,但其精度要低于钢卷尺。

　　A. 直板尺　　　B. 角尺　　　C. 千分尺　　　D. 纤维卷尺

86. AC001　用钢卷尺测量管线时,应将尺条从盒中拉出,以钢尺的刻度与直线测量位置（　　　）测量,并读出数值。

A. 间接　　　　　B. 直接　　　　　C. 参照　　　　　D. 垂直

87. AC001　测量工件两点间直线尺寸应选用（　　）。

A. 钢板尺　　　　B. 木尺　　　　　C. 皮卷尺　　　　D. 弧形尺

88. AC002　管道测量是根据（　　）的边角关系和立体几何空间知识,把所需的尺寸量对、量全、量准。

A. 三角形　　　　B. 多边形　　　　C. 正方形　　　　D. 长方形

89. AC002　管道测量是为组对、预制管道提供（　　）。

A. 根据　　　　　B. 数据　　　　　C. 收据　　　　　D. 样本

90. AC002　管道测量时的起点、止点及转折点称为管道的（　　）。

A. 支点　　　　　B. 端点　　　　　C. 主点　　　　　D. 要点

91. AC003　弯头的长度是指的是弯头（　　）的长度尺寸。

A. 心长　　　　　B. 外弧长　　　　C. 半径　　　　　D. 直径

92. AC003　测量弯头时,应将弯头口的一端平扣在地面（平整的面）,用尺从上端口向下（　　）到地面量取数值后,减去弯头管径的一半。

A. 垂直　　　　　B. 平行　　　　　C. 倾斜　　　　　D. 延长

93. AC003　测量弯头厚度时,用卡尺卡住弯头壁（　　）的地方就是弯头的厚度。

A. 边缘　　　　　B. 里侧　　　　　C. 最薄　　　　　D. 最厚

94. AC004　在测量前根据法兰位置,应首先画出设备各连接管道法兰草图,并连续编号,以便（　　）对号安装。

A. 工具　　　　　B. 夹具　　　　　C. 索具　　　　　D. 量具

95. AC004　法兰测量时,测量工具最好用（　　）。

A. 直角尺　　　　B. 钢板尺　　　　C. 三角尺　　　　D. 游标卡尺

96. AC004　测量法兰间的间隙尺寸时,应在法兰盘的圆周均匀分布（　　）。

A. 2 点　　　　　B. 3 点　　　　　C. 4 点　　　　　D. 5 点

97. AC005　用直尺或角尺测量直段短管管端起点至管端终点（　　）的长度。

A. 管壁　　　　　B. 中心线　　　　C. 表面　　　　　D. 直线

98. AC005　短管切口端面测量时,其倾斜偏差不应大于管道外径的（　　）。

A. 0.5%　　　　　B. 1%　　　　　C. 1.5%　　　　　D. 2%

99. AC005　管道需加设短管时,应（　　）测量做好标记下料,以免安装时产生障碍。

A. 横向　　　　　B. 直向　　　　　C. 顺向　　　　　D. 环向

100. AC006　测量弯管时,所选用的工具应为（　　）。

A. 卷尺　　　　　B. 直角尺　　　　C. 直尺　　　　　D. 水平尺

101. AC006　垂直90°弯管测量时,应先画出立管（　　）,然后分别量两管交点的尺寸。

A. 直线　　　　　B. 水平线　　　　C. 中心线　　　　D. 垂直线

102. AC006　对于冷弯或热煨后的弯管,其长度不变的部位是（　　）。

A. 外层　　　　　B. 中间层　　　　C. 中性层　　　　D. 内表层

103. AC007　正三通管测量时,应先引（　　）垂线。

A. 立管　　　　　B. 横管　　　　　C. 管端　　　　　D. 管中

104. AC007 斜三通管测量时,应分别延长支管与主管(　　),并交于一点。
    A. 截面积　　　　　B. 中心线　　　　　C. 半径　　　　　D. 直径

105. AC007 正三通水平管测量其中心位置时,应以(　　)中心线为准。
    A. 立管　　　　　B. 横管　　　　　C. 管端　　　　　D. 管底

106. AC008 六角单头螺栓长度的测量不包括(　　)的长度。
    A. 螺纹　　　　　B. 螺柱　　　　　C. 螺栓头　　　　　D. 螺母

107. AC008 管道工程中,若预连接零件的螺栓孔大小不一致,则以螺栓孔(　　)的为主。
    A. 较大　　　　　B. 较小　　　　　C. 较长　　　　　D. 较窄

108. AC008 管道安装工程中,螺栓露出螺母的长度应为平扣或(　　)扣为宜。
    A. 1~2　　　　　B. 2~3　　　　　C. 3~4　　　　　D. 4~5

109. AC009 管道两端高差与两端之间长度的比值称为坡度,坡度符号用(　　)表示。
    A. q　　　　　B. p　　　　　C. v　　　　　D. i

110. AC009 坡度的坡向符号用(　　)来表示,坡向箭头指向为由高向低的方向。
    A. 单向箭头　　　　　B. 直线　　　　　C. 标记符　　　　　D. 曲线

111. AC009 工程中所使用的坡度计是一款经济实用的倾角测量工具,其精度可达(　　)。
    A. 0.1°　　　　　B. 0.2°　　　　　C. 0.3°　　　　　D. 0.5°

112. AC010 测量标高时,所选用的测量工具为(　　)。
    A. 直尺　　　　　B. 卷尺　　　　　C. 经纬仪　　　　　D. 水准仪

113. AC010 管道工程中的标高是指被测点的标高和水准点的(　　)。
    A. 角度差　　　　　B. 行程差　　　　　C. 高程差　　　　　D. 几何差

114. AC010 工程上一般多采用绝对标高,它是以(　　)作为基准的。
    A. 平原　　　　　B. 海平面　　　　　C. 河流　　　　　D. 山川

115. AD001 生铁和钢都是由铁和(　　)两种元素为主所组成的合金。
    A. 磷　　　　　B. 硅　　　　　C. 碳　　　　　D. 硫

116. AD001 钢和生铁的主要区别在于其组成中的(　　)元素不同。
    A. 合金　　　　　B. 碳　　　　　C. 有色金属　　　　　D. 黑色金属

117. AD001 金属材料一般分为钢铁材料和非铁材料,其中的非铁材料指的是(　　)。
    A. 黑色金属　　　　　B. 铸铁　　　　　C. 有色金属　　　　　D. 铜合金

118. AD002 金属材料的物理性质不包括(　　)。
    A. 导电性　　　　　B. 导热性　　　　　C. 金属光泽　　　　　D. 抗氧化性

119. AD002 下列属于有色金属管道的是(　　)。
    A. 耐热钢管　　　　　B. 热轧钢管　　　　　C. 不锈钢管　　　　　D. 铝管

120. AD002 下列属于黑色金属的是(　　)。
    A. 铜　　　　　B. 铝　　　　　C. 钢　　　　　D. 锌

121. AD003 大多数金属材料都能与(　　)发生反应,但反应的难易程度不同。
    A. 氧气　　　　　B. 二氧化碳　　　　　C. 氮气　　　　　D. 氩气

122. AD003 金属材料在(　　)下的化学稳定性,称为化学热稳定性。
    A. 高温　　　　　B. 中温　　　　　C. 常温　　　　　D. 低温

123. AD003 金属材料 Q235A、B 级沸腾钢中,锰的含量上限为(　　)。

A. 0.30%　　　　B. 0.45%　　　　C. 0.60%　　　　D. 0.75%

124. AD004 金属的(　　)是在外力作用时所表现出来的各种物理特性。

A. 抗拉强度　　B. 机械性能　　C. 硬度　　　　D. 刚性

125. AD004 管材在外力作用下能保持弹性变形的最大能力,称为(　　)极限。

A. 强度　　　　B. 弹性　　　　C. 屈服　　　　D. 塑性

126. AD004 下列不属于金属机械性能的基本指标是(　　)。

A. 铸造性　　　B. 锻压性　　　C. 可焊性　　　D. 切削加工性

127. AD005 碳素结构钢的牌号是以钢材的最低(　　)来表示的。

A. 屈服极限　　B. 屈服强度　　C. 拉伸极限　　D. 抗拉强度

128. AD005 碳素钢按(　　)可分为低碳钢、中碳钢及高碳钢三类。

A. 物理性能　　B. 化学成分　　C. 机械性能　　D. 工艺性能

129. AD005 碳素钢按(　　)可分为普通碳素钢和优质碳素钢。

A. 品种　　　　B. 用途　　　　C. 品质　　　　D. 结构

130. AD006 合金钢种类很多,通常按合金(　　)的含量分为低合金钢、中合金钢及高合金钢。

A. 要素　　　　B. 成分　　　　C. 杂质　　　　D. 元素

131. AD006 合金钢按(　　)和用途分为合金结构钢、不锈钢、耐酸钢及耐磨钢等。

A. 性质　　　　B. 成分　　　　C. 特性　　　　D. 特点

132. AD006 特殊性能钢是合金钢的一种,它又分为不锈钢、耐酸钢和(　　)三大类。

A. 调质钢　　　B. 渗碳钢　　　C. 高锰钢　　　D. 高速钢

133. AD007 钢性能的好坏取决于(　　)的多少。

A. 含碳量　　　B. 杂质　　　　C. 微量元素　　D. 特殊元素

134. AD007 优质碳素结构钢中,所含硫、磷等有害杂质少,塑性及(　　)较高,有较高的机械性能。

A. 硬度　　　　B. 韧性　　　　C. 蠕变强度　　D. 疲劳强度

135. AD007 工程中所用的撬棍属于高碳钢(又称工具钢),它可以淬硬和(　　)。

A. 正火　　　　B. 退火　　　　C. 淬火　　　　D. 回火

136. AD008 奥氏体、铁素体不锈钢的导热系数只有碳钢的(　　)。

A. 1/4　　　　B. 1/2　　　　C. 3/4　　　　D. 1/3

137. AD008 高温、高压下长期工作的钢管,由于(　　)的产生会使管径越来越大、管壁越来越薄。

A. 蠕变　　　　B. 裂变　　　　C. 塑变　　　　D. 时效

138. AD008 不锈钢是合金钢的一种,它能抵抗大气及(　　)介质。

A. 腐蚀　　　　B. 强腐蚀　　　C. 弱腐蚀　　　D. 锈蚀

139. AD009 Q235-AF 碳素结构钢中,字母 F 代表(　　)。

A. 特殊镇静钢　B. 半镇静钢　　C. 镇静钢　　　D. 沸腾钢

140. AD009 优质碳素结构钢的钢号 45 表示平均含碳量为(　　)的钢。

    A. 0.45%   B. 4.5%   C. 45%   D. 0.045%

141. AD009 铸钢的牌号为( )。
    A. C3   B. T12   C. ZG200-400   D. Q235A

142. AD010 钢材一般分为钢板、管材、棒钢、型钢、( )五大类。
    A. 钢带   B. 角钢   C. 槽钢   D. H 型钢

143. AD010 钢材按冶炼方式分为平炉钢、转炉钢及( )三大类。
    A. 立炉钢   B. 吊炉钢   C. 气炉钢   D. 电炉钢

144. AD010 钢材按热处理工艺的不同,分为调质结构钢和( )两种。
    A. 特殊镇静钢   B. 沸腾钢   C. 表面硬化钢   D. 镇静钢

145. AE001 工业管道工作温度为110℃,按温度应划分为( )管道。
    A. 低温   B. 常温   C. 中温   D. 高温

146. AE001 设计工作温度为-41℃的管道属于( )管道。
    A. 常温   B. 低温   C. 超低温   D. 恒温

147. AE001 设计工作温度低于-100℃的管道属于( )管道。
    A. 常温   B. 低温   C. 超低温   D. 恒温

148. AE002 管道的工作压力为1.6MPa,按介质压力应划分为( )管道。
    A. 低压   B. 中压   C. 高压   D. 常压

149. AE002 真空管道的工作压力不超过( )。
    A. 0MPa   B. 0.8MPa   C. 1.0MPa   D. 1.6MPa

150. AE002 管道的工作压力为6.3MPa,按介质压力应划分为( )管道。
    A. 低压   B. 中压   C. 高压   D. 常压

151. AE003 ( )钢管等于8in钢管的管径。
    A. DN150mm   B. DN200mm   C. DN219mm   D. DN273mm

152. AE003 DN25mm的水煤气钢管的实际外径为( )。
    A. 31.5mm   B. 32.5mm   C. 33.5mm   D. 34.5mm

153. AE003 DN150mm的管子,其中DN表示管子的( )。
    A. 管径   B. 外径   C. 内径   D. 公称直径

154. AE004 因为无缝钢管的实际内径和公称直径差异( ),所以无缝钢管是以外径乘壁厚来表示管径的。
    A. 较大   B. 较小   C. 很大   D. 较多

155. AE004 公称( )表示的既不是管子的内径也不是外径,是将临近数值圆整后的一个数值。
    A. 口径   B. 管径   C. 尺寸   D. 直径

156. AE004 当管径大于( )的管子,公称直径指的是外径。
    A. 250mm   B. 300mm   C. 350mm   D. 400mm

157. AE005 有一采油管网工作压力为1.6MPa,介质温度为55℃,此管网为( )级管道。
    A. Ⅰ   B. Ⅱ   C. Ⅲ   D. Ⅳ

158. AE005 井口到计量站管道的工作压力为 1.6MPa，该管道属于油田集输管道的（　　）级。

    A. CⅡ   B. CⅢ   C. CⅣ   D. CⅤ

159. AE005 联合站外输管道设计工作压力为 6.4MPa，材质为普通低合金钢，该管道属于油田集输管道的（　　）级。

    A. CⅤ   B. BⅡ   C. AⅡ   D. AⅢ

160. AE006 优质碳素钢在中低压管路上使用温度最高为（　　）。

    A. 450℃   B. 350℃   C. 400℃   D. 200℃

161. AE006 低压流体输送用镀锌钢管适用于温度在（　　），压力小于或等于 0.6MPa 的水、空气管道。

    A. 0~50℃   B. 0~60℃   C. 0~80℃   D. 0~100℃

162. AE006 螺旋缝电焊钢管通常用于工作压力不超过 2.0MPa，介质温度不超过（　　）的直径较大的管道。

    A. 150℃   B. 200℃   C. 250℃   D. 220℃

163. AE007 低压铸铁管的工作压力是（　　）。

    A. 0.40MPa   B. 0.47MPa   C. 0.45MPa   D. 0.50MPa

164. AE007 有一给水铸铁管道其工作压力为 0.7MPa，其管道应该选用（　　）铸铁管。

    A. 普通   B. 低压   C. 中压   D. 高压

165. AE007 铸铁管一般为灰铸铁材质，其含碳量为（　　）。

    A. 1%~3.3%   B. 2%~3.3%   C. 3%~3.3%   D. 3.1%~3.3%

166. AE008 高铬铸铁管的铬含量为（　　）。

    A. 2.5%~3.0%   B. 2.5%~3.3%   C. 2.5%~3.6%   D. 2.5%~3.8%

167. AE008 普通高硅铸铁管能抵抗各种浓度的硫酸、硝酸、醋酸及脂肪酸在常温下的（　　）作用。

    A. 锈蚀   B. 腐蚀   C. 侵蚀   D. 浸蚀

168. AE008 普压铸铁管的工作压力不应大于（　　）。

    A. 0.644MPa   B. 0.640MPa   C. 0.634MPa   D. 0.630MPa

169. AE009 塑料管具有耐腐性、质量轻和加工安装方便等（　　）。

    A. 特性   B. 性能   C. 特点   D. 优点

170. AE009 聚氯乙烯硬塑料管螺纹加工连接方法与（　　）相同。

    A. 铜管   B. 铝管   C. 钢管   D. 玻璃钢管

171. AE009 聚氯乙烯硬塑料排水管与铸铁排水管相比其显著的特点是（　　），因而安装方便。

    A. 耐腐蚀性好   B. 线性膨胀系数大

    C. 易于粘接   D. 重量轻

172. AE010 铝和铝合金管的最高使用温度为（　　）。

    A. 150℃   B. 160℃   C. 180℃   D. 200℃

173. AE010 铝和铝合金管输送介质的公称压力一般不超过（　　）。

  A. 0. 288MPa   B. 0. 388MPa   C. 0. 588MPa   D. 0. 688MPa

174. AE010 紫铜管及黄铜管的供应长度为( )。

  A. 0. 5~3m   B. 0. 5~4m   C. 0. 5~5m   D. 0. 5~6m

175. AF001 一般采暖管道的主管材均采用( )。

  A. 铜管   B. 焊接钢管   C. 不锈钢管   D. PVC 管

176. AF001 硬聚乙烯塑料管是用聚乙烯树脂加入( )、润滑剂等材料制成的。

  A. 增强剂   B. 稳定剂   C. 耐蚀剂   D. 石墨

177. AF001 通常塑料管材的外径用字母( )表示。

  A. R B. De C. r D. D

178. AF002 管材为无缝钢管的管道,外径用字母( )来表示。

  A. ξ B. ξ C. $\&$ D. ϕ

179. AF002 排水铸铁管的壁厚一般为( )。

  A. 4~7mm   B. 2~5mm   C. 12~18mm D. 7. 5~30mm

180. AF002 《工业用硬聚氯乙烯(PVC-U)管道系统 第 1 部分:管材》(GB/T 4219. 1—2008)规定公称外径用( )表示。

  A. De B. DN C. DW D. D

181. AF003 普通铸铁管常用于埋地管道、( )、煤气管道和室内外排水管道。

  A. 给水管道   B. 输气管道   C. 输油管道   D. 化工管道

182. AF003 水煤气管道广泛应用在小管径( )管道上。

  A. 低压   B. 中压   C. 高压   D. 真空

183. AF003 铝塑复合管可以用来输送工作压力小于等于( ),工作温度在-20~95℃的低压流体。

  A. 0. 6MPa   B. 1. 0MPa   C. 2. 5MPa   D. 1. 6MPa

184. AF004 介质流动方向及流量都发生改变,且流量只有一个方向改变的管件是( )。

  A. 弯头   B. 异径三通   C. 大小头   D. 异径四通

185. AF004 将管道与阀门进行螺栓连接的管件是( )。

  A. 法兰   B. 变径三通   C. 活接头   D. 弯头

186. AF004 由八角螺母和两个特制的螺纹接头,其中的螺纹接头的作用是连接两端管道的管件是( )。

  A. 大小头   B. 变径三通   C. 活接头   D. 弯头

187. AF005 钢制作的对焊无缝管件,其管端外径分Ⅰ、Ⅱ两个系列,Ⅰ系列为( )。

  A. 国际通用系列 B. 欧洲系列 C. 美洲系列   D. 中国系列

188. AF005 对于尺寸为米制单位的钢制对焊无缝钢管件,公称尺寸用 DN 表示,英制单位用( )表示。

  A. WIP B. WPS C. PS D. NPS

189. AF005 管道法兰的规格标记由( )部分组成。

  A. 1   B. 2   C. 3   D. 4

190. AF006 用 Q235、20# 钢板卷制的焊接弯头,适用于压力小于( )、温度低于200℃的空气、煤气的管道。

  A. 0.60MPa   B. 0.80MPa   C. 1.00MPa   D. 1.60MPa

191. AF006 冲压焊接弯头适用于公称压力小于 3.92MPa，温度低于（ ）的管道。

  A. 100℃   B. 150℃   C. 180℃   D. 200℃

192. AF006 改变管路方向和连接两段公称直径不等的管道，但管内介质没有分支的管件是（ ）。

  A. 等径弯头   B. 异径弯头   C. 大小头   D. 异径三通

193. AF007 阀门按用途可分为关断类、调节类和（ ）三种。

  A. 安全类   B. 截断类   C. 保护门   D. 截流类

194. AF007 阀门按照压力等级可分为（ ）。

  A. 二类   B. 三类   C. 四类   D. 五类

195. AF007 阀门按工作温度可分为低温阀、中温阀、高温阀及（ ）四类。

  A. 超低温阀   B. 超高温阀   C. 常温阀   D. 常态阀

196. AF008 适用于低温、低压流体且须作迅速全启和全闭的管道或不经常开启之处的阀门是（ ）。

  A. 闸阀   B. 旋塞阀   C. 球阀   D. 节流阀

197. AF008 能够降低和稳定介质压力，以保证使用压力不超过允许限度的阀门是（ ）。

  A. 安全阀   B. 减压阀   C. 柱塞阀   D. 蝶阀

198. AF008 适用于腐蚀介质及室内管道，介质可双向流动，开启缓慢的阀门是（ ）。

  A. 暗杆阀门   B. 明杆阀门   C. 闸阀   D. 截止阀

199. AF009 节流阀的特点是将阀杆和阀体制成一体，可较好调节启闭高度，从而调节好阀座通道面积，达到一定的（ ）和压力。

  A. 流速   B. 流量   C. 压差   D. 压强

200. AF009 球阀具有操作方便、流动（ ）小、一般要求全开或全闭等特点。

  A. 摩擦力   B. 阻力   C. 压力   D. 动力

201. AF009 隔膜阀是一种特殊形式的（ ）。

  A. 安全阀   B. 调节阀   C. 导向阀   D. 截断阀

202. AF010 阀门类型代号"Y"代表阀门是（ ）。

  A. 球阀   B. 温控阀   C. 平衡阀   D. 调节阀

203. AF010 阀门型号 Z941H-64 中，"H"表示阀门密封材料为（ ）。

  A. 合金钢   B. 硬质钢   C. 铜合金   D. 渗硼钢

204. AF010 杠杆式安全阀在类型代号前加"（ ）"汉语拼音字母。

  A. A   B. Y   C. G   D. T

205. AF011 平焊法兰密封面形式分为光滑式、凹凸式及（ ）三种。

  A. 镶嵌式   B. 插入式   C. 榫槽式   D. 承接式

206. AF011 松套法兰俗称活套法兰，分为焊活套法兰、翻边活套法兰和（ ）活套法兰。

  A. 对焊   B. 承插   C. 镶嵌   D. 準槽

207. AF011 管法兰的（ ）除了平、对焊法兰外，还有铸钢法兰、铸铁法兰及螺纹法兰等。

A. 方式   B. 功能   C. 形式   D. 作用

208. AF012 法兰的代号标注由(　　)部分组成。

     A. 5   B. 6   C. 7   D. 8

209. AF012 法兰代号为 P5/RT300-1.0FM20/316,其中 316 表示(　　)。

     A. 法兰外径   B. 法兰材质   C. 附加要求   D. 焊环材质

210. AF012 带颈对焊法兰的代表符号为(　　)。

     A. WN   B. IF   C. PL   D. SW

211. AF013 非金属平垫片材料通常包括合成纤维橡胶板、聚四氟乙烯、橡胶和(　　)四种。

     A. 石棉橡胶板   B. 耐油石棉胶板   C. 丁苯橡胶   D. 石棉橡胶

212. AF013 柔性石墨复合垫片分为 RF 型、MFM 型和(　　)型。

     A. PF   B. MS   C. TG   D. MF

213. AF013 钢制管法兰齿形组合垫片由金属齿形环和上下两面(　　)柔性石墨或聚四氟乙烯板等非金属垫材料组合而成。

     A. 覆盖   B. 包覆   C. 缠绕   D. 黏合

214. AF014 不锈钢柔性缠绕最高使用温度为(　　),使用压力小于等于16MPa。

     A. 200℃   B. 350℃   C. 500℃   D. 650℃

215. AF014 聚四氟乙烯包覆垫使用压力小于等于(　　),垫片最高使用温度为150℃。

     A. 6.0MPa   B. 4.0MPa   C. 3.5MPa   D. 2.5MPa

216. AF014 不锈钢包覆石棉橡胶板垫片使用压力为10MPa,使用最高温度为(　　)。

     A. 200℃   B. 400℃   C. 500℃   D. 650℃

217. BA001 识读图纸后,要与工艺(　　)进行结合复审,以便查找出管道布置图是否有偏差。

     A. 详图   B. 施工图   C. 安装图   D. 流程图

218. BA001 识读管道布置图,先看(　　),将图纸配齐。

     A. 流程图   B. 成套施工图   C. 图纸目录   D. 施工图说明

219. BA001 图纸会审首先要了解工程概况、工作量及(　　)等。

     A. 工作环境   B. 工作特点   C. 工作时间   D. 工作地点

220. BA002 表达厂房内外设备(或机器)间管道走向和管道组成件等(　　)的图样称为管道布置图。

     A. 安装方向   B. 安装位置   C. 安装尺寸   D. 安装要求

221. BA002 管道布置图又称配管图,是管道工程安装施工的重要技术文件和(　　)。

     A. 要求   B. 依据   C. 标准   D. 规范

222. BA002 配管图在原则上都是按照一定(　　)绘制出来的,识读过程中应注意尺寸变化。

     A. 尺寸   B. 要求   C. 比例   D. 大小

223. BA003 管道布置图中,大型、复杂的特殊阀门宜适合采用大致(　　)来表示。

     A. 形状   B. 式样   C. 外形轮廓   D. 实体

224. BA003　在某些管道布置图中,有方向性的管道组成件(如止回阀、截止阀调节阀等)附近,应标明(　　)的方式来表示。

    A. 介质流向　　　　B. 坡度　　　　　　C. 管道走向　　　　D. 建北走向

225. BA003　在管道布置图中,若配管尺寸完全相同的多组管道,可以选择其中一组(　　)其尺寸的表示方法。

    A. 数据　　　　　　B. 标注　　　　　　C. 标签　　　　　　D. 标识

226. BA004　在管道布置图中,图例 —] 代表(　　)。

    A. 盲板　　　　　　B. 螺纹管帽　　　　C. 折断　　　　　　D. 盲法兰

227. BA004　在管道布置图中,图例 — | 代表(　　)。

    A. 接头　　　　　　B. 管帽(C)折断　　D. 盲板

228. BA004　在管道布置图中,图例 ▽ 代表(　　)。

    A. 管顶标高　　　　B. 管底标高　　　　C. 管端标高　　　　D. 管中标高

229. BA005　在管道图中,图例 —(——表示的是(　　)的单线图。

    A. 45°弯头　　　　B. 球形补偿器　　　C. 异径三通　　　　D. 同径三通

230. BA005　在管道图中,若立面图反映出来的是一个空心圆,那么用单线图表示该管段的平面图是(　　)。

    A. 斜线　　　　　　B. 空心圆　　　　　C. 前后方向的直线　D. 左右方向的直线

231. BA005　在管道图中,图例 ⊙—— 表示的是(　　)的单线图。

    A. 45°弯头　　　　B. 球形补偿器　　　C. 异径三通　　　　D. 同径三通

232. BA006　弯头用双线图表示时,以图例立面图 ⊙----- 为例,若先看到一个实线小圆,则表示该弯头的管口(　　)。

    A. 向上　　　　　　B. 向下　　　　　　C. 向前　　　　　　D. 向后

233. BA006　弯头用双线图表示时,以图例平面图 ⊙ 为例,若先看到一个实线小圆,则表示该弯头的管口(　　)。

    A. 向上　　　　　　B. 向下　　　　　　C. 向前　　　　　　D. 向后

234. BA006　弯头用单线图表示时,以图例立面图 ——⊙ 为例,若看到直线延伸到小圆边缘,则表示该弯头的管口(　　)。

    A. 向上　　　　　　B. 向下　　　　　　C. 向前　　　　　　D. 向后

235. BA007　等径正三通用三视图表示时,仅画出其(　　)即可。

    A. 实体图样　　　　B. 外形图样　　　　C. 象形图样　　　　D. 模拟图样

236. BA007　在管道图中,不管是等径还是不等径三通,都用(　　)来表示。

    A. 三视图　　　　　B. 轴测图　　　　　C. 双线图　　　　　D. 单线图

237. BA007　绘制三通展开图时,若两管的交线为(　　),则说明该三通为马鞍三通。

    A. 半圆　　　　　　B. 圆　　　　　　　C. 弧线　　　　　　D. 直线

238. BA008　异径管又称异径接头或(　　)。

    A. 缩径管　　　　　B. 大小头　　　　　C. 活接头　　　　　D. 偏置管

239. BA008　异径管在管道图中较为普遍,常用于管道(　　　)处。

　　A. 连接　　　　　B. 变径　　　　　C. 直通　　　　　D. 拐弯

240. BA008　异径管用双线图表示时,偏心异径管画成(　　　)。

　　A. 等腰梯形　　　B. 等腰直角梯形　C. 三角形　　　　D. 直角三角形

241. BA009　根据图例 ⌐__ (立面图)显示,该管道是由两根(　　　)方向的横管和一根
　　　　立管所组成的。

　　A. 前后　　　　　B. 左右　　　　　C. 上下　　　　　D. 倾斜

242. BA009　根据图例 ─○ (平面图)显示,其中的小圆下方管段代表的是(　　　)方向。

　　A. 前后　　　　　B. 左右　　　　　C. 上下　　　　　D. 水平

243. BA009　在管道平、立面图中,只有(　　　)方向的管段画法是不变的。

　　A. 前后　　　　　B. 左右　　　　　C. 上下　　　　　D. 倾斜

244. BF010　正等轴测图的轴间角均为(　　　)。

　　A. 30°　　　　　B. 60°　　　　　C. 90°　　　　　D. 120°

245. BA010　绘制单管线正等轴测图时,首先应分析图形,明确管线在空间的实际走向和
　　　　(　　　)。

　　A. 具体位置　　　B. 实际尺寸　　　C. 具体形状　　　D. 具体方向

246. BA010　在正等轴测图中,为作图方便,三个轴的轴向缩短率都取(　　　)。

　　A. 近似值　　　　B. 相似值　　　　C. 1　　　　　　　D. 2

247. BA011　斜等轴测轴的轴向缩短率都是(　　　)。

　　A. 1.11∶1　　　B. 1.2∶1　　　C. 1.3∶1　　　D. 1∶1

248. BA011　绘制斜等轴测图时,(　　　)一般画成垂直方向。

　　A. *OX* 轴　　　B. *OY* 轴　　　C. *OZ* 轴　　　D. *OW* 轴

249. BA011　画斜等轴测图时,法兰连接图形符号在管道系统中用(　　　)来表示。

　　A. 平行短线　　　B. 垂直短线　　　C. 平行斜线　　　D. 垂直斜线

250. BA012　同一装置管段图的(　　　)取向应相同。

　　A. 方向轴　　　　B. 方向标　　　　C. 比例　　　　　D. 方位

251. BA012　单管管段图是施工单位下料(　　　)并在现场装配的图纸。

　　A. 预制　　　　　B. 切割　　　　　C. 组对　　　　　D. 安装

252. BA012　单管管段图的空间位置是由管道(　　　)来确定的。

　　A. 平立面图　　　B. 正等轴测图　　C. 剖面图　　　　D. 斜等轴测图

253. BA013　单管管段图常用(　　　)幅面的专用图纸绘制。

　　A. A3　　　　　B. A4　　　　　C. B3　　　　　D. B4

254. BA013　单管管段图全部采用(　　　)绘制。

　　A. 单线　　　　　B. 双线　　　　　C. 虚线　　　　　D. 粗实线

255. BA013　单管管段图分区绘制时,图中应画出(　　　)。

　　A. 分区边线　　　B. 分区中心线　　C. 分区界线　　　D. 分区平分线

256. BA014　单管管段图主要包括图形、(　　　)和材料单三部分内容。

A. 工程资料　　　　B. 工程数据　　　　C. 工程概况　　　　D. 工程设计

257. BA014　管段图的起点为另一根管道或同一根管道的续接管段时,应用(　　)画出一小段该管段。

A. 实线　　　　　B. 细实线　　　　　C. 点画线　　　　　D. 虚线

258. BA014　绘制管段图形时,原点可以选在管段任何一个拐弯处管道(　　)的交点,也可以选在管道的起止点。

A. 顶端　　　　　B. 底端　　　　　C. 轴线　　　　　D. 水平线

259. BA015　尺寸界线、尺寸线应与被标注尺寸的管道在(　　)上。

A. 同一版面　　　B. 同一范围　　　C. 同一位置　　　D. 同一平面

260. BA015　在工艺管道施工图中,针对焊焊接、承插焊焊接、螺纹连接的阀门,是以阀门(　　)作为尺寸界线的引出点。

A. 边缘　　　　　B. 中心　　　　　C. 顶部　　　　　D. 底部

261. BA015　所有管道平剖面图中标注管底标高的地方均应换算成(　　)标高再标注尺寸。

A. 管中心　　　　B. 管端　　　　　C. 管顶　　　　　D. 管口

262. BA016　转折剖面图是利用多个一般(　　)剖切物体,并对剖切面进行投影的图样。

A. 剪切面　　　　B. 剖切面　　　　C. 断面　　　　　D. 横断面

263. BA016　内外形状对称,其视图和剖面图均为对称图形的管件或阀件适用于(　　)剖视图。

A. 全　　　　　　B. 半　　　　　　C. 局部　　　　　D. 阶梯

264. BA016　一组剖切符号一般包括剖切位置、投射方向和剖面的(　　)三方面内容。

A. 高度　　　　　B. 长度　　　　　C. 宽度　　　　　D. 方向

265. BA017　画管道剖面图时,要按照管道(　　)的方法来绘制。

A. 中心投影　　　B. 平行投影　　　C. 正投影　　　　D. 斜投影

266. BA017　绘制管道剖视图时,应根据管路的标高、位置、走向和组成等参数,采用(　　)的表示方法来绘制。

A. 轴测图　　　　B. 断面图　　　　C. 剖面图　　　　D. 管道图

267. BA017　画管道剖面背立面图时,应将其旋转(　　)后进行投影画图。

A. 30°　　　　　B. 60°　　　　　C. 90°　　　　　D. 180°

268. BA018　在断面图中,剖切平面应与被剖切部分的主轮廓线(　　),以便反映断面的实形。

A. 垂直　　　　　B. 平行　　　　　C. 倾斜　　　　　D. 水平

269. BA018　断面图是通过把断面图形用(　　)的方法重新进行投影来显示的。

A. 正投影　　　　B. 斜投影　　　　C. 中心投影　　　　D. 侧投影

270. BA018　断面的剖切符号应用剖切位置线来表示,并以(　　)来绘制。

A. 粗实线　　　　B. 细实线　　　　C. 短粗实线　　　　D. 短细实线

271. BB001　手工套丝板架上有(　　)相互垂直和一个水平面上的牙室。

A. 两个　　　　　B. 四个　　　　　C. 六个　　　　　D. 八个

272. BB001 套丝板架的上盖由带有板牙( )滑轨的活动标盘组成。
    A. 滑动   B. 活动   C. 推动   D. 运动

273. BB001 套丝板架是装夹板牙的工具,它分为( )和管道板牙架。
    A. 方板牙架   B. 立板牙架   C. 圆板牙架   D. 孔板牙架

274. BB002 200mm 长的活动扳手最大开口是( )。
    A. 20mm   B. 24mm   C. 28mm   D. 32mm

275. BB002 10in 活动扳手的最大开口是( )。
    A. 10mm   B. 20mm   C. 30mm   D. 40mm

276. BB002 15in 活动扳手的最大开口是( )。
    A. 16mm   B. 26mm   C. 36mm   D. 46mm

277. BB003 使用直角尺检验工件直角时,应将直角尺靠放在被测工件的工作面上,用
    ( )鉴别工件的角度是否正确。
    A. 鉴别法   B. 光隙法   C. 直观法   D. 检验法

278. BB003 直角尺使用前,应检测直角尺的( )。
    A. 平行度   B. 垂直度   C. 水平度   D. 直线度

279. BB003 直角尺若出现角度大于 90°时,应用小圆头锤轻敲直角尺的( )。
    A. 顶端   B. 末端   C. 外角   D. 内角

280. BB004 禁止将钢卷尺存放在潮湿和有( )气体的地方,以防锈蚀。
    A. 酸类   B. 碱类   C. 瓦斯   D. 液化

281. BB004 普通钢卷尺的精度为( )。
    A. 0.25mm   B. 0.5mm   C. 0.75mm   D. 1.0mm

282. BB004 拉力大小会影响钢卷尺的长度,在测量时如果不用弹簧秤衡量拉力,会产生
    ( )。
    A. 应力   B. 拉力   C. 抗拉力   D. 误差

283. BB005 水平尺的玻璃管上表面是( )。
    A. 方柱   B. 平面   C. 弧面   D. 凹面

284. BB005 一般水平尺都有( )玻璃管,每个玻璃管中有一个气泡。
    A. 一个   B. 两个   C. 三个   D. 四个

285. BB005 水平尺的横向玻璃管是用来测量水平面的,竖向玻璃管是用来测量( )的。
    A. 平行面   B. 垂直面   C. 斜面   D. 弧面

286. BB006 在工件上画线要尽量做到一次画成,若重复地画同一条线,会影响画线( )。
    A. 尺寸   B. 直度   C. 质量   D. 效果

287. BB006 选用划针时,应考虑适用性,其长度以( )为宜。
    A. 150~160mm   B. 150~200mm   C. 150~220mm   D. 150~250mm

288. BB006 划针在使用过程中为了保证划针尖的硬度,在其尖部可焊上硬质合金磨成,尖
    端宜磨成( )。
    A. 5°~20°   B. 10°~20°   C. 15°~20°   D. 18°~20°

289. BB007 手工锯弓的锯条按锯齿齿距分为( )。

A. 2 种　　　　　　B. 3 种　　　　　　C. 4 种　　　　　　D. 5 种

290. BB007　在手工锯中,锯条材料代号 D 表示（　　）。
A. 优质碳素结构钢B. 高速钢　　　　C. 合金钢　　　　　　D. 双金属复合钢

291. BB007　常用的手锯中,细齿锯齿有（　　）。
A. 22~24 齿　　　B. 24~26 齿　　　C. 26~30 齿　　　D. 26~32 齿

292. BB008　手工锯弓切割铜、铝等软金属、厚工件时,应用（　　）锯条。
A. 粗齿　　　　　　B. 中齿　　　　　　C. 细齿　　　　　　D. 超细齿

293. BB008　在手工锯条中,材料代号 T 表示（　　）。
A. 双金属复合钢　　B. 优质碳素结构钢C. 高速钢　　　　　D. 碳素及合金工具钢

294. BB008　常用的手锯锯条长度为（　　）,宽度为 12mm,厚度为 0.8mm。
A. 260mm　　　　B. 280mm　　　　C. 300mm　　　　D. 320mm

295. BC001　展开放样下料时,圆周上分的等份越多,每（　　）等分点之间连接而成的弦长就越近似于这段弦长所对应的弧长。
A. 1 个　　　　　　B. 2 个　　　　　　C. 3 个　　　　　　D. 4 个

296. BC001　在实际放样中,可根据已知的投影图制作（　　）。
A. 平面图　　　　　B. 展开图　　　　　C. 侧面图　　　　　D. 立面图

297. BC001　管件的展开样板应用（　　）连接各等分点。
A. 光滑曲线　　　　B. 水平直线　　　　C. 曲线　　　　　　D. 折线

298. BC002　日常施工近似算料法是指只求出料的（　　）,但要保证误差在允许范围内。
A. 测量值　　　　　B. 计算值　　　　　C. 比例值　　　　　D. 近似值

299. BC002　展开下料时,（　　）是先将弯曲点一一求出,然后在管道上同时画出所有弯曲点位置和弯点的下料长度。
A. 测量法　　　　　B. 计算法　　　　　C. 比例法　　　　　D. 近似法

300. BC002　斜管口的下料方法很讲究,在现场不具备条件时应用（　　）从管端量取所需的数值后计算出斜长距离。
A. 计算法　　　　　B. 测量法　　　　　C. 目测法　　　　　D. 比例法

301. BC003　封闭直管段测量时,应采用（　　）进行测量。
A. 角度尺　　　　　B. 直角尺　　　　　C. 盘尺　　　　　　D. 直尺

302. BC003　内螺纹弯头安装前,应先测量（　　）到直管段螺纹部位的根部长度。
A. 弯头中心　　　　B. 弯头　　　　　　C. 弯头端口处　　　D. 阀体连接处

303. BC003　内螺纹弯头与螺纹直管段结合部位的安装尺寸允许偏差为（　　）。
A. ±2mm　　　　　B. ±3mm　　　　　C. ±4mm　　　　　D. ±5mm

304. BC004　阀组制作安装前,必须先测量出（　　）的长度。
A. 阀座　　　　　　B. 手轮　　　　　　C. 法兰盘　　　　　D. 阀体

305. BC004　阀体长度的理论计算公式为（　　）。
A. $D+100$mm　　B. $D+150$mm　　C. $D+200$mm　　D. $D+300$mm

306. BC004　依据图纸表示,阀门若出现特殊角度标识时,应旋转（　　）来进行阀门安装,已达到图纸要求。

A. 手轮   B. 法兰盘   C. 阀体   D. 丝杠

307. BD001 制作骑座式马鞍时,母管开孔样板必须作(　　)处理。

A. 长度   B. 管径   C. 管端   D. 壁厚

308. BD001 管壁壁厚不小于(　　)时,应采取内径骑外径展开下料法。

A. 1.5mm   B. 2.5mm   C. 3.5mm   D. 4.5mm

309. BD001 制作斜骑马鞍时,应根据支管骑在主管后的长、短边在支管的(　　)位置作壁厚处理。

A. 管顶   B. 管底   C. 长边   D. 短边

310. BD002 封闭管段的长度允许偏差为(　　)。

A. ±1.5mm   B. ±1.0mm   C. ±2mm   D. ±0.5mm

311. BD002 当用平焊法兰进行封闭管段连接时,法兰片的同轴度允许偏差为(　　)。

A. ±0.5mm   B. ±1mm   C. ±1.5mm   D. ±2mm

312. BD002 当用平焊法兰进行封闭管段连接时,密封垫片的同心度允许偏差为(　　)。

A. ±0.5mm   B. ±1mm   C. ±1.5mm   D. ±2mm

313. BD003 内螺纹活接直管段的安装尺寸允许偏差(　　)。

A. ±1mm   B. ±2mm   C. ±3mm   D. ±5mm

314. BD003 活接直管段下料时,应先测量直管段(　　)。

A. 螺纹长度   B. 套丝牙数   C. 尺寸长度   D. 管口直径

315. BD003 内螺纹弯头连接时,若测量尺寸出现较小偏差时,可用(　　)缠绕的方式来调整。

A. 热缩带   B. 生料带   C. 棉布   D. 胶带

316. BD004 马蹄展开下料时,当管壁壁厚(　　)时,应采取内径骑外径展开下料法。

A. ≥3.5mm   B. ≥3.0mm   C. ≤3.5mm   D. ≥4.0mm

317. BD004 正骑马鞍管件在展开放样下料时,只需绘制支管侧面图的(　　)圆即可。

A. 1/3   B. 1/2   C. 2/3   D. 3/4

318. BD004 管件展开下料时,(　　)是先将弯曲点一一求出,在管道上同时画出所有弯曲点的位置和弯点下料长度。

A. 口算法   B. 心算法   C. 笔算法   D. 目测法

319. BD005 摆头弯制作测绘时,测量工具应放在固定管端面的(　　)上进行测量。

A. 中心线   B. 管径   C. 外径   D. 平行线

320. BD005 摆头弯组成的三管段之间应相互(　　)。

A. 倾斜   B. 垂直   C. 平行   D. 交叉

321. BD005 摆头弯组对时,应用钢板尺或水平检查两管口上部和侧面(　　)。

A. 倾斜度   B. 垂直度   C. 平直度   D. 平面度

322. BD006 螺纹连接时,管螺纹加工要松紧适度,应做到"上三、紧四、外留(　　)"。

A. 一   B. 二   C. 六   D. 八

323. BD006 大于或等于 *DN*25mm 管螺纹的螺距是(　　)。

A. 2.306mm   B. 2.309mm   C. 2.312mm   D. 2.315mm

324. BD006 套螺纹时,若有断丝或缺丝,不得大于螺纹全扣数的(　　),并在纵方向上不得有断处相靠。

　　A. 5%　　　　　　B. 7%　　　　　　C. 10%　　　　　　D. 15%

325. BD007 冷弯钢管用的胎具必须和管道(　　)相符。

　　A. 外径　　　　　B. 内壁　　　　　C. 内径　　　　　D. 外壁

326. BD007 冷弯钢管时每一对胎轮只能煨一种(　　)的弯管。

　　A. 外径　　　　　B. 内径　　　　　C. 直径　　　　　D. 管径

327. BD007 管道冷弯时由于管道有一定的(　　),当弯曲时施加压力外力撤除后,弯曲的管道会弹回一定的角度,因此冷弯时,应考虑增加弹回角度。

　　A. 弹性　　　　　B. 强度　　　　　C. 韧性　　　　　D. 塑性

328. BD008 煨管装砂应干燥,并应自(　　)均匀敲击管壁,且管壁表面不能留有明显的凹痕。

　　A. 中部　　　　　B. 上部　　　　　C. 下部　　　　　D. 上下

329. BD008 用人工或卷扬机煨管时,应使结在管道上活动端的拉绳与管道轴线(　　),其摆动角度不得过大。

　　A. 平行　　　　　B. 倾斜　　　　　C. 垂直　　　　　D. 同轴

330. BD008 管道热弯时,没有达到预定的弯曲角度,应重新加热弯制,但加热次数不应超过(　　)。

　　A. 1 次　　　　　B. 2 次　　　　　C. 3 次　　　　　D. 4 次

331. BD009 钢板型钢采用热切割时,切口端面垂直度偏差应小于工件厚度的(　　),且不大于 2mm。

　　A. 3%　　　　　　B. 5%　　　　　　C. 10%　　　　　　D. 15%

332. BD009 钢板. 型钢采用热切割时,手工切割的切割线与号料线的偏差不大于(　　)。

　　A. 0. 5mm　　　　B. 1mm　　　　　C. 1. 5mm　　　　D. 2mm

333. BD009 管道支架、吊架制作、组装后,外形尺寸偏差不得大于(　　)。

　　A. 1. 5mm　　　　B. 2mm　　　　　C. 3mm　　　　　D. 3. 5mm

334. BD010 中频煨弯是将需要弯管的地方套上感应线圈通中频电流加热,然后施加(　　)弯管。

　　A. 推力　　　　　B. 压力　　　　　C. 外力　　　　　D. 内力

335. BD010 机械弯管的弯曲半径一般为管道直径的(　　)。

　　A. 1 倍　　　　　B. 2 倍　　　　　C. 3 倍　　　　　D. 6 倍

336. BD010 目前工程中普遍采用压制弯管,压制弯管的弯曲半径仅为管道直径的(　　)。

　　A. 1 倍　　　　　B. 2 倍　　　　　C. 3 倍　　　　　D. 6 倍

337. BD011 同径正骑马鞍制作时,主管的开孔应等于支管的(　　)。

　　A. 外径　　　　　B. 内径　　　　　C. 壁厚　　　　　D. 长度

338. BD011 同径正骑马鞍制作时,支管与主管角度偏差不允许超过(　　)。

　　A. ±0. 5°　　　　B. ±1°　　　　　C. ±1. 5°　　　　D. ±2°

339. BD011 为了保证正骑马鞍制作的精准度,应将支管、母管画出(　　)对称平分中心线。

    A. 1 条   B. 2 条   C. 3 条   D. 4 条

340. BD012 同径正骑三通制作时,不用做( )处理。

    A. 管口   B. 管端   C. 壁厚   D. 管表面

341. BD012 同径正骑三通制作时,其支管展开样板为( )。

    A. 圆形   B. 尖角   C. 圆弧   D. 锥体

342. BD012 同径正骑三通制作时,母管的开孔尺寸与支管( )一致。

    A. 外壁   B. 内壁   C. 直径   D. 内径

343. BD013 制作异径斜骑马鞍时,支管必须做( )。

    A. 加工坡口   B. 除锈处理   C. 打磨处理   D. 壁厚处理

344. BD013 制作异径斜骑马鞍时,支管高度尺寸偏差值为( )。

    A. ±1mm   B. ±1.5mm   C. ±2mm   D. ±3mm

345. BD013 制作异径斜骑马鞍时,支管与主管的结合线用( )求得。

    A. 测量法   B. 作图法   C. 投影法   D. 计算法

346. BE001 管道组对( )连接时,为了保证接头质量应采取不同的坡口形式。

    A. 黏接   B. 气焊   C. 焊接   D. 对接

347. BE001 管道组对安装时,其( )严禁设在支架、吊架上。

    A. 主管   B. 支管   C. 焊缝   D. 保温层

348. BE001 壁厚相当于Ⅰ级、Ⅱ级焊缝的接口错边量不超过壁厚的( ),且不大于 2mm。

    A. 1%   B. 3%   C. 5%   D. 10%

349. BE002 管道与管道法兰平焊连接的法兰称为( )法兰。

    A. 对焊   B. 角焊   C. 平焊   D. 埋焊

350. BE002 法兰凸出台内径与管道内径相等时,对口焊接的法兰称为( )。

    A. 平焊法兰   B. 角焊法兰   C. 立焊法兰   D. 对焊法兰

351. BE002 螺纹法兰是利用法兰内加工的螺纹与带螺纹的管道旋合连接,不需( ),具有安装、检修方便的特点。

    A. 法兰连接   B. 插接   C. 焊接   D. 胀接

352. BE003 管道焊接 V 形坡口的角度应是( )。

    A. 60°~62.5°   B. 60°~65°   C. 60°~67.5°   D. 60°~70°

353. BE003 输油输气管道线路工程的管道焊接 V 形坡口角度应是( )。

    A. 60°~62.5°   B. 60°~65°   C. 60°~67.5°   D. 60°~70°

354. BE003 法兰与管道对接壁厚大于 9mm 时,其接口应按( )接口。

    A. Ⅱ形   B. Y 形   C. U 形   D. V 形

355. BE004 管壁厚为 3.0~9.0mm 时,对口间隙为( )。

    A. 1.0~1.5mm   B. 1.0~2.0mm   C. 1.0~2.5mm   D. 1.0~3.0mm

356. BE004 铝及铝合金壁厚小于或等于 5mm 的管道组对内壁错边量不大于( )。

    A. 0.3mm   B. 0.4mm   C. 0.5mm   D. 0.1mm

357. BE004 壁厚大于 5mm 的铝及铝合金管道组对内壁错边量,不宜超过壁厚的 10%,且不大于（　　　）。

　　A. 1mm　　　　　　B. 1.5mm　　　　　C. 2mm　　　　　　D. 2.5mm

358. BE005　根据《石油天然气站内工艺管道工程施工及验收规范》（SJ0402—2000）规定，当取管壁厚度不等，内壁消薄长度应大于（　　　）壁厚差。

　　A. 2 倍　　　　　　B. 2.5 倍　　　　　C. 3 倍　　　　　　D. 4 倍

359. BE005　两管道组对壁厚差小于或等于 10mm，且外壁不等时，应加（　　　）倾斜进行过渡。

　　A. 5°　　　　　　　B. 10°　　　　　　C. 15°　　　　　　D. 20°

360. BE005　两管道组对时，当壁厚差小于或等于 10mm，且内壁不等，但由于受长度条件的限制，斜角可改为（　　　）。

　　A. 35°　　　　　　 B. 30°　　　　　　C. 25°　　　　　　D. 20°

361. BE006　管道组对时，地下管道中的线的偏差量不应大于（　　　）。

　　A. 1mm/m　　　　　B. 1.5mm/m　　　　C. 2mm/m　　　　　D. 2.5mm/m

362. BE006　钢管对接时，应进行点焊。管径在 100mm 以上的需点焊（　　　）。

　　A. 2 处　　　　　　B. 4 处　　　　　　C. 5 处　　　　　　D. 6 处

363. BE006　管道手工焊接作业管底距地面空间应大于（　　　）。

　　A. 0.3m　　　　　　B. 0.4m　　　　　　C. 0.5m　　　　　　D. 1.0m

364. BE007　管道设计温度高于 100℃ 或低于（　　　）时，螺栓、螺母应涂抹二硫化钼油脂、石墨机油或石墨粉。

　　A. −10℃　　　　　B. 0　　　　　　　C. 10℃　　　　　　D. 15℃

365. BE007　法兰连接应使用同一规格螺栓，安装（　　　）应一致。

　　A. 位置　　　　　　B. 力量　　　　　　C. 方向　　　　　　D. 距离

366. BE007　石油天然气站内工艺管道工程中，管端与平焊法兰密封面的距离应为管道壁厚加（　　　）。

　　A. 0.5mm　　　　　B. 1.0mm　　　　　C. 3.0mm　　　　　D. 5.0mm

367. BE008　沿直线铺设的管道，承插接口环形间隙应（　　　）。

　　A. 匀称　　　　　　B. 标准　　　　　　C. 对称　　　　　　D. 均匀

368. BE008　石棉水泥接口填塞油麻辫的间隙应为接口间隙的（　　　）。

　　A. 1.00 倍　　　　　B. 1.25 倍　　　　　C. 1.50 倍　　　　　D. 2.00 倍

369. BE008　承插接口不得有黏砂、飞刺、沥青块，并要烧去（　　　）层。

　　A. 沥青　　　　　　B. 油漆　　　　　　C. 防腐　　　　　　D. 氧化

370. BE009　对已经验收合格的钢管，应分规格、材质、偏差值（同向）分层码垛分开堆放，且堆放高度不宜超过（　　　）。

　　A. 1.5m　　　　　　B. 2m　　　　　　　C. 2.5m　　　　　　D. 3m

371. BE009　焊接材料应存放在通风干燥的库房，焊条长期存放时的相对温度不宜超过（　　　）。

　　A. 60℃　　　　　　B. 65℃　　　　　　C. 70℃　　　　　　D. 75℃

372. BE009　架空电力线路电压为 60kV，施工机具在装卸过程中，任何部位与它的安全距离都应大于(　　)。

 A. 3m   B. 5. 1m   C. 6. 7m   D. 7. 8m

373. BE010 管道组成件存放于仓库时,环境温度不宜超过(　　)。

 A. 20℃   B. 30℃   C. 40℃   D. 50℃

374. BE010 管道组成件及其附件、防腐管、塑料管和各种型材应分别同向、分层码垛堆放,高度不应超过(　　)。

 A. 0. 5m   B. 1m   C. 3m   D. 5m

375. BE010 管道组成件最下层应垫枕木,管道离地不应小于(　　)。

 A. 100mm   B. 200mm   C. 300mm   D. 500mm

376. BD011 卷管的同一筒节上的纵向焊缝不宜大于 2 道,两纵向缝间距不宜小于(　　)。

 A. 100mm   B. 150mm   C. 200mm   D. 300mm

377. BE011 卷管端面与中心线的垂直偏差不得大于管道外径的(　　),且不大于 3mm。

 A. 0. 5%   B. 1%   C. 1. 5%   D. 2%

378. BE011 卷管的校圆样板与管内壁对接纵缝处不贴合间隙不得大于壁厚的(　　)加 2mm,且不得大于 3mm。

 A. 2%   B. 3%   C. 5%   D. 10%

379. BE012 夹套管定位板应与介质流向(　　)安装,不得影响介质流动和热位移。

 A. 垂直   B. 逆向   C. 横向   D. 平行

380. BE012 夹套管的封闭段应留有(　　)的调整余量。

 A. 100~200mm B. 100~150mm C. 40~80mm D. 50~100mm

381. BE012 夹套管加工完毕后,套管部分应按设计压力的(　　)进行试验。

 A. 1. 05 倍   B. 1. 15 倍   C. 1. 50 倍   D. 2. 0 倍

382. BE013 对于螺旋焊缝钢管,在管端的螺旋处还应进行补强焊接,其长度应小于(　　)。

 A. 5mm   B. 10mm   C. 15mm   D. 20mm

383. BE013 管汇采用插入式连接时,应在母管上开孔并加工坡口,坡口角度为(　　)。

 A. 30°   B. 30°~45°   C. 45°~60°   D. 50°~60°

384. BE013 管汇组对时,当公称直径大于或等于 200mm 时,定位点焊(　　)。

 A. 8 点   B. 6 点   C. 4 点   D. 3 点

385. BE014 当支管公称直径≤300mm 时,法兰水平度允许偏差为(　　)。

 A. 3mm   B. 2mm   C. 1. 5mm   D. 1mm

386. BE014 管汇支管接管法兰长度组对时,允许偏差为(　　)。

 A. ±0. 5mm   B. ±1mm   C. ±1. 5mm   D. ±2mm

387. BE014 管汇采用插入式连接时,坡口角度允许偏差应为(　　)。

 A. ±1°   B. ±1. 5°   C. ±2°   D. ±2. 5°

388. BE015 钢管壁厚等于 3mm,无坡口,钢管组对时,应留有(　　)的间隙。

 A. 1~3mm   B. 1~2. 5mm   C. 1~2mm   D. 1~1. 5mm

389. BE015 直管段上两环向焊缝间距必须大于(　　)的管道外径。

 A. 0. 5 倍   B. 1 倍   C. 1. 5 倍   D. 2 倍

390. BE015　管道与管体对接,壁厚大于 9mm,管采用下向焊焊接方法,组对间隙为(　　)。
　　　A. 1~2.0mm　　　B. 1~2.5mm　　　C. 1~3mm　　　D. 1~3.5mm

391. BE016　管道壁厚为 9~26mm,焊接前需开 V 形坡口,该管道的坡口角度应为(　　)。
　　　A. 30°~45°　　　B. 40°~55°　　　C. 55°~65°　　　D. 65°~75°

392. BE016　管道对接焊缝,管壁厚小于 9mm,采用上向焊焊接方法,则坡口角度为(　　)。
　　　A. 60°±5°　　　B. 65°　　　C. 65°±5°　　　D. 70°±5°

393. BE016　管道壁厚为 3~9mm,焊接前需开 V 形坡口,该管道的坡口角度应为(　　)。
　　　A. 30°~45°　　　B. 40°~55°　　　C. 50°~65°　　　D. 65°~75°

394. BE017　管道预组装方向总长 L 允许偏差为(　　)。
　　　A. ±10mm　　　B. ±5mm　　　C. ±3mm　　　D. ±2mm

395. BE017　管道预组装相邻的螺栓孔应跨中安装,安装精准度的允许偏差为(　　)。
　　　A. ±2mm　　　B. ±1.5mm　　　C. ±1mm　　　D. ±0.5mm

396. BE017　管道预组装必须具备以下条件才可组装:组成件材质、规格、型号、符合设计要求;组成件内外表面泥土、油污清理干净;(　　)齐全。
　　　A. 标牌　　　B. 手续　　　C. 型号　　　D. 标识

397. BE018　当公称直径大于或等于 150mm 时,直管段上两对接焊口中心面间的距离不应小于(　　);当公称直径小于 150mm 时,直管段上两对接焊口中心面间的距离不应小于管道外径。
　　　A. 100mm　　　B. 150mm　　　C. 200mm　　　D. 管道内径

398. BE018　焊缝距离弯管(不包括压制、热推或中频弯管)起弯点不得小于(　　),且不得小于管道外径。
　　　A. 250mm　　　B. 200mm　　　C. 150mm　　　D. 100mm

399. BE018　有加固环的卷管,加固环的对接焊缝应与管道纵向焊缝错开,其间距不应小于(　　)。加固环距管道的环焊缝不应小于 50mm。
　　　A. 50mm　　　B. 100mm　　　C. 150mm　　　D. 管子外径

400. BE019　充分利用管道组合件中的法兰短管,调节配管与设备法兰的(　　)偏差。
　　　A. 径向　　　B. 横向　　　C. 纵向　　　D. 轴向

401. BE019　配管的固定焊口应尽量靠近(　　),以减少焊接应力对设备的影响。
　　　A. 设备管道　　　B. 系统管道　　　C. 预留管道　　　D. 预埋管道

402. BE019　配管最终与设备连接时,其设备转速小于或等于 6000r/min 的位移值应小于(　　)。
　　　A. 0.06mm　　　B. 0.05mm　　　C. 0.04mm　　　D. 0.02mm

403. BE020　平焊法兰可分为(　　)法兰和焊接法兰。
　　　A. 活接　　　B. 套接　　　C. 丝接　　　D. 黏接

404. BE020　平焊法兰的法兰和管道连接时采用的焊接方式为(　　)。
　　　A. 组焊　　　B. 承插焊　　　C. 环焊　　　D. 对焊

405. BE020　法兰连接法通常作为(　　)输送管线上可拆卸的连接件。
　　　A. 低压　　　B. 高压　　　C. 常压　　　D. 中压

406. BE021 对焊法兰的组对连接焊缝和管道与管道焊接类似,一般管径小的采用氩弧焊接打底,手工焊接盖面,管径大的才采用(   )。
    A. 单面焊　　　　B. 立焊　　　　C. 双面焊　　　　D. 平焊

407. BE021 对焊法兰一般用在压力比较大的管道或(   )连接。
    A. 装置　　　　B. 仪器　　　　C. 轴承　　　　D. 机械

408. BE021 公称压力为 0.25~2.5MPa 的对焊法兰采用(   )密封面。
    A. 平式　　　　B. 凹凸式　　　　C. 突式　　　　D. 準槽式

409. BE022 油田集输管道施工时,单根管道敷设且管径小于 219mm 的管道施工带宽度不应小于(   )。
    A. 12m　　　　B. 14m　　　　C. 16m　　　　D. 8m

410. BE022 地下的管道与管道交叉时,新建管道除保持足够的埋深外,新建管道与旧管道净间距不得小于(   )。
    A. 0.2m　　　　B. 0.3m　　　　C. 0.4m　　　　D. 0.5m

411. BE022 管道下沟前,管沟应符合设计要求深度,沟底平直,边坡一致,管沟中心线偏移应小于或等于(   )。
    A. 100mm　　　　B. 150mm　　　　C. 200mm　　　　D. 250mm

412. BE023 管道系统与机器最终连接时,应在联轴节上架设百分表,监视机器位移,当转速小于 6000n/min 时,其位移应小于(   )。
    A. 0.01mm　　　　B. 0.02mm　　　　C. 0.03mm　　　　D. 0.05mm

413. BE023 管道与设备连接前,应在自由状态下,检验法兰的平行度和(   ),使之符合规定。
    A. 同轴度　　　　B. 同心度　　　　C. 垂直度　　　　D. 倾斜度

414. BE023 布管轴线应符合设计要求,而且相邻管口错开(   ),以便清管和处理管口。
    A. 100~120mm　　　　B. 100~150mm　　　　C. 100~200mm　　　　D. 100~250mm

415. BE024 弯头部位的伴热管绑扎带不得少于(   )。
    A. 1 道　　　　B. 2 道　　　　C. 3 道　　　　D. 4 道

416. BE024 直伴热管公称大于 20mm 时,绑扎点间距不应超过(   )。
    A. 1200mm　　　　B. 1500mm　　　　C. 1800mm　　　　D. 2000mm

417. BE024 直伴热管位移直径为 10mm 时,绑扎点间距不应超过(   )。
    A. 200mm　　　　B. 3000mm　　　　C. 500mm　　　　D. 800mm

418. BE025 夹套管的安装采用法兰连接时,垂直管段凸面和榫面法兰在凹面和槽面法兰的(   )。
    A. 上面　　　　B. 下面　　　　C. 前面　　　　D. 后面

419. BE025 夹套管的安装采用法兰连接时,水平管段迎着流体方向的凸面和榫面法兰在凹面和槽面法兰的(   )。
    A. 上面　　　　B. 下面　　　　C. 前面　　　　D. 后面

420. BE025 夹套管安装的标高应符合设计要求,其标高偏差不应超过(   )。
    A. ±1mm　　　　B. ±2mm　　　　C. ±5mm　　　　D. ±10mm

421. BE026　安全阀应(　　)安装。

　　　A. 平行　　　　　　B. 横向　　　　　　C. 垂直　　　　　　D. 逆向

422. BE026　阀门的安装高度一般以阀门操作手柄距地面(　　)为宜。

　　　A. 0.5~1m　　　B. 1~1.2m　　　C. 1.2~1.5m　　　D. 1.5~1.8m

423. BE026　阀门在水平管路上安装时,阀杆最好垂直向上或向左偏(　　)。

　　　A. 15°　　　　　　B. 30°　　　　　　C. 45°　　　　　　D. 60°

424. BE027　补偿器安装前应进行预拉伸或压缩,允许偏差为(　　)。

　　　A. ±3mm　　　　B. ±5mm　　　　C. ±8mm　　　　D. ±10mm

425. BE027　补偿器安装时的导向支座应保证运行时的自由伸缩,不得偏离(　　)。

　　　A. 轨道　　　　　　B. 中心　　　　　　C. 轴线　　　　　　D. 坐标

426. BE027　当垂直安装球型补偿器时,壳体端应在(　　)。

　　　A. 上方　　　　　　B. 下方　　　　　　C. 前方　　　　　　D. 后方

427. BE028　支架、吊架的安装(　　)应准确,并保证平直、牢固。

　　　A. 方向　　　　　　B. 位置　　　　　　C. 尺寸　　　　　　D. 坐标

428. BE028　固定支架应按设计文件要求安装,并应在补偿器预拉伸(　　)固定。

　　　A. 下方　　　　　　B. 之后　　　　　　C. 之前　　　　　　D. 上方

429. BE028　无热位移的管道,其吊杆应(　　)安装。

　　　A. 垂直　　　　　　B. 平行　　　　　　C. 横向　　　　　　D. 逆向

430. BE029　管道安装时,立管铅垂度允许偏差为5‰,最大为(　　)。

　　　A. 10mm　　　　　B. 15mm　　　　　C. 20mm　　　　　D. 30mm

431. BE029　管道安装时,成排管道间距的允许偏差为(　　)。

　　　A. 5mm　　　　　　B. 10mm　　　　　C. 15mm　　　　　D. 20mm

432. BE029　室外架空及地沟管道安装标高的允许偏差为(　　)。

　　　A. ±5mm　　　　B. ±10mm　　　　C. ±20mm　　　　D. ±25mm

433. BE030　管道工作温度为250~300℃时,一次热、冷紧温度为(　　)。

　　　A. 250℃　　　　　B. 300℃　　　　　C. 工作温度　　　　D. 设计温度

434. BE030　管道工作温度大于350℃时,一次热、冷紧的工作温度为(　　)。

　　　A. 350℃　　　　　B. 360℃　　　　　C. 370℃　　　　　D. 380℃

435. BE030　当设计压力大于(　　)时,热态紧固的最大内压力应小于0.5MPa。

　　　A. 6MPa　　　　　B. 6.1MPa　　　　C. 6.2MPa　　　　D. 8MPa

436. BE031　不锈钢管道与支架之间应垫入不锈钢或氯离子含量不超过(　　)的非金属
　　　　　　垫片。

　　　A. 55μg/g　　　　B. 50μg/g　　　　C. 45μg/g　　　　D. 40μg/g

437. BE031　不锈钢管用砂轮切割或修磨时,应使用(　　)砂轮片。

　　　A. 专用　　　　　　B. 一般　　　　　　C. 普通　　　　　　D. 优质

438. BE031　当采用氧乙炔焰切割不锈钢管道上的焊接卡具时,应在距离管道表面(　　)
　　　　　　处切割,然后用砂轮进行修磨。

　　　A. 3mm　　　　　　B. 3.5mm　　　　C. 4mm　　　　　　D. 5mm

439. BE032 公称直径小于75mm的承插铸铁管，其对口最小轴向间隙为(　　)。

  A. 1mm   B. 2mm   C. 3mm   D. 4mm

440. BE032 承插式铸铁管用石棉水泥和膨胀水泥作接口材料时，其填塞深度应为接口深度的(　　)。

  A. 1/4~1/2   B. 1/3~2/3   C. 1/2~2/3   D. 2/3~1

441. BE032 铸铁管用油麻辫做填塞物时，油麻辫的粗细应为接口缝隙的(　　)。

  A. 0.5倍   B. 1倍   C. 1.5倍   D. 2倍

442. BE033 室内蒸汽管道的(　　)应与介质流向一致，以减少噪声。

  A. 高度   B. 锥度   C. 坡度   D. 同心度

443. BE033 蒸汽管道为水平管道时，管道上使用的变径宜采用(　　)。

  A. 同心大小头   B. 变径活接   C. 变径法兰   D. 偏心大小头

444. BE033 当蒸汽管道与其他管道在同一支架共同敷设时，应加设(　　)装置。

  A. 控制   B. 节流   C. 安全   D. 疏水

445. BE034 热力管道的布置应使管道主干线力求(　　)。

  A. 短直   B. 平直   C. 最长   D. 最短

446. BE034 热力管道敷设时，跨越公路的净高为(　　)。

  A. 2m   B. 3m   C. 4m   D. 5m

447. BE034 热力管道安装应有坡度，当汽水逆向流动时的坡度值不得小于(　　)。

  A. 0.002°   B. 0.003°   C. 0.004°   D. 0.005°

448. BE035 管沟土质为更塑的轻亚黏土，坡向有静载，不设支撑的管沟边坡坡度为(　　)。

  A. 1:1.75   B. 1:1.50   C. 1:0.70   D. 1:0.50

449. BE035 埋地管道布管时，相邻两管口应错开(　　)，以便清理和处理管口。

  A. 50~100mm   B. 100~200mm   C. 300~400mm   D. 500mm

450. BE035 回水管线与地面距离应为(　　)。

  A. 30mm   B. 40mm   C. 50mm   D. 80mm

451. BE036 管廊管道首尾两跨的最外端管道，其长度宜留有不小于(　　)的调节余量。

  A. 50mm   B. 100mm   C. 150mm   D. 200mm

452. BE036 引出管廊外的三通支管，宜在管廊吊装(　　)，焊接支管。

  A. 前   B. 后   C. 定位后   D. 限位后

453. BE036 附塔管道宜在塔体吊装前，预先安置在上，(　　)与塔体组合吊装。

  A. 测量合格   B. 组装   C. 安装   D. 检验合格

454. BE037 油田集输管道安装时，对管道公称直径小于500mm的V类管道，如果采用斜接口连接，其管口偏斜角度应不大于(　　)。

  A. 5°   B. 4°   C. 3°   D. 2°

455. BE037 油田集输管道安装时，对管道公称直径大于等于500mm的V类管道，如果采用斜接口连接，其管口偏斜角度应不大于(　　)。

  A. 5°   B. 4°   C. 3°   D. 2°

456. BE037 在通清管球的主管道上开孔时,当支管直径大于主管直径( )时,主管开孔应成栅状,栅的方向与主管轴线线平行。

    A. 1/4   B. 1/3   C. 1/2   D. 2/3

457. BE038 燃气管道安装焊接时,焊缝距煨制弯头的起弯点不少于( )且不小于管道外径。

    A. 20mm   B. 30mm   C. 50mm   D. 100mm

458. BE038 燃气管道安装时,$DN \leqslant 100mm$ 水平弯曲的允许偏差为( ),最大不超过20mm。

    A. 1/1000   B. 1/800   C. 1/600   D. 1/500

459. BE038 燃气管道安装时,成排管道间距允许偏差为( )。

    A. 10mm   B. 6mm   C. 5mm   D. 3mm

460. BE039 管道安装前,应做好技术准备、材料准备和( )。

    A. 机具准备   B. 资金准备   C. 车辆准备   D. 人员准备

461. BE039 管道安装前的技术准备一般包括熟悉( )和布置、安排施工场地。

    A. 图纸资料   B. 人员状况   C. 环境   D. 气候

462. BE039 管道安装前的材料准备包括进行核对物料的规格、数量及( )检验。

    A. 材质   B. 外观   C. 内部   D. 性能

463. BE040 管道安装变径宜采用大小头,同心大小头宜用在( )管道上。

    A. 水平   B. 倾斜   C. 垂直   D. 横向

464. BE040 管道安装时,两对接直管段焊缝的距离一般不小于( )。

    A. 100mm   B. 80mm   C. 60mm   D. 50mm

465. BE040 当管道输送一般介质时,允许( )相接。

    A. 30°   B. 45°   C. 60°   D. 90°

466. BF001 在选用阀门时,应根据其功能特点进行选择,例如,通常不需要经常启闭,并且保持闸板全开或全闭的阀门是( )。

    A. 蝶阀   B. 闸阀   C. 球阀   D. 截止阀

467. BF001 按照介质通断性质选用阀门时,作为介质的切断或调节及节流作用应安装( )。

    A. 蝶阀   B. 闸阀   C. 球阀   D. 截止阀

468. BF001 按照防止介质倒流选用阀门时,应安装( )。

    A. 止回阀   B. 球阀   C. 旋塞阀   D. 控制阀

469. BF002 《石油天然气工业 管线输送系统用钢管》(GB/T 9711—2017)规定,补焊焊接的最小长度为( )。

    A. 35mm   B. 40mm   C. 40.8mm   D. 50.8mm

470. BF002 《石油天然气工业 管线输送系统用钢管》(GB/T 9711—2017)规定,分层面积大于或等于 7.742㎡ 应将带有缺陷的管段( )。

    A. 清除   B. 清理   C. 修磨   D. 切除

471. BF002 《石油天然气工业 管线输送系统用钢管》(GB/T 9711—2017)规定,所有冷态形成的深度超过( )并带有尖底凿痕的摔坑可采用修磨法去除。

    A. 3. 0mm   B. 3. 15mm   C. 3. 18mm   D. 3. 20mm

472. BF003 减压阀安装时,可以不安装泄水短管,但在减压阀前一般都装有( )。

    A. 缓冲装置   B. 油水分离器   C. 油气分离器   D. 安全装置

473. BF003 减压阀应( )安装在水平管道上。

    A. 垂直   B. 水平   C. 倾斜   D. 平行

474. BF003 安装减压阀时,要注意减压后的管径应比减压阀的公称直径大( )。

    A. 1~2 级   B. 1~1. 5 级   C. 1~1. 2 级   D. 1~1. 1 级

475. BF004 《钢制对焊管件 类型与参数》(GB/T 12459—2017)规定,公称直径在 125 ~ 200mm 的异径接头总长允许偏差为( )。

    A. ±2. 2mm   B. ±2mm   C. ±1. 8mm   D. ±1. 5mm

476. BF004 《钢制对焊管件 类型与参数》(GB/T 12459—2017)规定,公称直径为 100mm 的 90°弯头中心至端面尺寸偏差为( )。

    A. ±2mm   B. ±1. 8mm   C. ±1. 5mm   D. ±1. 0mm

477. BF004 《钢制对焊管件 类型与参数》(GB/T 12459—2017)规定,公称直径在 80- 90mm 之间的所有管件,坡口外径允许偏差为( )。

    A. ±1. 0mm   B. ±1. 2mm   C. ±1. 5mm   D. ±1. 6mm

478. BF005 对于有压力表、流量计等表示调整情况的装置,一般应将( )设置在便于观 察该装置的位置。

    A. 阀门   B. 阀门手轮   C. 控制杆   D. 控制器

479. BF005 因为阀门的安装位置易造成磕头或绊倒等不安全问题,所以不应将阀门设置 在主要通道及( )等。

    A. 主要场所   B. 生活场所   C. 检查通道   D. 消防通道

480. BF005 阀门的安装位置应根据阀门的( )进行选择。

    A. 功能特点   B. 外观   C. 内部结构   D. 材质

481. BF006 弯管弧任意处圆度不应大于( )。

    A. 1. 5%   B. 2%   C. 2. 5%   D. 3%

482. BF006 热推弯管的壁厚最大减薄率应不大于( ),壁厚减薄率计算公式为(t_1 - t_h)/t_1×100%,其中"t_1"代表母管的最小壁厚。

    A. 3%   B. 5%   C. 9%   D. 10%

483. BF006 推制弯管时,弧的弯曲度最大偏差为( )。

    A. ±0. 5°   B. ±1°   C. ±1. 5°   D. ±2°

484. BF007 排入密闭系统安全阀出口管道应顺介质流向( )斜接排放总管顶部。

    A. 30°   B. 35°   C. 45°   D. 60°

485. BF007 安全阀与锅炉压力容器之间的连接短管的截面积,不得小于安全阀的流通截面,整个安全阀同时装在一个接管上,接管截面积应不小于安全阀流通截面积总和的( )。

    A. 1. 0 倍   B. 1. 15 倍   C. 1. 20 倍   D. 1. 25 倍

486. BF007　安全阀都应(　　)安装。

　　A. 水平　　　　　　B. 垂直　　　　　　C. 平行　　　　　　D. 倾斜

487. BF008　公称通称为 25~50mm 的所有承插管件流通孔直径偏差为(　　)。

　　A. ±0.4mm　　　B. ±0.35mm　　　C. ±0.3mm　　　D. ±0.2mm

488. BF008　公称通径为 25~50mm 的 90°承插弯头的中心至承口距离偏差为(　　)。

　　A. ±1mm　　　　B. ±1.5mm　　　C. ±2mm　　　　D. ±2.5mm

489. BF008　公称通径为 25~50mm 的双承口管箍承口间距允许偏差为(　　)。

　　A. ±4.5mm　　　B. ±4.2mm　　　C. ±4mm　　　　D. ±3.5mm

490. BF009　凝结水低于额定最大排量(　　)时,不应选用脉冲式疏水阀。

　　A. 5%　　　　　　B. 8%　　　　　　C. 10%　　　　　　D. 15%

491. BF009　在需要安静的环境里,不宜安装噪声较大的(　　)疏水阀。

　　A. 波纹管式　　　B. 脉冲式　　　　C. 热动力式　　　D. 吊桶式

492. BF009　间歇操作的室内蒸汽加热设备和管道,需选用排气性能较好的(　　)疏水阀。

　　A. 波纹管式　　　B. 脉冲式　　　　C. 热动力式　　　D. 吊桶式

493. BF010　隔膜阀在运输时,隔膜阀应处于关闭位置,但不可关得过紧,以防损坏(　　)。

　　A. 阀体　　　　　B. 隔膜　　　　　C. 阀板　　　　　D. 阀瓣

494. BF010　闸阀的闸板密封面中心必须高于阀体(　　)中心。

　　A. 密封面　　　　B. 阀室　　　　　C. 阀座　　　　　D. 阀板

495. BF010　直通式铸铁阀门连接法兰的密封面应互相平行,在每一百毫米的法兰密封面直径上,平行度偏差不得超过(　　)。

　　A. 0.2mm　　　B. 0.25mm　　　C. 0.30mm　　　D. 0.35mm

496. BF011　带传动机构的球阀,均应(　　)安装。

　　A. 平行　　　　　B. 直立　　　　　C. 水平　　　　　D. 倾斜

497. BF011　在各类阀门中,球阀的(　　)最小。

　　A. 封闭性能　　　B. 沿程损失　　　C. 流体阻力　　　D. 流体压力

498. BF011　安装球阀时,球阀的前后管道应保证(　　),两法兰密封面应平行。

　　A. 水平　　　　　B. 找平　　　　　C. 同轴　　　　　D. 同心

499. BF012　当螺纹规格为 $M10~24mm$ 时,法兰螺栓孔中心圆直径允许偏差为(　　)。

　　A. ±1.0mm　　　B. ±0.5mm　　　C. ±0.3mm　　　D. ±0.2mm

500. BF012　当螺栓规格为 $M27~33mm$ 时,法兰螺栓孔间距允许偏差为(　　)。

　　A. ±0.7mm　　　B. ±0.6mm　　　C. ±0.5mm　　　D. ±0.3mm

501. BF012　法兰公称尺寸小于 $DN100mm$ 时,尺寸公差为(　　)。

　　A. ±0.5mm　　　B. ±0.6mm　　　C. ±0.6mm　　　D. ±0.8mm

502. BF013　安装测量气体的孔板流量计时,气体取压口最好在管道的(　　)。

　　A. 上部　　　　　B. 下部　　　　　C. 首端　　　　　D. 末端

503. BF013　孔板流量计正负取压口引出的(　　)在任何情况下都要保持平行。

　　A. 排气管　　　　B. 放空管　　　　C. 导压管　　　　D. 导向管

504. BF013　孔板一般都要配合差压变送器用的,导压管与差压变送器连接时要注意正负压不要装反,字母"（ ）"为正向。

  A. Z   B. J   C. L   D. H

505. BF014 螺栓、螺母的螺线应完整,无划痕、毛刺缺陷。螺纹牙侧表面粗糙度度不大于（ ）。

  A. 6.0mm B. 6.1mm C. 6.3mm D. 6.5mm

506. BF014 设计压力等于或大于（ ）时,管道用的合金钢螺栓、螺母应逐件进行光谱分析。

  A. 5.0MPa B. 6.0MPa C. 8.0MPa D. 10.0MPa

507. BF014 设计温度低于（ ）的低温管道用合金钢螺栓、螺母,应逐件进行光谱分析,每批应抽两个进行低温冲击韧性试验。

  A. −19℃ B. −27℃ C. −28℃ D. −30℃

508. BF015 单瓣旋启式止回阀一般只适合安装在中等（ ）场合。

  A. 变径   B. 管径   C. 通径   D. 异径

509. BF015 大口径管路选用安装单瓣旋启式止回阀时,为减少水锤压力,最好采用（ ）。

  A. 减路   B. 加路   C. 开路   D. 闭路

510. BF015 直通式升降止回阀一般只能安装在（ ）管道上。

  A. 径向   B. 水平   C. 纵向   D. 垂直

511. BF016 缠绕式垫片内外环厚度下尺寸极限偏差为（ ）。

  A. 3.3~3.6mm B. 3.0~3.3mm C. 2.8~3.1mm D. 2.5~3.0mm

512. BF016 突面和全平面法兰,公称直径小于或等于300mm时,选用非金属垫片,内径极限尺寸偏差为（ ）。

  A. ±2mm B. ±1.5mm C. ±1.0mm D. ±0.5mm

513. BF016 非金属垫片的厚度极限偏差为0.20mm,同一垫片厚度差应不大于（ ）。

  A. 0.1mm B. 0.15mm C. 0.2mm D. 0.3mm

514. BF017 孔板流量计是目前工业生产中用来测量气体、液体和（ ）流量最常用的流量仪表。

  A. 固体   B. 湿气   C. 干气   D. 蒸汽

515. BF017 孔板流量计是利用流体流过孔板时,在孔板前后产生（ ）来测量流量的一种流量仪表。

  A. 负压   B. 高压   C. 差压   D. 低压

516. BF017 孔板流量计的误差由基本误差和（ ）组成。

  A. 符合误差 B. 基础误差 C. 正误差 D. 附加误差

517. BG001 当调节阀不与管道同时试验时,有旁通管道的应用（ ）隔离。

  A. 膨润土 B. 垫片   C. 盲板   D. 石棉板

518. BG001 冬季试压操作必须采取（ ）措施。

  A. 冷冻   B. 加热   C. 防寒   D. 防冻

519. BG001 集输管道在进行（ ）试验时,不得沿管道巡线,过往车辆应加以限制。

  A. 严密性 B. 高压   C. 分段   D. 强度

520. BG002 《工业金属管道工程施工规范》(GB 50235—2010)标准中规定,冲洗管道应使用洁净水,冲洗奥氏体不锈钢管道时,水中的氯离子含量不得超过(　　)。

  A. 15mg/L   B. 20mg/L   C. 25mg/L   D. 30mg/L

521. BG002 《工业金属管道工程施工规范》(GB 50235—2010)规定,应测量试验温度,严禁材料试验温度接近(　　)转变温度。

  A. 弹性   B. 脆性   C. 硬性   D. 塑性

522. BG002 《工业金属管道工程施工规范》(GB 50235—2010)规定,输送剧毒流体、有毒流体、可燃流体的管道必须进行(　　)性试验。

  A. 泄漏   B. 严密   C. 气密   D. 压力

523. BG003 严密试验应在(　　)试验合格后进行。

  A. 强度   B. 液压   C. 气压   D. 渗漏

524. BG003 做过(　　)试验,并且检查合格的管道(容器)可免做气密性试验。

  A. 强度   B. 液压   C. 气压   D. 渗漏

525. BG003 气密性试验应在液压试验合格后进行,试验压力为设计压力的(　　)。

  A. 1.0 倍   B. 1.05 倍   C. 1.10 倍   D. 1.5 倍

526. BG004 管道试压试验前将不能参与试验的系统、设备仪表及(　　)进行隔离。

  A. 活接   B. 法兰   C. 大小头   D. 管附件

527. BG004 油田集输管道用液体进行强度试验,合格标准是无断裂,目测无变形、无渗漏,压降小于或等于(　　)为合格。

  A. 0.5%   B. 1%   C. 1.5%   D. 2%

528. BG004 集输管道气密性试验压力为(　　),介质为压缩空气;当管两端的介质试验压力后,进行焊缝检查和压降试验。

  A. 0.4MPa   B. 0.5MPa   C. 0.6MPa   D. 1.0MPa

529. BG005 当采用可燃气体介质进行试验时,其闪点不低于(　　)。

  A. 60℃   B. 55℃   C. 50℃   D. 45℃

530. BG005 真空试验属于严密性试验的一种,应在(　　)试验合格后进行。

  A. 密度   B. 强度   C. 充液   D. 水压

531. BG005 对位差较大的管道,液压试验应以(　　)压力为准,但最低点压力不得超过管道组成件的承受力。

  A. 最高点   B. 最低点   C. 中间点   D. 任意点

532. BG006 管道系统试压时,压力表的精度不应低于1.5级,且压力表不能少于(　　)块。

  A. 1   B. 2   C. 3   D. 4

533. BG006 管道系统试压时,压力表的量程是试验压力的(　　)为宜。

  A. 2.5 倍   B. 2 倍   C. 1.5 倍   D. 1 倍

534. BG006 管道的试验压力小于或等于设备试验压力时,应按照(　　)试验压力进行试验。

  A. 设计   B. 设备   C. 规定   D. 管道

535. BG007 管道系统的(　　)试验完成后,应分段对管道进行吹扫与清洗。

  A. 强度   B. 气压   C. 压力   D. 严密

536. BG007 管道吹洗前,应将系统内不允许吹洗的设备及管道进行(　　)。
  A. 隔离   B. 拆除   C. 分离   D. 隔断

537. BG007 管道吹扫前应检验管道支架、托架、吊架的(　　)程度,必要时应进行加固。
  A. 安装   B. 坚固   C. 固定   D. 牢固

538. BG008 水冲洗时,宜采用最大流量,流速不得低于(　　)。
  A. 2.5m/s   B. 2m/s   C. 1.5m/s   D. 1m/s

539. BG008 排放水应引入可靠的水井或沟中,排放管的截面积不得小于被冲洗管的截面积的(　　),排水时,不得形成负压。
  A. 30%   B. 50%   C. 60%   D. 80%

540. BG008 公称直径小于(　　)的液体管道,宜采用水冲洗。
  A. 700mm   B. 600mm   C. 500mm   D. 400mm

541. BG009 管道清洗出的脏物不得进入已(　　)的管道。
  A. 合格   B. 吹完   C. 清扫   D. 封闭

542. BG009 管道采用循环法酸洗前,管道系统应进行(　　)检查。
  A. 压力   B. 严密   C. 外观   D. 试漏

543. BG009 管道采用循环法脱脂的循环时间,应视系统及管径大小、脏污程度等确定,一般不少于(　　)。
  A. 60min   B. 50min   C. 30min   D. 20min

544. BG010 采用空气吹扫(　　)管道时,气体中不得含油。
  A. 污水   B. 忌油   C. 输油   D. 溶油

545. BG010 采用爆膜法吹扫管道时,进气口和泄气口必须分置管道两端,泄压口前方(　　)长,3m宽范围内不得站人及有易燃物品。
  A. 50m   B. 60m   C. 80m   D. 100m

546. BG010 空气吹扫时,每一次吹扫口的吹扫时间不少于(　　),清洁度高的管道不应少于30min。
  A. 5min   B. 8min   C. 10min   D. 15min

547. BG011 蒸汽吹扫管线先按加热、冷却、再加热的顺序循环进行,吹扫先采取每次只扫(　　)根,轮流吹扫的办法。
  A. 1   B. 2   C. 3   D. 4

548. BG011 蒸汽吹扫前,应先进行暖管,及时排水,并应检查管道(　　)。
  A. 动位移   B. 热位移   C. 冷位移   D. 静位移

549. BG011 利用铝板制作的靶片,蒸汽管道吹扫后,当设计文件无规定时,靶片痕深应小于(　　)。
  A. 0.2mm   B. 0.3mm   C. 0.4mm   D. 0.5mm

550. BG012 当采用吸湿剂时,干燥后管道末端排出的混合液中,甲醇、甘醇类吸湿剂含量的质量百分比大于(　　)为合格。
  A. 80%   B. 75%   C. 70%   D. 65%

551. BG012 当采用真空法时,选用的真空表精度不小于1级,干燥后管道内气体水露点宜连续4h低于(　　)为合格。

    A. -5℃　　　　　B. -8℃　　　　　C. -10℃　　　　　D. -15℃

552. BG012 当采用干燥气体吹扫时,可在管道末端配置水露点分析仪,干燥后排出气体水露点值宜连续(　　)比管道输送条件下最低环境温度至少低5℃、变化幅度不大于3℃为合格。

    A. 6h　　　　　B. 5h　　　　　C. 4h　　　　　D. 3h

553. BH001 碳素钢管在水中的腐蚀主要与水中的溶解(　　)有关。

    A. 氧　　　　　B. 酸　　　　　C. 碱　　　　　D. 盐

554. BH001 管道表面的腐蚀形态像斑点一样属于(　　),它所占的面积较大,腐蚀较浅。

    A. 均匀腐蚀　　　B. 严重腐蚀　　　C. 斑点腐蚀　　　D. 晶间腐蚀

555. BH001 整个管道表面发生(　　)时,其危害性一般较小。

    A. 斑点腐蚀　　　B. 均匀腐蚀　　　C. 晶间腐蚀　　　D. 线状腐蚀

556. BH002 碳素钢管道在运输一般介质时,其管道腐蚀余量最多3m,只有催化剂管道一般为(　　)。

    A. 5mm　　　　　B. 6mm　　　　　C. 7mm　　　　　D. 8mm

557. BH002 在稀硫酸和盐酸中,碳素钢管的腐蚀与溶液的浓度(　　)。

    A. 成反比　　　B. 成正比　　　C. 不成比例　　　D. 无关

558. BH002 当硫酸浓度超过(　　)时,对碳素钢的腐蚀反而小了。

    A. 70%　　　　　B. 65%　　　　　C. 60%　　　　　D. 50%

559. BH003 球墨铸铁管的(　　)性能优于铸钢。

    A. 耐压　　　　　B. 屈服强度　　　C. 塑性　　　　　D. 刚度

560. BH003 硬聚氯乙烯管和软聚氯乙烯管对大部分酸、碱、盐和碳氢化合物有机溶剂等介质都有良好的(　　),多用于输送石油化工产品。

    A. 耐油性　　　B. 耐腐蚀性　　　C. 耐酸性　　　D. 耐碱性

561. BH003 不锈钢管会发生(　　)腐蚀。

    A. 氧化　　　　　B. 电化学　　　C. 化学　　　　　D. 晶间

562. BH004 管道安装施工现场多为(　　)除锈,但效率低。

    A. 人工　　　　　B. 机械　　　　　C. 化学　　　　　D. 抛丸

563. BH004 人工除锈时,若金属表面(　　)较厚,可先用锤敲打除掉,然后再用砂布等擦拭表面。

    A. 油污　　　　　B. 防腐层　　　C. 锈蚀层　　　D. 杂质

564. BH004 人工除锈时,若管材表面油污较多,可用汽油或(　　)的热氢氧化钠溶剂清洗,待干燥后再除锈。

    A. 15%　　　　　B. 10%　　　　　C. 8%　　　　　D. 5%

565. BH005 采用化学方法除锈时,使用(　　)可延缓管材与酸液的化学反应速度,以免伤及管材深部。

    A. 稀料　　　　　B. 稀盐酸　　　C. 缓蚀剂　　　D. 盐酸

566. BH005 酸洗溶液的配置比例为水加（　　）的工业盐酸。
　　A. 8%~9%　　　　B. 8%~10%　　　C. 8%~12%　　　　D. 8%~15%

567. BH005 将管道轻轻放入槽内浸泡,以不溢出洗液为宜,浸泡期间经常翻动管道,浸泡时间一般为（　　）为宜。
　　A. 10~15min　　B. 10~20min　　C. 10~25min　　D. 10~30min

568. BH006 喷砂方法能（　　）金属表面的铁锈氧化皮、旧的漆层及其他污物。
　　A. 去掉　　　　　B. 清除　　　　　C. 磨掉　　　　　D. 除掉

569. BH006 喷砂除锈能使金属表面形成（　　）面,以增加油漆对金属管的附着力。
　　A. 光滑　　　　　B. 平整　　　　　C. 粗糙　　　　　D. 光亮

570. BH006 喷砂除锈是以（　　）的压缩空气为动力,通过喷枪把石英砂粒喷到金属表面进行除锈的。
　　A. 0.3~0.4MPa　　B. 0.3~0.5MPa　　C. 0.3~0.6MPa　　D. 0.3~0.7MPa

571. BH007 涂漆层表面颜色应一致,流淌、漏涂、皱纹等都应符合（　　）。
　　A. 设计　　　　　B. 规范　　　　　C. 标准　　　　　D. 文件

572. BH007 对所需涂漆的管道进行涂漆时,所有经处理后的管道表面均应在（　　）内涂底漆。
　　A. 1h　　　　　　B. 2h　　　　　　C. 3h　　　　　　D. 4h

573. BH007 不保温设备、管道的涂层干膜总厚度为大于等于（　　）。
　　A. 100um　　　　B. 150um　　　　C. 180um　　　　D. 200um

574. BH008 埋设在一般泥土中的管道应用（　　）防腐层。
　　A. 普通　　　　　B. 一般　　　　　C. 加强　　　　　D. 特加强

575. BH008 钢管外防腐层采用玻璃布作加强基布时,在底漆表干后,对高于钢管表面（　　）的焊缝两侧,应抹腻子使其形成平滑过渡面。
　　A. 2mm　　　　　B. 3mm　　　　　C. 4mm　　　　　D. 5mm

576. BH008 涂敷好的防腐层,宜静置自然固化,当需要加温固化时,防腐层加热温度不宜超过（　　）。
　　A. 50℃　　　　　B. 60℃　　　　　C. 70℃　　　　　D. 80℃

577. BH009 沥青防腐层的总厚度应大于（　　）。
　　A. 2mm　　　　　B. 4mm　　　　　C. 6mm　　　　　D. 8mm

578. BH009 沥青防腐层特加强级的每层防腐厚度为（　　）。
　　A. 0.5mm　　　　B. 1mm　　　　　C. 1.5mm　　　　D. 2mm

579. BH009 聚乙烯胶带防腐层加强级的防腐总厚度大于等于（　　）。
　　A. 0.5mm　　　　B. 0.7mm　　　　C. 0.8mm　　　　D. 1.0mm

580. BH010 管道的基本识别色主要用于管内（　　）和状态。
　　A. 气体　　　　　B. 流体　　　　　C. 介质　　　　　D. 液体

581. BH010 涂刷管道识别色时,若将管道的颜色涂刷为淡紫色,说明该管内介质为（　　）。
　　A. 蒸汽　　　　　B. 氧气　　　　　C. 酸或碱　　　　D. 盐或水

582. BH010 涂刷管道识别色时,若将管道的颜色涂刷为淡绿色,说明该管内介质为（　　）。

A. 油 B. 水 C. 蒸汽 D. 氧气

583. BH011 管道的保护色编号为（　　）时,该管道保护色应为海灰色,输送的介质为热水。

  A. B03   B. B04   C. B05   D. B09

584. BH011 管道的保护色编号为（　　）时,该管道保护色应为铁红色,输送的介质为煤气。

  A. R01   B. R02   C. Z01   D. Z02

585. BH011 管道的保护色编号为 B01 时,该管道保护色应为（　　）,输送的介质为盐酸。

  A. 黑色   B. 草绿色   C. 红色   D. 深灰色

586. BH012 根据国家对于安全色的规定,（　　）应用于饮用水的颜色。

  A. 绿色   B. 浅绿色   C. 淡酞蓝色   D. 深酞蓝色

587. BH012 安全色的使用规定,在两个各宽为（　　）的基本识别色色环之间涂刷安全色色环。

  A. 150mm   B. 180mm   C. 200mm   D. 250mm

588. BH012 根据国家对于安全色的规定,（　　）间隔斜条属于危险警告的颜色。

  A. 淡黄色与红色   B. 淡黄色与深红色

  C. 淡黄色与黑色   D. 淡黄色与深灰色

589. BH013 管道的识别符号用于标识管内流体的（　　）、名称和流向。

  A. 性质   B. 成分   C. 流速   D. 饱和度

590. BH013 管道的标识符号要求为中文（　　）,化学符号、英文代号为正体大写。

  A. 仿宋体   B. 宋体   C. 楷体   D. 黑体

591. BH013 在管道标注识别符号,当管道或保温直径大于或等于（　　）时,一律在管道上标注。

  A. 60mm   B. 70mm   C. 80mm   D. 90mm

592. BH014 阀门的密封材质涂色规定中,密封材质为耐酸钢、编号为 PB04 时,涂刷颜色为（　　）。

  A. 大红色   B. 紫红色   C. 中酞蓝色   D. 淡黄色

593. BH014 阀门的密封材质涂色规定中,密封材质为巴氏合金、编号为 YO6 时,涂刷颜色为（　　）。

  A. 大红色   B. 紫红色   C. 中酞蓝色   D. 淡黄色

594. BH014 阀门的密封材质涂色规定中,密封材质为铜合金钢、编号为 RO3 时,涂刷颜色为（　　）。

  A. 大红色   B. 紫红色   C. 中酞蓝色   D. 淡黄色

595. BH015 清除管道防腐层时,严禁使用（　　）的方法进行操作。

  A. 用烤把烤   B. 刀剥离   C. 用钢丝刷   D. 气焊割

596. BH015 防腐层质量检查记录包括（　　）。

  A. 防腐层厚度检查   B. 管长测量

  C. 软化度检查   D. 管径测量

597. BH015 泡沫夹克防腐管道的防腐层进行剥离时,应先量取所需切断的(   )位置后再进行剥离。

  A. 方向   B. 距离   C. 尺寸   D. 大小

598. BH016 在使用测厚仪正式进行测试之前,必须(   ),否则会出现定位初始值偏差故障。

  A. 试验   B. 检查接线   C. 接地线   D. 调零

599. BH016 在使用超声波测厚仪时,要在一点处用探头进行(   )测厚。

  A. 四次   B. 三次   C. 两次   D. 一次

600. BH016 在使用超声波测厚仪时,测量中探头的分割面要互为(   )。

  A. 30°   B. 45°   C. 90°   D. 120°

二、判断题(对的画"√",错的画"×")

(   )1. AA001   管道工程图大部分是利用正投影法画出来的。

(   )2. AA002   将物体放在三个相互垂直的平面内是为了反映物体的三个高度。

(   )3. AA003   三视图的投影规律,仅适用于整个物体的投影,不适用于物体的局部投影。

(   )4. AA004   一般位置线较多地出现在国际项目施工图纸中。

(   )5. AA005   投影面平行线处于水平线位置,定 H 面为水平面,反映实长。

(   )6. AA006   投影垂直线在投影面上确定一个垂直面,而其余两个投影面上的投影比实长短。

(   )7. AA007   一般位置面在投影面上的投影都不积聚为直线。

(   )8. AA008   确定与平面平行的投影面后,其余两个投影面上的投影积聚为垂直线或铅垂线。

(   )9. AA009   平面垂直于侧面指的是侧垂面。

(   )10. AA010   竖向旋塞式龙头是由圆柱、圆锥台、棱柱和球等基本形体组成的。

(   )11. AA011   球体的三面投影都是与球半径相等的圆。

(   )12. AA012   管道轴测图是为了能让施工操作人员能够更快地建立起立体概念。

(   )13. AA013   轴测图分为正等轴测图和斜等轴测图。

(   )14. AA014   化工管路是化工设备的一部分,它将各个化工设备连接起来,形成了设备装置。

(   )15. AA015   看图顺序应按照流程图(原理图)、平面图、立面图系统轴测图及剖视图的顺序逐一仔细阅读。

(   )16. AA016   在管道施工图中,粗点画线代表的是中心线。

(   )17. AA017   管道图中输送各种液体和气体的管道一般采用虚线表示。

(   )18. AA018   在管道施工图中,—▷—代表的是减压阀。

(   )19. AB001   游标卡尺主要用来测量工件锥度。

(   )20. AB002   用万能角度尺测量工件角度值在0°~50°时,角尺和直尺应全部装上。

(   )21. AB003   10t(含10t)以上的手葫芦拉链允许一人操作。

（　　）22. AB004　YQ-5 型号液压千斤顶的最大工作压力为 50MPa。

（　　）23. AB005　使用锉刀时，应右肘弯曲，左肘向后。

（　　）24. AB006　手锤的锤柄不得有弯曲，不得有蛀孔、节疤及伤痕，并能充当撬棍使用。

（　　）25. AB007　在管道施工中，一般都使用跟踪清管器，当清管走球时，它能迅速找到清管球的位置。

（　　）26. AB008　套螺纹一般分为几次套制，并在套螺纹过程中要加注润滑油。

（　　）27. AB009　管钳不但能转动管道，还能代替扳手拧螺栓和螺帽。

（　　）28. AB010　使用扳手时，不可以采用套加力管的方法使用。

（　　）29. AC001　水平尺封闭的玻璃管内盛装的液体是水，用来测量管道的水平度与垂直度。

（　　）30. AC002　地下管道工程测量必须在回填后测量出起点、止点。

（　　）31. AC003　测量弯头的弯曲半径时，用两把直尺分别贴紧两端管口，也可用平直的钢筋代替直尺，取其交点到管中心的距离。

（　　）32. AC004　测量两法兰不同心（错口）的尺寸，应选择两法兰错口最大处的尺寸。

（　　）33. AC005　测量短管长度时，应最少检测两个对称点，以保证短管长度值一致。

（　　）34. AC006　测量 180°弯头时，应利用角尺作出一管中心线垂直线引向另一管中心线，分别量取两管中心线和端面高差的长度。

（　　）35. AC007　当三通水平弯管组对法兰时，可用水平尺测量三通支管法兰口是否正。

（　　）36. AC008　管道安装工程中，测量螺栓长度是以螺帽底部为基准的。

（　　）37. AC009　用度数来表示坡度，它是利用三角函数计算而得的。

（　　）38. AC010　测量标高时，对于任何一个待测点，都须找到一个已知点才可以测量。

（　　）39. AD001　根据金属材料分类，铸铁、钢及锌合金等都属于钢铁材料。

（　　）40. AD002　金属材料的强度极限是指受到外力作用断裂前，单位面积上所能承受的最大载荷。

（　　）41. AD003　金属在常温时，抵抗氧气氧化作用的能力，称为抗氧化性。

（　　）42. AD004　金属在冲击载荷作用下，产生抵抗破坏的能力称为冲击韧性。

（　　）43. AD005　主要用于工程结构的碳素钢其含碳量是在 0.20% 左右的 A3 钢。

（　　）44. AD006　不锈钢有铬不锈钢和马氏体不锈钢。

（　　）45. AD007　碳素结构钢按脱氧程度来看，沸腾钢优于镇静钢质量。

（　　）46. AD008　当一些强碳化物形成元素含量较高时，它们还会形成新的稳定性较高或很高的特殊碳化物。

（　　）47. AD009　根据《钢铁及合金牌号统一数字代号体系》（GB/T 17616—2013）标准规定，钢铁及合金牌号统一数字代号均由固定的六位符号组成。

（　　）48. AD010　电焊钢管可分为螺旋焊缝钢管和直缝电阻焊缝钢管。

（　　）49. AE001　管道设计工作温度大于 450℃ 时属于高温管道。

（　　）50. AE002　超高压的管道工作压力为 100MPa。

（　　）51. AE003　公称直径是仅与制造尺寸有关且引用方便的一个完整数值，不适用于计算。

(　　)52. AE004　公称直径的公制和英制的换算关系是：1in=20mm。

(　　)53. AE005　工业管道是指用于输送工艺介质的工艺管道、公用工程管道及其他辅助管道,代号为 GC 类,划分为 GC1 级、GC2 级、GC3 级。

(　　)54. AE006　低压流体输送用焊接钢管按壁厚分为普通级、加厚管特加厚管和薄壁管。

(　　)55. AE007　铸铁管的实际内径与公称直径基本上是相等的。

(　　)56. AE008　在石油化工管道中,普通高硅铸铁管和抗氯硅铁管应用较多。

(　　)57. AE009　聚氯乙烯硬塑料管能抵抗各种苯类的有机化合物。

(　　)58. AE010　铜及铜合金管的偏横向凸出和凹入偏差应不大于 0.35mm,碰伤深度应不超过 0.03mm。

(　　)59. AF001　有缝钢管是钢板成型后采用对接高频焊接成,适用于介质压力小于 1.0MPa。

(　　)60. AF002　在设计图纸中,一般采用公称直径来表示管道的规格。

(　　)61. AF003　UPVC 管的抗冻、耐热性强,可用作热水管。

(　　)62. AF004　管件英文是管道系统中起连接、控制、变向、分流、密封、支撑等作用的零部件的统称。

(　　)63. AF005　锻钢制螺纹管件公称通径为 $DN8mm \sim DN100mm$,品种有弯头、管箍等。

(　　)64. AF006　异径大小头的作用是改变管道内介质流向和连接两段公称直径不等的管道。

(　　)65. AF007　截止阀阀体的结构形式有直通式、直流式和角式。

(　　)66. AF008　蝶阀主要做截断阀使用,也可设计成具有调节或截断兼调节的功能。

(　　)67. AF009　旋塞阀具有结构简单、外形尺寸小、启闭迅速、流动阻力小的特点。

(　　)68. AF010　阀门阀体上应有铭牌,铭牌上要标明型号、公称压力、公称通径、制造厂商及用箭头标明的介质流动方向。

(　　)69. AF011　法兰与介质接触,适用于腐蚀介质较强的管路,这种类型的法兰是凹凸面法兰。

(　　)70. AF012　MFM 表示法兰密封面的形式是环连接面。

(　　)71. AF013　钢制管法兰齿形组合垫片形式分为 RE 型和 MEM 型。

(　　)72. AF014　金属齿形垫片主要用于高温高压部位,温度与压力波动时,密封性能不会下降。

(　　)73. BA001　识读单体图样的顺序是:图纸目录→文字→说明→图样→数据。

(　　)74. BA002　管道布置图经常具有多个标高层次,因此在识读过程中应注意要按照不同的标高平切分层识读。

(　　)75. BA003　管道布置图中,管道拐弯时,尺寸界线应定在管道平行线的交点上。

(　　)76. BA004　管道布置图中,$i=0.003$ 表示管道的坡度及坡向。

(　　)77. BA005　在管道图中,一般以单线图表示法为主。

(　　)78. BA006　弯头用双图表示时,以直线到小圆中心或到小圆边来判断弯头管口朝向。

（　　）79. BA007　管道图中,若出现图例(立面图)为——○——的三通时,表明该三通支管与主管为前后关系,支管在主管后面。

（　　）80. BA008　异径管在平面图、立面图中的画法是不一样的。

（　　）81. BD009　两个90°弯头在两个相互垂直的平面内组合,即两个弯管互成90°、三根管线相互垂直的组合,一般称为摆头弯。

（　　）82. BA010　在正等轴测图中,平行于轴测投影面的圆,其轴测投影一般为椭圆。

（　　）83. BA011　在斜等轴测图上,设备可以不画,但要画出设备上管道接口。

（　　）84. BA012　管段图上的建北或0°方向通常指向右下方。

（　　）85. BA013　目前国内外各设计单位不尽相同,有的不论管径大小所有管道全部绘制,有的则规定绘制 $DN \geqslant 100mm$ 的管径,小管径为现场配管。

（　　）86. BA014　管段图形绘制时,应依据管道平立面图的走向,画出管段从起点到终点所有的管道组成件。

（　　）87. BA015　机件的真实大小应以图样上所注的尺寸数值为依据,与周围大小及画图的准确度有关。

（　　）88. BA016　局部剖面图的剖面部分同视图以波浪线分界,该线表示剖切的部位和方向。

（　　）89. BA017　管道剖面图画图前,应将已知的管道平面图、立面图、侧面图看懂,了解其管路系统间的关系。

（　　）90. BA018　断面图共分为重合断面、移出断面、中断断面和分层断面四种类型。

（　　）91. BB001　套丝板架的结构特点要求是在套丝时可以逆时针转动。

（　　）92. BB002　150mm 长的活动扳手最大开口是 19mm。

（　　）93. BB003　直角尺主要用于工件直角的检验和画线。

（　　）94. BB004　钢卷尺的尺带一般镀铬、镍或其他涂料,所以要保持清洁,测量时不要使其与被测表面摩擦,以防划伤。

（　　）95. BB005　水平尺在原则上,横竖都在中心时,带角度的水泡也自然在中心了。

（　　）96. BB006　划针的直头端用来画线,弯头端用来找正工件的位置。

（　　）97. BB007　手工锯条中的字母 G 代号表示高速钢或双合金金属复合钢。

（　　）98. BB008　锯齿的粗细也可按齿距 t 的大小来划分:粗齿的齿距 t 为 1.6mm。

（　　）99. BC001　在整个管道的预制加工中,展开下料占有相当的地位,它涉及简单的识图原理,是油气管道安装工必修的业务之一。

（　　）100. BC002　图解法求下料长度比较快,特别是求斜长时,但图形要画的准确,尺寸也要准确,否则比量出的下料长度误差过大。

（　　）101. BC003　内螺纹弯头测量时,可采用直角尺进行测量。

（　　）102. BC004　阀门长度的理论计算公式结果与实测长度相符。

（　　）103. BD001　在正常展开或简易下料时,如果切割管道的斜度不正确,切割完的斜口,会出现"多肉"或"缺肉"现象。

（　　）104. BD002　封闭管段测量预制时,一定要根据情况,按标记对号装配。

（　　）105. BD003　内螺纹直管段下料时,应采用计算的方法进行下料。

（　　）106. BD004　在整个管道的预制加工中,所谓展开,实际是把一个敞开的空间曲面沿一条特定的线切开后铺平成一个同样封闭的平面图形。

（　　）107. BD005　管道受力大小是与管道的外壁与中性层的距离成正比。管道直径越大,弯曲时受力和变形也越大。

（　　）108. BD006　管道内螺纹弯头可以采用螺旋焊接钢管制作。

（　　）109. BD007　钢管冷煨,效率高,能节省大量燃料,避免加热时产生氧化层及管壁不均匀减薄问题。

（　　）110. BD008　钢管热煨前不应向插杠一端的火口边缘浇水,以加速管壁的冷却来增加抗弯能力。

（　　）111. BD009　管道支架、吊架的螺栓孔,可以用火焰切割。

（　　）112. BD010　压制弯管的管道阻力明显要比煨弯小。

（　　）113. BD011　制作同径正骑马鞍时,展开样板的实际周长应与支管外壁周长相符。

（　　）114. BD012　同径正骑三通制作时,样板展开画法与同径正骑马鞍样板展开是一致的。

（　　）115. BD013　制作异径斜骑马鞍时,支管与母管组对时的角度偏差不应超过±1°。

（　　）116. BE001　管道组对中心线的偏差量规定,地上不应大于 2mm/m,地下不应大于 1mm/m。

（　　）117. BE002　管道与平焊法兰内焊时,焊缝边缘应距法兰密封面留有余边,防止损坏法兰的光滑封面。

（　　）118. BE003　管道组对焊接时,可以用 I 形接口形式加大接口间隙来代替 V 形接口。

（　　）119. BE004　管道对接焊接时壁厚 20 ~ 60mm,应开 ∪ 形接口,其对口间隙为 1.0~3.0mm。

（　　）120. BE005　管道组对前,需将管端的内外表面 25~30mm 范围内泥垢、锈斑等清除干净。

（　　）121. BE006　法兰与管道对接时,$DN>100mm$ 时,自由管段法兰面与管道中心垂直度允许偏差为 1.0mm。

（　　）122. BE007　石油天然气站内工艺管线工程中,在任何 300mm 连续长度内,累计咬边长度不可大于 50mm。

（　　）123. BE008　承插铸铁管 $DN100mm ~ DN250mm$ 沿直线敷设时,安装对口轴向间隙最大为 10mm。

（　　）124. BE009　各类管道组成件的防腐材料应分类存放,易挥发的材料应密闭存放。

（　　）125. BE010　对于管道组成件及管道支撑件的材料牌号、规格和外观质量,应逐个进行仪器检查后进行几何尺寸、管壁厚度等抽样检查。

（　　）126. BE011　卷管加工过程中,对有严重伤痕的部位,必须进行修磨,修磨处的壁厚不得小于设计壁厚。

（　　）127. BE012　制作水平夹套管时,定位块的其中一件应配置在正上方,另两块距此块圆周 120°安装。

（　　）128. BE013　管汇母管画线应符合以下规定:固定母管画出中心线,按图纸要求的间

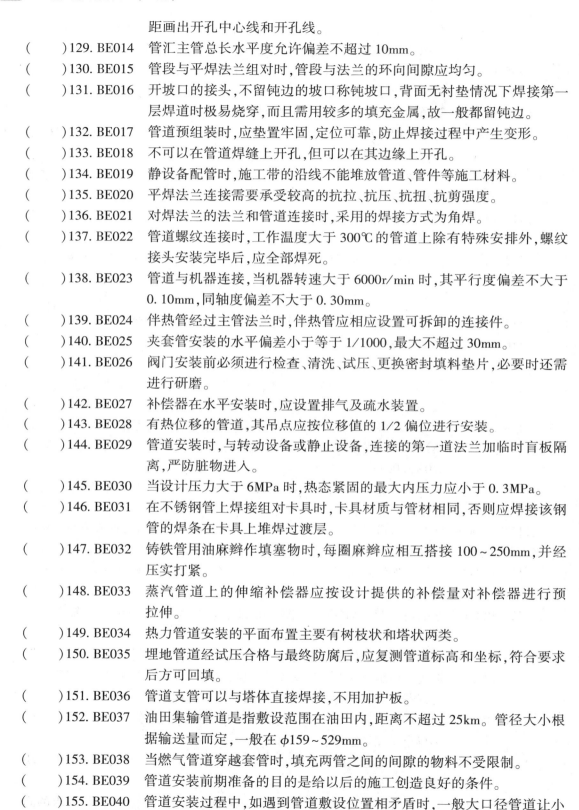

距画出开孔中心线和开孔线。

（　　）129. BE014　管汇主管总长水平度允许偏差不超过 10mm。

（　　）130. BE015　管段与平焊法兰组对时，管段与法兰的环向间隙应均匀。

（　　）131. BE016　开坡口的接头，不留钝边的坡口称钝坡口，背面无衬垫情况下焊接第一层焊道时极易烧穿，而且需用较多的填充金属，故一般都留钝边。

（　　）132. BE017　管道预组装时，应垫置牢固，定位可靠，防止焊接过程中产生变形。

（　　）133. BE018　不可以在管道焊缝上开孔，但可以在其边缘上开孔。

（　　）134. BE019　静设备配管时，施工带的沿线不能堆放管道、管件等施工材料。

（　　）135. BE020　平焊法兰连接需要承受较高的抗拉、抗压、抗扭、抗剪强度。

（　　）136. BE021　对焊法兰的法兰和管道连接时，采用的焊接方式为角焊。

（　　）137. BE022　管道螺纹连接时，工作温度大于 300℃ 的管道上除有特殊安排外，螺纹接头安装完毕后，应全部焊死。

（　　）138. BE023　管道与机器连接，当机器转速大于 6000r/min 时，其平行度偏差不大于 0.10mm，同轴度偏差不大于 0.30mm。

（　　）139. BE024　伴热管经过主管法兰时，伴热管应相应设置可拆卸的连接件。

（　　）140. BE025　夹套管安装的水平偏差小于等于 1/1000，最大不超过 30mm。

（　　）141. BE026　阀门安装前必须进行检查、清洗、试压、更换密封填料垫片，必要时还需进行研磨。

（　　）142. BE027　补偿器在水平安装时，应设置排气及疏水装置。

（　　）143. BE028　有热位移的管道，其吊点应按位移值的 1/2 偏位进行安装。

（　　）144. BE029　管道安装时，与转动设备或静止设备，连接的第一道法兰加临时盲板隔离，严防脏物进入。

（　　）145. BE030　当设计压力大于 6MPa 时，热态紧固的最大内压力应小于 0.3MPa。

（　　）146. BE031　在不锈钢管上焊接组对卡具时，卡具材质与管材相同，否则应焊接该钢管的焊条在卡具上堆焊过渡层。

（　　）147. BE032　铸铁管用油麻辫作填塞物时，每圈麻辫应相互搭接 100～250mm，并经压实打紧。

（　　）148. BE033　蒸汽管道上的伸缩补偿器应按设计提供的补偿量对补偿器进行预拉伸。

（　　）149. BE034　热力管道安装的平面布置主要有树枝状和塔状两类。

（　　）150. BE035　埋地管道经试压合格与最终防腐后，应复测管道标高和坐标，符合要求后方可回填。

（　　）151. BE036　管道支管可以与塔体直接焊接，不用加护板。

（　　）152. BE037　油田集输管道是指敷设范围在油田内，距离不超过 25km。管径大小根据输送量而定，一般在 φ159～529mm。

（　　）153. BE038　当燃气管道穿越套管时，填充两管之间的间隙的物料不受限制。

（　　）154. BE039　管道安装前期准备的目的是给以后的施工创造良好的条件。

（　　）155. BE040　管道安装过程中，如遇到管道敷设位置相矛盾时，一般大口径管道让小口径管道。

( )156. BF001　阀门选用时的主要技术性能中,密封性能是阀门最重要的技术性能指标。

( )157. BF002　《石油天然气工业　管线输送系统用钢管》(GB/T 9711.1—1997)规定,深度超过 0.79mm 或钢管壁厚 12.5%的咬边缺陷可以拒收整根钢管。

( )158. BF003　减压阀可以设置在靠近移动设备等易受到冲击的地方。

( )159. BF004　《钢制对焊管件类型与参数》(GB/T 12459—2017)规定,深度超过公称直径壁厚 12%或大于 1.6mm 的机械伤痕和凹坑应去除。

( )160. BF005　工艺管道安装时,往往不必考虑阀门的安装位置是否符合安全操作姿势的要求。

( )161. BF006　弯管表面应光滑、无尖角肉缺口、分层、刻痕、结疤、裂纹、裂缝等缺陷或缺欠。

( )162. BF007　当排入放空总管或去火炬总管介质带有凝液或可冷凝气体时,安全阀出口应低于总管,否则,应采取排液措施。

( )163. BF008　承插管件表面应无肉眼可见的裂纹、折叠、夹渣等缺陷。

( )164. BF009　在需要立即排除凝结水的场合,不宜安装有过热度的疏水阀。

( )165. BF010　阀门阀体的轻微锈蚀、凹陷及其他机械损伤的深度,不应超过产品相应标准允许的壁厚负偏差。

( )166. BF011　球阀一般采用软密封圈,使用温度受到密封圈材质的限制。

( )167. BF012　凹凸面配对法兰其配合线良好,凸面高度应小于凹面深度。

( )168. BF013　孔板流量计测量蒸汽时,取压口应安装在管道侧面。

( )169. BF014　管道紧固件质量证明书应包括:产品名称、规格和数量;材料牌号;标准号;出厂日期。

( )170. BF015　安装止回阀时,应注意介质的流动方向应与阀体上箭头的方向一致。

( )171. BF016　《管法兰用非金属平垫片技术条件》(GB/T 9129—2003)规定,凹凸面管法兰石棉橡胶垫片厚度的允许偏差为±0.5mm。

( )172. BF017　孔板流量计适合于测两相流。

( )173. BG001　埋地压力管道在液压试验前,需将管内充水浸泡 12h。

( )174. BG002　管道安装完毕,热处理和无损检验合格后,方可进行压力试验。

( )175. BG003　在严密性试验过程中,如有渗漏可及时加以处理。

( )176. BG004　管道按设计或规范要求进行稳压。稳压时应组织人员对管道焊缝、阀门法兰进行检查。

( )177. BG005　真空度试验按设计文件要求,对管道系统抽真空,达到设计规定的真空度后,关闭系统,24h 后系统增压率不应大于 3%。

( )178. BG006　管道试压应有经批准的、完善的试压技术措施或试压技术方案。

( )179. BG007　管道吹洗前,应安装孔板、法兰连接的调节阀及重要阀门等,应采取流经旁路或卸掉阀头及阀座加保护套管保护措施。

（　　）180. BG008　当管道经水冲洗合格后暂不运行时,应将水排净,并应及时吹干。

（　　）181. BG009　管道吹洗合格复位后,不得再进行影响管内清洁的其他作业。

（　　）182. BG010　空气吹扫过程中,当目测排气烟尘时,应在排气口设置贴白布或涂白漆的木制靶板检验,5min 内靶板上无铁锈、尘土、水分等其他物质时为合格。

（　　）183. BG011　蒸汽吹扫的排气管应引向室外,管口应朝下倾斜,以保证安全排放。

（　　）184. BG012　干燥方法可采用吸水性泡沫清管塞反复吸附,注入甲醇、甘醇类吸湿剂清洗,干燥气体(压缩空气或氮气等)吹扫,真空蒸发等上述一种或几种方法的组合应因地制宜、技术可行、经济合理、方便操作、对环境的影响最小。

（　　）185. BH001　管道腐蚀现象可以理解为材料在其所处的环境中发生的一种化学反应。

（　　）186. BH002　碳素钢不能输送水、蒸汽、煤气油类以及 70% 以上浓硫酸和常温下的碱液。

（　　）187. BH003　球墨铸铁管的耐腐蚀性能比较好,技术性又能接近于普通碳素钢管,是一种很有发展前景的耐腐蚀性能钢材。

（　　）188. BH004　金属表面除锈应符合《涂装前钢材表面预处理规范》(SY/T 0407—2012)中的 YTZ 级标准。

（　　）189. BH005　酸洗一般都需要搅拌。在喷射清洗时,通常用 100~170kPa 的压力,有时也用 280kPa 的压力,靠泵加压。

（　　）190. BH006　喷砂除锈时,方向应置于逆流风向,喷嘴与工件表面成 70° 角,并距离工件表面 100~150mm。

（　　）191. BH007　管道材质是有色金属管、不锈钢管、镀锌钢管、镀锌铁皮和铝皮保护层的不宜涂漆。

（　　）192. BH008　由于地下管道受到水和各种酸、碱、盐类及杂散电流的腐蚀,所以对管道外壁必须做特殊的防腐处理。

（　　）193. BH009　聚氯乙烯防腐强度高,耐冲击性能和绝缘性能较差,不适合大规模机械化生产。

（　　）194. BH010　基本识别色色环应涂刷在所有管交叉点阀门和穿孔侧的管路上。

（　　）195. BH011　在施工中,室外地沟内管道可以涂刷单色涂料。

（　　）196. BH012　在管道安全色涂漆施工中,应依据的标准为《安全色》(GB 3182—2008)。

（　　）197. BH013　流体的其他标识符号可由使用单位根据实际需要涂刷,但不得与基本识别色色环的识别符号混淆。

（　　）198. BH014　阀门的涂色规定要求,材料为灰铸铁的阀体应涂刷中灰色。

（　　）199. BH015　清除管道 3PE 防腐层时,可以使用火烤。

（　　）200. BH016　使用测厚仪时,可自动进行零点校核。

答　案

一、单项选择题

1. B	2. C	3. A	4. A	5. C	6. D	7. A	8. B	9. C	10. D
11. A	12. A	13. C	14. A	15. B	16. B	17. B	18. A	19. C	20. A
21. A	22. C	23. B	24. A	25. C	26. C	27. A	28. B	29. D	30. C
31. B	32. D	33. C	34. B	35. D	36. D	37. B	38. A	39. C	40. B
41. D	42. C	43. C	44. C	45. C	46. A	47. B	48. D	49. C	50. C
51. A	52. C	53. D	54. A	55. C	56. C	57. A	58. D	59. C	60. C
61. A	62. C	63. D	64. B	65. A	66. D	67. B	68. C	69. D	70. C
71. B	72. B	73. C	74. B	75. D	76. B	77. C	78. A	79. C	80. D
81. D	82. D	83. B	84. C	85. D	86. B	87. A	88. A	89. B	90. C
91. A	92. A	93. C	94. B	95. D	96. C	97. B	98. B	99. D	100. B
101. C	102. C	103. A	104. B	105. A	106. C	107. B	108. B	109. D	110. A
111. A	112. D	113. C	114. B	115. C	116. B	117. C	118. D	119. D	120. C
121. A	122. A	123. C	124. B	125. B	126. A	127. D	128. B	129. C	130. D
131. C	132. C	133. A	134. B	135. D	136. A	137. A	138. C	139. D	140. A
141. C	142. A	143. D	144. C	145. D	146. B	147. C	148. A	149. A	150. B
151. B	152. C	153. D	154. A	155. D	156. C	157. D	158. D	159. C	160. A
161. D	162. B	163. C	164. C	165. C	166. C	167. B	168. A	169. D	170. C
171. D	172. A	173. C	174. D	175. B	176. A	177. B	178. D	179. A	180. B
181. A	182. A	183. D	184. B	185. A	186. A	187. A	188. D	189. D	190. D
191. D	192. B	193. C	194. D	195. C	196. B	197. B	198. B	199. B	200. B
201. D	202. D	203. A	204. C	205. C	206. A	207. C	208. D	209. D	210. A
211. D	212. C	213. A	214. D	215. B	216. C	217. D	218. C	219. B	220. B
221. B	222. C	223. C	224. A	225. B	226. B	227. D	228. C	229. A	230. C
231. D	232. C	233. A	234. C	235. B	236. C	237. C	238. B	239. B	240. B
241. B	242. A	243. B	244. D	245. A	246. C	247. D	248. C	249. A	250. B
251. A	252. A	253. A	254. A	255. C	256. B	257. D	258. C	259. D	260. B
261. A	262. B	263. B	264. C	265. C	266. D	267. D	268. A	269. A	270. C
271. B	272. B	273. C	274. B	275. C	276. D	277. B	278. B	279. C	280. A
281. B	282. D	283. C	284. C	285. B	286. C	287. B	288. C	289. B	290. A
291. D	292. A	293. D	294. C	295. B	296. B	297. A	298. D	299. C	300. B
301. D	302. A	303. B	304. D	305. C	306. B	307. D	308. C	309. C	310. A

311. B	312. B	313. C	314. A	315. B	316. A	317. B	318. C	319. A	320. B
321. C	322. B	323. B	324. C	325. D	326. D	327. A	328. C	329. C	330. B
331. C	332. D	333. D	334. C	335. D	336. A	337. B	338. B	339. D	340. C
341. B	342. D	343. D	344. A	345. B	346. C	347. C	348. D	349. D	350. D
351. C	352. D	353. C	354. C	355. D	356. C	357. C	358. D	359. D	360. D
361. C	362. B	363. B	364. B	365. C	366. C	367. D	368. C	369. A	370. D
371. A	372. B	373. C	374. B	375. D	376. D	377. B	378. D	379. D	380. D
381. C	382. D	383. C	384. B	385. D	386. C	387. D	388. D	389. C	390. A
391. C	392. D	393. D	394. B	395. D	396. D	397. B	398. D	399. B	400. A
401. B	402. B	403. C	404. B	405. A	406. C	407. D	408. B	409. D	410. B
411. A	412. D	413. A	414. C	415. D	416. C	417. D	418. A	419. D	420. C
421. C	422. B	423. C	424. D	425. B	426. A	427. B	428. C	429. A	430. D
431. C	432. C	433. B	434. C	435. A	436. B	437. A	438. A	439. C	440. C
441. C	442. C	443. D	444. D	445. A	446. C	447. D	448. D	449. B	450. D
451. C	452. D	453. D	454. A	455. D	456. D	457. D	458. D	459. D	460. A
461. A	462. D	463. C	464. D	465. D	466. D	467. D	468. D	469. D	470. D
471. C	472. D	473. A	474. D	475. D	476. D	477. D	478. D	479. D	480. A
481. C	482. D	483. A	484. D	485. D	486. B	487. A	488. C	489. D	490. D
491. C	492. D	493. B	494. A	495. A	496. B	497. C	498. C	499. A	500. B
501. A	502. A	503. C	504. D	505. C	506. D	507. D	508. C	509. D	510. D
511. B	512. B	513. C	514. D	515. C	516. D	517. C	518. D	519. D	520. C
521. B	522. A	523. A	524. D	525. A	526. D	527. D	528. C	529. D	530. B
531. A	532. B	533. C	534. D	535. C	536. A	537. D	538. C	539. D	540. B
541. A	542. D	543. D	544. B	545. D	546. A	547. A	548. B	549. D	550. A
551. D	552. C	553. A	554. D	555. B	556. B	557. B	558. A	559. B	560. D
561. D	562. B	563. C	564. D	565. C	566. D	567. A	568. D	569. C	570. D
571. A	572. D	573. B	574. A	575. A	576. D	577. B	578. C	579. D	580. B
581. C	582. B	583. C	584. A	585. D	586. C	587. A	588. C	589. A	590. A
591. D	592. C	593. D	594. A	595. D	596. A	597. C	598. D	599. C	600. C

二、判断题

1. √　2. ×　正确答案:将物体放在三个相互垂直的平面内是为了反映物体的三个向度。
3. ×　正确答案:三视图的投影规律,不仅适用于整个物体的投影,还适用于物体的局部投影。　4. √　5. √　6. ×　正确答案:投影垂直线在投影面上定为一个垂直面,而在其余两个投影面上的投影反映实长。　7. √　8. ×　正确答案:确定与平面平行的投影面后,其余两个投影面上的投影积聚为水平线或铅垂线。　9. √　10. √　11. ×　正确答案:球体的三面投影都是与球直径相等的圆。　12. √　13. √　14. ×　正确答案:化工管路是化工设备的一部分,它将各个化工设备连接起来,形成了化工装置。　15. ×　正确答案:看图顺序应按照流程图(原理图)、平面图、立面图系统轴测图及详图的顺序逐一仔细阅读。 16. × 正确答案:在管道施工图中,点画线代表的是设备定位轴线、管道中心线。 17. × 正确答案:管道图中输送各种液体和气体的管道一般采用实线表示。 18. √ 19. × 正确答案:游标卡尺主要用来测量工件内、外直径。 20. √ 21. × 正确答案:10t(含10t)以上的手葫芦拉链需要两人同时操作。 22. √ 23. × 正确答案:使用锉刀时,应左肘弯曲,右肘向后。 24. × 正确答案:手锤的锤柄不得有弯曲,不得有蛀孔、节疤及伤痕,不能充当撬棍使用。 25. √ 26. √ 27. × 正确答案:管钳只能转动管道,不能代替扳手拧螺栓和螺帽。 28. √ 29. × 正确答案:水平尺封闭玻璃管内盛装的液体是乙醚或乙醇,用来测量管道的水平度与垂直度。 30. × 正确答案:地下管道工程测量必须在回填前测量出起点、止点。 31. √ 32. √ 33. √ 34. × 正确答案:测量180°弯头时,应利用角尺做出一管中心线的垂直线引向另一管中心线,分别量取两管中心线和端面差的长度。 35. √ 36. √ 37. × 正确答案:用度数来表示坡度,它是利用反三角函数计算而得的。 38. √ 39. × 正确答案:根据金属材料分类,铸铁、钢及合金钢等都属于钢铁材料。 40. √ 41. × 正确答案:金属在加热时,抵抗氧气氧化作用的能力,称为抗氧化性。 42. √ 43. √ 44. × 正确答案:不锈钢有铬不锈钢和铬镍不锈钢。 45. × 正确答案:碳素结构钢按脱氧程度来看,镇静钢优于沸腾钢质量。 46. √ 47. √ 48. √ 49. √ 50. × 正确答案:超高压是指管道的工作压力超过100MPa。 51. √ 52. × 正确答案:公称直径的公制和英制的换算关系是:1in = 25.4mm。 53. √ 54. × 正确答案:低压流体输送用焊接钢管按壁厚分为普通钢管和加厚钢管。 55. √ 56. √ 57. × 正确答案:聚氯乙烯硬塑料管不能抵抗各种苯类的有机化合物。 58. √ 59. × 正确答案:有缝钢管是钢板成型后采用对接高频焊接成,适用于介质压力小于1.6MPa。 60. √ 61. × 正确答案:UPVC管的抗冻、耐热性不强,不可用作热水管。 62. √ 63. √ 64. × 正确答案:异径大小头的作用是不改变管道内介质流向和连接两段公称直径不等的管道。 65. √ 66. √ 67. √ 68. √ 69. × 正确答案:法兰不与介质接触,适用于腐蚀介质较强的管路,这种类型的法兰是松套法兰。 70. × 正确答案:MFM表示法兰密封面的形式是凹凸面。 71. × 正确答案:钢制管法兰齿形组合垫片形式分为RF型和MFM型。 72. × 正确答案:金属齿形垫片主要用于高温高压部位,温度与压力波动时,密封性能会下降。 73. √ 74. √ 75. × 正确答案:管道布置图中,管道拐弯时,尺寸界线应定在管道轴线的交点上。 76. √ 77. √ 78. × 正确答案:弯头用三视图表示时,以直线到小圆中心或到小圆边来判断弯头管口朝向。 79. √ 80. × 正确答案:异径管在平面图、立面图中的画法是一样的。 81. √ 82. × 正确答案:在正等轴测图中,平行于轴测投影面的圆,其轴测投影一般也为圆。 83. √ 84. × 正确答案:管段图上的建北或0°方向通常指向右上方。 85. × 正确答案:目前国内外各设计单位不尽相同,有的不论管径大小所有管道全部绘制,有的则规定绘制 DN ≥ 50mm 的管径,小管径为现场配管。 86. √ 87. × 正确答案:机件的真实大小应以图样上所注的尺寸数据为依据,与周围大小及画图的准确度无关。 88. × 正确答案:局部剖面图的剖面部分同视图以波浪线分界,该线表示剖切的部位和范围。 89. √ 90. √ 91. × 正确答案:套丝板架的结构特点要求是在套丝时可以顺时针转动。 92. √ 93. √ 94. √ 95. √ 96. √ 97. √ 98. √ 99. × 正确答案:在整个管道的预制加工中,展开下料占有相当的地位,它涉及复杂的投影原理,是油气管道安装工必修的业务之一。 100. √ 101. √ 102. × 正确答案:阀门长度的理论计算公式结果与实测长度有较大误差。 103. √ 104. √ 105. √ 106. × 正确答案:在整个管道的预制加工中,所谓展开,实际是把一个封闭的空间曲面沿一条特定的线切开后铺平成一个同样封闭的平面图形。 107. √ 108. × 正确答案:管道内螺纹弯头不可以采用螺旋焊接钢管制作。 109. √ 110. × 正确答案:钢管热煨前应向插杠一端的火口边缘浇水,以加速管壁的冷却来增加抗弯能力。 111. × 正确答案:管道支架、吊架的螺栓孔,严禁用火焰切割。 112. × 正确答案:压制弯管的管道阻力明显要比煨弯大。 113. √ 114. × 正确答案:同径正骑三通制作时,样板展开画法与同径正骑马鞍样板展开不一致。 115. √ 116. × 正确答案:管道组对中心线的偏差量规定,地上不应大于 1mm/m,地下不应大于 2mm/m。 117. √ 118. × 正确答案:管道组对焊接时,不可用 I 形接口形式加大接口间隙来代替 V 形接口。 119. √ 120. √ 121. × 正确答案:法兰与管道对接时,$DN300mm > DN > DN100mm$ 时,自由管段法兰面与管道中心垂直度允许偏差为 1.0mm。 122. √ 123. × 正确答案:承插铸铁管 $DN100mm \sim 250mm$ 沿直线敷设时,安装对口轴向间隙最大为 5mm。 124. √ 125. × 正确答案:对于管道组成件及管道支撑件的材料牌号、规格和外观质量,应逐个进行目测检查后进行几何尺寸、管壁厚度等抽样检查。 126. √ 127. × 正确答案:制作水平夹套管时,定位块的其中一件应配置在正下方,另两块距此块圆周 120° 安装。 128. √ 129. × 正确答案:管汇主管总长水平度允许偏差不超过 5mm。 130. √ 131. × 正确答案:开坡口的接头,不留钝边的坡口称锐坡口,背面无衬垫情况下焊接第一层焊道时极易烧穿,而且需用较多的填充金属,故一般都留钝边。 132. √ 133. × 正确答案:严禁在管道焊缝及其边缘上开孔。 134. × 正确答案:静设备配管时,施工带沿线每隔一段距离要开辟一处管道与其他材料的堆放场地。 135. √ 136. × 正确答案:对焊法兰的法兰和管道连接时,采用的焊接方式为对焊。 137. √ 138. × 正确答案:管道与机器连接,当机器转速大于 6000r/min 时,其平行度偏差不大于 0.10mm,同轴度偏差不大于 0.20mm。 139. √ 140. × 正确答案:夹套管安装的水平偏差小于等于 1/1000,最大不超过 20mm。 141. √ 142. × 正确答案:补偿器在垂直安装时,应设置排气及疏水装置。 143. √ 144. √ 145. × 正确答案:当设计压力小于 6MPa 时,热态紧固的最大内压力应小于 0.3MPa。 146. √ 147. × 正确答案:铸铁管用油麻辫做填塞物时,每圈麻辫应相互搭接 100 ~ 150mm,并经压实打紧。 148. √ 149. × 正确答案:热力管道安装的平面布置主要有树枝状和环状两类。 150. √ 151. × 正确答案:管道支管不可与塔体直接焊接,焊接时应加护板。 152. √ 153. × 正确答案:当燃气管道穿越套管时,两管之间间隙宜采用阻燃材料进行填塞。 154. √ 155. × 正确答案:管道安装过程中,如遇到管道敷设位置相矛盾时,一般小口径管道让大口径管道。 156. √ 157. √ 158. × 正确答案:减压阀不应设置在靠近移动设备等易受到冲击的地方。 159. √ 160. × 正确答案:工艺管道安装时,必须考虑阀门的安装位置是否符合安全操作姿势的要求。 161. √ 162. × 正确答案:当排入放空总管或去火炬总管介质带有凝液或可冷凝气体时,安全阀出口应高于总管,否则,应采取排液措施。 163. √ 164. × 正确答案:在需要立即排除凝结水的场合,不宜安装有过冷度的疏水阀。 165. √ 166. √ 167. × 正确答案:凹凸面配对法兰其配合线良好,凸面高度应大于凹面深度。 168. √

169.× 正确答案:管道紧固件质量证明书应包括:产品名称、规格和数量;材料牌号;标准号;出厂日期和检验标记。 170.√ 171.× 正确答案:《管法兰用非金属平垫片技术条件》(GB/T 9129—2003)规定,凹凸面管法兰石棉橡胶垫片厚度的允许偏差为±0.2mm。

172.× 正确答案:孔板流量计不适合于测两相流。 173.× 正确答案:埋地压力管道在液压试验前,需将管内充水浸泡24h。 174.√ 175.× 正确答案:在严密性试验过程中,如有渗漏不得带压处理。 176.√ 177.× 正确答案:真空度试验按设计文件要求,对管道系统抽真空,达到设计规定的真空度后,关闭系统,24h后系统增压率不应大于5%。

178.√ 179.× 正确答案:管道吹洗前,不应安装孔板,法兰连接的调节阀及重要阀门等,应采取流经旁路或卸掉阀头及阀座加保护套管保护措施。 180.√ 181.√ 182.√

183.× 正确答案:蒸汽吹扫的排气管应引向室外,管口应朝上倾斜,以保证安全排放。

184.√ 185.√ 186.× 正确答案:碳素钢可以输送水、蒸汽、煤气油类以及70%以上浓硫酸和常温下的碱液。 187.√ 188.× 正确答案:金属表面除锈应符合《涂装前钢材表面预处理规范》(SY/T 0407—2012)中的STZ级标准。 189.√ 190.× 正确答案:喷砂除锈时,方向应置于顺流风向,喷嘴与工件表面成70°角,并距离工件表面100~150mm。

191.√ 192.√ 193.× 正确答案:聚氯乙烯防腐强度高,耐冲击性能和绝缘性能较好,适用于大规模机械化生产。 194.√ 195.√ 196.× 正确答案:在管道安全色涂漆施工中,应依据的标准为《安全色》(GB 2893—2008)。 197.√ 198.× 正确答案:阀门的涂色规定要求,材料为灰铸铁的阀体应涂刷黑色。 199.√ 200.× 正确答案:使用测厚仪时,不能自动进行零点校核。

中级工理论知识练习题及答案

一、单项选择题(每题4个选项,只有1个是正确的,将正确的选项填入括号内)

1. AA001　管道施工图是用来表达和交流(　　)的重要工具。
　　A. 技术思想　　　　　B. 指导思想　　　　　C. 工作流程　　　　　D. 工序

2. AA001　管道施工图按(　　)可分为化工工艺管道施工图,采暖通风管道施工图,动力管道施工图和给水排水管道施工图。
　　A. 图形　　　　　　　B. 专业　　　　　　　C. 作用　　　　　　　D. 材料

3. AA001　管道施工图的技术说明内容,一般包括工程的主要(　　),施工和验收要求及注意事项。
　　A. 技术性能　　　　　B. 技术指标　　　　　C. 技术数据　　　　　D. 技术参数

4. AA002　施工图上的管件和阀件均采用规定的(　　)来表示,它只是示意性地表示具体的设备或管件,不完全反映实物的形象。
　　A. 图幅　　　　　　　B. 图例　　　　　　　C. 图面　　　　　　　D. 图形

5. AA002　施工图上的管段及管件多半采用统一的(　　)来表示。
　　A. 图例　　　　　　　B. 图形　　　　　　　C. 图线　　　　　　　D. 图样

6. AA002　施工图中,不可见轮廓线及设备内辅助线多用(　　)来表示。
　　A. 细实线　　　　　　B. 中虚线　　　　　　C. 点画线　　　　　　D. 粗虚线

7. AA003　各种施工图的识读方法,一般应遵循从(　　)到局部的原则。
　　A. 全部　　　　　　　B. 整体　　　　　　　C. 分部　　　　　　　D. 大局

8. AA003　当拿到整套施工图纸时,首先要看的是(　　),其次是施工图说明和设备材料表。
　　A. 详图　　　　　　　B. 流程图　　　　　　C. 标准图　　　　　　D. 图纸目录

9. AA003　对于整套施工图纸中的单项工程图纸,在识图时,先看(　　),了解图纸名称、比例、图号等内容。
　　A. 施工要求　　　　　B. 标题栏　　　　　　C. 设备参数　　　　　D. 图样

10. AA004　在管道平面布置图中,阀门和过滤器的(　　)在平剖面图上仅需标注一次。
　　A. 规格　　　　　　　B. 型号　　　　　　　C. 名称　　　　　　　D. 尺寸

11. AA004　在管道平面布置图中,管道拐弯时的尺寸界线应定在管道(　　)的交点上。
　　A. 水平线　　　　　　B. 垂直线　　　　　　C. 相交线　　　　　　D. 轴线

12. AA004　在管道平面布置图中,任意角度弯应标注其(　　)并画出直线与弧线的切点。
　　A. 直径　　　　　　　B. 内径　　　　　　　C. 弯曲半径　　　　　D. 外径

13. AA005　在画管道剖面图时,剖视方向表示投影所指方向,用垂直于两短画线的(　　)来表示。

A. 细实线　　　　　B. 粗实线　　　　　C. 点画线　　　　　D. 虚线

14. AA005　在画剖面图时,应先在平面图上确定(　　)符号并进行编号。

A. 剖面　　　　　B. 剖视　　　　　C. 剖切　　　　　D. 图例

15. AA005　管道剖切、断面图用来表明设备及管道在垂直方向上的(　　)相互关系。

A. 安装步骤　　　　　B. 安装位置　　　　　C. 相互配合　　　　　D. 基本外形

16. AA006　钢结构图一般用于跨度较大的厂房、高架站、(　　)及跨越塔架。

A. 轮渡　　　　　B. 铁路　　　　　C. 索桥　　　　　D. 电力线

17. AA006　识读钢结构图时,应先看(　　)。

A. 图样项目　　　　　B. 图样说明　　　　　C. 图样标题栏　　　　　D. 图例

18. AA006　识读钢结构图时,在确定图样页数后找出通用(　　)。

A. 图样　　　　　B. 图集　　　　　C. 图例　　　　　D. 图纸

19. AA007　在流程图中,用(　　)来表示物料介质的去向。

A. 细实线　　　　　B. 点画线　　　　　C. 粗实线　　　　　D. 粗点画线

20. AA007　流程图是设计人员绘制的(　　)布置图和管路布置图的主要依据。

A. 平面　　　　　B. 立面　　　　　C. 设备　　　　　D. 机器

21. AA007　识读流程图的过程中,要掌握其中有多少台设备容器,了解它们的(　　)。

A. 形状　　　　　B. 作用　　　　　C. 尺寸　　　　　D. 安装位置

22. AA008　室内给排水管道(　　)是施工图纸中最基本和最重要的图样。

A. 剖视图　　　　　B. 轴测图　　　　　C. 分布图　　　　　D. 平面布置图

23. AA008　室内给排水管道施工图常用的比例有 1∶100 和(　　)两种。

A. 1∶50　　　　　B. 1∶30　　　　　C. 1∶20　　　　　D. 1∶10

24. AA008　根据给排水施工图估算材料时,可以结合(　　),用比例尺度量进行计算。

A. 立面图　　　　　B. 剖视图　　　　　C. 大样图　　　　　D. 详图

25. AA009　采暖管道施工图中,立管编号的标志是内径为(　　)的圆圈。

A. 8~9mm　　　　　B. 8~10mm　　　　　C. 8~12mm　　　　　D. 8~15mm

26. AA009　在蒸汽采暖系统平面图上,水平管的末端常积有凝结水,为了能排水凝结水,在系统末端应设有(　　)。

A. 排水装置　　　　　B. 放空管　　　　　C. 回收装置　　　　　D. 疏水器

27. AA009　识读室内采暖系统中的散热器安装位置时,暗装或(　　)一般都在图纸说明书中注明。

A. 明装　　　　　B. 半明装　　　　　C. 半暗装　　　　　D. 隐装

28. AA010　绘图时,一副三角板与丁字尺可绘制各种特殊角度的(　　)。

A. 斜线　　　　　B. 平行线　　　　　C. 水平线　　　　　D. 垂直线

29. AA010　绘图时,圆规的针脚与铅芯尽量与纸面(　　)。

A. 倾斜　　　　　B. 平行　　　　　C. 水平　　　　　D. 垂直

30. AA010　绘图时,若采用曲线板进行曲线连接,应先确定曲线上若干点,然后选择曲线板上曲率核实部分逐段贴合,一般对(　　)连 3 点勾描成圆滑的曲线。

A. 3 点　　　　　B. 4 点　　　　　C. 5 点　　　　　D. 6 点

31. AA011　在(　　)坐标系中,沿三个坐标轴的尺寸,投影到正等轴测坐标上时,在相对应的坐标方向上,长度要缩短。

　　A. 直角　　　　　　　B. 三角　　　　　　　C. 平面　　　　　　　D. 空间

32. AA011　正等轴测图中,三个坐标轴的交点称为(　　)。

　　A. 交叉点　　　　　　B. O 点　　　　　　C. 始点　　　　　　　D. 坐标原点

33. AA011　沿坐标系各坐标轴的方向测量点的位置,再根据轴测投影的轴向(　　),在轴测坐标系中确定该点的位置,这也是"轴测投影"名称的由来。

　　A. 延伸系数　　　　　B. 剪切系数　　　　　C. 压缩系数　　　　　D. 拉伸系数

34. AA012　绘制正等轴测图时,各轴的轴间角均为(　　)。

　　A. 60°　　　　　　　B. 80°　　　　　　　C. 100°　　　　　　　D. 120°

35. AA012　在绘制正等轴测图时,三个坐标轴的轴向变形系数的平方和为(　　)。

　　A. 1　　　　　　　　B. 1. 24　　　　　　C. 2　　　　　　　　D. 2. 24

36. AA012　绘制正等轴测图时,缩小的标准坐标轴放在绘图纸的(　　),而辅助坐标轴放在图纸中间位置。

　　A. 左上角　　　　　　B. 右上角　　　　　　C. 左下角　　　　　　D. 右下角

37. AA013　平行于坐标面的圆的斜等轴测图由平行投影的实形性可知,(　　)于 XOZ 平面的任何图形,在斜等轴测图上均反映实形。

　　A. 平行　　　　　　　B. 垂直　　　　　　　C. 投影　　　　　　　D. 倾斜

38. AA013　斜等轴测的投影方向倾斜于轴测投影面时,轴测投影面则不必与确定物体位置的三根直角坐标轴都(　　)相交也可以得到物体的轴测投影。

　　A. 垂直　　　　　　　B. 平行　　　　　　　C. 倾斜　　　　　　　D. 水平

39. AA013　由于确定物体的一个坐标平面 XOZ 平行于轴测投影面,因此,物体与该坐标平面(　　)的平面图形,其正面斜等测投影反映实型。

　　A. 垂直　　　　　　　B. 平行　　　　　　　C. 倾斜　　　　　　　D. 水平

40. AA014　在绘制斜等轴测图时,选定三个轴的简化变形系数都等于(　　)。

　　A. 0. 5　　　　　　　B. 1　　　　　　　　C. 1. 5　　　　　　　D. 2

41. AA014　绘制斜等轴测图时,三轴的轴向缩短率都是(　　)。

　　A. 1 : 1　　　　　　B. 1. 1 : 1　　　　C. 1. 2 : 1　　　　D. 1. 3 : 1

42. AA014　在画斜等轴测图时,均应该反映物体的(　　)。

　　A. 形状　　　　　　　B. 大小　　　　　　　C. 原形　　　　　　　D. 实形

43. AA015　绘图时,将不平行于某个坐标的(　　)称为偏置管。

　　A. 立管　　　　　　　B. 水平管　　　　　　C. 斜管　　　　　　　D. 交叉管

44. AA015　由于偏置管不平行于坐标轴,因而在画正等轴测图时必须加(　　)。

　　A. 辅助线　　　　　　B. 斜线　　　　　　　C. 平行线　　　　　　D. 补线

45. AA015　绘制偏置管时,管路或管段的出现偏置时一般用(　　)三角形来表示。

　　A. 锐角　　　　　　　B. 钝角　　　　　　　C. 直角　　　　　　　D. 平角

46. AA016　管道相对标高数字一般注至小数点以后第(　　)位。

　　A. 1　　　　　　　　B. 2　　　　　　　　C. 3　　　　　　　　D. 4

47. AA016 在立(剖)面图中,为表明管道的(　　　)间距,一般只注写相对标高而不注写间距尺寸。

    A. 平行　　　　　　　　B. 交叉　　　　　　　　C. 倾斜　　　　　　　　D. 垂直

48. AA016 在立(剖)面图中,为表明管道的垂直间距,一般只注写(　　　)而不注写间距尺寸。

    A. 绝对标高　　　　　　B. 相对标高　　　　　　C. 相对尺寸　　　　　　D. 绝对尺寸

49. AA017 在管道连接中,其密封性能及结合强度都比较理想,并且安装、拆卸也都方便,又能适合各种压力和温度的连接是(　　　)。

    A. 焊接连接　　　　　　B. 承插连接　　　　　　C. 法兰连接　　　　　　D. 螺纹连接

50. AA017 在管道连接中,广泛用于 $DN50mm$ 以下的水、煤气、蒸气和压缩空气等低压管道的连接是(　　　)。

    A. 焊接连接　　　　　　B. 承插连接　　　　　　C. 法兰连接　　　　　　D. 螺纹连接

51. AA017 管道施工中广泛采用的一种连接方法是(　　　),它具有强度高,耐用、密封性能好等优点,适用于各种材质的钢管、铜管、铝管和塑料管。

    A. 焊接连接　　　　　　B. 承插连接　　　　　　C. 法兰连接　　　　　　D. 螺纹连接

52. AA018 当管道与管道法兰需要螺纹连接时,应选择的法兰称为(　　　)法兰。

    A. 对焊　　　　　　　　B. 角焊　　　　　　　　C. 平焊　　　　　　　　D. 螺纹

53. AA018 适用于铸铁管、陶瓷管、水泥制品管,玻璃管和塑料管的连接是(　　　)。

    A. 焊接连接　　　　　　B. 法兰连接　　　　　　C. 承插连接　　　　　　D. 螺纹连接

54. AA018 螺纹连接广泛用在小于(　　　)的水、煤气、蒸汽和压缩空气等低压管道中。

    A. $DN40mm$　　　　　　B. $DN50mm$　　　　　　C. $DN65mm$　　　　　　D. $DN80mm$

55. AA019 钢制管件可用优质碳素钢或(　　　)经特制模具压制成型。

    A. 普通碳素钢　　　　　B. 合金钢　　　　　　　C. 铸钢　　　　　　　　D. 不锈耐酸钢

56. AA019 在施工图中,符号—▷—表示该管件为(　　　)。

    A. 同心大小头　　　　　B. 偏心大小头　　　　　C. 活接　　　　　　　　D. 管箍

57. AA019 铸铁管件均采用承插式连接,常用的有丁字管、十字管及(　　　)等。

    A. 涵管　　　　　　　　B. 焊管　　　　　　　　C. 异径管　　　　　　　D. 塑料管

58. AA020 在施工图中,积聚表现形式就是点或者线(　　　)在一起。

    A. 交叉　　　　　　　　B. 重叠　　　　　　　　C. 聚合　　　　　　　　D. 平行

59. AA020 在施工图中,直管与弯管的积聚性用单线图表示时,○—该平面图显示为先看到立管的(　　　)。

    A. 管口　　　　　　　　B. 弯头　　　　　　　　C. 管端　　　　　　　　D. 弯头背部

60. AA020 在施工图中,弯管与阀门的积聚时,如果直管在阀门的下面,那么在平面图上是能看到阀门的投影,直管积聚后,与阀门的(　　　)完全重合。

    A. 外径　　　　　　　　B. 内径　　　　　　　　C. 外形　　　　　　　　D. 阀体

61. AA021 两根管道在施工图中的长度相等、直径相同(或接近)并(　　　)在一起时,他们的投影就完全重叠。

    A. 平行　　　　　　　　B. 交叉　　　　　　　　C. 叠合　　　　　　　　D. 相交

62. AA021 当运用折断显露法画管道时,折断符号一般用(　　)形状表示。

　　A. I　　　　　　　　B. N　　　　　　　　C. Z　　　　　　　　D. S

63. AA021 在运用遮挡法画管路图时,一般让弯管和直管段稍微断开(　　)。

　　A. 1～4mm　　　　　B. 2～4mm　　　　　C. 2.5～4mm　　　　D. 3～4mm

64. AA022 在管道施工图中,图纸上经常出现管道交叉,这是管道投影(　　)所致。

　　A. 相交　　　　　　B. 平行　　　　　　C. 垂直　　　　　　D. 倾斜

65. AA022 在管道施工图中,若两根管道交叉,高的管道无论是用双线还是用单线表示,它都显示(　　)。

　　A. 实形　　　　　　B. 部分　　　　　　C. 完整　　　　　　D. 断开

66. AA022 在管道施工图中,若两根管道交叉,低的管道用单线表示时,它都显示(　　)。

　　A. 实形　　　　　　B. 部分　　　　　　C. 完整　　　　　　D. 断开

67. AA023 识读零件图时,首先应找到(　　)。

　　A. 主视图　　　　　B. 俯视图　　　　　C. 左视图　　　　　D. 装配图

68. AA023 零件图的(　　)是制造零件的质量指标。

　　A. 尺寸编号　　　　B. 公差配合　　　　C. 技术要求　　　　D. 技术等级

69. AA023 在零件图中,视图和(　　)是识读零件图的重要一环。

　　A. 整体分析　　　　B. 各部分析　　　　C. 零件分析　　　　D. 形体分析

70. AA024 在不宜标注垂直尺寸的图样中,应标注(　　)。

　　A. 标高　　　　　　B. 横向尺寸　　　　C. 纵向尺寸　　　　D. 说明

71. AA024 当斜管道不在30°范围内时,其尺寸应平行标注在管道的(　　)。

　　A. 上方　　　　　　B. 下方　　　　　　C. 斜上方　　　　　D. 斜下方

72. AA024 在施工图中,每一个完整的尺寸标注都由尺寸数字、尺寸线、尺寸界线和(　　)四部分组成。

　　A. 箭头　　　　　　B. 休止符　　　　　C. 字母　　　　　　D. 尺寸终端

73. AA025 同一方向的尺寸线,在不相互(　　)的条件下,一般画在一条直线上。

　　A. 交叉　　　　　　B. 平行　　　　　　C. 垂直　　　　　　D. 重叠

74. AA025 进行尺寸标注时,同一方向的(　　),在不相互重叠的条件下,一般画在一条直线上。

　　A. 尺寸界线　　　　B. 标高　　　　　　C. 轴　　　　　　　D. 尺寸线

75. AA025 水平方向的尺寸数字标注在(　　)的上方,字头朝上。

　　A. 尺寸线　　　　　B. 中心线　　　　　C. 轴线　　　　　　D. 图形

76. AA026 尺寸公差是用(　　)来定义的。

　　A. 绝对值　　　　　B. 变动量　　　　　C. 上偏差　　　　　D. 下偏差

77. AA026 公差的大小可以采用极限尺寸和(　　)两种方法来表示。

　　A. 上偏差　　　　　B. 下偏差　　　　　C. 极限偏差　　　　D. 计算

78. AA026 轴的公差以(　　)来表示。

　　A. T_D　　　　　　B. T_h　　　　　　C. d_{max}　　　　　D. T_{min}

79. AB001 手动弯管机只适用于弯小口径的管道,一般都是(　　)以下的无缝管或水煤气钢管。

A. 21mm   B. 27mm   C. 32mm   D. 42mm

80. AB001 弯管机的每一对胎具应弯曲( )种规格的管道。

A. 1   B. 2   C. 3   D. 4

81. AB001 用弯管机弯管时,使用的弯管模、导板和压紧模必须与被弯管道的( )相符。

A. 内径   B. 外径   C. 材质   D. 壁厚

82. AB002 电动卷扬机不工作时,禁止把重物悬于空中,以防零件产生( )变形。

A. 纵向   B. 压缩   C. 拉伸   D. 永久

83. AB002 施工工期较长时,必须制定电动卷扬机定期( )制度。

A. 保养   B. 维修   C. 检查   D. 安检

84. AB002 严禁夜间从事起重吊装作业,室外作业遇到大雪、暴雨、大雾及风速 10.8m/s ( )以上大风时,应停止施工作业。

A. 6 级   B. 5 级   C. 4 级   D. 3 级

85. AB003 电动卷扬机的结构特点是( )排列有序。

A. 棕绳   B. 尼龙绳   C. 吊装带   D. 钢丝绳

86. AB003 电动卷扬机是由电动机作为动力,通过驱动装置使卷筒( )的卷扬机。

A. 滚动   B. 转动   C. 回转   D. 翻转

87. AB003 电动卷扬机中的电动机,可以通过( )来控制速度。

A. 变压器   B. 变频器   C. 限速器   D. 变速器

88. AB004 自动坡口机在工作中坡口的强度与坡口的( )与减速机密切相关。

A. 厚度   B. 角度   C. 钝边   D. 宽度

89. AB004 坡口机在需要改变切削( )前,必须先将走刀板拉到走刀立架根部锁紧,以防与刀架总成相撞。

A. 厚度   B. 角度   C. 钝边   D. 宽度

90. AB004 坡口机在切削时对口不准,应松开拉杆螺母调整支承轴总成与工件的安装位置,以保持两者( )。

A. 平行   B. 垂直   C. 同轴   D. 同位

91. AB005 使用砂轮切管机严禁站在砂轮( )。

A. 下方   B. 前进方向   C. 直径方向   D. 旋转方向

92. AB005 砂轮割管机必须装有钢板防护罩,其中心上部至少有( )以上部位被罩住。

A. 70°   B. 80°   C. 90°   D. 110°

93. AB005 砂轮切割机的维护保养周期为( )一次。

A. 每周   B. 十五天   C. 每月   D. 每季度

94. AB006 使用高度游标卡尺测量前,应擦净工件测量表面和高度游标卡尺的( )、游标和测量爪。

A. 尺框   B. 主尺   C. 基座   D. 微动装置

95. AB006 用高度游标卡尺测量时,应注意清洁该卡尺测量爪的( )。

A. 端面   B. 基准面   C. 测量面   D. 爪平面

96. AB006　不能用高度游标卡尺测量锻件、铸件表面与（　　）工件的表面,以免损坏卡尺。

　　A. 运动　　　　　　　B. 滑动　　　　　　　C. 移动　　　　　　　D. 活动

97. AB007　使用时,将钢板直尺靠放在被测工件的工作面上注意轻拿、轻靠、轻放,防止（　　）变形。

　　A. 扭曲　　　　　　　B. 波浪　　　　　　　C. 拉伸　　　　　　　D. 受热

98. AB007　钢尺存放时,不允许放在潮湿和有（　　）气体的地方,以防锈蚀。

　　A. 碱类　　　　　　　B. 酸类　　　　　　　C. 惰性　　　　　　　D. 毒性

99. AB007　将钢板直尺工作面和被检工作面擦净,使（　　）与被测尺寸起点重合,并贴紧测量工件。

　　A. 尺端　　　　　　　B. 末端　　　　　　　C. 整数刻度　　　　　D. 零刻度

100. AB008　卡尺使用时的环境温度宜在（　　）。

　　A.（20±2）℃　　　　B.（21±2）℃　　　　C.（22±2）℃　　　　D.（23±2）℃

101. AB008　卡尺使用时的环境湿度宜在（　　）以下。

　　A. 75%　　　　　　　B. 70%　　　　　　　C. 65%　　　　　　　D. 60%

102. AB008　用卡尺测量深度时,卡尺要垂直放置,使测量基准面与被测孔或槽的（　　）接触。

　　A. 端面　　　　　　　B. 断面　　　　　　　C. 内径　　　　　　　D. 外径

103. AB009　用外卡钳测量外径,就是比较外卡钳与零件外圆接触的松紧程度,以卡钳的（　　）能刚好滑下为合适。

　　A. 夹力　　　　　　　B. 引力　　　　　　　C. 重力　　　　　　　D. 自重

104. AB009　用内卡钳测量内径时,应使两个钳脚的测量面的连线正好垂直相交于内孔的（　　）。

　　A. 轴线　　　　　　　B. 边缘线　　　　　　C. 颈线　　　　　　　D. 尺寸线

105. AB009　用内卡钳测量内径时,将卡钳由外至里慢慢移动,可检验孔的（　　）公差。

　　A. 光滑度　　　　　　B. 椭圆度　　　　　　C. 圆度　　　　　　　D. 锥度

106. AB010　使用百分表时,必须把它可靠地固定在万能表座、（　　）表座或其他支架上。

　　A. 压力　　　　　　　B. 专用　　　　　　　C. 磁性　　　　　　　D. 活动

107. AB010　测量头与被测表面接触时,测量杆应预先有（　　）的压缩量,以便保持测量头与被测表面之间有一定的初始测力。

　　A. 0.1~1mm　　　　B. 0.2~1mm　　　　C. 0.3~1mm　　　　D. 0.4~1mm

108. AB010　当测量杆有一定的预压量后,用两指捏住测量杆上端的挡帽并轻轻提起（　　）后,再轻轻放下,检查测量杆在轴套内的移动是否灵活,观察主指针是否回到原位。

　　A. 2~2.5mm　　　　B. 1.5~2.5mm　　　C. 1.5~2mm　　　　D. 1~2mm

109. AB011　手工套丝时,先将管道在管压钳上夹牢固,应使管道处于水平状态,并要伸出（　　）左右。

　　A. 100mm　　　　　B. 150mm　　　　　C. 200mm　　　　　D. 250mm

110. AB011　普通式 114 型套丝板架最大套制管材直径为（　　）。

A. 40mm　　　　　B. 50mm　　　　　C. 60mm　　　　　D. 70mm

111. AB011　普通式114型套丝板架套制管材最大伸出长度为(　　)。

A. 100mm　　　　B. 150mm　　　　C. 200mm　　　　D. 300mm

112. AB012　炭刷如果短于(　　)的要及时换新的。

A. 2~3mm　　　　B. 3~4mm　　　　C. 7~8mm　　　　D. 8~10mm

113. AB012　为保障电钻的旋转(　　),减少因为轴承(滑套)磨损而产生过大的间隙,故需要保持清洁内部和加脂润滑。

A. 速度　　　　　B. 精度　　　　　C. 角度　　　　　D. 锥度

114. AB012　如需长时间在金属上进行钻孔时,可采取一定的冷却措施,以保持钻头的(　　)。

A. 锋利　　　　　B. 锥度　　　　　C. 角度　　　　　D. 锐利

115. AB013　离心泵的吸入室的作用是将(　　)从吸管均匀地吸入叶轮。

A. 气体　　　　　B. 液体　　　　　C. 晶体　　　　　D. 固体

116. AB013　离心泵试运需暖泵的,加热速度以(　　)为宜。

A. 10℃/h　　　　B. 30℃/h　　　　C. 50℃/h　　　　D. 70℃/h

117. AB013　离心泵的维护保养周期为(　　)一次。

A. 每月　　　　　B. 每季度　　　　C. 半年　　　　　D. 一年

118. AB014　螺杆泵是回转(　　)泵。

A. 体积式　　　　B. 容积式　　　　C. 面积式　　　　D. 超级式

119. AB014　螺杆泵试运时,密封漏损不超过规定数位(　　)。

A. 3 滴/min　　　B. 5 滴/min　　　C. 10 滴/min　　　D. 15 滴/min

120. AB014　螺杆泵使用前应检查联轴器的同轴度,在水平和垂直两个方向测量都应为(　　)。

A. 0.1~0.3mm　　B. 0.2~0.4mm　　C. 0.3~0.5mm　　D. 0.4~0.6mm

121. AB015　齿轮泵是靠齿轮啮合时造成容积变化来达到吸油与压油的,齿轮泵属于(　　)泵。

A. 体积式　　　　B. 容积式　　　　C. 面积式　　　　D. 超级式

122. AB015　齿轮泵带负荷后试车时,机械密封的轻质油漏损不得超过(　　)。

A. 6 滴/min　　　B. 8 滴/min　　　C. 10 滴/min　　　D. 12 滴/min

123. AB015　齿轮泵带负荷后试车时,机械密封的重质油密封漏损不得超过(　　)。

A. 2 滴/mm　　　B. 3 滴/mm　　　C. 5 滴/mm　　　D. 8 滴/mm

124. AB016　柱塞式注水泵试压时,注水泵启动后泵在无负荷运转(　　),应无异常现象。

A. 8min　　　　　B. 5min　　　　　C. 2min　　　　　D. 1min

125. AB016　用撬杠轻轻撬动联轴器,检查机泵串量,转子反向串量为3mm±1mm,总串量应为(　　)。

A. 12mm±1mm　　B. 10mm±1mm　　C. 8mm±1mm　　D. 6mm±1mm

126. AB016　倒泵时,必须做到稳、慢,干压和泵压波动不得超过(　　)。

A. 0.2MPa　　　　B. 0.3MPa　　　　C. 0.4MPa　　　　D. 0.5MPa

127. AB017 砂轮机在使用半小时后,应暂停使用( )。

　　A. 10min　　　　　　　　B. 5min　　　　　　　　C. 3min　　　　　　　　D. 2min

128. AB017 砂轮机的进、出风口不可( ),应及时清除运转部位的油污与灰尘。

　　A. 过急　　　　　　　　B. 过慢　　　　　　　　C. 堵塞　　　　　　　　D. 隔挡

129. AB017 打磨机工作时间较长而机体温度大于( )以上并有烫手的感觉时,待其散热后再用。

　　A. 40℃　　　　　　　　B. 50℃　　　　　　　　C. 60℃　　　　　　　　D. 70℃

130. AB018 切割时操作人员应均匀切割并避开切割片( ),防止因操作不当切割片打碎发生事故。

　　A. 正面　　　　　　　　B. 背面　　　　　　　　C. 侧面　　　　　　　　D. 反面

131. AB018 当工件较长时,较长部位应放置在活动( )上,确保安全生产。

　　A. 夹具　　　　　　　　B. 支撑架　　　　　　　　C. 台面　　　　　　　　D. 平台

132. AB018 砂轮机使用前,正面应装设不低于( )高度的防护挡板,并且挡板要求牢固有效。

　　A. 1. 2m　　　　　　　　B. 1. 5m　　　　　　　　C. 1. 8m　　　　　　　　D. 2m

133. AB019 对口器是在管道组对时,为保证两管在同一( )上所用的一种对口工具。

　　A. 平面　　　　　　　　B. 立面　　　　　　　　C. 侧面　　　　　　　　D. 中心线

134. AB019 外对口器的( )简单,重量轻且较便宜。

　　A. 构造　　　　　　　　B. 结构　　　　　　　　C. 使用　　　　　　　　D. 操作

135. AB019 使用气动对口器对口工作结束后,应检查对口器所有部件的工作情况,特别是气路部分的气压不得低于( )。

　　A. 0. 6MPa　　　　　　　　B. 0. 7MPa　　　　　　　　C. 0. 8MPa　　　　　　　　D. 1. 0MPa

136. AB020 管道工程中,"撬"就是利用( )作用原理,用撬杠将设备或管道重物等撬起来。

　　A. 相互　　　　　　　　B. 平衡　　　　　　　　C. 杠杆　　　　　　　　D. 点

137. AB020 管道工程中,利用滚道或滚杠使设备或管段移动的方法应用较多,该方法( )小,较省力。

　　A. 反作用力　　　　　　　　B. 阻力　　　　　　　　C. 作用力　　　　　　　　D. 摩擦力

138. AB020 管道工程中,用撬杠将设备或管段的一端翘起后,使管段在撬棍左右摆动时产生的距离称为( )。

　　A. 迈　　　　　　　　B. 滑　　　　　　　　C. 拨　　　　　　　　D. 挑

139. AB021 起重机麻绳使用前必须认真检查,若发现有黄斑应( )使用。

　　A. 严禁　　　　　　　　B. 降级　　　　　　　　C. 正常　　　　　　　　D. 继续

140. AB021 做千斤绳时,麻绳的负荷不许大于使用( )。

　　A. 载荷　　　　　　　　B. 外力　　　　　　　　C. 重力　　　　　　　　D. 拉力

141. AB021 为了降低滑车式滑轮组的麻绳所承受的附加弯曲及磨损,滑轮的直径应比麻绳直径大( )倍以上。

　　A. 2　　　　　　　　B. 3　　　　　　　　C. 5　　　　　　　　D. 10

142. AB022 钢丝绳穿过滑轮时,滑轮槽的直径应比钢丝绳的直径大(   )。

A. 1~1.5mm   B. 1~2.5mm   C. 1~3mm   D. 1~3.5mm

143. AB022 钢丝绳在局部扭曲后产生的永久变形称为钢丝绳扭结,正扭结的强度只有原强度的(   )。

A. 10%   B. 20%   C. 50%~80%   D. 90%

144. AB022 钢丝绳的单头磨损在使用中期换头,可延长钢丝绳使用寿命(   )。

A. 10%   B. 20%   C. 30%   D. 30%~40%

145. AC001 优质碳素结构钢的牌子用两位数字表示该钢的平均含碳量的(   )。

A. 十分之几   B. 百分之几   C. 千分之几   D. 万分之几

146. AC001 我国钢铁材料产品牌号的表示方法,是根据国家标准《钢铁牌号表示方法》(GB/T 221—2008)的规定,采用汉语拼音字母、化学元素符号及(   )相结合的方法表示。

A. 阿拉伯数字   B. 英文字母   C. 音标   D. 希腊字母

147. AC001 我国钢铁材料产品牌号中,采用汉语拼音字母表示产品名称、用途、特性和(   )方法。

A. 功能   B. 规格   C. 工艺   D. 安装

148. AC002 我国钢铁材料牌号涂色标准《碳素结构钢》(GB/T 700—2006)规定,优质碳素结构钢 20 钢为棕色加(   )。

A. 黑色   B. 黄色   C. 红色   D. 绿色

149. AC002 我国钢铁材料牌号涂色标准《碳素结构钢》(GB/T 700—2006)规定,优质碳素结构钢 45(S45C)为(   )加棕色。

A. 白色   B. 红色   C. 灰色   D. 黑色

150. AC002 我国钢铁材料牌号涂色标准《碳素结构钢》(GB/T 700—2006)规定,合金结构钢 20CrMnTi 钢为(   )加黑色。

A. 黑色   B. 黄色   C. 红色   D. 绿色

151. AC003 1Cr13 钢、2Cr13 钢、3Cr13 钢都称为(   )。

A. 不锈钢   B. 耐热钢   C. 耐磨钢   D. 铸钢

152. AC003 ZGMn13-1 钢、ZGMn13-2 等钢称为(   )。

A. 不锈钢   B. 耐热钢   C. 耐磨钢   D. 铸钢

153. AC003 不锈钢、耐磨钢及耐热钢都称为(   )。

A. 合金结构钢   B. 合金工具钢   C. 特殊性能钢   D. 滚动轴承钢

154. AC004 钢号为 45Mn2 的合金结构钢具有较高的强度,其抗拉强度为(   )。

A. $882\sigma_b$/MPa   B. $883\sigma_b$/MPa   C. $884\sigma_b$/MPa   D. $885\sigma_b$/MPa

155. AC004 钢号为 35SiMn 的合金结构钢具有较高的抗冲击强度,其屈服点为(   )。

A. $732\sigma_s$/MPa   B. $734\sigma_s$/MPa   C. $735\sigma_s$/MPa   D. $738\sigma_s$/MPa

156. AC004 钢号为 35CrMo 的合金结构钢具有高强度、高韧性的特点,其抗拉强度为(   )。

A. $975\sigma_b$/MPa   B. $980\sigma_b$/MPa   C. $985\sigma_b$/MPa   D. $990\sigma_b$/MPa

157. AC005　量具钢、刃具、钢具有高碳成分,碳质量分数达(　　),以保证高的硬度和耐磨性。

　　A. 0.5%~1.50%　　　B. 0.8%~1.50%　　　C. 1%~1.50%　　　D. 2%~2.50%

158. AC005　冷作模具钢一般具有高的含碳量,碳质量分数达(　　),以获得高硬度和高耐磨性。

　　A. 0.5%~2.0%　　　　　　　　　　　B. 0.8%~2.0%

　　C. 0.8%~2.0%　　　　　　　　　　　D. 1.0%~2.0%

159. AC005　Crl2 型钢属于莱氏体钢,硬度为(　　)。

　　A. 60~64HRC　　　B. 62~64HRC　　　C. 64~66HRC　　　D. 66~68HRC

160. AC006　厚度大于 100mm 的钢材,抗拉强度允许降低(　　)。

　　A. 5N/mm^2　　　B. 10N/mm^2　　　C. 15N/mm^2　　　D. 20N/mm^2

161. AC006　厚度大于(　　)的钢材,抗拉强度允许降低 20N/mm^2。

　　A. 40mm　　　B. 60mm　　　C. 80mm　　　D. 100mm

162. AC006　厚度小于(　　)的 Q235B 级钢材,经需求方同意后可不做冲击强度检验。

　　A. 15mm　　　B. 20mm　　　C. 25mm　　　D. 30mm

163. AC007　牌号为 25 的优质碳素钢,其抗拉强度大于等于(　　)。

　　A. 420MPa　　　B. 430MPa　　　C. 440MPa　　　D. 450MPa

164. AC007　牌号为 45 的优质碳素钢,其屈服点大于等于(　　)。

　　A. 350MPa　　　B. 355MPa　　　C. 365MPa　　　D. 375MPa

165. AC007　牌号为 60 的优质碳素钢,其抗拉强度大于等于(　　)。

　　A. 200MPa　　　B. 300MPa　　　C. 400MPa　　　D. 500MPa

166. AC008　类别为 S 的硬质合金,它的基本成分是以碳质量分数为基,以 Co 作为黏接剂,添加少量的(　　)的合金。

　　A. TiC　　　B. NaC　　　C. TbC　　　D. NiC

167. AC008　类别为 K 的硬质合金,它的基本成分是以碳质量分数为基,以 Co 作为黏接剂,添加少量的(　　)的合金。

　　A. TiC　　　B. NaC　　　C. TbC　　　D. NiC

168. AC008　类别为 H 的硬质合金,它的基本成分是以碳质量分数为基,以 Co 作为黏接剂,添加少量的(　　)的合金。

　　A. TbC　　　B. NbC　　　C. TcC　　　D. NcC

169. AC009　在常温下对变形钢材进行矫正的方法称为(　　)。

　　A. 冷作矫正　　　B. 加热矫正　　　C. 反变形　　　D. 变形

170. AC009　加热矫正是利用钢材热膨胀冷缩的(　　),使钢材再变形来达到矫正的目的。

　　A. 韧性特性　　　B. 韧性性能　　　C. 物理性能　　　D. 机械性能

171. AC009　矫正各种型钢的专用矫正设备是(　　)。

　　A. 平板机　　　B. 滚板机　　　C. 压力机　　　D. 型钢矫正机

172. AC010　橡胶管具有较好的物理(　　)和耐腐蚀性能。

　　A. 抗老化性能　　　B. 韧性性能　　　C. 物理性能　　　D. 机械性能

173. AC010　氯化聚氯乙烯管具有耐温度性能好,(　　)好及良好的阻燃特性。
　　A. 物理性能　　　　　B. 抗老化性能　　　　C. 机械性能　　　　D. 韧性性能

174. AC010　聚乙烯管具有很高的强度和(　　)特性。
　　A. 硬度　　　　　B. 耐磨　　　　C. 耐冲击性能　　　　D. 低蠕变

175. AC011　对金属进行淬火处理是为了得到马氏体组织,再经过(　　)后,使工件获得良好的使用性能。
　　A. 正火　　　　　B. 退火　　　　C. 回火　　　　D. 表面淬火

176. AC011　对金属进行淬火处理可提高金属成材或零件的(　　)性能。
　　A. 机械　　　　　B. 加工　　　　C. 拉伸　　　　D. 抗压

177. AC011　金属淬火处理方法有单液淬火、双液淬火、分级淬火、(　　)淬火、预冷淬火和局部淬火等。
　　A. 高温　　　　　B. 低温　　　　C. 等温　　　　D. 预热

178. AC012　精密轴承进行分级淬火并冷处理后,能减少组织中的残余(　　),从而提高轴承硬度。
　　A. 珠光体　　　　　B. 马氏体　　　　C. 渗碳体　　　　D. 莱氏体

179. AC012　金属的冷处理实质上可看作是(　　)过程的延续。
　　A. 退火　　　　　B. 正火　　　　C. 回火　　　　D. 淬火

180. AC012　金属通过冷处理后,可提高钢的(　　)。
　　A. 刚性　　　　　B. 脆性　　　　C. 硬度　　　　D. 韧性

181. AC013　将工件长时间放置在室温或露天条件下,不需任何(　　)的工艺方法即为自然时效。
　　A. 加热　　　　　B. 冷却　　　　C. 加工　　　　D. 研磨

182. AC013　将工件加热,一般要经过(　　)进行保温后,再进行缓慢冷却到室温的工艺方法即为人工时效。
　　A. 8~9h　　　　　B. 8~10h　　　　C. 8~12h　　　　D. 8~15h

183. AC013　时效的主要目的在于消除(　　),以减少工件在加工或使用时的变形。
　　A. 外力　　　　　B. 内应力　　　　C. 剪切力　　　　D. 应力

184. AC014　钢的热处理是通过对工件进行表面淬火处理,使得工件的表面层获得具有较高硬度的(　　)。
　　A. 马氏体　　　　　B. 莱氏体　　　　C. 珠光体　　　　D. 奥氏体

185. AC014　表面淬火属于表面(　　)工艺。
　　A. 冷处理　　　　　B. 热处理　　　　C. 加工　　　　D. 加热

186. AC014　经过表面淬火工艺加工后的齿轮、曲轴等零件,表面应具有高硬度和(　　)。
　　A. 韧性　　　　　B. 强度　　　　C. 塑性　　　　D. 耐磨性

187. AC015　化学热处理包含分解、吸收和(　　)三个基本过程。
　　A. 滞留　　　　　B. 排放　　　　C. 扩散　　　　D. 分散

188. AC015　工件表面由于发生化学分解反应,便生成能够渗入工件表面的"活性(　　)"。
　　A. 原子　　　　　B. 粒子　　　　C. 离子　　　　D. 质子

189. AC015　化学热处理主要是为了能提高工件表面的硬度,而心部仍保持原有的高韧性和高(　　　)。

　　　A. 强度　　　　　　　　B. 耐磨性　　　　　　　C. 塑性　　　　　　　D. 耐压性

190. AC016　正方体的表面积=棱长×棱长×(　　　)。

　　　A. 2　　　　　　　　　B. 4　　　　　　　　　C. 6　　　　　　　　D. 8

191. AC016　长方体的表面积=(长×宽+长×高+宽×高)×(　　　)。

　　　A. 2　　　　　　　　　B. 4　　　　　　　　　C. 6　　　　　　　　D. 8

192. AC016　椭圆的面积 $S=($　　　$)ab(a$ 为长半径,b 为短半径)。

　　　A. R　　　　　　　　　B. D　　　　　　　　　C. π　　　　　　　　D. α

193. AC017　长方体的体积公式为:体积 $V=$长×宽×(　　　)。

　　　A. 周长　　　　　　　　B. 高　　　　　　　　C. 表面积　　　　　　D. 底面积

194. AC017　球的体积公式为:$V=($　　　$)πR^3/3$。

　　　A. 2　　　　　　　　　B. 4　　　　　　　　　C. 6　　　　　　　　D. 8

195. AC017　正方体的体积公式为:体积=(　　　)×棱长×棱长。

　　　A. 长　　　　　　　　　B. 边长　　　　　　　　C. 高　　　　　　　　D. 棱长

196. AC018　密度为 $10kg/m^3$ 的正确读法是(　　　)。

　　　A. 十千克每立方米　　　B. 十千克每三次米

　　　C. 十千克每米三次方　　D. 每三次方米 10 千克

197. AC018　底面积为 $25cm^2$,高为 4cm 的圆柱体碳素钢(密度为 $7.85kg/cm^3$),质量是(　　　)。

　　　A. 0.785kg　　　　　　B. 7.85kg　　　　　　C. 78.5kg　　　　　　D. 785kg

198. AC018　有一长为 5m,宽为 2m,厚为 10mm 的钢板,该钢板的质量为(　　　)。

　　　A. 0.785kg　　　　　　B. 7.85kg　　　　　　C. 78.5kg　　　　　　D. 785kg

199. AC019　每米扁钢的质量计算公式为:质量=(　　　)×厚度×宽度。

　　　A. 0.00785　　　　　　B. 0.0785　　　　　　C. 0.785　　　　　　D. 7.85

200. AC019　每米黄铜管的质量计算公式为:质量=(　　　)×壁厚×(外径-壁厚)。

　　　A. 0.00267　　　　　　B. 0.0267　　　　　　C. 0.267　　　　　　D. 2.67

201. AC019　每米螺纹钢的质量计算公式为:质量=(　　　)×直径×直径。

　　　A. 0.000617　　　　　　B. 0.000617　　　　　C. 0.00617　　　　　D. 0.0617

202. AC020　在直角三角形 ABC 中,C 角为直角,A,B,C 所对的边分别为 a、b、c,那么 $\sin A=$(　　　)。

　　　A. a/b　　　　　　　　B. b/a　　　　　　　C. c/a　　　　　　D. a/c

203. AC020　在直角三角形 ABC 中,C 角为直角,A,B,C 所对的边分别为 a、b、c,那么 $\cos A=$(　　　)。

　　　A. b/c　　　　　　　　B. b/a　　　　　　　C. c/a　　　　　　D. a/c

204. AC020　$\tan α$ 与 $\cot α$ 互为(　　　)关系。

　　　A. 正数　　　　　　　　B. 负数　　　　　　　C. 倒数　　　　　　D. 整数

205. BA001　车间工艺水平横管的安装时,(　　　)管道应排列在液体管道上面。

A. 热介质　　　　　　B. 冷介质　　　　　　C. 气体　　　　　　D. 不经常检修

206. BA001　车间工艺水平横管的安装时,(　　)管道应排列在检查频繁的管道上面。

A. 热介质　　　　　　B. 冷介质　　　　　　C. 气体　　　　　　D. 不经常检修

207. BA001　车间工艺垂直立管的安装时,大口径管道应靠墙壁安装,(　　)管道应排列在外面。

A. 小口径　　　　　　B. 冷介质　　　　　　C. 热介质　　　　　　D. 气体

208. BA002　车间工艺管道纵横交错较为复杂,当分支管道与(　　)管道相遇时,分支管道应避让。

A. 主干　　　　　　B. 金属　　　　　　C. 非金属　　　　　　D. 无压力

209. BA002　车间工艺管道纵横交错较为复杂,当(　　)管道与物料管道相遇时,物料管道不用避让。

A. 辅助　　　　　　B. 放气　　　　　　C. 伴热　　　　　　D. 放空

210. BA002　车间工艺管道纵横交错较为复杂,当(　　)管道与高压管道相遇时,高压管道不用避让。

A. 高温　　　　　　B. 低压　　　　　　C. 低温　　　　　　D. 常压

211. BA003　管道中法兰的边缘及保温层外壁等最突出的部分,距墙壁或柱边的距离不应小于(　　)。

A. 50mm　　　　　　B. 60mm　　　　　　C. 90mm　　　　　　D. 100mm

212. BA003　车间工艺管道距管架横梁保温端不小于(　　)。

A. 50mm　　　　　　B. 60mm　　　　　　C. 90mm　　　　　　D. 100mm

213. BA003　车间工艺管道中,高压管道的两根管道最突出部分的净距离为(　　)。

A. 70~50mm　　　B. 70~60mm　　　C. 70~90mm　　　D. 70~100mm

214. BA004　车间工艺管道安装时,对于输送含有固体颗粒介质的管道,除设计规定外,主管与支管的夹角一般不大于(　　)。

A. 15°　　　　　　B. 20°　　　　　　C. 30°　　　　　　D. 45°

215. BA004　车间工艺管道安装时,直管段两个对接焊缝距离一般不得小于(　　)。

A. 100mm　　　　　　B. 120mm　　　　　　C. 150mm　　　　　　D. 200mm

216. BA004　车间工艺管道安装时,管件不宜直接与平焊法兰焊接,中间应加设直管段,其长度不应小于(　　)。

A. 100mm　　　　　　B. 120mm　　　　　　C. 150mm　　　　　　D. 200mm

217. BA005　厂区输油管道一般采用(　　)敷设,并尽可能与热力管道共同敷设。

A. 架空　　　　　　B. 埋设　　　　　　C. 地沟　　　　　　D. 管廊

218. BA005　厂区输油管道特殊情况下采用(　　)敷设。

A. 架空　　　　　　B. 埋设　　　　　　C. 地沟　　　　　　D. 管廊

219. BA005　厂区输油管道和蒸汽伴热管道布置时,应有一定的(　　)。

A. 坡度　　　　　　B. 紧密度　　　　　　C. 标准　　　　　　D. 距离

220. BA006　化工管道仪表流程图设备的表示方法是用(　　)来反映设备的大致轮廓。

A. 粗实线　　　　　　B. 细实线　　　　　　C. 虚线　　　　　　D. 粗虚线

221. BA006 化工管道仪表流程图中,设备上重要的接管口位置,应大致符合实际情况,两个及两个以上相同设备一般应(   )画出。

    A. 逐个   B. 分开   C. 全部   D. 简要

222. BA006 化工管道仪表流程图的管道流程线用水平线和(   )来表示。

    A. 平分线   B. 中垂线   C. 斜线   D. 垂直线

223. BA007 识读管道仪表流程图的标题栏和图例说明是为了能了解所识读的图样名称、图形符号和文字代号的含义,以及管道的(   )等。

    A. 距离   B. 标高   C. 标志   D. 标注

224. BA007 识读管道仪表流程图时,要查明系统设备状况,了解设备名称、数量的同时,还要明确与管道的(   )情况。

    A. 黏接   B. 搭接   C. 连接   D. 焊接

225. BA007 识读管道仪表流程图时,应重点了解仪表(   )情况。

    A. 安装位置   B. 安装尺寸   C. 控制点   D. 安装方法

226. BA008 当工艺化工管道设备布置图中出现局部表示不清晰时,可绘制剖视图或(   )。

    A. 断面图   B. 平面图   C. 立面图   D. 轴测图

227. BA008 对于多层建筑物、构筑物的管道布置图应按(   )绘制。

    A. 级别   B. 层次   C. 等级   D. 要求

228. BA008 在管道布置图中,公称尺寸(DN)大于和等于(   )的管道应用双线来表示。

    A. 400mm   B. 350mm   C. 300mm   D. 200mm

229. BA009 识读管道设备布置图时,在看懂管道走向的基础上,以建筑定位(   )、设备中心线、设备管口法兰等尺寸为基准来阅读管道的水平定位尺寸。

    A. 标高   B. 距离   C. 轴线   D. 方向

230. BA009 识读管道设备布置图时,在剖视图上,以(   )为基准,阅读管道的安装标高。

    A. 建筑物   B. 海平面   C. 基准面   D. 地面

231. BA009 识读管道设备布置图时,先明确各视图的配置情况,从(   )最小的设备开始逐条分析各管口连接管段的布置情况。

    A. 位号   B. 尺寸   C. 面积   D. 体积

232. BA010 在化工管道设备布置图中的管架图均属于(   )。

    A. 布置图   B. 大样图   C. 详图   D. 局部图

233. BA010 识读管道设备布置图时,标准管架应查找相应的(   )。

    A. 基准图   B. 详图   C. 布置图   D. 标准图

234. BA010 在管道设备布置图上,除管架的结构总图外,还应编制相应的(   )。

    A. 材料表   B. 设备表   C. 管道规格表   D. 辅料表

235. BA011 识读消防管道施工图时,应先查明水泵的基础尺寸。若图纸未标明,在进行无隔振安装时,应以水泵基础底座四周宽出(   )为宜。

    A. 60~70mm   B. 60~80mm   C. 70~100mm   D. 100~150mm

236. BA011 识读消防管道施工图时,自动喷水灭火系统的喷头都是用图例画在(   )上。

A. 详图　　　　　　　B. 平面图　　　　　　　C. 轴测图　　　　　　　D. 剖面图

237. BA011　识读自动喷水管道系统时,应先查找(　　)管道。

A. 排水　　　　　　　B. 供水　　　　　　　C. 上水　　　　　　　D. 下水

238. BA012　给排水平面图、剖面图及详图采用(　　)进行绘制。

A. 示意性　　　　　　B. 轴测投影　　　　　C. 正投影　　　　　　D. 侧投影

239. BA012　给排水系统图中的展开系统原理图是用(　　)来绘制的。

A. 示意性　　　　　　B. 轴测投影　　　　　C. 正投影　　　　　　D. 侧投影

240. BA012　给排水系统图中,管道、阀门、器具和设备一般采用(　　)来表示,有较强的示意性。

A. 符号　　　　　　　B. 图例　　　　　　　C. 字母　　　　　　　D. 代号

241. BA013　设备总图中的总装配图不是制造零件的直接依据,不必注出每个零件的(　　)。

A. 局部尺寸　　　　　B. 全部尺寸　　　　　C. 技术要求　　　　　D. 公差要求

242. BA013　总装配图是表达产品(　　)、部件与零件或零件间的连接图样。

A. 部件　　　　　　　B. 零件　　　　　　　C. 部件与部件　　　　D. 零件与零件

243. BA013　装配图分为部件装配图和(　　)装配图两种。

A. 零件　　　　　　　B. 组件　　　　　　　C. 局部　　　　　　　D. 整机

244. BA014　在管道工程构件制作过程中,放样操作往往作为(　　)工序进行。

A. 最后　　　　　　　B. 首道　　　　　　　C. 参照　　　　　　　D. 预备

245. BA014　放样是根据构件特点及工艺需要,在施工图的基础上用(　　)的比例准确结构的全部或部分投影图。

A. 1∶1　　　　　　　B. 1∶10　　　　　　　C. 10∶1　　　　　　　D. 1∶100

246. BA014　在针对构件放样时,可按构件的(　　)弯曲半径或里皮尺寸等进行必要的计算及展开。

A. 外皮　　　　　　　B. 中皮　　　　　　　C. 中性层　　　　　　D. 实际

247. BA015　放样画线的基准是画线时,用以确定其他点、线、面(　　)的依据。

A. 临界位置　　　　　B. 空间位置　　　　　C. 参照位置　　　　　D. 恒定位置

248. BA015　放样画线基准上的点、线、面位置又称(　　)基准。

A. 确定　　　　　　　B. 测量　　　　　　　C. 三维　　　　　　　D. 设计

249. BA015　放样画线时,由于平面上需要确定几何要素的位置,所以要有两个独立的(　　)。

A. 坐标　　　　　　　B. 数据　　　　　　　C. 尺寸　　　　　　　D. 基准

250. BA016　对于外形尺寸较长的大型金属构件放样时,可用拉钢丝配合(　　)的方法画出基准线。

A. 丁字尺　　　　　　B. 粉线　　　　　　　C. 直角尺　　　　　　D. 卷尺

251. BA016　采用(　　)可作出大型结构的放样基准线。

A. 激光经纬仪　　　　B. 探测仪　　　　　　C. 扫描仪　　　　　　D. 定位仪

252. BA016　各放样图中的基准线必须做得十分准确,且要经过必要的(　　)。

A. 记录　　　　　　　B. 处理　　　　　　　C. 检验　　　　　　　D. 标注

253. BA017　识读设备布置图时,厂房建筑图上是以建筑物的定位(　　)为基准的。
　　A. 图形　　　　　　　B. 方向　　　　　　　C. 轴线　　　　　　　D. 尺寸线

254. BA017　识读设备布置图时,在设备的安装位置添加设备的图形或标记,并标注(　　)。
　　A. 方向　　　　　　　B. 尺寸　　　　　　　C. 技术要求　　　　　D. 公差要求

255. BA017　识读设备布置图时,操作人员必须核对设备布置图上的设备编号、名称和数量
　　是否与带控制点的工艺(　　)上的数据相同。
　　A. 装配图　　　　　　B. 大样图　　　　　　C. 详图　　　　　　　D. 流程图

256. BA018　识读锅炉房管道流程图时,在管道断开处或流向不易判断的管段,应标有介质
　　的(　　)。
　　A. 性质　　　　　　　B. 类别　　　　　　　C. 流动方向　　　　　D. 压力等级

257. BA018　在锅炉房管道流程图中,若出现多台相同型号的锅炉,一般只画一台的管道连
　　接(　　)。
　　A. 草图　　　　　　　B. 大样图　　　　　　C. 详图　　　　　　　D. 系统图

258. BA018　锅炉房管道流程图不同于(　　),不按比例、标高,不考虑设备大小及安装
　　位置。
　　A. 布置图　　　　　　B. 平剖面图　　　　　C. 建筑图　　　　　　D. 施工图

259. BB001　螺旋夹具是通过丝杠与螺母(　　)传递外力以紧固管件的。
　　A. 相对运动　　　　　B. 相向运动　　　　　C. 螺旋运动　　　　　D. 摩擦运动

260. BB001　凡是用来对零件施加外力,使其获得可靠和正确定位的工艺设备称为(　　)。
　　A. 组装夹具　　　　　B. 胎具　　　　　　　C. 模具　　　　　　　D. 矫形机具

261. BB001　方形螺旋夹具俗称卡兰,主要用于对工件的(　　)。
　　A. 拉　　　　　　　　B. 顶　　　　　　　　C. 夹紧　　　　　　　D. 撑

262. BB002　楔角夹具是利用楔条的(　　)将外力转变为夹紧力,从而达到夹紧工件的
　　目的。
　　A. 楔角　　　　　　　B. 斜面　　　　　　　C. 过盈量　　　　　　D. 摩擦角

263. BB002　使用楔条夹具时,将工件放入夹具后锤击斜楔头,则斜楔对工件产生(　　)。
　　A. 支撑力　　　　　　B. 夹紧力　　　　　　C. 拉力　　　　　　　D. 顶力

264. BB002　楔条通常用碳素工具钢制造,淬火后的硬度为(　　)。
　　A. 50~55HRC　　　　B. 50~58HRC　　　　C. 50~60HRC　　　　D. 50~62HRC

265. BB003　杠杆夹具结构中,支持杠杆转动的固定点是(　　)。
　　A. 平衡点　　　　　　B. 重点　　　　　　　C. 支点　　　　　　　D. 力点

266. BB003　杠杆夹具结构中,对杠杆施力的一点是(　　)。
　　A. 平衡点　　　　　　B. 重点　　　　　　　C. 支点　　　　　　　D. 力点

267. BB003　杠杆夹具的支点到重点的距离称为(　　)。
　　A. 力矩　　　　　　　B. 扭矩　　　　　　　C. 重臂　　　　　　　D. 力臂

268. BB004　液压夹具的工作原理与(　　)夹具的工作原理相似。
　　A. 杠杆　　　　　　　B. 螺旋　　　　　　　C. 楔条　　　　　　　D. 气动

269. BB004　在所有的夹具制作过程中,液压夹具的(　　)尺寸可以做得很小。

A. 夹具　　　　　　 B. 结构　　　　　　 C. 偏心轮　　　　　 D. 杠杆

270. BB004　偏心夹具的夹紧力和(　　　)是不稳定的。

A. 自控力　　　　　 B. 自锁力　　　　　 C. 张力　　　　　　 D. 胀力

271. BB005　偏心夹具是由偏心轮或(　　　)的自锁性能来实现夹紧作用的夹紧装置。

A. 凹轮　　　　　　 B. 导向轮　　　　　 C. 凸轮　　　　　　 D. 滑轮

272. BB005　偏心夹具的偏心轮是一种回转中心与(　　　)中心不重合的零件。

A. 工件　　　　　　 B. 几何　　　　　　 C. 设备　　　　　　 D. 物料

273. BB005　偏心轮有两种:一种是圆形偏心轮;另一种是非圆形的(　　　)偏心轮。

A. 曲线　　　　　　 B. 直线　　　　　　 C. 垂线　　　　　　 D. 斜线

274. BB006　三项感应式砂轮机适用于一般工矿企业和修理厂对零件的磨削、去毛刺及清理(　　　)等。

A. 工件　　　　　　 B. 铸件　　　　　　 C. 零件　　　　　　 D. 构件

275. BB006　型号 M3225 的台式砂轮机,砂轮尺寸 250mm×25mm×32mm 中的 32mm 表示的是(　　　)尺寸。

A. 孔径　　　　　　 B. 内径　　　　　　 C. 厚度　　　　　　 D. 外径

276. BB006　型号 M3215 的台式砂轮机,砂轮尺寸 150mm×20mm×32mm 中的 20mm 表示的是(　　　)尺寸。

A. 孔径　　　　　　 B. 内径　　　　　　 C. 厚度　　　　　　 D. 外径

277. BB007　小车式电动葫芦可以安装在(　　　)形式的起重机上。

A. 水平　　　　　　 B. 多种　　　　　　 C. 平行　　　　　　 D. 固定

278. BB007　电动葫芦一般水平运行速度为(　　　)。

A. 5m/min　　　　　 B. 10m/min　　　　 C. 15m/min　　　　 D. 20m/min

279. BB007　电动葫芦一般垂直提升速度为(　　　)。

A. 4m/min　　　　　 B. 6m/min　　　　　 C. 8m/min　　　　　 D. 10m/min

280. BB008　使用精密量具测量时,若发现量具读数出现较大误差,应将量具及时送交(　　　)。

A. 厂家返修　　　　 B. 报废　　　　　　 C. 检验部门　　　　 D. 计量室检修

281. BB008　用量具测量工件前,应将量具的测量面和工件的(　　　)擦净。

A. 加工面　　　　　 B. 非加工面　　　　 C. 测量面　　　　　 D. 光洁面

282. BB008　在使用量具过程中,不能将量具与工具或(　　　)放在一起。

A. 夹具　　　　　　 B. 机具　　　　　　 C. 磨具　　　　　　 D. 刀具

283. BB009　使用丝锥时,丝锥与工件表面要(　　　),在旋转过程中要经常反方向旋转,将铁屑挤断。

A. 垂直　　　　　　 B. 对正　　　　　　 C. 平行　　　　　　 D. 结合紧密

284. BB009　在使用丝锥攻螺纹时,要适时添加(　　　)。

A. 机油　　　　　　 B. 黄油　　　　　　 C. 煤油　　　　　　 D. 切屑液

285. BB009　用后的丝锥应及时清除杂物,在其表面涂抹(　　　),妥善保管。

A. 机油　　　　　　 B. 黄油　　　　　　 C. 煤油　　　　　　 D. 切屑液

286. BB010　台钻变速时,应先(　　)并关闭电源,再进行调整。
　　A. 松开手柄　　　　　B. 停车　　　　　　C. 调整螺母　　　　　D. 锁紧手柄

287. BB010　使用台钻时,在头架移动前应先松开(　　),调整合适后再紧固。
　　A. 锁紧螺母　　　　　B. 锁紧手柄　　　　C. 转换开关　　　　　D. 摇把

288. BB010　使用台钻钻通孔时,必须使钻头通过工作台的(　　)或在工件下垫上垫铁,以免损坏工作台面。
　　A. 立柱　　　　　　　B. 底座　　　　　　C. 台面　　　　　　　D. 让刀孔

289. BC001　管道测绘能有效避免设备制造、(　　)误差以及土建施工误差等诸多施工偏差,所以施工前应进行现场实测。
　　A. 管道预制　　　　　B. 管道组对　　　　C. 管道安装　　　　　D. 管道预拉伸

290. BC001　管道测绘就是操作人员所进行的管段(　　)工序。
　　A. 尺寸测量　　　　　B. 下料　　　　　　C. 放样　　　　　　　D. 预制

291. BC001　管道测绘能有效检查管道(　　)尺寸、标高等数据是否与实际相符。
　　A. 定位　　　　　　　B. 结构　　　　　　C. 方位　　　　　　　D. 设计

292. BC002　管道测绘是利用(　　)的边角关系来确定管道设计要素。
　　A. 三角形　　　　　　B. 勾股定理　　　　C. 正方形　　　　　　D. 菱形

293. BC002　管道测绘还可通过立体空间三轴坐标来确定管道的位置、尺寸和(　　)。
　　A. 大小　　　　　　　B. 方向　　　　　　C. 规格　　　　　　　D. 数量

294. BC002　管道测绘时,应按已知控制水准点对全管线每隔(　　),设临时水准点,并进行多次闭合复测。
　　A. 50~60m　　　　　B. 50~70m　　　　　C. 50~80m　　　　　D. 50~100m

295. BC003　管道测绘测量长度时,一般采用(　　)。
　　A. 直角尺　　　　　　B. 粉线　　　　　　C. 钢卷尺　　　　　　D. 钢板尺

296. BC003　管道测绘测量角度时,一般采用(　　)。
　　A. 水平尺　　　　　　B. 经纬仪　　　　　C. 水准仪　　　　　　D. 焊接检验尺

297. BC003　测量法兰孔是否眼正(法兰螺栓孔正)时,一般采用(　　)或吊线方法来检查。
　　A. 水平尺　　　　　　B. 经纬仪　　　　　C. 水准仪　　　　　　D. 直角尺

298. BC004　法兰短管下料时,应严格按照(　　)上的尺寸要求进行下料。
　　A. 平面图　　　　　　B. 立面图　　　　　C. 施工图　　　　　　D. 轴测图

299. BC004　法兰短管下料时,若采用卧式切管机进行切割时,应考虑切割片的(　　)。
　　A. 大小　　　　　　　B. 尺寸　　　　　　C. 厚度　　　　　　　D. 直径

300. BC004　法兰短管下料时,画线标记应采用(　　)符号进行标记。
　　A. 横线　　　　　　　B. 箭头　　　　　　C. 小圆　　　　　　　D. 点

301. BC005　90°弯管下料时,应保证弯管两端管口(　　)。
　　A. 水平　　　　　　　B. 垂直　　　　　　C. 椭圆　　　　　　　D. 清洁

302. BC005　90°弯管下料时,应先测量出的弯管的(　　)弧线。
　　A. 侧　　　　　　　　B. 中心　　　　　　C. 外　　　　　　　　D. 内

303. BC005 90°弯管下料时,为了检测下料的准确度,应对弯管尺寸进行( )。

    A. 审查　　　　　　　B. 复检　　　　　　　C. 检查　　　　　　　D. 查验

304. BC006 煨制 DN25mm 的 Z 形弯时,所用胎具外径应小于盘管内壁直径( )。

    A. 1~5mm　　　　　　B. 5~10mm　　　　　C. 10~15mm　　　　　D. 15~20mm

305. BC006 煨制 DN25mm 的 Z 形弯时,加热温度为( )。

    A. 700~750℃　　　　B. 750~800℃　　　　C. 800~850℃　　　　D. 900~950℃

306. BC006 煨制 DN25mm 的 Z 形弯时,应在平台上画出( )。

    A. 图形　　　　　　　B. 地样　　　　　　　C. 示意图　　　　　　D. 尺寸线

307. BD001 制作等径同心斜骑三通管件时,应画出母管( )。

    A. 尺寸线　　　　　　B. 垂线　　　　　　　C. 边缘线　　　　　　D. 中心线

308. BD001 制作等径同心斜骑三通管件的支管两尖部中心线应与主管的( )相结合。

    A. 尺寸线　　　　　　B. 投影线　　　　　　C. 中心线　　　　　　D. 边缘线

309. BD001 φ89mm×4.5mm 作为支管,φ114mm×4.5mm 作为主管制作异径同心斜骑三通管件时的组对间隙应为( )。

    A. 1mm　　　　　　　B. 2mm　　　　　　　C. 3mm　　　　　　　D. 5mm

310. BD002 制作等径同心斜骑马鞍时,应先点焊支管( ),以方便调整管件角度。

    A. 管端　　　　　　　B. 管口　　　　　　　C. 尖部　　　　　　　D. 凹部

311. BD002 制作等径同心斜骑马鞍时,支管与主管结合部位应清理打磨长度为( )。

    A. 10mm　　　　　　　B. 20mm　　　　　　C. 25mm　　　　　　D. 30mm

312. BD002 制作等径同心斜骑马鞍时,支管中心线应与主管中心线( )。

    A. 重合　　　　　　　B. 交叉　　　　　　　C. 垂直　　　　　　　D. 平行

313. BD003 制作异径斜四通管件时,应保证两根支管( )。

    A. 平行　　　　　　　B. 同轴　　　　　　　C. 垂直　　　　　　　D. 重合

314. BD003 制作异径斜四通管件时,两支管的轴线允许偏差为( )。

    A. ±1mm　　　　　　B. ±2mm　　　　　　C. ±3mm　　　　　　D. ±4mm

315. BD003 制作异径斜四通管件时,两支管与主管平行度的允许偏差为( )。

    A. ±4mm　　　　　　B. ±3mm　　　　　　C. ±2mm　　　　　　D. ±1mm

316. BC004 制作双法兰直管段时,法兰面与直管段组对垂直度的允许偏差为( )。

    A. ±0.5°　　　　　　B. ±1°　　　　　　　C. ±1.5°　　　　　　D. ±2°

317. BC004 制作双法兰直管段时,直管线的四条中心线应与法兰片的两条( )相对应。

    A. 中心线　　　　　　B. 等分线　　　　　　C. 平分线　　　　　　D. 中线

318. BC004 制作双法兰直管段时,法兰片的轴线应与直管段的轴线相( )。

    A. 交叉　　　　　　　B. 平行　　　　　　　C. 垂直　　　　　　　D. 重合

319. BC005 制作同心大小头时,若现场不具备展开放样的条件,可采用( )进行制作。

    A. 地样法　　　　　　B. 三角形法　　　　　C. 计算法　　　　　　D. 估算法

320. BC005 制作同心大小头若采用抽条方法制作,必须计算出两管径的( )。

    A. 周长　　　　　　　B. 面积　　　　　　　C. 尺寸　　　　　　　D. 高度

321. BC005 制作同心大小头若采用放射线法放样,必须保证中心线与管口端部( )。

A. 重合　　　　　　B. 垂直　　　　　　C. 平行　　　　　　D. 有间隙

322. BD006　摔制偏心大小头时,管口的收缩限度为:50mm 可缩到 15mm,而 100mm 只能缩到（　　）。

A. 65mm　　　　　　B. 60mm　　　　　　C. 55mm　　　　　　D. 50mm

323. BC006　制作偏心大小头时,不得有过烧现象,敲打时应尽快完成,尽可能减少加热时间和（　　）。

A. 宽度　　　　　　B. 长度　　　　　　C. 速度　　　　　　D. 次数

324. BC006　摔制大小头的加热长度应大于大管径与小管径之差的（　　）。

A. 1 倍　　　　　　B. 1.5 倍　　　　　C. 2 倍　　　　　　D. 2.5 倍

325. BD007　单节 90°虾壳弯是由一个中节和两个（　　）所组成的。

A. 短节　　　　　　B. 长节　　　　　　C. 终节　　　　　　D. 端节

326. BD007　制作 90°虾壳弯时,虾壳弯各节外弧接触处必须做（　　）处理。

A. 热　　　　　　　B. 冷　　　　　　　C. 清洁　　　　　　D. 壁厚

327. BD007　制作 90°虾壳弯时,最常用的弯曲半径是（　　）倍管外径。

A. 1~1.5　　　　　B. 1~2　　　　　　C. 1.5~2　　　　　D. 2~2.5

328. BD008　门形弯管接头连接时,公称直径小于（　　）的,焊缝与长臂轴线应垂直。

A. 50mm　　　　　　B. 80mm　　　　　　C. 150mm　　　　　D. 200mm

329. BD008　门形弯管接头连接时,公称直径大于 200mm 的,焊缝与长臂轴线应成（　　）。

A. 90°　　　　　　　B. 60°　　　　　　　C. 45°　　　　　　　D. 30°

330. BD008　门形弯管制作时,平面的扭曲偏差不应大于（　　）。

A. 1mm/m　　　　　B. 2mm/m　　　　　C. 3mm/m　　　　　D. 4mm/m

331. BE001　为保证安装质量,做到横平竖直,弯曲的管道在使用前应进行（　　）处理。

A. 调直　　　　　　B. 预热　　　　　　C. 校对　　　　　　D. 冷却

332. BE001　（　　）以下的管道弯曲不大时,可在常温状态下进行调直。

A. $DN25mm$　　　　B. $DN40mm$　　　　C. $DN50mm$　　　　D. $DN65mm$

333. BE001　热校直是将弯曲的管道在热状态下进行调直,适用于公称直径大于（　　）的管道。

A. 40mm　　　　　　B. 50mm　　　　　　C. 70mm　　　　　　D. 80mm

334. BE002　管道安装中,当支管要求坡度时,遇到管螺纹不端正,则要求有相应的偏扣,俗称歪牙。歪牙的最大偏离度不能超过（　　）。

A. 10°　　　　　　　B. 15°　　　　　　　C. 18°　　　　　　　D. 20°

335. BE002　长管套丝时,管后端一定要（　　）。

A. 翘起　　　　　　B. 下坠　　　　　　C. 垫平　　　　　　D. 铺平

336. BE002　套丝时,第一次或第二次铰板的（　　）对准固定标盘刻度时,要略大于相应的刻度。

A. 活动齿盘　　　　B. 固定齿盘　　　　C. 固定标盘　　　　D. 活动标盘

337. BE003　管道组对（　　）大小不一时,就需要改变管径,扩大或缩小对应后,才能对接安装。

A. 钝边　　　　　　　B. 壁厚　　　　　　　C. 口径　　　　　　　D. 坡口

338. BE003　管道缩口就是把大口径管道,通过(　　　),按管道对接要求收缩成对应的小管径。

A. 加工处理　　　　　B. 热处理　　　　　　C. 冷处理　　　　　　D. 敲打

339. BE003　偏心大小头就是大口中心线与小口(　　　)线不同轴而平行的接口管件。

A. 交叉　　　　　　　B. 平行　　　　　　　C. 同心　　　　　　　D. 中心

340. BE004　用坡口机加工坡口时,应先调整坡口机与管口保持一定的(　　　)。

A. 锥度　　　　　　　B. 距离　　　　　　　C. 斜度　　　　　　　D. 角度

341. BE004　管道对接焊接时,壁厚超过(　　　)就应开坡口焊接,保证焊道的质量要求。

A. 1mm　　　　　　　B. 2mm　　　　　　　C. 3mm　　　　　　　D. 4mm

342. BE004　坡口加工后,应对坡口角度、坡口(　　　)等进行测量检查。

A. 飞边　　　　　　　B. 毛边　　　　　　　C. 边缘　　　　　　　D. 钝边

343. BE005　冬季焊接时,若焊件温度低于0℃,所有钢材应在点焊处(　　　)范围内预热到15℃以上。

A. 50mm　　　　　　B. 80mm　　　　　　C. 100mm　　　　　　D. 150mm

344. BE005　管道组对点焊前,管道端不得有超过(　　　)深的机械伤痕。

A. 0.5mm　　　　　　B. 0.6mm　　　　　　C. 0.8mm　　　　　　D. 1.0mm

345. BE005　管道组对点焊焊长度应为(　　　)。

A. 10~15mm　　　　B. 10~20mm　　　　C. 10~25mm　　　　D. 10~30mm

346. BE006　弯管时,随着管径的增大,必须相应地增大弯管的弯曲半径,一般规定:管径为 $\phi133~159$mm 时,选 $R=$(　　　)的弯曲半径;管径为 $\phi159~273$mm 时,选 $R=5D$ 的弯曲半径。

A. 1.5D　　　　　　B. 2D　　　　　　　C. 3.5D　　　　　　D. 4D

347. BE006　冷弯弯管的弯曲半径不应小于管外径的(　　　)倍。

A. 4　　　　　　　　B. 6　　　　　　　　C. 8　　　　　　　　D. 10

348. BE006　焊接弯头的弯曲半径不应小于管道外径的(　　　)倍。

A. 4　　　　　　　　B. 2　　　　　　　　C. 1.5　　　　　　　D. 1

349. BE007　管子弯曲弧长计算时的弧度系数是(　　　)。

A. 0.000175　　　　B. 0.00175　　　　　C. 0.0175　　　　　　D. 0.175

350. BE007　弯管弧长计算时,弧长 L 与弯管角度 α,弯管弯曲半径 R 成(　　　)。

A. 正比　　　　　　B. 函数关系　　　　　C. 反比　　　　　　　D. 抛物线关系

351. BE007　计算弯头内侧弧长时,应用弯曲半径(　　　)一半的管径后再乘以相应的数值。

A. 乘以　　　　　　B. 除以　　　　　　　C. 加　　　　　　　　D. 减

352. BE008　钢管应在其材料(　　　)允许的范围内冷弯或热弯。

A. 硬度　　　　　　B. 弹性　　　　　　　C. 特性　　　　　　　D. 参数

353. BE008　弧形弯管是带有三个弯曲角的管件,中间角一般成90°,侧角成(　　　)。

A. 100°　　　　　　B. 110°　　　　　　C. 120°　　　　　　D. 135°

354. BE008　弯管时,由于管道弯曲段内外侧管壁厚度的变化,还使得弯曲段截面由原来的圆形变成了( )。

    A. 锥形   B. 椭圆形   C. 偏锥形   D. 拱形

355. BE009   电弧焊时,焊条横向摆动的范围与焊缝要求的宽度及焊条( )有关。

    A. 长度   B. 材质   C. 直径   D. 药皮

356. BE009   沿焊件厚度方向不均匀加热时,易产生( )变形。

    A. 角度   B. 局部   C. 弯曲   D. 整体

357. BE009   抑制法可控制焊件变形,但易使焊件产生( ),不宜多用。

    A. 外压力   B. 内压力   C. 外应力   D. 内应力

358. BE010   气焊时,焊矩与( )的动作必须均匀协调,才能保证焊缝质量。

    A. 焊件   B. 焊丝   C. 焊缝   D. 焊条

359. BE010   不锈钢、耐热钢采用相应的焊粉是气剂( )。

    A. 101   B. 201   C. 301   D. 401

360. BE010   气焊规范主要指对焊丝( ),火焰能率,操作时的焊嘴倾斜角和焊接速度根据不同工件正确选用,并严格执行。

    A. 外径   B. 内径   C. 半径   D. 直径

361. BE011   胀大值(H)为( ),对厚壁管和有色金属应取较大值。

    A. 1%~3%   B. 2%~4%   C. 4%~5%   D. 5%~8%

362. BE011   胀管器分为前进胀管器和( )胀管器两类。

    A. 翻边   B. 咬边   C. 后退   D. 轴承

363. BE011   胀接的方法有机械法、爆炸法和( )等方法。

    A. 锤击法   B. 液压法   C. 热胀法   D. 冷缩法

364. BE012   准备胀接时,管板孔壁除工艺要求采用机加工环向沟槽外,不得存在其他任何顺管长度方向的( )。

    A. 机械损伤   B. 塑性变形   C. 弹性变形   D. 拉伸

365. BE012   待胀接的钢管端部应经( )处理。

    A. 淬火   B. 正火   C. 退火   D. 回火

366. BE012   胀管工作宜在环境温度为( )以上时进行。

    A. 10℃   B. 5℃   C. 3℃   D. 0℃

367. BE013   机械胀接由于驱动力不同分为手动、风动、电动及( )驱动四种。

    A. 摩擦   B. 链   C. 液压马达   D. 涡轮

368. BE013   当确定胀接机械类型后,应按( )要求加工管板孔。

    A. 实际   B. 设计   C. 公差   D. 变形

369. BE013   光孔胀接适用于介质压力不大于( ),工作温度小于300℃的条件。

    A. 0.2MPa   B. 0.4MPa   C. 0.6MPa   D. 0.8MPa

370. BE014   试胀所用管道的材料、规格应与产品用换热管一致,但长度可不一致,一般为管板厚度加( )。

    A. 20mm   B. 30mm   C. 40mm   D. 50mm

371. BE014   胀管前,一定要用( )或汽油将管孔和管端上的油脂清洗干净。

A. 氯化碳　　　　　　B. 氯化钠　　　　　　C. 煤油　　　　　　D. 机油

372. BE014　胀管率应在(　　　)选取。
A. 1%~1.3%　　　　B. 1%~1.5%　　　　C. 1%~1.7%　　　　D. 1%~1.9%

373. BE015　胀接过程中,当管外径为 32~62.5mm 时,管外端伸出长度为(　　　)。
A. 3mm　　　　　　B. 5mm　　　　　　C. 10mm　　　　　　D. 15mm

374. BE015　胀接过程中,管口翻边斜度为(　　　),并伸入管孔口 1~2mm 处开始倾斜。
A. 5°　　　　　　　B. 8°　　　　　　　C. 15°　　　　　　D. 18°

375. BE015　胀接过程中,胀口应有足够的(　　　),水压试验不应有渗漏现象。
A. 抗拉脱强度　　　B. 严密性　　　　　C. 强度胀　　　　　D. 贴胀

376. BE016　胀接形式按(　　　)可分为贴胀和强度胀。
A. 管材规格　　　　B. 管材材质　　　　C. 胀紧度　　　　　D. 松紧度

377. BE016　在胀接的形式中,贴胀是为了消除换热管与管板孔之间缝隙的(　　　)。
A. 轻度胀接　　　　B. 强度胀接　　　　C. 疏松胀接　　　　D. 紧密胀接

378. BE016　在胀接的形式中,强度胀接是为了换热管与管板连接的(　　　)及抗拉脱强度
的胀接。
A. 机械性能　　　　B. 密封性能　　　　C. 结构性能　　　　D. 抗疲劳性能

379. BE017　在连接铸铁管用石棉水泥接口时,填充材料是(　　　)地进行的。
A. 自下而上　　　　B. 从高到低　　　　C. 自上而下　　　　D. 从左到右

380. BE017　DN600mm~DN700mm 铸铁管口承插对口之间的轴向间隙为(　　　)。
A. 4mm　　　　　　B. 5mm　　　　　　C. 6mm　　　　　　D. 7mm

381. BE017　在连接铸铁管时,石棉水泥接口要求石棉绒的等级为(　　　)级。
A. 1　　　　　　　B. 2　　　　　　　C. 3　　　　　　　D. 4

382. BE018　铸铁管承插口堵塞所用的油麻辫应有韧性、纤维较长和无麻皮,并应经(　　　)
渗透后晾干。
A. 汽油　　　　　　B. 煤油　　　　　　C. 石油沥青　　　　D. 清水

383. BE018　在连接铸铁管时,青铅接口要求青铅的纯度为(　　　)。
A. 90%　　　　　　B. 95%　　　　　　C. 98%　　　　　　D. 99%

384. BE018　在抬运铅水时,应该戴(　　　),以防止烫伤。
A. 护板　　　　　　B. 护垫　　　　　　C. 脚罩　　　　　　D. 护罩

385. BE019　水泥管承插口的接口方法是在承插口中填入(　　　)的水泥砂浆。
A. 1:1　　　　　　B. 1:3　　　　　　C. 1:5　　　　　　D. 1:7

386. BE019　用膨胀水泥或石棉水泥做承接口材料时,其填塞深度为承接口深度的(　　　)。
A. 1/2~1/3　　　　B. 1/2~2/3　　　　C. 1/2~1/4　　　　D. 1/2~3/4

387. BE019　石棉水泥接口填塞油麻辫的粗细应为接口间隙的(　　　)倍。
A. 1　　　　　　　B. 1.25　　　　　　C. 1.5　　　　　　D. 1.75

388. BE020　直径小于(　　　)的挤压硬塑料管多采用承插连接。
A. 150mm　　　　　B. 200mm　　　　　C. 250mm　　　　　D. 300mm

389. BE020　地下埋设管道应先用细砂回填至管上皮(　　　),上覆过筛土,夯实时勿碰损

管道。

  A. 40mm   B. 60mm   C. 80mm   D. 100mm

390. BE020 安装时先将立管上端伸入上一层洞口内，垂直用力插入至标记为止，一般预留胀缩量为（   ）。

  A. 20~25mm   B. 20~30mm   C. 20~35mm   D. 20~40mm

391. BE021 玻璃钢管的管径在（   ）以下时，也可以用螺纹连接。

  A. 45mm   B. 55mm   C. 65mm   D. 75mm

392. BE021 玻璃钢管常温下使用压力可达（   ）。

  A. 1MPa   B. 2MPa   C. 3MPa   D. 4MPa

393. BE021 玻璃钢夹砂管道管与管之间的接口形式，采用的是承插式双（   ）型密封圈连接。

  A. I   B. O   C. N   D. H

394. BE022 夹套管的管道安装，水平偏差应小于等于1/1000最大不超过（   ）。

  A. 10mm   B. 20mm   C. 30mm   D. 40mm

395. BE022 夹套管同一焊缝的同一部位返修次数不锈钢不应超过（   ）次。

  A. 1   B. 2   C. 3   D. 5

396. BE022 全夹套封闭前，内管焊缝应（   ），以便进行无损检测。

  A. 封闭   B. 隔离   C. 掩盖   D. 裸露

397. BE023 管道预拉伸前，预拉伸区域内固定支架间所有管口（预拉口除外）的焊接、探伤、（   ）工作应全部完成。

  A. 热处理   B. 软化处理   C. 酸化处理   D. 碳化化处理

398. BE023 需热处理的预拉伸管道（   ），在热处理完毕后方可拆除预拉伸前安装的临时卡具。

  A. 支吊架   B. 焊缝   C. 固定支架   D. 软连接

399. BE023 管道预拉伸是用于减小热变形和（   ）。

  A. 热应力   B. 外力作用   C. 正应力   D. 残余应力

400. BE024 方形补偿器采用千斤顶进行预拉伸时，在补偿器两边的直管段适当部位（一般在2~2.5m）留出（   ）的对口间隙，管口应对齐、对正。

  A. $\Delta L/2$ B. $\Delta L/3$ C. $\Delta L/4$ D. $\Delta L/5$

401. BE024 方形补偿器采用千斤顶进行预拉伸时，千斤顶规格应能满足对两臂撑开所需的（   ）。

  A. 拉力   B. 顶升力   C. 支撑力   D. 压力

402. BE024 采用拉管器进行预拉伸时，应保证拉管器的强度，双头螺栓的（   ）应进行力的计算。

  A. 半径   B. 材质   C. 直径   D. 规格

403. BE025 有色金属管道与不锈钢管道采用（   ）连接。

  A. 氩弧焊   B. 二氧化碳保护焊   C. 下向焊   D. 电渣焊

404. BE025 铝合金管对口间隙应为（   ）。

A. 0.5~1mm B. 0.5~1.5mm C. 1~1.5mm D. 1~2mm

405. BE025 铜合金管表面纵向划痕深度不得大于( )。
　　A. 0.01mm B. 0.02mm C. 0.03mm D. 0.04mm

406. BE026 长输管道放线时,一般放一条中线和两条占地边界线,中线桩的间距为( )。
　　A. 5~8m B. 8~12m C. 12~20m D. 20~30m

407. BE026 长输管道对口时应采用无点焊组对方法,坡口钝边有深度超过( )的碰伤,
　　应补焊磨平后再对口。
　　A. 0.5mm B. 1mm C. 2mm D. 3mm

408. BE026 长输管道运输和布置应在堆土的另一侧进行,管沟边缘与管道外壁的安全距
　　离不得小于( )。
　　A. 300mm B. 400mm C. 500mm D. 1000mm

409. BE027 长输管道安装的施工工序中,应将( )这一工序放在首位。
　　A. 测量放线 B. 扫线 C. 修施工便道 D. 材料倒运

410. BE027 在长输管道施工工序中,应先进行( )后,再考虑全线试压。
　　A. 焊接 B. 分段试压 C. 防腐 D. 检测

411. BE027 在长输管道施工工序中,布管占有重要位置,往往是在( )后进行。
　　A. 扫线 B. 勘测 C. 修便道 D. 运管

412. BE028 长输管道安装前,若纵向坡角小于( ),管道应自上而下进行安装。
　　A. 10° B. 20° C. 30° D. 35°

413. BE028 长输管道安装前,若纵向坡角大于或等于( ),管道可在坡顶进行安装后再
　　吊运或牵引就位。
　　A. 10° B. 20° C. 30° D. 35°

414. BE028 长输管道安装前,管材要先进行( )。
　　A. 检测 B. 预拉伸 C. 折弯 D. 预热

415. BE029 长输管道组对时,应将管端( )范围清理干净。
　　A. 10mm B. 15mm C. 20mm D. 50mm

416. BE029 长输管道对口组装时,除管道连头或弯头外,应采用( )进行组装。
　　A. 倒链 B. 螺丝刀
　　C. 机械 D. 内或外对口器

417. BE029 长输管道布管时,管沟边缘与管外壁应留有不小于( )距离。
　　A. 500mm B. 400mm C. 300mm D. 200mm

418. BE030 长输管道对口吊装时,所使用的吊带宽度应大于( )。
　　A. 50mm B. 100mm C. 150mm D. 200mm

419. BE030 管道下沟后应使管道轴线与管沟中心线重合,其( )偏差应符合规范要求。
　　A. 横向 B. 纵向 C. 轴向 D. 转角

420. BE030 沟槽坡顶用来进行管道吊装的场地应进行处理,保证荷载满足吊装要求,吊车
　　支腿距沟边至少( )以外。
　　A. 0.5m B. 1m C. 1.5m D. 2m

421. BE031　管道穿越河流时，一般采用围堰（　　）大开挖的方法。
　　　A. 引流　　　　　　　B. 逆流　　　　　　　C. 束流　　　　　　　D. 导流

422. BE031　在管道穿越河流的方法中，水下拉铲挖沟法适合于河流宽度（　　），水流变化不大之处。
　　　A. 较小　　　　　　　B. 较大　　　　　　　C. 理想　　　　　　　D. 可控

423. BE031　管道穿越河流的敷设形式有（　　）敷设和裸露敷设两种。
　　　A. 架空　　　　　　　B. 埋沟　　　　　　　C. 地沟　　　　　　　D. 管廊

424. BE032　管道穿越后，应将（　　）两端用沥青油麻封堵，并立即与干线管道连接。
　　　A. 管口　　　　　　　B. 直管　　　　　　　C. 套管　　　　　　　D. 支管

425. BE032　管道穿越铁路或公路的夹角在任何情况下都不得小于（　　）。
　　　A. 30°　　　　　　　B. 20°　　　　　　　C. 15°　　　　　　　D. 10°

426. BE032　铁路穿越一般都采用顶管的施工方法，也可采用（　　）的穿越方法。
　　　A. 大开挖　　　　　　B. 埋沟　　　　　　　C. 隧道　　　　　　　D. 架空

427. BE033　在基建施工中，管道跨越的结构形式分为（　　）种。
　　　A. 两　　　　　　　　B. 三　　　　　　　　C. 四　　　　　　　　D. 五

428. BE033　轻型托架式管道跨越的使用范围在（　　）。
　　　A. 25～100m　　　　B. 25～80m　　　　　C. 25～60m　　　　　D. 25～40m

429. BE033　在基建跨越工程等级划分跨越中，小型跨越的总跨长度应小于（　　）。
　　　A. 100m　　　　　　B. 80m　　　　　　　C. 60m　　　　　　　D. 40m

430. BE034　跨越管段加工前应进行挑选，每根管段长不应少于（　　）。
　　　A. 10m　　　　　　　B. 8m　　　　　　　　C. 6m　　　　　　　　D. 4m

431. BE034　跨越管道钢管端面应垂直钢管中心线，当管道公称直径小于400mm 时，偏差值不超过（　　）。
　　　A. 0.5mm　　　　　　B. 1mm　　　　　　　C. 1.5mm　　　　　　D. 2mm

432. BE034　跨越管道钢管端面应垂直钢管中心线，当管道公称直径≥400mm 时，偏差值不超过（　　）。
　　　A. 0.5mm　　　　　　B. 1mm　　　　　　　C. 1.5mm　　　　　　D. 2mm

433. BE035　管道穿越高速公路施工时，应设保护套管，套管伸出路基坡脚不应小于（　　）。
　　　A. 2m　　　　　　　　B. 3m　　　　　　　　C. 4m　　　　　　　　D. 5m

434. BE035　当采取无套管进行穿越时，距管顶以上（　　）处应设置警示带。
　　　A. 200mm　　　　　　B. 300mm　　　　　　C. 500mm　　　　　　D. 800mm

435. BE035　当穿越需加设保护套管时，保护套管应比输送管道外径大（　　）。
　　　A. 50～80mm　　　　B. 80～100mm　　　C. 100～200mm　　　D. 100～300mm

436. BE036　泵出口的切断阀和止回阀之间用泄液阀放净，管径大于（　　）时，也可在止回阀的阀盖上开孔装放净阀。
　　　A. DN40mm　　　　B. DN50mm　　　　C. DN65mm　　　　D. DN80mm

437. BE036　当泵出口中心线和管廊柱子中心线间距离大于（　　）时，出口管线上的旋启式止回阀应放在水平位置。

A. 0.2m　　　　　B. 0.4m　　　　　C. 0.6m　　　　　D. 0.8m

438. BE036　当管道架于泵体上方时,管底距地面不应小于(　　)。

A. 2m　　　　　B. 2.2m　　　　　C. 2.4m　　　　　D. 2.5m

439. BE037　方形补偿器要进行预拉伸,拉伸量为计算伸长量的(　　),偏差值为±10mm。

A. 30%　　　　　B. 40%　　　　　C. 50%　　　　　D. 60%

440. BE037　将补偿器一端与管道对接焊好,另一端留出冷接焊口,冷紧接口要距离补偿器弯曲点(　　)处。

A. 0.5~1m　　　　B. 1~1.5m　　　　C. 1.5~2m　　　　D. 2~3m

441. BE037　将方形补偿器安装就位后,可用临时支架支撑到与管道同一(　　)。

A. 尺寸　　　　　B. 位置　　　　　C. 标高　　　　　D. 方向

442. BE038　制作管式加热炉对流管时,炉管长度下料的允许偏差为(　　)。

A. 0~0.5mm　　　B. 0~1mm　　　　C. 0~2mm　　　　D. 0~2.5mm

443. BE038　制作管式加热炉对流管时,炉管拼接后的直线度允许偏差为每米不应大于(　　)。

A. 2mm　　　　　B. 1.5mm　　　　C. 1mm　　　　　D. 0.5mm

444. BE038　制作管式加热炉对流管的炉管拼接时,最短的管节长度应大于(　　)。

A. 600mm　　　　B. 500mm　　　　C. 400mm　　　　D. 300mm

445. BE039　制作管式加热炉辐射管时,四面排管都应各成(　　)。

A. 一立面　　　　B. 一垂面　　　　C. 一平面　　　　D. 一斜面

446. BE039　制作管式加热炉辐射管时,四面管排的不平度误差为(　　)。

A. ±1mm　　　　B. ±2mm　　　　C. ±3mm　　　　D. ±5mm

447. BE039　制作管式加热炉辐射管时,进出口管应与相应管排垂直且方位正确,尺寸误差为(　　)。

A. ±3mm　　　　B. ±5mm　　　　C. ±10mm　　　　D. ±15mm

448. BE040　室外钢制管道水平纵、横方向安装时,每米管道安装的允许偏差值为(　　)。

A. 1mm　　　　　B. 1.5mm　　　　C. 2mm　　　　　D. 3mm

449. BE040　室外塑料管、复合管道水平纵、横方向安装时,每米管道安装的允许偏差值为(　　)。

A. 1mm　　　　　B. 1.5mm　　　　C. 2mm　　　　　D. 3mm

450. BE040　室外铸铁管道水平纵、横方向安装时,每米管道安装的允许偏差值为(　　)。

A. 1mm　　　　　B. 1.5mm　　　　C. 2mm　　　　　D. 3mm

451. BE041　室外给水管道布置引入管时,其间距不得小于(　　),并在两条引入管之间的室外给水管上装阀门。

A. 3m　　　　　B. 5m　　　　　C. 10m　　　　　D. 15m

452. BE041　室外给水管道布管时,管道尽可能与墙、梁、柱平行,呈(　　)走向。

A. 横向　　　　　B. 纵向　　　　　C. 水平　　　　　D. 直线

453. BE041　室外给水管道布管时,在管道或保温层外皮的上、下应留有不小于(　　)的净空间。

A. 50mm B. 80mm C. 100mm D. 150mm

454. BE042 室外给水管道敷设时,管槽开挖应以直线为宜,槽底开挖宽度为公称直径（mm）加（　）。

A. 500mm B. 300mm C. 250mm D. 200mm

455. BE042 室外给水管道敷设时,若遇到管道在地下连接,应适当增加接口处槽底宽度,管道槽底宽度不宜小于管道公称直径（mm）加（　）。

A. 500mm B. 300mm C. 250mm D. 200mm

456. BE042 室外给水管道埋设在车行道下时,管道埋设时最小管顶覆土深度不应小于（　）。

A. 300mm B. 500mm C. 800mm D. 1000mm

457. BE043 室外排水管道采用套环接口连接时,水泥应选用（　）的配合比（重量比）拌好填料。

A. 3∶4 B. 3∶5 C. 3∶7 D. 3∶8

458. BE043 当管径大于（　）的对口缝隙较大时,在管内应用草绳塞严缝隙,等外部灰口打完再取出草绳。

A. 900mm B. 700mm C. 500mm D. 300mm

459. BE043 室外排水管道采用平企口接口的连接时,当管径大于600mm,该对口应留有（　）缝隙。

A. 10mm B. 8mm C. 5mm D. 3mm

460. BE044 室内金属排水管道上的吊钩或卡箍应固定在承重结构上,固定件间距为横管不应大于（　）。

A. 1m B. 1.2m C. 1.5m D. 2m

461. BE044 室内埋在地下或地板下的排水管道的检查口,应设在检查井内。井底表面标高与检查口的法兰相平,井底表面应有（　）的坡度,坡向检查口。

A. 2% B. 3% C. 5% D. 7%

462. BE044 室内污水排出管道起点的清扫口与管道相垂直的墙面距离不得小于（　）。

A. 80mm B. 100mm C. 150mm D. 200mm

463. BE045 室内给水管道宜布置成（　）管网,单向供水。

A. 柱状 B. 网状 C. 枝状 D. 伞状

464. BE045 室内给水管道需暗设时,敷设在找平层或管槽内的给水支管外径不宜大于（　）。

A. 25mm B. 33mm C. 42mm D. 60mm

465. BE045 室内给水管道立管布置时,应离大、小便槽端部不得小于（　）。

A. 300mm B. 500mm C. 700mm D. 90mm

466. BE046 氢气管道布置时,若管道输送的为湿氢,则管道敷设应有不小于（　）的坡度,管道的低点应设放净阀。

A. 0.001 B. 0.002 C. 0.003 D. 0.005

467. BE046 氧气管道布置时,每隔（　）处及进出厂房处应设置静电接地。

A. 80～85m　　　　　B. 80～90m　　　　　C. 80～95m　　　　　D. 80～100m

468. BE046　真空管道布置时,应逐段进行(　　)计算,并保证管道尽量短、弯头数量少为原则。

A. 应力　　　　　　　B. 压力　　　　　　　C. 柔性　　　　　　　D. 韧性

469. BE047　设备和管道上的蒸汽及其他非可燃介质经安全泄压装置向大气排放时,操作压力大于4MPa的蒸汽管道排放口的高度应高出建筑物顶(　　)以上。

A. 2m　　　　　　　　B. 3m　　　　　　　　C. 4m　　　　　　　　D. 5m

470. BE047　设备和管道上的蒸汽及其他非可燃介质经安全泄压装置向大气排放时,操作压力为0.6～4MPa的蒸汽管道排放口高度应高出以安全泄压装置为中心、半径为(　　)范围内的操作平台。

A. 2m　　　　　　　　B. 4m　　　　　　　　C. 6m　　　　　　　　D. 8m

471. BE047　设备和管道上的蒸汽及其他非可燃介质经安全泄压装置向大气排放时,操作压力小于等于0.6MPa的蒸汽管道排放口高度应高出邻近操作平台或建筑物顶(　　)以上。

A. 0.8m　　　　　　　B. 1m　　　　　　　　C. 1.8m　　　　　　　D. 2.2m

472. BE048　水平敷设的蒸汽主管道上排液设施的间隔在装置内时,饱和蒸汽不宜大于(　　)。

A. 20m　　　　　　　B. 30m　　　　　　　C. 50m　　　　　　　D. 80m

473. BE048　水平敷设的蒸汽主管道上排液设施的间隔在装置内时,过热蒸汽不宜大于(　　)。

A. 100m　　　　　　　B. 120m　　　　　　　C. 160m　　　　　　　D. 180m

474. BE048　水平敷设的蒸汽主管道上排液设施的间隔在装置外顺坡时,宜为(　　)。

A. 100m　　　　　　　B. 200m　　　　　　　C. 300m　　　　　　　D. 400m

475. BE049　泵的入口管道宜短而直,并且应具有一定的(　　)。

A. 柔性　　　　　　　B. 韧性　　　　　　　C. 承载能力　　　　　　D. 承压能力

476. BE049　为了防止汽蚀发生,泵吸入口管道系统的有效汽蚀余量,至少是泵所要求汽蚀余量的(　　)以上。

A. 1.1倍　　　　　　　B. 1.2倍　　　　　　　C. 1.3倍　　　　　　　D. 1.5倍

477. BE049　当泵的入口管道系统有变径管时,管径 $DN \geqslant$(　　)以上应采用偏心大小头,以防止变径处气体积聚。

A. 50mm　　　　　　　B. 65mm　　　　　　　C. 80mm　　　　　　　D. 100mm

478. BE050　泵入口的切断阀,一般使用(　　)或其他阻力较小的阀门。

A. 闸阀　　　　　　　B. 截止阀　　　　　　C. 止回阀　　　　　　D. 针型阀

479. BE050　泵入口安装的切断阀应尽可能靠近泵入口管嘴设置,以便最大限度地减少发育泵嘴之间的(　　)。

A. 气蚀量　　　　　　B. 滞留量　　　　　　C. 液袋　　　　　　　D. 气袋

480. BE050　当泵入口安装的切断阀高度在(　　)时,应设置移动式操作平台。

A. 1～2.3m　　　　　　B. 1.2～2.3m　　　　　C. 1.5～2.3m　　　　　D. 1.8～2.3m

481. BF001 压力表应安装在便于观察的位置上,并且不受( )、振动、冰冻的影响。

    A. 电磁辐射   B. 电离辐射   C. 高温   D. 粒子辐射

482. BF001 压力表存水弯采用钢制弯管时,其内径不应小于( )。

    A. 8mm   B. 10mm   C. 12mm   D. 14mm

483. BF001 压力表安装时,盘面应端正,表盘应标有警示( )。

    A. 黄线   B. 蓝线   C. 绿线   D. 红线

484. BF002 测量液体压力时,取压点应在管道的( )部使导管不积存液体。

    A. 上   B. 下   C. 左   D. 右

485. BF002 测量气体压力时,取压点应在管道的( )方使导管不积存液体。

    A. 上   B. 下   C. 左   D. 右

486. BF002 测量流动介质压力时,应使取压点与流动方向( ),并应清除钻孔毛刺。

    A. 平行   B. 相向   C. 垂直   D. 逆向

487. BF003 安装承受压力的感温元件,都必须保证其( )。

    A. 有效性   B. 密封性   C. 灵敏性   D. 完整性

488. BF003 感温元件安装在介质工作压力( )时,必须加保护外套。

    A. 40MPa   B. 60MPa   C. 80MPa   D. 100MPa

489. BF003 当测温元件水平安装时其插入深度在大于( )时,应采取防弯曲措施。

    A. 0.2m   B. 0.5m   C. 1m   D. 1.5m

490. BF004 椭圆齿轮每转一周所排出的被测介质量为半月形容积的( )倍。

    A. 2   B. 4   C. 5   D. 8

491. BF004 椭圆齿轮流量计安装时,应使流量计的椭圆齿轮转动轴与地面( )。

    A. 平行   B. 垂直   C. 相向   D. 倾斜

492. BF004 椭圆形流量计在进出口压力差的作用下,产生作用( ),使椭圆齿轮连续转动。

    A. 力臂   B. 推力   C. 拉力   D. 力矩

493. BF005 双金属温度计结构简单、机械温度大和价格低廉,其量程为( )。

    A. −50～600℃   B. −50～700℃   C. −100～500℃   D. 50～800℃

494. BF005 测量精度高,便于远距离多点集中测量和自动控制,但结构复杂不能测高温的是( )温度计。

    A. 双金属   B. 压力式   C. 热电偶   D. 电阻

495. BF005 热电阻温度计的原理是利用导体或半导体的( )随温度变化这一特性。

    A. 电偶   B. 电阻   C. 导热性   D. 导热性

496. BF006 腰轮流量计安装时,物料进出口为垂直或水平位置,都应尽量保持转子轴线( )。

    A. 同轴   B. 同心   C. 水平   D. 垂直

497. BF006 当气体压力波动范围较大时,为保证计量精度,流量计上游应安装( )。

    A. 解压阀   B. 调节器   C. 节流阀   D. 控制器

498. BF006 安装流量计应将进出口封装物去掉,必须防止颗粒状杂质掉入( )内。

A. 计量室　　　　　　　B. 阀室　　　　　　　C. 内腔　　　　　　　D. 阀体

499. BF007　安装刮板式流量计时,应考虑流量计的使用、读数及(　　)是否方便。

A. 位置　　　　　　　　B. 方位　　　　　　　C. 检修　　　　　　　D. 拆卸

500. BF007　安装刮板式流量计时,流量计的前面必须安装(　　)。

A. 过滤网　　　　　　　B. 过滤器　　　　　　C. 单流阀　　　　　　D. 导向阀

501. BF007　安装刮板式流量计时,在靠近流量计的出口处的管道上应安装(　　),以便掌握介质温度。

A. 温控器　　　　　　　B. 压力表　　　　　　C. 物位仪　　　　　　D. 温度计

502. BF008　流量计可水平或垂直安装,垂直安装时流体流动方向应(　　)。

A. 自上而下　　　　　　B. 自下而上　　　　　C. 从右到左　　　　　D. 从左到右

503. BF008　使用涡轮流量计时,液体在管道内的充盈量为(　　)。

A. 50%　　　　　　　　B. 60%　　　　　　　C. 80%　　　　　　　D. 100%

504. BF008　涡轮流量计传感器前后直管段要求,上游端至少应有(　　)倍公称通径长度的直管段。

A. 10　　　　　　　　　B. 5　　　　　　　　　C. 3　　　　　　　　　D. 2

505. BF009　安装螺杆流量计时,管道应尽量避免(　　)方向的变化,在管路的高处与膨胀水箱之间安装手动或自动排气阀。

A. 垂直　　　　　　　　B. 水平　　　　　　　C. 安装　　　　　　　D. 介质

506. BF009　螺杆流量计的转子每转(　　)周输出 8 个计量腔容积的液体。

A. 1　　　　　　　　　 B. 2　　　　　　　　　C. 3　　　　　　　　　D. 4

507. BF009　当被测介质通过螺杆流量计时,螺杆转子在液体压力的作用下产生转动(　　),螺旋转子以匀速旋转。

A. 扭矩　　　　　　　　B. 力臂　　　　　　　C. 力矩　　　　　　　D. 推力

508. BF010　能测出电量变化和测知物位变化的是(　　)物位仪表。

A. 电磁式　　　　　　　B. 浮力式　　　　　　C. 差压式　　　　　　D. 直读式

509. BF010　利用液柱或堆料堆积,对某定点产生压力原理工作的是(　　)仪表。

A. 差压式　　　　　　　B. 电磁式　　　　　　C. 直读式　　　　　　D. 浮力式

510. BF010　玻璃管液位计和玻璃板液位计是(　　)物位仪表。

A. 差压式　　　　　　　B. 电磁式　　　　　　C. 直读式　　　　　　D. 浮力式

511. BF011　直读式(　　)液位计适用于储罐液面的测量。

A. 浮球　　　　　　　　B. 浮子　　　　　　　C. 浮筒　　　　　　　D. 浮标

512. BF011　侧装式(　　)液位计常用于压力容器及油表盘刻度指示值的读数。

A. 浮球　　　　　　　　B. 浮子　　　　　　　C. 浮筒　　　　　　　D. 浮标

513. BF011　浮力式物位仪表的(　　)是随液位高度变化来进行工作的。

A. 浮球　　　　　　　　B. 浮子　　　　　　　C. 浮筒　　　　　　　D. 浮标

514. BF012　玻璃管液面计安装时,应设在容器上比较安全的一侧,且介质温度应小于(　　)。

A. 70℃　　　　　　　　B. 80℃　　　　　　　C. 90℃　　　　　　　D. 100℃

515. BF012　玻璃管液面计安装时,介质的压力应小于(　　)。

A. 0.55MPa　　　　　　B. 0.45MPa　　　　　　C. 0.35MPa　　　　　　D. 0.25MPa

516. BF012　透光型玻璃板液面计的安装方位必须使光线(　　)可视方向。

A. 背对　　　　　　B. 正对　　　　　　C. 侧对　　　　　　D. 斜对

517. BF013　截止阀安装时,应安装在公称直径小于(　　)的管路上。

A. 65mm　　　　　　B. 80mm　　　　　　C. 100mm　　　　　　D. 150mm

518. BF013　截止阀只许介质单向流动,安装时有(　　)。

A. 单一性　　　　　　B. 复杂性　　　　　　C. 方向性　　　　　　D. 指向性

519. BF013　截止阀应安装在对(　　)要求不严的管路上,即对压力损失考虑不大的位置。

A. 压力　　　　　　B. 流阻　　　　　　C. 密封　　　　　　D. 沿程损失

520. BF014　对弹簧直接载荷式安全阀进行定压时,应使用螺丝刀调整(　　)的压紧程度来进行。

A. 压帽　　　　　　B. 弹簧　　　　　　C. 螺帽　　　　　　D. 螺栓

521. BF014　对杠杆重锤式安全阀进行定压时,应使重锤在杠杆上微微(　　)来进行调整。

A. 滑动　　　　　　B. 滚动　　　　　　C. 推动　　　　　　D. 撬动

522. BF014　当工作介质为气体时,应用空气或(　　)作为调试介质。

A. 氮气　　　　　　B. 氩气　　　　　　C. 二氧化碳　　　　　　D. 惰性气体

523. BF015　蒸汽系统的减压阀前应设置(　　)。

A. 单流阀　　　　　　B. 疏水阀　　　　　　C. 止回阀　　　　　　D. 蝶阀

524. BF015　减压阀的前后应安装压力表,末端还应安装(　　)。

A. 针型阀　　　　　　B. 回收阀　　　　　　C. 安全阀　　　　　　D. 止回阀

525. BF015　减压阀应(　　)安装在水平管道上,阀盖与水平管道垂直。

A. 倾斜　　　　　　B. 水平　　　　　　C. 平行　　　　　　D. 直立

526. BF016　疏水阀用于蒸汽管道疏水时,应安装在蒸汽管道中所有的(　　)。

A. 最低点　　　　　　B. 最高点　　　　　　C. 首段　　　　　　D. 末端

527. BF016　疏水装置中应设(　　),用来放气和冲洗管路。

A. 旁通管　　　　　　B. 三通管　　　　　　C. 冲洗管　　　　　　D. 导引管

528. BF016　疏水阀应布置在蒸汽管道系统减压阀或(　　)的前面。

A. 调节阀　　　　　　B. 安全阀　　　　　　C. 截止阀　　　　　　D. 切断阀

529. BF017　角式T形过滤器应安装在管道(　　)拐弯的场合。

A. 90°　　　　　　B. 60°　　　　　　C. 45°　　　　　　D. 30°

530. BF017　Y形过滤器安装在介质自下而上的垂直管道上,并应选用(　　)。

A. 顺流式　　　　　　B. 反流式　　　　　　C. 虹吸式　　　　　　D. 自控式

531. BF017　压缩机进口管道上应安装过滤器或(　　),以便开车前临时安装过滤器和清扫管道。

A. 补偿器　　　　　　B. 阻火器　　　　　　C. 切断阀　　　　　　D. 可卸短节

532. BF018　电动、电液蝶阀出厂时,已将控制机械的启闭行程调好,用户第一次接通电源前要先手启开(　　)位置,再按电动开关,查看指示盘方向一致即可。

A. 30°　　　　　B. 45°　　　　　C. 60°　　　　　D. 90°

533. BF018　蝶阀安装后,它的开启位置应按蝶板的( )来确定。

A. 旋转角度　　　B. 蝶板数量　　　C. 开启角度　　　D. 承压能力

534. BF018　蝶阀安装时,应预先调整管道上的( )。

A. 预埋件　　　　B. 管件　　　　C. 附件　　　　D. 连接件

535. BG001　离心泵的吸水管路常处于( )工作状态。

A. 常压　　　　　B. 低压　　　　C. 负压　　　　D. 正压

536. BG001　离心泵的吸水管路一般采用钢管,接口采用焊接或( )连接。

A. 螺纹　　　　　B. 法兰　　　　C. 承插　　　　D. 胀接

537. BG001　离心泵的吸水管路进口应低于水源最低位置,即 $h \geqslant$ ( )。

A. 0.2~0.3m　　B. 0.3~0.5m　　C. 0.5~0.8m　　D. 0.5~1.0m

538. BG002　为了承受管路中的内压力所产生的( ),在三通、弯头处可设支墩。

A. 重力　　　　　B. 推力　　　　C. 横向力　　　　D. 应力

539. BG002　在离心泵压水管路上有特殊要求时,( )一般安装在水泵和闸阀之间。

A. 针型阀　　　　B. 回收阀　　　C. 安全阀　　　　D. 止回阀

540. BG002　当管径 $DN \geqslant$ ( )时,压水管路上的闸阀多采用电动操作。

A. 400mm　　　　B. 350mm　　　C. 300mm　　　D. 250mm

541. BG003　离心泵开机前应先加注引水,加水时,要先关闭( )。

A. 放气阀　　　　B. 放空阀　　　C. 出水阀　　　　D. 进水阀

542. BG003　离心泵关机前,应先关闭( ),然后再关闭电机。

A. 放空阀　　　　B. 出水阀　　　C. 放气阀　　　　D. 进水阀

543. BG003　带传动的离心泵机组,应装设( ),并保持传动带工作面的清洁且不得受潮。

A. 压帽　　　　　B. 防护网　　　C. 格栅　　　　D. 防护罩

544. BG004　离心泵密封处轴的径向窜动量不超过( )。

A. ±0.1mm　　　B. ±0.2mm　　　C. ±0.3mm　　　D. ±0.5mm

545. BG004　离心泵的密封要求较为严格,在压盖与轴或轴套外径的配合间隙上必须保证四周均匀,用塞尺检查各点允许偏差应不大于( )。

A. 0.1mm　　　　B. 0.2mm　　　C. 0.3mm　　　D. 0.5mm

546. BG004　离心泵的弹簧压缩要按照规定进行,不允许有过大或过小现象,要求误差为( )。

A. ±1mm　　　　B. ±2mm　　　C. ±3mm　　　D. ±5mm

547. BG005　润滑脂的( )比润滑油的大。

A. 黏度　　　　　B. 摩擦力　　　C. 密度　　　　D. 热量

548. BG005　润滑脂一般用于( )机械的润滑。

A. 往复抽拉　　　B. 高速旋转　　　C. 中速旋转　　　D. 低速重载

549. BG005　钙基润滑脂呈( ),防水性好,耐热性差。

A. 暗褐色　　　　B. 黑色　　　　C. 黄色　　　　D. 白色

550. BG006　布置露天互为备用的离心泵、往复泵,时常要装(　　)管道。
　　A. 排空　　　　　　　B. 排液　　　　　　　C. 防凝　　　　　　　D. 防冻

551. BG006　在输送(　　)以上高温流体时,为防止启动备用泵时骤然受热使泵发生故障而设置暖泵管道。
　　A. 200℃　　　　　　B. 150℃　　　　　　C. 100℃　　　　　　D. 80℃

552. BG006　泵安设防凝管时,应尽量靠近(　　),且应拐弯 1 次以上。
　　A. 限流孔板　　　　　B. 挡板　　　　　　　C. 阀体　　　　　　　D. 阀门

553. BG007　仪表管道管材选用时,从控制室至接管箱,宜选用多芯管缆,且管缆的备用芯数不应少于工作芯数的(　　)。
　　A. 5%　　　　　　　B. 10%　　　　　　　C. 15%　　　　　　　D. 20%

554. BG007　仪表管道管材选用时,从控制室至调节阀或现场仪表的气动管线,宜选用 PVC 护套紫铜管或(　　)。
　　A. 碳钢管　　　　　　B. 铸铁管　　　　　　C. 尼龙管　　　　　　D. 不锈钢管

555. BG007　仪表管道管材选用时,在气动信号管道的管径选择上,宜选用 $\phi6mm\times1mm$ 或(　　)的管材。
　　A. $\phi8mm\times1mm$　　B. $\phi7mm\times1mm$　　C. $\phi8mm\times2mm$　　D. $\phi7mm\times2mm$

556. BG008　消防管道支架上孔眼的孔径比所穿螺栓直径大(　　)为宜。
　　A. 1～1.5mm　　　　B. 1～2mm　　　　　C. 1～2.5mm　　　　D. 1～3mm

557. BG008　支架上飞边毛刺应及时打磨掉,其端头应进行(　　)。
　　A. 退火处理　　　　　B. 冷却处理　　　　　C. 淬火处理　　　　　D. 倒角处理

558. BG008　消防管道立管支架的安装位置一般要求以(　　)为宜。
　　A. 1.5～1.6m　　　　B. 1.5～1.7m　　　　C. 1.5～1.8m　　　　D. 1.5～2.0m

559. BH001　跨越管道试压用压力表精度不应小于 1.5 级,表盘直径不应小于(　　)。
　　A. 200mm　　　　　B. 150mm　　　　　C. 100mm　　　　　D. 50mm

560. BH001　跨越管道试压时,压力表不得少于(　　)块,分别装在试压管道两端。
　　A. 1　　　　　　　　B. 2　　　　　　　　C. 3　　　　　　　　D. 4

561. BH001　跨越管道试压时,温度计的安装位置应避免阳光暴晒,读数刻度不得大于(　　)。
　　A. 0.1℃　　　　　　B. 0.2℃　　　　　　C. 0.5℃　　　　　　D. 1.0℃

562. BH002　埋地聚乙烯给水管道安装完毕后,应进行(　　)试验。
　　A. 真空　　　　　　　B. 空气　　　　　　　C. 水压　　　　　　　D. 清洗

563. BH002　对要试压的管段进行划分,管道水压试验的长度不宜大于(　　)。
　　A. 1000m　　　　　B. 800m　　　　　　C. 500m　　　　　　D. 300m

564. BH002　对中间设有附件的管段,分段长度不宜大于(　　),系统中管段的材质不同时,应分别进行试验。
　　A. 1000m　　　　　B. 800m　　　　　　C. 500m　　　　　　D. 300m

565. BH003　根据给排水管道施工规范,对于内径大于(　　)可按管道井段数量抽样选取 1/3 进行试验。

A. 700mm　　　　　　B. 600mm　　　　　　C. 500mm　　　　　　D. 400mm

566. BH003　试验用压力表已经校验,并在周检期内,表的满刻度值应为被测最大压力的( )倍。

A. 0.5~0.8　　　　　B. 0.8~1.0　　　　　C. 1.0~1.3　　　　　D. 1.3~1.5

567. BH003　放气阀有水溢出时,系统内即灌满水,关闭( )。

A. 排液阀　　　　　　B. 排气阀　　　　　　C. 进水阀　　　　　　D. 出水阀

568. BH004　给水管道系统冲洗流速一般不宜小于( )。

A. 1.0m/s　　　　　B. 2.0m/s　　　　　C. 3.0m/s　　　　　D. 4.0m/s

569. BH004　管网冲洗的水流方向应与管网正常运行时的水流方向( )。

A. 一致　　　　　　　B. 相同　　　　　　　C. 相反　　　　　　　D. 不同

570. BH004　管道冲洗,在安装之前,管道及配件的内外壁必须用( )的高压水冲洗,并能保证将管道内杂物冲洗干净后方可安装。

A. 100~120kPa　　　B. 100~180kPa　　　C. 100~260kPa　　　D. 100~300kPa

571. BH005　供暖管网的水压按《城市供热管网设计规范》(CJJ34—2010)规定,其总体试压的试验压力为工作压力的( )。

A. 1.0 倍　　　　　　B. 1.25 倍　　　　　C. 1.5 倍　　　　　D. 2 倍

572. BH005　当供暖管网、设备及附件等均已安装完毕后,进行总体试压,试验管段长度以( )左右为宜。

A. 0.5km　　　　　　B. 0.8km　　　　　　C. 1km　　　　　　　D. 1.5km

573. BH005　供暖管网在室外温度为0~10℃之间进行试验时,应用( )左右的热水进行试验。

A. 20℃　　　　　　　B. 30℃　　　　　　　C. 40℃　　　　　　　D. 50℃

574. BH006　热力管道的冲洗应将冲洗口设置在冲洗末端及管道( )上升处。

A. 垂直　　　　　　　B. 首段　　　　　　　C. 水平　　　　　　　D. 末端

575. BH006　热力管道用蒸汽吹洗时,应先向管道内缓缓输入少量蒸汽进行预热,并恒温( )后再逐渐增大流量进行吹洗。

A. 0.5h　　　　　　　B. 1h　　　　　　　　C. 1.5h　　　　　　　D. 2h

576. BH006　热力管道冲洗前,应用( )的自来水先进行管道冲洗。

A. 0.1~0.2MPa　　　　　　　　　　　　　B. 0.2~0.3MPa

C. 0.3~0.4MPa　　　　　　　　　　　　　D. 0.3~0.6MPa

577. BH007　燃气管道的吹洗应在管道( )后进行。

A. 安装　　　　　　　B. 完工　　　　　　　C. 组装　　　　　　　D. 试压

578. BH007　燃气管道的吹洗压力不应小于( )。

A. 0.8MPa　　　　　　B. 0.6MPa　　　　　　C. 0.4MPa　　　　　　D. 0.2MPa

579. BH007　燃气管道的吹洗长度应根据吹洗的介质、压力来确定,一般不宜超过( )。

A. 1km　　　　　　　B. 1.5km　　　　　　C. 2km　　　　　　　D. 3km

580. BH008　当被吹扫的管道公称直径 DN<100mm 时,吹扫接头直径应选用( )。

A. 10~25mm　　　　B. 15~25mm　　　　C. 20~25mm　　　　D. 22~25mm

581. BH008　当被吹扫的管道公称直径为 100～200mm 时,吹扫接头直径应选用(　　)。

　　A. 25～40mm　　　　B. 25～50mm　　　　C. 25～65mm　　　　D. 25～80mm

582. BH008　当被吹扫的管道公称直径为 200～250mm 时,吹扫接头直径应选用(　　)。

　　A. 40～45mm　　　　B. 40～50mm　　　　C. 40～65mm　　　　D. 40～80mm

583. BI001　管道系统试运前,应与运行中的管道设置(　　)。

　　A. 隔离盲板　　　　B. 旁通管　　　　C. 连通管　　　　D. 连通阀

584. BI001　试运前,对水或蒸汽管道如以阀门隔离时,阀门两侧温差不得超过(　　)。

　　A. 40℃　　　　B. 60℃　　　　C. 80℃　　　　D. 100℃

585. BI001　试验过程中若发生管道(　　),不可带压处理。

　　A. 堵塞　　　　B. 震动　　　　C. 泄漏　　　　D. 移位

586. BI002　试运过程中,当压力过高或过低时,应检查(　　)等设备是否运转正常。

　　A. 管道　　　　B. 流程　　　　C. 阀门　　　　D. 机泵

587. BI002　试运过程中,温度过高或过低时,首先应考虑(　　)运转是否正常。

　　A. 设备　　　　B. 系统　　　　C. 加热炉　　　　D. 机泵

588. BI002　试运过程中,若管线局部振动较大时,应临时用(　　)及链式起重机将其与附近固定物拉紧固定。

　　A. 棕绳　　　　B. 钢丝绳　　　　C. 尼龙绳　　　　D. 麻绳

589. BI003　阀门的强度试验压力在公称压力不大于 3.2MPa 时,应取(　　)倍的公称压力。

　　A. 1　　　　B. 1.5　　　　C. 2　　　　D. 2.5

590. BI003　阀门进行强度试验时,试验时间不得小于(　　),以阀门壳体、填料无渗漏为合格。

　　A. 5min　　　　B. 10min　　　　C. 15min　　　　D. 20min

591. BI003　公称压力小于 1.0MPa,同时公称直径不小于(　　)的闸阀,可以不单独进行强度、严密性试验。

　　A. 300mm　　　　B. 400mm　　　　C. 500mm　　　　D. 600mm

592. BI004　泵启动试运前,为了保证单机试运正常,塔、容器内的水液面要保持在(　　),防止泵抽空。

　　A. 30%～40%　　　　B. 30%～50%　　　　C. 30%～60%　　　　D. 30%～70%

593. BI004　检查冷却系统、润滑情况是否良好,泵轴承箱外壳温度小于等于(　　)。

　　A. 40℃　　　　B. 45℃　　　　C. 50℃　　　　D. 55℃

594. BI004　泵启动前应先灌泵,即关闭泵出口阀,关好泵进、出口连通阀。开大入口阀,打开(　　),将空气赶干净后关闭,以使液体充满泵体。

　　A. 进口阀　　　　B. 排液阀　　　　C. 控制阀　　　　D. 放空阀

595. BI005　当泵及吸入管道内充满水后,关闭(　　)即可启动电动机。

　　A. 进口阀　　　　B. 出口阀　　　　C. 排气阀　　　　D. 排液阀

596. BI005　泵在初次启动时,宜做两三次(　　)启动和停止的操作,然后再慢慢增加到额定转速。

A. 反复   B. 间断   C. 瞬间   D. 跳跃式

597. BI005 当泵的转速达到要求后,应缓慢打开泵的(　　)。

A. 进口阀   B. 出口阀   C. 排气阀   D. 排液阀

598. BI006 热力管道试运时,室外热网的热水应循环(　　),不断向系统补水排气,并设专人查验压力表温度计。

A. 预热   B. 加热   C. 散热   D. 驱热

599. BI006 热力管道试运时,应重点检查室外伸缩器及(　　)的工作情况是否正常,以热网系统不渗不漏为合格。

A. 防腐   B. 弯头   C. 支架   D. 阀门

600. BI006 热力管道系统试运完毕后,应组织有关部门检查验收,填写(　　)记录。

A. 试运   B. 调试   C. 安装   D. 检查

二、判断题(对的画"√",错的画"×")

(　　)1. AA001 管道施工图中,详图按其图形和作用分为投影图、大样图和标准图。

(　　)2. AA002 管道施工图按图形及其作用可分为基本图和详图两大部分。

(　　)3. AA003 识读管道施工图时,必须利用想象还原的方法进行。

(　　)4. AA004 在管道布置图中,标注应尽可能不采用拉出引线编顺序号的方法。

(　　)5. AA005 在管道左立面图中如图 $\frac{3}{1}\underline{\quad\quad}\frac{2}{1}$ 所表示的 1、2、3 管段,处于最左方的管段是 1,最右方是 2。

(　　)6. AA006 识读钢结构图时,浏览一遍图样即可绘制出钢结构轮廓。

(　　)7. AA007 流程图的特点决定了它只能定性地说明物料介质的运行程序。

(　　)8. AA008 给排水管道展开系统图可不受比例和投影法则限制。

(　　)9. AA009 室内采暖平面图中的散热器一般布置在各个房间的外墙窗台下,不允许沿着走廊内墙布置。

(　　)10. AA010 绘图时,比例尺只能用来量取尺寸,不能用来画线。

(　　)11. AA011 用正投影的方法,将一个空间直角坐标系向一个平面投影,转动空间直角坐标系,会得到不同的投影。

(　　)12. AA012 空间的直线相互平行时,绘制在正等轴测图则不平行。

(　　)13. AA013 在立方体斜等轴测投影中,正面保持不变,侧面和顶面的正方形变成平行四边形,圆变成椭圆。

(　　)14. AA014 物体上的直线,画在斜等轴测图上仍为直线。

(　　)15. AA015 为了能使不同位置、不同标高的设备能用管路连接起来,管路系统有时会出现 15% 弯管、斜三通等管件使管路转换方向。

(　　)16. AA016 对于管径较大的管道,不仅可标注管道中心的标高,也可标注管顶和管底的标高。

(　　)17. AA017 法兰连接不能装入地下,不能装在楼板墙壁或套管内,否则在法兰接头处要设置检查井。

（　）18. AA018　承插连接的插口和承口接口连接端面处应留有一轴向间隙。

（　）19. AA019　管件规格的表示方法规定,异径的管件用 Dd 表示,D 为大口径,d 为小口径。

（　）20. AA020　一根直管积聚后的投影用单线图表示为一个小圆。

（　）21. AA021　施工平面图中,若两根直管段中有一根出现重叠符号时,说明该管段为最低。

（　）22. AA022　为了避免管道在视图上的线条交叉过多,使表达更清晰、明朗,单、双线图不能分别或同时采用折断显露法和遮挡法表示。

（　）23. AA023　零件种类很多,按其结构形状可分为轴套、轮盘、叉架、箱体四种类。

（　）24. AA024　管线密集时,可采用中间图画法,其中短斜线不能用圆点统一表示。

（　）25. AA025　尺寸基准就是图纸上标注尺寸的起点。

（　）26. AA026　作公差带图解时,放大比例一般选 1000∶1。

（　）27. AB001　使用弯管机煨管时,弯到设计角度时都要过盈一点,以保证弯管角度。

（　）28. AB002　每天下班启用时,应将电动卷扬机断电、吊索回收停放至地面避免随风晃动。

（　）29. AB003　电动卷扬机结构紧凑、体积小、重量轻、使用转移方便。

（　）30. AB004　坡口机在每加工完一个坡口后,不需要及时清理丝杠及滑动部位的铁屑等杂物。

（　）31. AB005　砂轮切管机装换砂轮后,可直接使用。

（　）32. AB006　久不使用的高度游标卡尺,应擦净、上油放入盒中进行保管。

（　）33. AB007　用钢直尺直接去测量零件的直径尺寸(轴径或孔径),则测量精度更好。

（　）34. AB008　进行卡尺校对零位时,应推动尺框使外量爪紧密贴合,以无明显的间隙,且主尺零线与游标尺零线对齐为准。

（　）35. AB009　卡钳分为内、外两种卡钳。内、外卡钳是最简单的比较量具,它们本身都能直接读出测量结果。

（　）36. AB010　百分表用完后,要擦净放回盒内,让测量杆处于放松状态,避免表内弹簧失效。

（　）37. AB011　套丝铰板的结构特点要求是在套丝时可以逆时针转动。

（　）38. AB012　在金属材料上钻孔时,不需要在被钻位置处冲打上样冲眼。

（　）39. AB013　离心泵的支承,全部通过泵体轴线平面内,受热后可以均匀膨胀。

（　）40. AB014　螺杆泵试车时的填料压盖不偏斜,轴封渗漏符合要求。

（　）41. AB015　齿轮泵的最高压力和最高转速只能在短暂时间内使用,每次持续时间不得超过 3min。

（　）42. AB016　柱塞直径为 45mm 的柱塞泵的最大工作压力为 22MPa。

（　）43. AB017　经常检查电源线连接是否牢固,插头是否松动,开关动作是否灵活可靠。

（　）44. AB018　严禁在机器开运时检修设备,拆卸部件,如有异常情况不用停车修理。

（　）45. AB019　使用内对口器进行管道组对接口时,能对管端的不圆度进行适当的矫正。

(　)46. AB020　在管道工程中,起重吊装与搬运工作是施工过程中不可缺少的一项重要工作。

(　)47. AB021　旧麻绳表面均匀磨损不超过直径的10%,局部损伤不超过直径的30%。

(　)48. AB022　钢丝绳在使用中应尽量减少弯折次数,并尽量避免正向弯折。

(　)49. AC001　我国钢铁材料产品牌号中,一般从代表该产品名称的汉语拼音中选取,原则上取第一个字母,当和另一产品所取字母重复时,应该取第二个字母或第三个字母,或同时选取两个汉字的汉语拼音的第一个字母。

(　)50. AC002　我国钢铁材料牌号涂色标准规定,不锈钢1Cr18Ni9Ti钢为绿色加蓝色。

(　)51. AC003　在高温下具有高的抗氧化性能和较高强度的钢称为耐热钢。

(　)52. AC004　由于钢号为45Mn2合金结构钢的屈服点为$735\sigma_s$/MPa,调和好后具有较好的力学性能,也可正火后使用。

(　)53. AC005　5CrMnMo和5CrNiMo是最常用的热锻模具钢,热锻模坯料锻造后需进行退火,以消除锻造应力,降低硬度,利于切削加工。

(　)54. AC006　牌号为Q235的碳素结构钢,其抗拉强度为$370\sim550R_m$/MPa。

(　)55. AC007　牌号为15Mn的优质碳素钢,其抗拉强度为大于等于410MPa。

(　)56. AC008　类别为M的硬质合金,它的基本成分是以Co、为基,以WC作为黏接剂,添加少量的TiC的合金。

(　)57. AC009　钢材变性矫正的基本方法有冷作矫形和加热矫正两种。

(　)58. AC010　石墨管热稳定性好,能导热、线膨胀系数大,不污染介质,能保证产品纯度,抗腐蚀,具有良好的耐酸性和耐碱性。

(　)59. AC011　淬火是把金属成材或零件加热到相变温度以上,经保温后,以大于临界冷却速度的方法缓慢冷却。

(　)60. AC012　金属通过冷处理后,可进一步提高淬火件的硬度和耐磨性。

(　)61. AC013　金属通过冷处理后,可稳定工件内部组织,防止在使用过程中变形。

(　)62. AC014　经过表面淬火的工件,其表面具有较高的硬度,而心部仍然保持塑性和韧性较好的原来组织。

(　)63. AC015　化学热处理是将工件置于化学介质中进行加热和冷却的。

(　)64. AC016　圆柱的侧面积=底面圆的周长×直径。

(　)65. AC017　圆柱体的体积公式为:底面积×高。

(　)66. AC018　计算物体质量时,必须知道物体材料的重度。

(　)67. AC019　有色金属板材的计算公式为:每平方米重量=比重×厚度。

(　)68. AC020　正切定理的公式为:$(a-b)\times(a+b)=\tan[(A-B)/2]/\tan[(A+B)/2]$。

(　)69. BA001　车间工艺垂直立管的安装时,支管多的管路应靠墙壁安装,支管少的管路应排列在外面。

(　)70. BA002　车间工艺管道纵横交错较为复杂,当小口径管路与大口径管路相遇时,应小口径管路避让大口径管路。

(　)71. BA003　车间工艺管道对于并排管路上的并列阀门手轮,其净距离约为90mm。

(　)72. BA004　车间工艺管道安装时,不应遮挡门、窗,应避免通过电动机、配电盘及仪表盘的上方。

（　　）73. BA005　厂区输油管道布置时,输油管道应设置蒸汽吹扫管,其接点的连接方式只有活动接头一种。

（　　）74. BA006　仪表管道流程图中的每条管道不用标注管道代号。

（　　）75. BA007　识读管道仪表流程图应该首先看懂标题栏和图例说明。

（　　）76. BA008　在化工工艺管道布置图中,小于或等于 16in 的管道用单线来表示。

（　　）77. BA009　识读管道设备布置图时,应依照管道仪表流程图的流程顺序,从主要物料开始,依次逐条管道与各设备的连接关系。

（　　）78. BA010　特殊管架的绘制应按照 HG20520.16 中的规定要求进行。

（　　）79. BA011　消防管道施工图中,看图时应沿着水流方向从支管开始,查明管路的具体布置、管径、标高及阀门的设置情况。

（　　）80. BA012　给排水管道施工图有两种表达方式,即系统轴测图和展开系统原理图。

（　　）81. BA013　在装配图中,构成机械零件几何形状的点、线、面统称为零件的被测要素。

（　　）82. BA014　通过放样可以获得构件制作过程中所需要的放样图、数据、样板和草图等。

（　　）83. BA015　放样画线时,可选择以两条相互平行的面作为基准。

（　　）84. BA016　放样时,在不违背原设计基本要求下,其结构应符合成型工艺要求。

（　　）85. BA017　识读设备布置图时,应及时了解设备的安装位置、安装尺寸及设备基础的平面尺寸和标高尺寸。

（　　）86. BA018　识读锅炉房管道流程图时,应注意该流程图不仅包括水、汽管道系统、除灰系统,还包括上煤系统及通风除尘系统。

（　　）87. BB001　螺旋夹具的螺旋推撑器主要在焊接作业中矫正圆筒工件的圆柱度、防止变形以及消除局部变形时使用。

（　　）88. BB002　为保证楔条夹具在使用中能自锁,楔条或楔板的楔角应小于其摩擦角。

（　　）89. BB003　杠杆夹具中的 U 形夹,不仅用于组装,还可用于矫正和反转工件,槽钢、工字钢、板料的翻转。

（　　）90. BB004　液压夹具既能在粗加工时承受大的挤压力,也能保证在精密加工时的准确定位,还能完成手动夹具无法完成的支撑、夹紧和快速释放。

（　　）91. BB005　制作偏心轮时,一般用中碳钢车制后进行淬火,使偏心轮的工作面具有较好的耐磨性。

（　　）92. BB006　使用台式砂轮机的额定运转时间为 60min。

（　　）93. BB007　电动葫芦按结构形式可分为固定式和小车式两种。

（　　）94. BB008　游标卡尺主尺一格与副尺一格的差数即该尺的最大读数值。

（　　）95. BB009　在使用丝锥时,应用卡扣夹持丝锥柄部的方头。

（　　）96. BB010　台钻的电器盒及转换开关在台钻的左侧,操作转换开关可使主轴正反转或停机。

（　　）97. BC001　管道测绘数据的不准确会间接造成工程返工浪费。

( )98. BC002　测绘时,应根据设计要求和施工现场的具体情况进行选测测绘方法。

( )99. BC003　当法兰口不正时,称为偏口(或张口),测量方法应用直角尺检查。

( )100. BC004　法兰短管下料时,管段的管口可以是斜口。

( )101. BC005　90°弯管下料时,弯管的曲率半径应一致。

( )102. BC006　煨制 $DN25mm$ 以下的 Z 形弯时,为了能尽快缩短加热部位的冷却时间,应采用水击的办法进行冷却。

( )103. BD001　制作等径同心斜骑三通管件时,支管组对尺寸允许偏差为±1mm。

( )104. BD002　制作等径同心斜骑马鞍管件时,支管外角边不做壁厚处理。

( )105. BD003　制作四通斜马鞍管件时,两支管与主管结合后的夹角必须相等。

( )106. BD004　制作双法兰直管段时,制作完成后应量取 A 法兰水线到 B 法兰水线总长是否符合要求。

( )107. BD005　制作同心大小头时,大头与小头的差值应为两号管径。

( )108. BD006　用计算法制作的偏心大小头误差较大,尺寸不易保证。

( )109. BD007　虾壳弯的节数越多,弯头就越顺,对介质流体的阻力也越小。

( )110. BD008　煨制门形弯管应采用普通无缝钢管制作。

( )111. BE001　对于 $DN>100mm$ 以上的钢管都需要校直,因大管产生弯曲的可能性较大。

( )112. BE002　管螺纹加工时,丝头的前端 2/3 处应为梢口。

( )113. BE003　一般情况下,焊接钢管只能在常温下进行扩口或缩口。

( )114. BE004　管道坡口的选择,应选用填充金属量多,且能保证焊接质量的形式。

( )115. BE005　需点焊的管节应先修口、清根,管端端面的距离应符合要求。

( )116. BE006　冲压弯头的弯曲半径应不大于管道外径。

( )117. BE007　在弯管弧度计算时,弧度与 π 不成正比、因为 π 是常数,是固定不变值。

( )118. BE008　弯管的弯曲半径越小,弯头背面管壁减薄就越严重,对背部强度的影响就越大。

( )119. BE009　焊接过程中,因气流的干扰、磁场的作用或焊条偏心的影响,使电弧中心产生电弧偏吹。

( )120. BE010　气焊时,如果焊丝直径过大,会使焊丝加热时间增加,并使焊件过热,扩大热影响区的宽度,而且还会导致焊缝产生未焊透等缺陷。

( )121. BE011　胀接的原理是:使管板孔壁产生塑性变形,管壁产生弹性变形,从而使胀口达到紧固且密封。

( )122. BE012　胀接开始前,待胀接的管端和管板孔壁不需打磨见金属光泽。

( )123. BE013　机械胀接时,管端喇叭口的翻边应伸入管孔 0~2mm 为宜。

( )124. BE014　正式胀接之前应先进行试胀。

( )125. BE015　胀接过程中,应随时检查胀口的胀接质量,及时发现和消除缺陷,并对检查结果做完整记录。

( )126. BE016　胀管时,必须从管板中心开始,逐步向周围成圆形(或正三角形)扩散,以逐步消除应力。

（　　）127. BE017　铸铁管承插口堵塞所用的油麻辫应有韧性、纤维较长和无麻皮，并应经机油渗透后晾干。

（　　）128. BE018　在沿直线铺设的铸铁管道中，承插接口尺寸应均匀。

（　　）129. BE019　水泥石棉打口，表面应平整严实，并应加湿养护 2h，寒冷季节应有防冻措施。

（　　）130. BE020　塑料管道的焊接是在聚合物的黏流态下进行的，要经历三种状态的转变。

（　　）131. BE021　在使用挖掘机作为顶进设备时，一定不要采用起臂的方法进行安装，而应采用转动挖掘机头的方法缓慢安装。

（　　）132. BE022　夹套管的形式有内管焊缝隐蔽型和外露型两种。

（　　）133. BE023　在冷态对管道和热补偿件进行预拉伸，拉伸量为膨胀量的三分之一。

（　　）134. BE024　方形补偿器预拉伸时，将千斤顶分别顶在补偿器的两臂位置，中间应采用木方支撑（在拉伸前不要将补偿器两端管道与固定支架焊住）。

（　　）135. BE025　大口径的铜合金管在焊接中，不可采用加补焊环的方法焊接。

（　　）136. BE026　长输工艺管道钢管组对时，定位焊缝厚度不得大于 2/5 壁厚。

（　　）137. BE027　长输工艺管道安装适用于采用机械化流水作业的集输管道工程。

（　　）138. BE028　长输管道组对安装后，应对管道逐根清管，管内不得有石头、泥土等杂物。

（　　）139. BE029　长输管道安装过程中若使用外对口器，必须在根焊完成 50% 后方可拆卸。

（　　）140. BE030　对现场制作专用吊索具应符合方案设计要求，并经施工人员检验合格。

（　　）141. BE031　不开挖管线在河床下穿越主要有顶管法、隧道法和垂直定向钻穿越法。

（　　）142. BE032　较重要的公路和铁路的穿越一般采用大开挖的施工方法。

（　　）143. BE033　在风速较大的地区，轻型托架式跨越的腹杆采用倒三角形有较好的刚度。

（　　）144. BE034　跨越管道的表面锈蚀、坑点深度不得超过 1mm。

（　　）145. BE035　凡铁路与天然气管道相互交叉，采用套管防护时，在套管一端，应预先引出一个排气管，排气管端距地面高度不得小于 2.5m。

（　　）146. BE036　为了避免管道、阀门的重量及管道热应力所产生的力和力矩超过泵进出口的最大允许外载荷，在泵的吸入和排出管道上须设置吊架。

（　　）147. BE037　检查补偿器各方面质量，尺寸、角度有偏差的在平台上稍加校正、修整，检查合格后方可进入安装程序。

（　　）148. BE038　制作管式加热炉对流管时，管段的长度误差、坡口角度、对口间隙、错边量等应符合质量标准。

（　　）149. BE039　制作管式加热炉辐射管时，坡口角度、对口间隙、错边量等应符合质量标准。

（　　）150. BE040　室外钢制管道水平纵、横方向安装时，管道全长 25m 以上的允许偏差值不大于 50mm。

( ) 151. BE041 室外给水管道布置时,应力求管路简短,以减少工程量,降低造价。

( ) 152. BE042 当室外给水管道横穿车行道达不到设计深度时,应采取敷设橡胶套管的措施进行保护。

( ) 153. BE043 生活排水管道黏接连接系统,横管伸缩节的布置,应以不影响或少影响汇合部位相连通的管道产生位移为准则。

( ) 154. BE044 室内排水管道的排水通气管不得与风道或烟道连接。

( ) 155. BE045 室内给水管道不得布置在遇水会引起燃烧、爆炸的原料、产品和设备的下面。

( ) 156. BE046 氧气管道布置时,宜架空敷设,并敷设在不燃烧材料组成的支架上。

( ) 157. BE047 工业用水管道上的泄压排放管口宜就地朝上排放。

( ) 158. BE048 蒸汽管道布置时,蒸汽支管应从主管的顶部接出,当工艺要求支管上设置切断阀时,切断阀应布置在靠近主管的水平管段上。

( ) 159. BE049 泵入口管道安装时,应对较高温和高温管道应做应力分析,从而保证泵嘴受力符合要求。

( ) 160. BE050 当泵的入口管道尺寸比泵泵嘴大一级时,切断阀也应比管道尺寸大一级。

( ) 161. BF001 压力表安装时,要选在被测介质流动的直管部分,不要选在管路的弯头、交叉或其他容易形成旋涡的地方。

( ) 162. BF002 测量低压的压力表或变送器的压力高度时,应与取压点的高度不一致。

( ) 163. BF003 测温元件在管道安装时,取原部件轴线应与工业管道轴线水平相交。

( ) 164. BF004 椭圆齿轮流量计在安装前应清洁管道,若液体内含有固体颗粒,则必须在管道上游加装过滤器。

( ) 165. BF005 压力温度计是根据封闭的固定体积中气体和液体受热时,其压力会随着温度而变化的性质制成的。

( ) 166. BF006 为防止新安装管道中有锈渣、焊渣及其他杂质进入流量计内,用户应先将过渡管安装在流量计的安装位置上。

( ) 167. BF007 若需要流量计有远传信号,应配置相应的光电式电脉冲转换器和一次仪表。

( ) 168. BF008 当流体中混有游离气体时,应加装消音器。

( ) 169. BF009 螺杆流量计主体是由两对螺旋转子和壳体之间构成的计量室。

( ) 170. BF010 物位仪表可分为直读式、差压式、浮力式、电磁式四类。

( ) 171. BF011 双法兰差压式液位计适应于波动较小的液面,具有耐腐蚀性。

( ) 172. BF012 玻璃板和玻璃管液面计的开口管嘴常用 $PN40MPa$、$DN20mm$ 凸面法兰安装。

( ) 173. BF013 截止阀可安装的管道的任何位置,同时根据介质和介质的温度选择碳钢或合金钢的阀门。

( ) 174. BF014 经调整的安全阀在工作压力下不得有泄漏现象发生。

（　　）175. BF015　减压阀安装时,前面需加阀门,并设有旁通管。

（　　）176. BF016　疏水阀工作时,为了加速启动凝结水的排出,应设冲洗管。

（　　）177. BF017　Y 型过滤器安装在水平管道上时,滤网抽出方向应向下。

（　　）178. BF018　带有旁通阀的蝶阀,开启前应先打开蝶阀。

（　　）179. BG001　在同一水源处装有多条吸水管时,其进口边缘的距离不应小于(1.5 ~ 2.5)D。

（　　）180. BG002　当城市供水系统中多为水源、泵站时,在压水管路上一般可不设置止回阀。

（　　）181. BG003　进水池水面应保持一定高度,若降得过低,水泵应停止运行,切忌水泵长期无水空转。

（　　）182. BG004　安装时必须将安装部位及机械密封清洗干净,防止任何杂质进入密封部位。密封面在装配时涂抹透平油和机油。

（　　）183. BG005　设备保养中,主要的环节是加注润滑油。

（　　）184. BG006　暖泵线是一根绕过泵出口隔断阀或止回阀的主线,由管线与阀门连接组成。

（　　）185. BG007　仪表管道安装选材时,聚乙烯管或尼龙管(缆)的使用环境温度应符合产品的适用温度范围。

（　　）186. BG008　消防管道支架设置的高度和间距,应符合设计要求和施工规范的要求。

（　　）187. BH001　跨越管道试压后,应用清管器进行吹扫。

（　　）188. BH002　对试压管段端头支承挡板应进行牢固性和可靠性的检查,试压时,其支承设施严禁松动崩脱,不得用阀门作为封板。

（　　）189. BH003　管道和检查井浸水 24h 后,此时水位会明显低于原设计水头,故应重新将水位补至设计要求水头位置。

（　　）190. BH004　给排水系统冲洗介质采用干净自来水,并要求保证断续冲洗。

（　　）191. BH005　寒冷地区进行供暖管网试压时,应注意压力表指针是否摆动,防止压力表进水管冻结,造成超压发生事故。

（　　）192. BH006　热力管道进行蒸汽吹洗时,不允许将废气排放进热力地沟、排水管道及检查井。

（　　）193. BH007　燃气管道吹洗前,应先用压缩空气进行吹洗,将管道内的水分及污物清除干净后,再用氮气进行置换。

（　　）194. BH008　吹扫接头的管径是根据被吹扫管道的介质、管径及长度确定的。

（　　）195. BI001　试运后,确认管线上的临时盲板、堵板、夹具及旋塞等已全部清除。

（　　）196. BI002　试运过程中,严禁在运行中的阀门上敲打、站人或靠阀门来支撑其他重物。

（　　）197. BI003　低压阀门应从每批中抽检 20%进行压力试验。

（　　）198. BI004　泵启动前,应进一步冲洗管线、消除隐患,为联合试运创造条件。

（　　）199. BI005　泵启动前,至少要搬动叶轮行走一个往复,运动应自由无阻。

（　　）200. BI006　热力管道系统的试运由系统充水、升温及正常循环三个工序组成。

答　案

一、单项选择题

1. A	2. B	3. C	4. B	5. C	6. B	7. B	8. D	9. B	10. B
11. D	12. C	13. A	14. C	15. B	16. D	17. A	18. B	19. B	20. C
21. B	22. D	23. A	24. D	25. B	26. D	27. C	28. A	29. D	30. B
31. A	32. D	33. C	34. D	35. C	36. B	37. A	38. C	39. B	40. B
41. A	42. D	43. C	44. A	45. C	46. C	47. D	48. B	49. C	50. D
51. A	52. D	53. C	54. B	55. D	56. A	57. A	58. C	59. A	60. B
61. C	62. D	63. D	64. A	65. C	66. D	67. A	68. C	69. D	70. A
71. C	72. D	73. D	74. D	75. A	76. A	77. C	78. A	79. C	80. A
81. B	82. D	83. C	84. A	85. D	86. C	87. B	88. A	89. B	90. C
91. C	92. D	93. D	94. B	95. C	96. A	97. A	98. B	99. D	100. C
101. A	102. A	103. D	104. A	105. C	106. C	107. C	108. D	109. B	110. C
111. B	112. C	113. B	114. A	115. B	116. C	117. D	118. B	119. C	120. A
121. B	122. C	123. C	124. B	125. D	126. D	127. A	128. C	129. D	130. A
131. B	132. C	133. D	134. B	135. A	136. C	137. D	138. A	139. B	140. D
141. D	142. B	143. C	144. D	145. D	146. A	147. C	148. D	149. A	150. B
151. A	152. C	153. C	154. A	155. C	156. B	157. B	158. D	159. A	160. D
161. D	162. C	163. D	164. B	165. C	166. A	167. C	168. B	169. A	170. A
171. D	172. D	173. B	174. B	175. C	176. A	177. C	178. B	179. D	180. C
181. A	182. D	183. B	184. A	185. B	186. D	187. C	188. A	189. C	190. C
191. A	192. C	193. B	194. B	195. D	196. A	197. A	198. D	199. A	200. D
201. C	202. D	203. D	204. C	205. C	206. D	207. A	208. A	209. A	210. B
211. D	212. D	213. C	214. C	215. A	216. B	217. A	218. C	219. A	220. B
221. C	222. D	223. D	224. C	225. C	226. D	227. B	228. A	229. C	230. D
231. A	232. C	233. D	234. A	235. D	236. C	237. B	238. C	239. A	240. B
241. B	242. C	243. D	244. B	245. A	246. C	247. B	248. D	249. A	250. C
251. A	252. C	253. C	254. B	255. D	256. C	257. D	258. B	259. A	260. A
261. C	262. B	263. B	264. D	265. C	266. D	267. C	268. D	269. B	270. B
271. C	272. B	273. A	274. B	275. A	276. C	277. B	278. D	279. C	280. D
281. C	282. D	283. A	284. C	285. A	286. B	287. B	288. D	289. C	290. A
291. D	292. A	293. B	294. D	295. C	296. B	297. A	298. C	299. C	300. D
301. B	302. B	303. B	304. B	305. D	306. B	307. D	308. C	309. B	310. C

311. B	312. A	313. B	314. A	315. D	316. B	317. B	318. D	319. C	320. A
321. B	322. A	323. D	324. D	325. D	326. D	327. C	328. D	329. C	330. C
331. A	332. C	333. B	334. B	335. C	336. D	337. C	338. A	339. D	340. D
341. C	342. D	343. C	344. A	345. A	346. D	347. A	348. C	349. C	350. A
351. D	352. C	353. D	354. C	355. D	356. A	357. D	358. B	359. A	360. D
361. A	362. C	363. B	364. A	365. C	366. D	367. C	368. B	369. C	370. D
371. A	372. D	373. C	374. C	375. B	376. C	377. D	378. D	379. D	380. D
381. C	382. C	383. D	384. C	385. B	386. B	387. D	388. B	389. D	390. B
391. C	392. C	393. D	394. B	395. A	396. D	397. A	398. B	399. A	400. D
401. D	402. C	403. A	404. A	405. D	406. D	407. B	408. C	409. A	410. B
411. D	412. B	413. B	414. D	415. C	416. D	417. A	418. B	419. D	420. C
421. D	422. A	423. B	424. C	425. A	426. C	427. C	428. C	429. A	430. C
431. B	432. C	433. D	434. C	435. D	436. D	437. D	438. A	439. D	440. C
441. C	442. C	443. B	444. B	445. C	446. D	447. C	448. A	449. B	450. C
451. C	452. D	453. D	454. D	455. D	456. D	457. D	458. D	459. D	460. D
461. C	462. D	463. C	464. A	465. B	466. C	467. D	468. B	469. B	470. B
471. C	472. D	473. C	474. C	475. D	476. A	477. D	478. D	479. D	480. D
481. C	482. B	483. D	484. B	485. D	486. B	487. D	488. D	489. C	490. B
491. A	492. D	493. A	494. D	495. B	496. C	497. B	498. D	499. C	500. B
501. D	502. B	503. D	504. D	505. D	506. A	507. C	508. A	509. A	510. C
511. D	512. A	513. B	514. D	515. D	516. B	517. D	518. C	519. B	520. B
521. A	522. D	523. D	524. C	525. D	526. A	527. D	528. D	529. D	530. B
531. D	532. B	533. A	534. D	535. C	536. B	537. D	538. B	539. D	540. A
541. C	542. B	543. D	544. D	545. D	546. B	547. A	548. D	549. D	550. C
551. A	552. D	553. B	554. D	555. A	556. B	557. D	558. C	559. B	560. B
561. D	562. C	563. A	564. C	565. A	566. D	567. B	568. D	569. A	570. D
571. B	572. C	573. D	574. C	575. B	576. C	577. D	578. B	579. D	580. C
581. A	582. B	583. A	584. D	585. C	586. D	587. C	588. B	589. B	590. A
591. D	592. D	593. C	594. D	595. C	596. A	597. B	598. A	599. C	600. A

二、判断题

1. ×　正确答案:管道施工图中,详图按其图形和作用分为节点图、大样图和标准图。　2. √
3. ×　正确答案:识读管道施工图时,必须利用投影还原的方法进行。　4. √　5. √　6. ×　正确答案:识读钢结构图时,先浏览一遍图样,确定本图是什么钢结构图,然后再绘制钢结构轮廓。　7. √　8. √　9. ×　正确答案:室内采暖平面图中的散热器一般布置在各个房间的外墙窗台下,根据需要也可以沿着走廊内墙布置。　10. √　11. √　12. ×　正确答案:空间的直线相互平行时,绘制在正等轴测图也平行。　13. √　14. √　15. ×　正确答案:为了能使不同位置、不同标高的设备能用管路连接起来,管路系统有时会出现45%弯管、斜三通等管件使管路转换方向。　 16. √　 17. √　 18. √　 19. √　 20. ×　 正确答案:一根直管积聚后的投影用双线图表示为一个小圆。　 21. ×　 正确答案:施工平面图中,若两根管段中有一根出现重叠符号时,说明该管段为最高。　 22. ×　 正确答案:为了避免管子在视图上的线条交叉过多,使表达更清晰、明朗,单、双线图可分别或同时采用折断显露法和遮挡法表示。23. √　 24. ×　 正确答案:管线密集时,可采用中间图画法,其中短斜线可以用圆点统一表示。25. √　 26. ×　 正确答案:作公差带图解时,放大比例一般选 500∶1。　 27. √　 28. ×　 正确答案:每天下班停用时,应将电动卷扬机断电、吊索回收停放至地面避免随风晃动。　 29. √30. ×　 正确答案:坡口机在每加工完一个坡口后,需要及时清理丝杠及滑动部位的铁屑等杂物,擦净加油再用。　 31. ×　 正确答案:砂轮切管机装换砂轮后,应试转几分钟并检查一切正常后方可使用。　 32. √　 33. ×　 正确答案:用钢直尺直接去测量零件的直径尺寸(轴径或孔径),则测量精度更差。　 34. √　 35. ×　 正确答案:卡钳分为内、外两种卡钳。内、外卡钳是最简单的比较量具,它们本身都不能直接读出测量结果。　 36. √　 37. ×　 正确答案:套丝铰板的结构特点要求是在套丝时可以顺时针转动。　 38. ×　 正确答案:在金属材料上钻孔时应首先用在被钻位置处冲打上样冲眼。　 39. √　 40. √　 41. √　 42. ×　 正确答案:柱塞直径为 45mm 的柱塞泵的最大工作压力为 28MPa。　 43. √　 44. ×　 正确答案:严禁在机器开运时检修设备,拆卸部件,如有异常情况必须立即停车修理。　 45. √　 46. √　 47. ×正确答案:旧麻绳表面均匀磨损不超过直径的 30%,局部损伤不超过直径的 10%。　 48. ×正确答案:钢丝绳在使用中应尽量减少弯折次数,并尽量避免反向弯折。　 49. √　 50. √51. √　 52. √　 53. √　 54. ×　 正确答案:牌号为 Q235 的碳素结构钢,其抗拉强度为 370∼500R_m/MPa。　 55. √　 56. √　 57. √　 58. ×　 正确答案:石墨管热稳定性好,能导热、线膨胀系数小,不污染介质,能保证产品纯度,抗腐蚀,具有良好的耐酸性和耐碱性。　 59. ×正确答案:淬火是把金属成材或零件加热到相变温度以上,经保温后,以大于临界冷却速度的方法急剧冷却。　 60. √　 61. ×　 正确答案:金属通过冷处理后,可稳定工件尺寸,防止在使用过程中变形。　 62. √　 63. ×　 正确答案:化学热处理是将工件置于化学介质中进行加热和保温的。　 64. ×　 正确答案:圆柱的侧面积=底面圆的周长×高。　 65. √　 66. ×　 正确答案:要计算物体的质量,需要知道物体的体积。　 67. √　 68. ×　 正确答案:正切定理的公式为:$(a-b)/(a+b)=\tan((A-B)/2)/\tan((A+B)/2)$。　 69. ×　 正确答案:车间工艺垂直立管的安装时,支管少的管路应靠墙壁安装,支管多的管路应排列在外面。　 70. √　 71. ×　 正确答案:车间工艺管道对于并排管路上的并列阀门手轮,其净距离约为 100mm。　 72. √73. ×　 正确答案:厂区输油管道布置时,输油管道应设置蒸汽吹扫管,其接点的连接方式分为活动接头和固定接头。　 74. ×　 正确答案:仪表管道流程图中的每条管道都要标注管道代号。　 75. √。　 76. ×　 正确答案:在化工工艺管道布置图中,小于或等于 14in 的管道用单线来表示。　 77. √　 78. ×　 正确答案:特殊管架的绘制应按照 HG20519.16 中的规定要求进行。　 79. ×　 正确答案:消防管道施工图中,看图时应沿着水流方向从总干管开始,查明管路的具体布置、管径、标高及阀门的设置情况。　 80. √　 81. ×　 正确答案:在装配图中,构成机械零件几何形状的点、线、面统称为零件的几何要素。　 82. √　 83. ×　 正确答案:放样画线时,可选择以两条(个)相互垂直的面作为基准。　 84. √　 85. ×　 正确答案:识读设备布置图时,应及时了解设备的安装位置、定位尺寸及设备基础的平面尺寸和标高尺寸。　86.√　87.×　正确答案:螺旋夹具的螺旋撑圆器,主要在焊接作业中矫正圆筒工件的圆柱度、防止变形及消除局部变形时使用。　88.√　89.√　90.×　正确答案:液压夹具既能在粗加工时承受大的切削力,也能保证在精密加工时的准确定位,还能完成手动夹具无法完成的支撑、夹紧和快速释放。　91.√　92.×　正确答案:使用台式砂轮机的额定运转时间为30min。　93.√　94.×　正确答案:游标卡尺主尺一格与副尺一格的差数即该尺的最小读数值。　95.×　正确答案:在使用丝锥时,应用铰手夹持丝锥柄部的方头。　96.×　正确答案:台钻的电器盒及转换开关在台钻的右侧,操作转换开关可使主轴正反转或停机。97.√　98.×　正确答案:测绘时,应根据施工图纸和施工现场的具体情况进行选测测绘方法。　99.√　100.×　正确答案:法兰短管下料时,管段的管口应保持口正。　101.√102.×　正确答案:煨制$DN25mm$,以下的Z形弯时,为了能尽快缩短加热部位的冷却时间,应采用阴凉处自然冷却的办法。　103.√　104.×　正确答案:制作等径同心斜骑马鞍管件时,支管外角边做壁厚处理。　105.√　106.√　107.√　108.×　正确答案:用计算法制作的偏心大小头误差较小,尺寸易保证。　109.√　110.×　正确答案:煨制门形弯管应采用优质无缝钢管制作。　111.×　正确答案:对于$DN>100mm$以上的钢管一般不需要校直,因大管产生弯曲的可能性较小。　112.×　正确答案:管螺纹加工时,丝头的前端1/3处应为梢口。　113.×　正确答案:一般情况下,焊接钢管只能在热状态下进行扩口或缩口。114.×　正确答案:管道坡口的选择,应选用填充金属量少,且能保证焊接质量的形式。115.×　正确答案:需点焊的管节应先修口、清根,管端端面的间隙应符合要求。　116.×正确答案:冲压弯头的弯曲半径应不小于管道外径。　117.√　118.√　119.√　120.√121.×　正确答案:胀接的原理是使管板孔壁产生弹性变形,管壁产生塑性变形,从而使胀口达到紧固且密封。　122.×　正确答案:胀接开始前,待胀接的管端和管板孔壁都需打磨见金属光泽。　123.×　正确答案:机械胀接时,管端喇叭口的翻边应伸入管孔1~2mm为宜。　124.√　125.√　126.√　127.×　正确答案:铸铁管承插口堵塞所用的油麻辫应有韧性、纤维较长和无麻皮,并应经石油沥青渗透后晾干。　128.×　正确答案:在沿直线铺设的铸铁管道中,承插接口环形间隙应均匀。　129.×　正确答案:水泥石棉打口,表面应平整严实,并应加湿养护24h,寒冷季节应有防冻措施。　130.√　131.√　132.√133.×　正确答案:在冷态对管道和热补偿件进行预拉伸,拉伸量为膨胀量的一半。134.√　135.×　正确答案:大口径的铜合金管在焊接中,可采用加补焊环的方法焊接。136.×　正确答案:长输工艺管道钢管组对时,定位焊缝厚度不得大于2/3壁厚。　137.√138.×　正确答案:长输管道组对安装前,应对管道逐根清管,管内不得有石头、泥土等杂物。　139.√　140.×　正确答案:对现场制作专用吊索具应符合方案设计要求,并经质检人员检验合格。　141.×　正确答案:不开挖管线在河床下穿越主要有顶管法、隧道法和水平定向钻穿越法。　142.×　正确答案:较重要的公路和铁路的穿越一般采用顶管的施工方法。　143.√　144.×　正确答案:跨越管道的表面锈蚀、坑点深度不得超过0.5mm。145.×　正确答案:凡铁路与天然气管道相互交叉,采用套管防护时,在套管一端,应预先引出一个排气管,排气管端距地面高度不得小于1.5m。　146.×　正确答案:为了避免管道、阀门的重量及管道热应力所产生的力和力矩超过泵进出口的最大允许外载荷,在泵的吸入和排出管道上须设置管架。　147.√　148.√　149.√　150.×　正确答案:室外钢制管道水平纵、横方向安装时,管道全长25m以上的允许偏差值不大于25mm。　151.√　152.×　正确答案:当室外给水管道横穿车行道达不到设计深度时,应采取敷设钢制套管的措施进行保护。
153.×　正确答案:生活排水管道黏接连接系统,立管伸缩节的布置,应以不影响或少影响汇合部位相连通的管道产生位移为准则。　154.√　155.×　正确答案:室内给水管道不得布置在遇水会引起燃烧、爆炸的原料、产品和设备的上面。　156.√　157.×　正确答案:工业用水管道上的泄压排放管口宜就地朝下排放。　158.√　159.×　正确答案:泵入口管道安装时,应对较高温和高温管道应做热应力分析,从而保证泵嘴受力符合要求。
160.×　正确答案:当泵的入口管道尺寸比泵泵嘴大一级时,切断阀与管道尺寸相同。
161.√　162.×　正确答案:测量低压的压力表或变送器的压力高度时,宜与取压点的高度一致。　163.×　正确答案:测温元件在管道安装时,取原部件轴线应与工业管道轴线垂直相交。　164.√　165.√　166.√　167.×　正确答案:若需要流量计有远传信号,应配置相应的光电式电脉冲转换器和二次仪表。　168.×　正确答案:当流体中混有游离气体时,应加装消气器。　169.×　正确答案:螺杆流量计主体是由一对螺旋转子和壳体之间构成的计量室。　170.√　171.×　正确答案:双法兰差压式液位计适应于波动较大的液面,具有耐腐蚀性。　172.√　173.√　174.√　175.×　正确答案:减压阀安装时,前后需加阀门,并设有旁通管。　176.×　正确答案:疏水阀工作时,为了加速启动凝结水的排出,应设旁通管。　177.√　178.×　正确答案:带有旁通阀的蝶阀,开启前应先打开旁通阀。
179.×　正确答案:在同一水源处装有多条吸水管时,其进口边缘的距离不应小于(1.5~2.0)D。　180.√　181.√　182.×　正确答案:安装时必须将安装部位及机械密封清洗干净,防止任何杂质进入密封部位。密封面在装配时涂抹透平油和锭子油。　183.√
184.×　正确答案:暖泵线是一根绕过泵出口隔断阀或止回阀的侧线,由管线与阀门连接组成。　185.√　186.√　187.×　正确答案:跨越管道试压前,应用清管器进行吹扫。
188.√　189.√　190.×　正确答案:给排水系统冲洗介质采用干净自来水,并要求保证连续冲洗。　191.√　192.√　193.×　正确答案:燃气管道吹洗前,应先用压缩空气进行吹洗,将管道内的水分及污物清除干净后,再用煤气进行置换。　194.√　195.×　正确答案:试运前,确认管线上的临时盲板、堵板、夹具及旋塞等已全部清除。　196.√　197.×　正确答案:低压阀门应从每批中抽检10%进行压力试验。　198.√　199.×　正确答案:活塞泵启动前,至少要搬动活塞行走一个往复,运动应自由无阻。　200.√

附　录

附录 1　职业技能等级标准

1. 工种概况

1.1　工种名称

油气管线安装工。

1.2　工种定义

从事油气长输管道和油气集输场、站工艺管网及炼油化工装置工艺管线放样、下料、组对安装、吹扫、试压、试运行和维修,并对油气储运设备、容器、阀门、仪表、安全阀、管道补偿器等进行配管、安装的人员。

1.3　工种等级

本工种共设五个等级,分别为:初级(国家职业资格五级)、中级(国家职业资格四级)、高级(国家职业资格三级)、技师(国家职业资格二级)、高级技师(国家职业资格一级)。

1.4　工种环境

室内,室外,常温。

1.5　工种能力特征

具有一定的学习能力,较强的空间感和计算能力,准确的分析、推理、判断能力,手指、手臂灵活。

1.6　基本文化程度

高中毕业(或同等学力)。

1.7　培训要求

1.7.1　培训期限

全日制职业学校教育,根据其培养目标和教学计划确定。晋级培训期限:初级不少于180标准学时;中级不少于200标准学时;高级不少于250标准学时;技师不少于210标准学时;高级技师不少于210标准学时。

1.7.2　培训教师

培训初、中、高级的教师应具有本职业资格证书或中级以上专业技术职业任职资格;培训技师、高级技师的教师应具有本职业高级技师职业资格证书或相应专业高级专业技术职务。

1.7.3　培训场地设备

理论培训应具有可容纳30名以上学员的教室,技能操作培训应有相应的设备、工具、安全设施等较为完善的场地。

1.8　鉴定要求

1.8.1　适用对象

（1）新入职的操作技能人员；

（2）在操作技能岗位工作的人员；

（3）其他需要鉴定的人员。

1.8.2　申报条件

具备以下条件之一者可申报初级工：

（1）新入职完成本职业（工种）培训内容，经考核合格人员。

（2）从事本工种工作1年及以上的人员。

具备以下条件之一者可申报中级工：

（1）从事本工种工作5年以上，并取得本职业（工种）初级工职业技能等级证书。

（2）各类职业、高等院校大专及以上毕业生从事本工种工作3年及以上，并取得本职业（工种）初级工职业技能等级证书。

具备以下条件之一者可申报高级工：

（1）从事本工种工作14年以上，并取得本职业（工种）中级工职业技能等级证书的人员。

（2）各类职业、高等院校大专及以上毕业生从事本工种工作5年及以上，并取得本职业（工种）中级工职业技能等级证书的人员。

技师需取得本职业（工种）高级工职业技能等级证书3年以上，工作业绩经企业考核合格的人员。

高级技师需取得本职业（工种）技师职业技能等级证书3年以上，工作业绩经企业考核合格的人员。

2. 基本要求

2.1　职业道德

（1）爱岗敬业，自觉履行职责。

（2）忠于职守，严于律己。

（3）吃苦耐劳，工作认真负责。

（4）勤奋好学，刻苦钻研业务技术。

（5）谦虚谨慎，团结协作。

（6）安全生产，严格执行生产操作规程。

（7）文明作业，质量环保意识强。

（8）文明守纪，遵纪守法。

2.2　基础知识

2.2.1　工程识图、制图知识

（1）投影三视图知识。

（2）剖面图、轴测图、偏置管知识。

（3）管道工程常见图例。

（4）管道施工图基本知识。

2.2.2　管道安装工艺知识

（1）管道安装术语解释。

（2）常用计量单位换算。

（3）管道常用计算知识。

（4）常用管道组成件、管道支撑件等基本知识。

（5）管道施工工序。

2.2.3　金属材料学知识

（1）金属材料的分类。

（2）工业管道的分类。

（3）金属管材性能。

（4）金属材料热处理。

2.2.4　焊接工艺学知识

（1）焊接工艺基本原理。

（2）焊接材料知识。

（3）焊接变形的预防和处理。

2.2.5　工程力学知识

（1）力的基本概念。

（2）约束力、约束反力与受力图。

（3）力的投影与平移定律。

2.2.6　常用工艺管道工程材料性能知识

（1）力学性能。

（2）物理性能与化学性能。

（3）加工工艺性能。

（4）材料力学常用计算。

2.2.7　结构力学知识

（1）结构的分类。

（2）结构的研究对象。

（3）载荷的分类。

2.2.8　流体力学知识

（1）流体静力学。

（2）流体运动学与动力学。

2.2.9　热工学基本知识

（1）热力学基本知识。

（2）传热学基本知识。

3. 工作要求

本标准对初级、中级、高级、技师、高级技师的技能要求依次递进，高级别包含低级别的要求。

3.1　初级

职业功能	工作内容	技能要求	相关知识
一、施工准备	（一）识读管道工艺图（识读绘制三视图）	1. 能识读管道工艺布置图（根据平面图，绘制立面图、侧面图） 2. 能识读管道施工图（根据立面图，绘制平面图及侧面图） 3. 能识读管道轴测图（根据平、立面图，绘制管道轴测图） 4. 能识读管道工程图例（根据平、立面图模拟工艺配管）	工业管道工程标准
	（二）使用与维护工、机具	1. 能使用管子割刀（使用与维护液压千斤顶） 2. 能使用管钳、链钳及扳手（使用与维护螺旋式千斤顶） 3. 能使用千斤顶、手拉葫芦 4. 能使用长度、角度测量工具 5. 能使用划规	1. 施工工具的使用方法 2. 量具的规格、种类及使用方法
二、管道预制	（一）管道测量、计算下料	1. 能测量 90° 水平带法兰管段 2. 能测量平面任意角度弯管 3. 能测量摆头和 Z 形弯管 4. 能测量并计算管件长度 5. 能测量非管材尺寸 6. 能进行常用管件的展开下料	1. 管道测量方法 2. 管件展开下料方法
	（二）管件、构件制作	1. 能制作摆头弯管 2. 能套制管螺纹 3. 能制作 90° 法兰弯管 4. 能手工冷弯制 DN25mm 以下钢管 5. 能手工热煨制 DN50mm 以下钢管 6. 能机械弯制钢管 7. 能制作同径、异径正骑马鞍	管道施工行业相关标准和规范
三、管道安装	（一）管道组对、安装	1. 能组对管路、管件 2. 能进行管材螺纹连接 3. 能安装静设备工艺配管 4. 能进行平焊法兰、对焊法兰与阀门的组对连接	1. 管道施工验收规范及工程质量检验评定标准 2. 管道吊装规范 3. 阀门、法兰等附件的安装方法
	（二）安装阀门及仪表	1. 能进行阀门安装前检查，明确阀门的选用原则和安装位置 2. 能安装闸阀、截止阀和止回阀 3. 能检验一次仪表外观质量	管道施工验收规范及工程质量检验评定标准

续表

职业功能	工作内容	技能要求	相关知识
三、 管道安装	(三)试压、清洗、吹扫	1. 能进行气压试验 2. 能进行严密性检漏 3. 能进行水冲洗	1. 管道施工验收规范及工程质量检验评定标准 2. 安全施工操作规程
	(四)管道除锈、防腐保温	1. 能进行工艺管道的除锈 2. 能进行工艺管道的涂漆 3. 能进行工艺管道的保温	管道施工验收规范及工程质量检验评定标准

3.2　中级

职业功能	工作内容	技能要求	相关知识
一、 施工准备	(一)识读管道工艺图	1. 能识读钢结构施工图 2. 能识读工艺管道管网布置图 3. 能绘制工艺管段图	工业管道工程标准
	(二)使用与维护工、机具	1. 能使用并维护管道液压弯管机 2. 能使用并维护管道切管机铰板 3. 能使用并维护管道压力泵 4. 能使用并维护管道对口器 5. 能使用并维护管道坡口机 6. 能使用并维护管道清管器	1. 管道液压弯管机、坡口机的规格类型及工作原理 2. 管道压力泵的结构原理及保养方法 3. 管道对口器、清管器的规格类型及工作原理
二、 管道预制	(一)管道测量、计算下料	1. 能预制加工管式换热器 2. 能预制管网支座及支吊架	1. 管道施工行业相关标准和规范 2. 管道吊装规范
	(二)管件、构件制作	1. 能煨制门型弯管 2. 能煨制 Ω 形胀力弯 3. 能制作同径、异径同心骑马鞍 4. 能煨制 $DN25$mm Z 形弯管	管道施工行业相关标准和规范
三、 管道安装	(一)管道组对、安装	1. 能安装油、水、气井工艺配管 2. 能安装非碳钢金属管工艺 3. 能安装夹套管、伴热管工艺 4. 能安装组对长输管道工艺 5. 能安装组对小型穿、跨越管道工艺	1. 手工电弧焊操作规范 2. 气焊气割操作规范 3. 管道施工验收规范及工程质量检验评定标准 4. 管道吊装规范
	(二)安装阀门及仪表	1. 能安装减压阀 2. 能安装安全阀 3. 能安装疏水阀 4. 能安装一次仪表 U 形弯	1. 管道施工验收规范及工程质量检验评定标准 2. 计量仪表安装要求
	(三)安装设备	能安装动设备工艺配管	容器(设备)安装要求
	(四)试压、清洗、吹扫	1. 能进行工艺管道气、液严密性试压检漏 2. 能进行工艺管道气、液强度试压 3. 能进行管道系统泄漏性试验 4. 能对工艺管道进行空气吹扫	1. 管道施工验收规范及工程质量检验评定标准 2. 安全施工操作规程
	(五)试运	1. 能检查确认达到试运条件 2. 能准备试运机具及材料	1. 管道施工验收规范 2. 安全施工操作规程

3.3 高级

职业功能	工作内容	技能要求	相关知识
一、施工准备	（一）识读管道工艺图	1. 能识读工艺管道流程图 2. 能识读复杂工艺管道安装图	工业管道工程标准
	（二）使用与维护工、机具	1. 能使用并维护台虎钳 2. 能使用并维护管道离心泵	1. 台虎钳的规格类型及工作原理 2. 管道离心泵的结构原理及保养方法
二、管道预制	（一）管道测量、计算下料	1. 能计算工艺阀组管段净料 2. 能测量任意角度弯并计算下料	管道施工行业相关标准和规范
	（二）工程量计算	1. 能计算计量站工艺阀组施工量 2. 能计算中转站泵房工艺阀组施工量	工艺管道安装工程量计算要求
	（三）管件、构件制作	1. 能制作异径偏心正骑马鞍 2. 能制作异径偏心偏骑马鞍	管道施工验收规范及工程质量检验评定标准
三、管道安装	（一）管道组对、安装	1. 能进行各类跨越管道钢结构施工 2. 能进行油气集输工艺管网敷设施工 3. 能进行注水工艺管网施工 4. 能安装石油石化装置工艺管道 5. 能安装静设备工艺配管系统 6. 能安装动设备工艺配管系统	1. 手工电弧焊操作规范 2. 气焊气割操作规范 3. 计量仪表规格类型 4. 管道施工验收规范及工程质量检验评定标准 5. 管道吊装规范 6. 管道施工安全操作规程
	（二）安装阀门及仪表	1. 能安装、调试安全阀 2. 能进行阀门的使用维护 3. 能安装一次仪表及工艺配管	管道施工验收规范及工程质量检验评定标准
	（三）安装设备	能安装容器（设备）	容器（设备）安装要求
	（四）试压、清洗、吹扫	1. 能进行石化装置工艺配管系统试压 2. 能进行石化装置工艺配管系统清洗	1. 管道施工验收规范及工程质量检验评定标准 2. 加热炉、储罐及锅炉等容器（设备）的工作原理及安装维护要求
	（五）试运	1. 能完成系统联合试运条件 2. 能按系统试运方案筹备试运机具、材料 3. 能开关中转站系统试运流程中的试运阀门 4. 能判断系统试运中的异常现象	1. 管道施工验收规范及工程质量检验评定标准 2. 管道施工安全操作规程

3.4 技师

职业功能	工作内容	技能要求	相关知识
一、管道预制	（一）工程量计算	1. 能计算计量站工艺管道施工量 2. 能计算中转站泵房工艺管道施工量	工艺管道安装工程量计算要求
	（二）管件、构件制作	1. 能制作异径偏心正骑三法兰马鞍 2. 能制作异径偏心偏骑三法兰马鞍	管道施工验收规范及工程质量检验评定标准

职业功能	工作内容	技能要求	相关知识
二、管道安装	(一)管道组对、安装	1.能进行工艺管道跨越施工 2.能进行工艺管道穿越施工 3.能进行非金属工艺管网敷设施工 4.能安装大型石油石化装置工艺管道 5.能进行工艺管道动火连头施工	1.手工电弧焊操作规范 2.气焊气割操作规范 3.管道施工验收规范及工程质量检验评定标准 4.管道施工安全操作规程
	(二)安装设备	能安装大型石油石化装置	1.管道施工验收规范及工程质量检验评定标准 2.容器(设备)安装要求
	(三)试运	1.能进行大型石油石化装置试运 2.能进行特殊管道吹扫及试压	1.管道施工验收规范及工程质量检验评定标准 2.管道施工安全操作规程
三、质量控制	(一)工艺管道预制质量控制	1.能检测工艺管道安装几何尺寸与设计、规范相符情况 2.能检测工艺管道焊接后的变形量 3.能控制管汇制作变形 4.能组织分析工艺管汇预制质量缺陷	管道施工验收规范及工程质量检验评定标准
	(二)工艺管道安装质量控制	1.能检测并控制阀组、汇管整体尺寸 2.能控制工艺管道安装质量 3.能组织分析工艺管汇安装质量缺陷 4.能撰写质量检评报告 5.能编写施工总结	1.管道施工验收规范及工程质量检验评定标准 2.管道吊装规范
	(三)事故处理	1.能分析管道系统中的质量事故原因 2.能进行工艺管道系统事故处理 3.能处理工艺管道运行中的事故 4.能处理系统工艺管网泄漏	事故类别分析处理方法
四、施工管理	(一)生产组织管理	1.能组织鉴别施工材料 2.能预防不合格材料在工程中的使用	管道施工验收规范及工程质量检验评定标准
	(二)培训与考核	1.能编制初、中、高级油气管线安装理论与技能操作教案 2.能进行理论与技能考核	1.初、中、高级教育培训大纲、计划 2.初、中、高级职业鉴定内容
	(三)技术创新与应用	能学习、应用和推广国内新设备、新材料	国内新设备、新材料应用情况

3.5 高级技师

职业功能	工作内容	技能要求	相关知识
一、管道预制	(一)工程量计算	1.能计算计量站工艺管道施工量并编制材料表 2.能计算中转站泵房工艺管道施工量并编制材料表	工艺管道安装工程量计算要求
	(二)管件、构件制作	1.能制作异径偏心正骑三法兰马鞍(加支管) 2.能制作异径偏心偏骑三法兰马鞍(加支管)	管道施工验收规范及工程质量检验评定标准

续表

职业功能	工作内容	技能要求	相关知识
二、 管道安装	（一）站间集输管道工艺安装	1. 能对运行中的管道出现事故进行分析与处理 2. 能进行长距离管道定向穿越施工 3. 能进行长距离管道跨越施工	1. 国内外先进工艺管道施工管理的发展方向 2. 管道施工验收规范及工程质量检验评定标准 3. 管道吊装规范
	（二）厂、站管道工艺安装施工	1. 能进行大型工程联合试运 2. 能进行大型工艺管网的事故处理	1. 管道施工验收规范及工程质量检验评定标准 2. 安全操作规程
三、 质量控制	（一）工艺管道预制质量控制	1. 能检验工艺管道胀力、伸缩节等安装尺寸是否与设计、规范相符 2. 能检测附属装置、胎具制作质量 3. 能检验焊接工艺质量 4. 钢结构质量控制	管道施工验收规范及工程质量检验评定标准
	（二）工艺管道安装质量控制	1. 能检验高压工艺管道的严密性和强度试验 2. 能检验高压工艺管道安装质量	1. 工艺管道试验管理规范 2. 管道施工验收规范及工程质量检验评定标准
四、 施工管理	（一）施工组织管理	1. 能编制施工方案和施工进度计划 2. 能进行联合站工艺管道施工 3. 能掌握计算机操作技能	1. 施工组织设计编写与网络图绘制 2. 计算机应用基础
	（二）培训与考核	1. 能编制技师油气管线安装工理论与技能操作教案 2. 能进行技师理论与技能考核	1. 技师教育培训大纲、计划 2. 技师职业鉴定内容
	（三）技术创新与应用	1. 能研制特殊附属装置、胎具，解决管道安装中的难题 2. 能应用本工种先进技术、工艺	1. 新技术、新工艺 2. 机械制图内容
	（四）论文写作	能够撰写论文	论文写作要求和方法

4. 比重表

4.1 理论知识

项目			初级（%）	中级（%）	高级（%）	技师和高级技师（%）
基本要求		基础知识	35	34	30	22
相关知识	施工准备	识读管道工艺图	9	9	5	—
		使用与维护工、机具	5	5	5	—
	管道预制	管道测量、计算下料	2	2	3	—
		工程量计算	—	—	6	3
		管件、构件制作	6	5	4	2
	管道安装	管道组对、安装	20	23	26	26
		安装阀门及仪表	9	9	7	—

项目			初级（%）	中级（%）	高级（%）	技师和高级技师（%）
相关知识	管道安装	安装设备	—	4	5	7
		试压、清洗、吹扫	6	5	4	—
		试运	—	4	5	5
		管道除锈、防腐保温	8	—	—	—
	质量控制	工艺管道预制质量控制	—	—	—	2
		工艺管道安装质量控制	—	—	—	3
		事故处理	—	—	—	18
	施工管理	生产组织管理	—	—	—	6
		论文写作	—	—	—	2
		技术创新与应用	—	—	—	2
		培训与考核	—	—	—	2
合计			100	100	100	100

4.2 技能操作

项目			初级（%）	中级（%）	高级（%）	技师（%）	高级技师（%）
技能要求	施工准备	识读管道工艺图	22	20	10	—	—
		使用与维护工、机具	8	10	10	—	—
	管道预制	管道测量、计算下料	20	20	18	—	—
		工程量计算	—	—	2	10	10
		管件、构件制作	20	20	20	10	10
	管道安装	管道组对、安装	15	18	25	26	26
		安装阀门及仪表	5	3	2	—	—
		安装设备	—	3	5	6	6
		试压、清洗、吹扫	5	3	2	—	—
		试运	—	3	6	8	8
		管道除锈防腐保温	5	—	—	—	—
	质量控制	工艺管道预制质量控制	—	—	—	10	10
		工艺管道安装质量控制	—	—	—	5	5
		事故处理	—	—	—	5	5
	施工管理	生产组织管理	—	—	—	14	7
		培训与考核	—	—	—	2	4
		技术创新与应用	—	—	—	4	5
		论文写作	—	—	—	—	4
合计			100	100	100	100	100

附录2　初级工理论知识鉴定要素细目表

行业:石油天然气　　　　　工种:油气管线安装工　　　　　等级:初级工　　　　　鉴定方式:理论知识

行为领域	代码	鉴定范围（重要程度比例）	鉴定比重	代码	鉴定点	重要程度	备注
基础知识 A 35% (56：10：06)	A	机械制图知识 (15：02：01)	9%	001	正投影的特性	X	上岗要求
				002	三视图的形成	X	
				003	三视图的投影特性	X	
				004	一般位置线的投影特性	Y	上岗要求
				005	投影面平行线的投影特性	X	上岗要求
				006	投影面垂直线的投影特性	X	上岗要求
				007	一般位置面的投影特性	X	上岗要求
				008	投影面平行面的投影特性	X	上岗要求
				009	投影面垂直面的投影特性	X	上岗要求
				010	基本形体的特性	X	
				011	曲面立体的特性	X	
				012	轴测图的作用	X	上岗要求
				013	轴测图的基本特点	Y	
				014	管道施工图的特点	X	上岗要求
				015	识读管道施工图的方法	X	上岗要求
				016	施工图中常用线型	Z	上岗要求
				017	施工图中管路代号	X	上岗要求
				018	管线施工常见图例	X	上岗要求
	B	常用施工机具、工具的使用要求 (08：01：01)	5%	001	游标卡尺的使用要求	X	上岗要求
				002	万能角尺的使用要求	X	
				003	手拉葫芦的使用要求	X	上岗要求
				004	千斤顶的使用要求	X	上岗要求
				005	锉刀的使用要求	Z	上岗要求
				006	手锤的使用要求	X	上岗要求
				007	清管器的使用要求	X	上岗要求
				008	铰板的使用要求	X	
				009	管钳的使用要求	X	上岗要求
				010	扳手的使用要求	Y	上岗要求

续表

行为领域	代码	鉴定范围（重要程度比例）	鉴定比重	代码	鉴定点	重要程度	备注
基础知识 A 30% （56：10：06）	C	管道工艺的测量方法（06：03：01）	5%	001	管线测量常用工具的种类	Y	
				002	管线测量的方法	X	上岗要求
				003	弯头测量的方法	X	上岗要求
				004	法兰测量的方法	X	上岗要求
				005	短管测量的方法	X	上岗要求
				006	弯管测量的方法	X	上岗要求
				007	三通管水平弯测量的方法	X	上岗要求
				008	螺栓测量的方法	Y	上岗要求
				009	坡度测量的方法	Z	上岗要求
				010	标高测量的方法	Y	上岗要求
	D	金属材料知识（08：01：01）	5%	001	金属材料的分类	X	上岗要求
				002	金属材料的物理性能	X	
				003	金属材料的化学性能	X	
				004	金属材料的机械性能	X	
				005	碳素钢的分类	X	上岗要求
				006	合金钢的分类	X	
				007	碳素钢的性能	X	上岗要求
				008	合金钢的性能	X	
				009	常用钢材编号	X	上岗要求
				010	常用钢材的分类	Z	上岗要求
	E	工业管道分类知识（08：01：01）	5%	001	管道按输送介质温度分类	X	上岗要求
				002	管道按输送介质压力分类	X	上岗要求
				003	管道的公称直径	X	上岗要求
				004	管道公称直径与管径的关系	X	上岗要求
				005	管道的压力等级	Z	上岗要求
				006	常用配管的使用	X	上岗要求
				007	铸铁管的使用范围	X	
				008	铸铁管的特性	Y	
				009	聚氯乙烯硬塑料管的性能	X	
				010	有色金属管的特性	X	上岗要求
	F	管材、管件、阀门、法兰、垫片安装知识（11：02：01）	6%	001	常用管材的名称	X	上岗要求
				002	常用管材的规格	X	上岗要求
				003	常用管材的用途	X	
				004	常用管件的种类	X	上岗要求
				005	常用管件的规格	X	上岗要求

行为领域	代码	鉴定范围（重要程度比例）	鉴定比重	代码	鉴定点	重要程度	备注
基础知识A 30%（56：10：06）	F	管材、管件、阀门、法兰、垫片安装知识（11：02：01）	6%	006	常用管件的用途	X	
				007	阀门的分类	X	上岗要求
				008	阀门的用途	X	上岗要求
				009	阀门的特点	X	
				010	阀门的代号	Y	上岗要求
				011	法兰的分类	X	上岗要求
				012	法兰的代号	Y	上岗要求
				013	垫片的种类	X	
				014	垫片的适用范围	Z	上岗要求
专业知识B 70%（104：15：09）	A	识读管道工艺图（015：02：01）	9%	001	识读管道布置图的一般要求	Y	上岗要求
				002	识读管道布置图的步骤	X	上岗要求
				003	管道布置图的表示方法	X	上岗要求
				004	设备图线符号要求	X	上岗要求
				005	管道单、双线图的识读方法	Y	上岗要求
				006	弯头单、双线图的识读方法	X	上岗要求
				007	三通单、双线图的识读方法	X	上岗要求
				008	异径管单、双线图的识读方法	X	上岗要求
				009	组合管路单线图的识读方法	X	上岗要求
				010	正等轴测图的绘制方法	X	上岗要求
				011	斜等轴测图的绘制方法	X	上岗要求
				012	单管管段图的简介	X	
				013	单管管段图的绘制要求	X	上岗要求
				014	单管管段图的表示方法	X	上岗要求
				015	尺寸标注的方法	X	上岗要求
				016	识读管道剖视图的方法	X	上岗要求
				017	管道剖面图的画法	Z	上岗要求
				018	断面图的简介	X	
	B	使用与维护工、机具（06：01：01）	5%	001	套丝板架的构造	X	
				002	扳手的规格	X	上岗要求
				003	直角尺的使用方法	X	上岗要求
				004	钢卷尺的使用方法	X	上岗要求
				005	水平尺的使用方法	X	上岗要求
				006	画线工具的使用方法	X	上岗要求
				007	手工锯条的分类	Y	
				008	手工锯条的选用方法	Z	上岗要求

行为领域	代码	鉴定范围（重要程度比例）	鉴定比重	代码	鉴定点	重要程度	备注
专业知识 B 70% （104：15：09）	C	管道测量、计算下料 （04：00：00）	2%	001	放样下料方法	X	上岗要求
				002	简易下料方法	X	上岗要求
				003	内螺纹弯头的测量方法	X	上岗要求
				004	阀门的测量方法	X	上岗要求
	D	管件、构件制作 （10：02：01）	6%	001	下料制作的壁厚处理方法	X	上岗要求
				002	封闭直管段的下料方法	X	上岗要求
				003	内螺纹活接直管段下料方法	X	上岗要求
				004	常用管件的下料方法	X	上岗要求
				005	摆头弯的制作方法	X	上岗要求
				006	套制管螺纹方法	X	上岗要求
				007	手工冷弯钢管的方法	Y	
				008	手工热煨钢管的方法	Z	上岗要求
				009	制作管道三角支架的方法	X	
				010	机械弯制钢管方法	Y	
				011	同径正骑马鞍的制作方法	X	上岗要求
				012	同径正骑三通的制作方法	X	上岗要求
				013	异径斜骑马鞍的制作方法	X	上岗要求
	E	管道组对、安装 （15：02：01）	20%	001	管道的组对要求	X	上岗要求
				002	管件与法兰的组对要求	Y	上岗要求
				003	管道组对的焊接接口形式	X	上岗要求
				004	壁厚相同的管道与管件组对方法	Y	上岗要求
				005	壁厚不同的管道与管件组对要求	X	上岗要求
				006	管道对接焊缝的组对要点	Z	上岗要求
				007	法兰组对的连接要求	X	上岗要求
				008	铸铁管口的组对连接要求	X	
				009	管道组成件的装卸要求	X	上岗要求
				010	管道组成件的保养要求	X	上岗要求
				011	卷管加工的制作要求	X	
				012	夹套管加工的制作要求	X	
				013	管汇的制作要求	X	上岗要求
				014	管汇制作的尺寸偏差要求	X	上岗要求
				015	管道组对的间隙要求	X	上岗要求
				016	管道组对的坡口角度要求	X	上岗要求
				017	管道的预组装要求	X	上岗要求
				018	管道组对点焊的焊缝位置要求	X	上岗要求

续表

行为领域	代码	鉴定范围（重要程度比例）	鉴定比重	代码	鉴定点	重要程度	备注
专业知识 B 70% （104：15：09）	E	管道组对、安装（15：02：01）	20%	019	静设备配管的要求	X	上岗要求
				020	平焊法兰的组对连接方法	X	上岗要求
				021	对焊法兰的组对连接方法	Z	
				022	管道的预制安装要求	Y	上岗要求
				023	连接机器的管道安装要求	Y	上岗要求
				024	伴热管的安装要求	Y	上岗要求
				025	夹套管的安装要求	X	上岗要求
				026	阀门的安装要求	X	上岗要求
				027	补偿器的安装要求	X	
				028	支吊架的安装要求	X	上岗要求
				029	管道安装的质量要求	X	上岗要求
				030	螺栓的热紧、冷紧要求	X	
				031	不锈钢管道的安装要求	X	
				032	铸铁管道的安装要求	X	
				033	蒸汽管道的安装要求	X	上岗要求
				034	热力管道的安装要求	X	上岗要求
				035	埋地管道的安装要求	X	上岗要求
				036	（管廊）附塔管道的安装要求	Z	上岗要求
				037	油田集输管道的安装要求	X	上岗要求
				038	燃气管道的安装要求	X	上岗要求
				039	管道的安装前准备	X	上岗要求
				040	管道安装的一般规定	X	上岗要求
	F	安装阀门及仪表（15：01：01）	9%	001	阀门的选用原则	X	上岗要求
				002	管道表面缺陷的处置方法	X	上岗要求
				003	减压阀的安装要求	X	
				004	对焊管件的检验方法	X	上岗要求
				005	阀门的安装位置要求	X	上岗要求
				006	推制弯管的检验方法	X	
				007	安全阀的安装要求	X	上岗要求
				008	承插管件的检验方法	X	
				009	疏水阀的选用原则	X	
				010	阀门的外观检验方法	Y	上岗要求
				011	球阀的安装要求	X	上岗要求
				012	法兰的外观检验方法	X	上岗要求
				013	孔板流量计的安装注意事项	X	上岗要求

行为领域	代码	鉴定范围（重要程度比例）	鉴定比重	代码	鉴定点	重要程度	备注
专业知识 B 70%（104：15：09）	F	安装阀门及仪表（15：01：01）	9%	014	紧固件的外观检验方法	X	上岗要求
				015	止回阀的安装要求	X	上岗要求
				016	垫片的外观检验方法	Z	上岗要求
				017	孔板流量计的工作原理	X	
	G	试压、清洗、吹扫（11：01：00）	6%	001	试压的注意事项	X	上岗要求
				002	GB 50235—2010 标准中关于试压的要求	X	上岗要求
				003	严密性试验的检漏方法	X	上岗要求
				004	管道试压的操作要求	X	上岗要求
				005	压力试验介质的选择方法	X	上岗要求
				006	管道系统的试验要求	X	上岗要求
				007	管道吹洗前的准备	Y	上岗要求
				008	管道水冲洗的要求	X	上岗要求
				009	管道清洗的要求	X	上岗要求
				010	空气吹扫的要求	X	上岗要求
				011	蒸汽吹扫的要求	X	
				012	管道干燥的要求	X	
	H	管道除锈、防腐保温（11：03：02）	8%	001	管道的腐蚀特性	X	
				002	碳素钢管的腐蚀特性	X	上岗要求
				003	其他管材的耐腐蚀特性	Z	
				004	人工除锈的要求	Y	上岗要求
				005	化学除锈的方法	Y	
				006	喷砂除锈的要求	Y	
				007	防腐层涂漆的要求	X	
				008	地下管道的防腐结构	X	
				009	石油系统常用管道的防腐层要求	X	上岗要求
				010	管道的基本识别色要求	X	上岗要求
				011	管道的保护色要求	X	上岗要求
				012	管道的安全色要求	X	上岗要求
				013	管道的涂色识别符号	X	上岗要求
				014	阀门的涂色规定	Z	
				015	防腐层的剥离方法	X	上岗要求
				016	测厚仪的使用方法	X	

注：X—核心要素，掌握；Y——般要素，熟悉；Z—辅助要素，了解。

附录3 初级工操作技能鉴定要素细目表

行业：石油天然气　　　　工种：油气管线安装工　　　　等级：初级工　　　　鉴定方式：操作技能

行为领域	鉴定范围			鉴定点		
	代码	名称	鉴定比重	代码	名称	重要程度
技能操作 A 100%	A	施工准备基本技能	30%	001	根据平面图绘制立面图、侧面图	X
				002	根据立面图绘制平面图、侧面图	X
				003	根据平、立面图绘制管道轴测图	X
				004	根据平、立面图模拟工艺配管	X
				005	使用与维护液压千斤顶	Y
				006	使用与维护螺旋式千斤顶	Y
	B	管道预制组对、设备安装	40%	001	制作摆头弯	Y
				002	套制"Z"管段螺纹	Y
				003	封闭平焊法兰管段	X
				004	组对短管与法兰	X
				005	弯制180°弯管	X
				006	锯割钢管，并锉成30°~35°坡口	Y
				007	制作等径正骑马鞍管件	Y
				008	制作等径尖角三通管件	X
	C	工艺管道安装、质量控制	30%	001	90°水平法兰弯管制作与安装	X
				002	制作双弯头、双法兰组件	X
				003	制作双弯头、四法兰汇管	X
				004	管道组装	X
				005	填写管道工艺提料表	Y
				006	管道试压	X

注：X—核心要素，掌握；Y——一般要素，熟悉；Z—辅助要素，了解。

附录4　中级工理论知识鉴定要素细目表

行业:石油天然气　　　　工种:油气管线安装工　　　　等级:中级工　　　　鉴定方式:理论知识

行为领域	代码	鉴定范围（重要程度比例）	鉴定比重	代码	鉴定点	重要程度	备注
基础知识 A 34% （53∶10∶05）	A	识读管道工艺图 （21∶03∶02）	13%	001	管道施工图的概念	X	
				002	管道施工图图例的应用范围	X	
				003	管道施工图的内容	Y	
				004	管道平面布置图的标注方法	X	
				005	识读管道立、剖面布置图方法	X	
				006	识读钢结构施工图的方法	X	JD
				007	识读管道流程图的方法	Z	JD
				008	识读室内给排水施工图的方法	Y	
				009	识读室内外采暖工艺图的方法	Y	
				010	制图工具的使用方法	X	
				011	正等轴测图的形成	X	
				012	绘制正等轴测图的方法	X	
				013	斜等轴测图的形成	X	
				014	绘制斜等轴测图的方法	X	
				015	绘制偏置管的方法	X	
				016	管道相对标高的表示方法	X	
				017	管道连接的表示方法	X	
				018	管道连接的应用方法	X	
				019	施工图中管件的表示方法	X	
				020	管道投影的积聚性画法	X	
				021	管道的重叠画法	X	
				022	管道的交叉画法	X	
				023	识读零件图的方法	Z	JD
				024	尺寸标注的要求	X	JD
				025	同向尺寸线的画法	X	
				026	尺寸公差的要求	X	
	B	常用机具、索具的使用维护 （16∶04∶02）	11%	001	弯管机的使用要求	X	
				002	电动卷扬机的使用要求	Y	
				003	电动卷扬机的特点	Z	
				004	坡口机的使用要求	X	

行为领域	代码	鉴定范围（重要程度比例）	鉴定比重	代码	鉴定点	重要程度	备注
基础知识 A 34% (53∶10∶05)	B	常用机具、索具的使用维护（16∶04∶02）	11%	005	切管机的使用要求	X	
				006	高度游标卡尺的使用要求	Y	
				007	钢尺的使用要求	X	
				008	卡尺的使用要求	X	
				009	卡钳的使用要求	X	
				010	百分表的使用要求	X	
				011	绞板的使用要求	X	
				012	手持电钻的使用要求	X	
				013	离心泵的使用要求	X	
				014	螺杆泵的使用要求	X	
				015	齿轮泵的使用要求	Y	
				016	柱塞泵的使用要求	Y	
				017	手持砂轮机的使用要求	Z	
				018	卧式砂轮切割机的使用要求	X	
				019	管道对口器的使用要求	X	
				020	管道起重搬运的常用方法	X	
				021	麻绳的使用维护方法	X	
				022	钢丝绳的使用维护方法	X	
	C	金属、非金属材料力学与计算（16∶03∶01）	10%	001	钢材牌号的表示方法	Y	
				002	金属材料牌号的涂色标记方法	X	
				003	特殊性能钢的含义	X	
				004	合金结构钢的力学性能	X	
				005	合金工具钢的硬度特点	X	
				006	碳素结构钢的力学性能	X	
				007	优质碳素结构钢的力学性能	X	
				008	硬质合金的基本成分	Y	
				009	钢材变形矫正的含义	Z	
				010	非金属管材的特性	X	
				011	淬火的含义	Y	
				012	金属冷处理的目的	X	
				013	时效的内容	X	
				014	表面淬火的内容	X	
				015	化学热处理的内容	X	
				016	面积的计算方法	X	JS
				017	体积的计算方法	X	JS

续表

行为 领域	代码	鉴定范围 （重要程度比例）	鉴定 比重	代码	鉴定点	重要 程度	备注
基础知识 A34% （53：10：05）	C	金属、非金属 材料力学与计算 （16：03：01）	10%	018	质量的计算方法	X	JS
				019	重量的计算方法	X	
				020	三角函数的计算方法	X	JS
专 业 知 识 B 66% （118：07：07）	A	识读管道工艺图 （15：02：01）	9%	001	车间工艺管道的排列原则	X	
				002	车间工艺管道相遇的避让原则	X	
				003	车间工艺管道间距的确定方法	X	
				004	车间工艺管道安装的注意事项	X	
				005	输油管道的布置方法	X	
				006	化工工艺管道仪表流程图的表示方法	X	
				007	识读化工工艺管道仪表流程图的方法	X	
				008	化工工艺管道设备布置图的表示方法	X	
				009	识读化工工艺管道设备布置管段图的方法	X	
				010	识读化工工艺管道设备布置管架图 （管件图）的方法	X	
				011	识读消防工艺管道施工图的方法	X	
				012	给排水管道施工图的特点	Y	
				013	识读设备总图的要求	X	
				014	放样的概念	Z	
				015	放样画线基准的概念	Y	
				016	放样画线基准的选择要求	X	
				017	识读设备布置图的要求	X	
				018	锅炉房管道流程图的识图要求	X	
	B	使用维护工、机具 （07：02：01）	5%	001	螺旋夹具的使用要求	X	
				002	楔条夹具的使用要求	Y	
				003	杠杆夹具的使用要求	X	
				004	液压夹具的使用要求	X	
				005	偏心夹具的使用要求	X	
				006	台式砂轮机的使用要求	X	
				007	电动葫芦的使用要求	Z	
				008	测量工具的维护要求	X	
				009	丝锥的使用要求	X	
				010	台钻的使用要求	Y	
	C	管道测量、计算下料 （05：01：00）	3%	001	管道测绘的目的	X	
				002	管道测绘的原理	X	
				003	管道测绘的方法	X	
				004	法兰短管的下料方法	X	
				005	90°弯管的下料方法	X	
				006	煨制 DN25-Z 形弯方法	Y	

行为领域	代码	鉴定范围（重要程度比例）	鉴定比重	代码	鉴定点	重要程度	备注
专业知识 B 66% (118：07：07)	D	管件、构件制作 (06：01：01)	4%	001	制作等径同心斜骑三通管件的方法	X	
				002	制作等径同心斜马鞍管件的方法	Y	
				003	制作异径四通斜马鞍管件的方法	X	
				004	制作双法兰直管段的方法	X	
				005	制作同心大小头的方法	X	JS
				006	制作偏心大小头的方法	Z	JS
				007	制作90°单节虾壳弯的方法	X	
				008	煨制门形弯管方法	X	JS
	E	管道组对、安装 (42：06：02)	25%	001	管道的调直方法	X	
				002	管道套丝的质量要求	X	JD
				003	管道扩口、缩口的方法	X	
				004	管道组对的坡口要求	X	
				005	管道组对的点焊要求	Y	
				006	弯曲半径的选择方法	X	JD JS
				007	弯曲弧长的计算方法	X	JS
				008	弯管的一般要求	X	JD JS
				009	电焊焊接方法	Y	JD
				010	钢管气焊方法	Y	
				011	胀接的原理	X	
				012	胀接的准备要求	X	
				013	塑料管胀接的方法	X	
				014	胀接的注意事项	X	
				015	胀接的检验标准	X	
				016	机械胀接的形式	X	
				017	铸铁管道的组对要求	X	
				018	铸铁管道安装的注意事项	X	
				019	水泥管道的安装要求	Y	
				020	塑料管道的组对要求	X	
				021	玻璃钢管道的安装要求	Y	
				022	夹套管道的安装要求	X	JD
				023	管道预拉伸前应具备的条件	X	
				024	方形补偿器预拉伸注意事项	Y	
				025	有色金属管道的安装要求	X	JD
				026	长输工艺管道的组对安装要求	X	
				027	长输工艺管道安装的施工工序	X	

行为领域	代码	鉴定范围（重要程度比例）	鉴定比重	代码	鉴定点	重要程度	备注
专业知识 B 66% （118：07：07）	E	管道组对、安装 （42：06：02）	25%	028	长输工艺管道安装前的注意事项	X	JS
				029	长输工艺管道安装的质量要求	X	
				030	长输工艺管道吊装的一般要求	X	
				031	管道穿越河流的施工方法	X	
				032	管道穿越铁路、公路的施工方法	X	
				033	管道跨越的结构形式	X	
				034	管道跨越的安装要求	X	JS
				035	管道穿越的安装要求	X	
				036	油泵配管的安装要求	X	
				037	方形补偿器的安装要求	X	JD
				038	管式加热炉对流管的制作要求	Z	
				039	管式加热炉辐射管的制作要求	Z	
				040	室外给水管道的布置要求	Y	
				041	室外给水管道的安装要求	X	
				042	室外给水管道的敷设要求	X	
				043	室外排水管道的连接要求	X	
				044	室内排水管道的布置要求	X	
				045	室内给水管道的布置要求	X	
				046	特殊管道的布置安装要求	X	
				047	泄压排放管道的布置安装要求	X	
				048	蒸汽管道的布置要求	X	
				049	泵入口管段的安装要求	X	
				050	泵入口阀门的安装要求	X	
	F	安装阀门及仪表 （14：02：02）	9%	001	压力表的安装要求	X	JD
				002	压力表的使用要求	X	
				003	测温仪表的安装要求	X	
				004	椭圆齿轮流量计的安装要求	Z	
				005	测温仪表的工作原理	Y	
				006	腰轮流量计的安装要求	X	
				007	刮板流量计的安装要求	X	
				008	涡轮流量计的安装要求	X	
				009	螺杆流量计的工作原理	X	
				010	物位仪表的分类	Y	
				011	物位仪表的使用要求	Z	
				012	物位仪表的安装要求	X	JD

续表

行为领域	代码	鉴定范围（重要程度比例）	鉴定比重	代码	鉴定点	重要程度	备注
专业知识 B 66%（118：07：07）	F	安装阀门及仪表（14：02：02）	9%	013	截止阀的安装要求	X	
				014	安全阀的调试方法	X	
				015	减压阀的安装要求	X	
				016	疏水阀的安装要求	X	
				017	过滤器的安装要求	X	
				018	蝶阀的安装要求	X	
	G	安装设备（07：01：00）	4%	001	离心泵吸水管路的安装要求	X	
				002	离心泵压水管路的安装要求	X	
				003	离心泵的操作要求	X	
				004	离心泵的密封要求	X	
				005	设备润滑要求	Y	
				006	防凝管与暖泵管的安装要求	X	
				007	仪表管道管材的选择要求	X	
				008	消防管道支架的制作、安装要求	X	
	H	试压、清洗、吹扫（06：02：00）	4%	001	跨越管道的试压要求	X	JD JS
				002	塑料管道的试压要求	X	
				003	给排水管道的试压要求	X	
				004	给排水管道的清洗要求	X	
				005	供热管网的试压要求	Y	JS
				006	热力管道的清洗要求	Y	
				007	燃气管道的吹洗要求	X	
				008	管道吹扫接头管径的确定要求	X	
	I	试运（06：00：00）	3%	001	试运所应具备的条件	X	JD JS
				002	判断试运中异常现象的方法	X	
				003	阀门压力试验的要求	X	
				004	泵启动试运前的检查要求	X	
				005	水泵机组的试运启动要求	X	
				006	热力管道的试运要求	X	

注：X—核心要素，掌握；Y—一般要素，熟悉；Z—辅助要素，了解。

附录5　中级工操作技能鉴定要素细目表

行业:石油天然气　　　工种:油气管线安装工　　　等级:中级工　　　鉴定方式:操作技能

行为领域	鉴定范围			鉴定点		
	代码	名称	鉴定比重	代码	名称	重要程度
技能操作A 100%	A	施工准备	20%	001	根据平、立面图按比例绘制流程图	X
				002	根据平、立面图按比例绘制管道轴测图	X
				003	根据平、立面图模拟工艺配管	X
				004	使用与维护手持砂轮机	Y
	B	管道预制组对、设备安装	40%	001	热煨制方形胀力弯	Y
				002	煨制弹簧管	Y
				003	制作不等径同心斜骑马鞍管件	X
				004	制作等径斜骑尖角三通管件	Y
				005	制作异径单法兰三通管件	X
				006	制作等径同心四通管件	X
				007	制作同心大小头	X
				008	制作偏心大小头	Y
				009	制作单节虾壳弯	Y
				010	锯割制作四边形支架	Y
				011	锯割制作三角形支架	Y
	C	工艺管道安装、质量控制	40%	001	安装离心泵进出口工艺配管	X
				002	承插连接铸铁管	Y
				003	热熔连接PP-R管	X
				004	制作简易管式换热器	X
				005	管道吹扫	X

注:X—核心要素,掌握;Y——一般要素,熟悉;Z—辅助要素,了解。

附录6 高级工理论知识鉴定要素细目表

行业:石油天然气　　　　工种:油气管线安装工　　　　等级:高级工　　　　鉴定方式:理论知识

行为领域	代码	鉴定范围（重要程度比例）	鉴定比重	代码	鉴定点	重要程度	备注
基础知识 A 30% (47：07：04)	A	金属材料知识（11：02：01）	7%	001	铁碳合金的基本组织分类	X	
				002	铁碳合金的基本组织特点	X	
				003	铁碳合金的分类	Z	
				004	铁碳合金状态图的内容	X	
				005	铁碳合金状态图的分析方法	X	
				006	含碳量对铁碳合金组织性能的影响	X	
				007	铁碳合金状态图的应用方法	X	
				008	金属热处理的目的	X	JD
				009	退火的含义	Y	
	B	焊接工艺学知识（15：02：01）	9%	001	焊接工艺基本原理	X	
				002	焊条的应用原理	X	
				003	焊条的分类	X	
				004	焊条型号的含义	X	
				005	焊条药皮的作用	X	
				006	焊条的选择原则	X	
				007	焊接材料的选择方法	X	
				008	常用焊接方法的焊接原理	Y	
				009	焊条电弧焊的特点	Y	
				010	常见的焊接缺陷类型	Z	
				011	焊接工艺参数的选择要求	X	
				012	焊条的管理原则	X	
				013	焊条电弧焊的运条方法	X	
				014	防止和减少焊接变形的措施	X	JD
				015	影响焊接变形的因素及矫正方法	X	JD
				016	焊剂的作用	X	
				017	气焊熔剂的使用要求	X	
				018	气焊溶剂的作用	X	

行为领域	代码	鉴定范围（重要程度比例）	鉴定比重	代码	鉴定点	重要程度	备注
基础知识 A 30% (47：07：04)	C	工程热力学知识 (06：01：01)	5%	001	热量传递的特点	Y	
				002	蒸汽的特性	Z	
				003	工程热力学的概念	X	JD
				004	热力过程的含义	X	
				005	热力学第一定律	X	JD
				006	热力学第二定律	X	
				007	传热的基本方式	X	JD
				008	燃烧过程的内容	X	
	D	常用计量单位与管道有关的计算方法 (15：02：01)	9%	001	外力计算方法	X	JD
				002	内力计算方法	X	JD
				003	应力计算方法	X	JD
				004	剪应力的计算方法	X	JD
				005	温度的基本概念	Z	JS
				006	管径的确定原则	X	
				007	管道壁厚的计算方法	X	JS
				008	筒体设计的计算方法	X	
				009	管道流速的限制要求	X	JS
				010	用水量的计算方法	X	
				011	管道压力的定义	X	JS
				012	管道阻力的计算方法	X	JS
				013	流体的体积特性	X	
				014	弯曲变形的概念	X	JS
				015	沿程水头损失的概念	Y	JS
				016	局部水头损失的概念	Y	JS
				017	雷诺数的概念	X	
				018	降低管道阻力损失的途径	X	
专业知识 B 70% (83：16：08)	A	识读工艺管道安装图 (06：02：01)	5%	001	给排水工艺管道图的组成	X	JD
				002	识读制冷管道系统流程图的方法	Z	
				003	识读制冷管道系统平面图的方法	X	
				004	识读制冷管道系统布置图方法	X	
				005	识读室外供热管道的敷设形式	X	
				006	识读管道图中折断、接续线的方法	Y	
				007	识读压缩空气管道系统的敷设形式	Y	
				008	室内采暖工艺管道图的表示方法	X	

行为领域	代码	鉴定范围（重要程度比例）	鉴定比重	代码	鉴定点	重要程度	备注
专业知识 B 70% （83∶16∶08）	B	使用与维护工、机具（06∶01∶01）	5%	001	泵的性质	X	
				002	泵的原理	X	
				003	泵的结构	X	
				004	泵的参数	X	
				005	离心泵的启动要求	Y	
				006	离心泵的运行要求	X	
				007	离心泵的停车要求	X	
				008	台虎钳的使用维护要求	Z	
	C	管件、构件制作及工程量计算（14∶02∶01）	13%	001	工程量的含义	Z	
				002	法兰工程量的计算要求	Y	
				003	管件制作工程量的计算要求	Y	
				004	工程量计算的一般原则	X	
				005	工程量计算的注意事项	X	
				006	室内外管道分界要求	X	
				007	管道安装工程量的计算原则	X	
				008	阀门、附件安装工程量的计算要求	X	
				009	编制管道提料表的方法	X	
				010	编制管道净料表的方法	X	
				011	制作任意角度弯的方法	X	JS
				012	制作异径偏心正骑马鞍管件	X	
				013	制作异径偏心偏骑马鞍的方法	X	
				014	制作异径直交弯马鞍的方法	X	
				015	制作管式三角形的方法	X	
				016	制作等角等径裤杈三通管的方法	X	
				017	裤形三通管相贯线的求法	Y	
	D	管道组对、安装（31∶06∶02）	26%	001	石化装置的安装要求	X	
				002	石化装置设备、撬块的安装规定	X	
				003	设备、撬块就位、找正与找平要求	X	JD
				004	设备、撬块安装位置的偏差要求	Y	
				005	设备调整后主要安装尺寸的偏差要求	X	
				006	地角螺栓的埋设要求	X	
				007	钢结构变形的矫正方法	X	
				008	管道组成件的检验方法	X	
				009	设备垫铁的设置要求	X	
				010	工艺管道安装的一般规定	Y	JD

行为领域	代码	鉴定范围（重要程度比例）	鉴定比重	代码	鉴定点	重要程度	备注
专业知识B 70%（83：16：08）	D	管道组对、安装（31：06：02）	26%	011	管式热交换器的安装要求	Z	
				012	机器安装基准的要求	X	
				013	工艺管道组对后各部分尺寸的偏差要求	X	
				014	设备工艺管道的安装要求	Y	JS
				015	埋地管道的安装要求	X	
				016	仪表工艺管道的安装要求	Y	
				017	仪表工艺管件组装的规定	Y	
				018	热水采暖系统干管的安装要求	X	JD
				019	热水采暖系统室内干管的布置要求	Y	
				020	热水采暖系统支管的安装要求	X	
				021	热水采暖系统支管的布置要求	X	
				022	高压管道的特点	X	JD
				023	高压管道的预制加工要求	X	
				024	高压管道的连接形式要求	X	
				025	高压管道的安装要求	X	JD
				026	不锈钢管道的加工工艺要求	X	
				027	不锈钢管道的焊接工艺要求	X	
				028	不锈钢管道的安装要求	X	JD
				029	铜管的安装要求	X	
				030	铝管的安装要求	X	
				031	铝管的连接要求	X	
				032	铝管的坡口加工要求	X	
				033	铝管的弯曲要求	X	
				034	铝管的支架要求	X	
				035	乙炔管道的敷设要求	X	
				036	泵工艺管道的布置要求	X	
				037	冷换设备管子的更换要求	X	
				038	立式炉钢架的安装要求	X	
				039	管架安装固定的技术要求	Z	
				040	低温管道安装的技术要求	Y	
				041	离心式压缩机的配管要求	X	
				042	离心式压缩机辅助管道的布置要求	Y	

行为领域	代码	鉴定范围（重要程度比例）	鉴定比重	代码	鉴定点	重要程度	备注
专业知识 B 70% (83：16：08)	E	安装阀门及仪表（09：02：01）	7%	001	仪表检测的要求	X	
				002	测压仪表的选择方法	X	
				003	测压仪表的原理	X	
				004	压力仪表的安装要求	X	JD
				005	腰轮流量计的结构	X	
				006	腰轮流量计的工作原理	X	
				007	涡轮流量计的工作原理	X	
				008	螺杆流量计的工作原理	X	
				009	流量计安装的注意事项	X	
				010	调节阀的安装要求	Y	JD
				011	阀门的维护要求	Y	
	F	安装设备（06：01：01）	5%	001	静设备配管系统的安装规定	X	
				002	动设备配管系统的安装规定	X	
				003	热注站泵系统的安装要求	X	
				004	常压容器的安装要求	X	
				005	热水采暖系统散热器的安装要求	X	
				006	管式加热炉的工作原理	Z	
				007	加热炉储罐的安装要求	X	
				008	锅炉的工作原理	Y	
				009	锅炉的布置要求	Y	
	G	试压、试运（11：02：01）	9%	001	管道系统的液压试验规定	X	JD
				002	管道系统的气压试验规定	X	JD
				003	管道系统的吹扫要求	X	
				004	高压管道的试压要求	X	JS
				005	民用给水管道的试压要求	X	
				006	耐压试验的要求	X	
				007	严密性试验的要求	X	
				008	试运的技术措施	X	
				009	系统试运时的注意事项	X	
				010	系统试运异常现象的处理方法	X	
				011	燃气管道投产试运要求	X	
				012	燃气管道投产试运前清管要求	Z	

注：X—核心要素，掌握；Y—一般要素，熟悉；Z—辅助要素，了解。

附录7　高级工操作技能鉴定要素细目表

行业：石油天然气　　　　工种：油气管线安装工　　　　等级：高级工　　　　鉴定方式：操作技能

行为领域	鉴定范围			鉴定点		
	代码	名称	鉴定比重	代码	名称	重要程度
技能操作 A 100%	A	施工准备基本技能	20%	001	根据管道轴测图绘制平、立面图	X
				002	根据轴测图模拟工艺配管	X
	B	管道预制组对、设备安装	40%	001	计算管段净料	X
				002	编制提料表	X
				003	煨制 Ω 形胀力弯	Y
				004	煨制、安装仪表弯管	Y
				005	制作偏心正骑马鞍管件	X
				006	锯割制作梯形支架构件	X
				007	制作多边形角钢支架构件	X
				008	制作管道桁架构件	Y
				009	制作直交弯头三通管	X
				010	制作阶梯弯法兰管件	X
	C	工艺管道安装、质量控制，工艺管道试压、清洗、试运	40%	001	管道测绘连头	X
				002	矫正管汇变形	X
				003	矫正型钢变形	X
				004	安装阀组工艺	X
				005	安装局部管路	X
				006	安装过滤器配管工艺	Y
				007	清洗管道	Y
				008	试运行管道	X

注：X—核心要素，掌握；Y——一般要素，熟悉；Z—辅助要素，了解。

附录8 技师、高级技师理论知识鉴定要素细目表

行业：石油天然气　　　　　工种：油气管线安装工　　　　　等级：技师、高级技师　　　　　鉴定方式：理论知识

行为领域	代码	鉴定范围（重要程度比例）	鉴定比重	代码	鉴定点	重要程度	备注
基础知识 A 22% (27：04：02)	A	工程力学知识 (07：01：00)	5%	001	力的基本概念	X	
				002	力的投影平移定律	X	
				003	力系的静力平衡方程	Y	
				004	力的性质特征	X	JS JD
				005	静力学公理	X	
				006	力偶的概念	X	JD
				007	力矩的概念	X	JS JD
				008	物体的受力分析方法	X	JS
	B	流体力学知识 (06：01：01)	5%	001	流体的特征	X	
				002	流体的压缩性原理	X	
				003	流体的膨胀性原理	X	
				004	作用在流体上力的分类	X	
				005	流体静压力的特性	Z	JD
				006	流体静压力的传递方式	X	
				007	静止流体的平衡原理	X	JD
				008	静止流体中浮力的概念	Y	JS JD
	C	焊接缺陷的产生与控制 (08：01：01)	7%	001	焊接缺陷的危害性	Z	
				002	裂纹产生的原因	X	
				003	控制裂纹产生的措施	Y	
				004	气孔产生的原因	X	
				005	控制气孔产生的措施	X	
				006	焊接夹渣的危害性	X	
				007	控制夹渣产生的措施	X	
				008	未熔合产生的原因	X	
				009	控制未熔合产生的措施	X	
				010	焊缝形状缺陷的分析方法	X	
	D	轴向拉伸压缩知识 (06：01：00)	5%	001	材料强度的分类	X	
				002	轴向拉伸压缩的概念	X	
				003	轴向拉伸压缩时横断面上内力的表现形式	X	
				004	轴向拉伸压缩时横断面上应力的表现形式	X	
				005	轴向拉伸压缩时横断面上正应力的计算方法	Y	JS
				006	轴向拉伸压缩纵向变形的表现形式	X	JS
				007	虎克定律的含义	X	

行为领域	代码	鉴定范围 （重要程度比例）	鉴定比重	代码	鉴定点	重要程度	备注
专业知识 B 78% （104：18：05）	A	工程量计算 （03：00：00）	2%	001	工程预算的编制方法	X	JD
				002	管道安装工程量的计算规则	X	JD
				003	管架制作安装工程量的计算要求	X	
	B	管件、构件制作 （05：00：00）	3%	001	制作异径偏心正骑三法兰马鞍(加支管)的方法	X	
				002	制作异径偏心偏骑三法兰马鞍(加支管)的方法	X	
				003	型钢弯曲的展开下料计算	X	JS
				004	管件放样的基本要求	X	
				005	钢结构的制作要求	X	JS
	C	管道组对、安装 （36：04：02）	27%	001	中、小型跨越管道的预制要求	X	
				002	中、小型跨越管道的吊装要求	X	
				003	中、小型跨越管道吊装方案的制定原则	X	
				004	小口径管道顶管穿越的方法	X	
				005	钻导向孔的工作原理	Y	
				006	定向穿越施工程序的监控方法	Z	
				007	定向穿越钻井液的配置方法	X	
				008	跨越管道钢塔架的制作安装要求	X	JS
				009	跨越类型的特点	X	
				010	油气集输管网的敷设要求	X	
				011	油气集输管网的敷设方法	X	JD
				012	防腐衬里管道的安装质量要求	Y	
				013	硬聚氯乙烯管道的安装质量要求	X	
				014	石化装置的吊装要求	X	JS
				015	起重机具的选择原则	X	JS
				016	石化装置工艺配管附件设施的安装要求	X	
				017	电脱水器的工艺安装要求	X	
				018	卧式压力沉降罐的工艺安装要求	X	
				019	监察管段安装位置的规定	X	
				020	高压管道弯管的质量要求	X	
				021	高压管道坡口形式的组对要求	X	
				022	衬橡胶管道的安装要求	X	
				023	节流装置的安装要求	X	
				024	差压计的安装要求	Z	
				025	氧气管道的管材要求	X	
				026	氧气管道的管件安装要求	X	
				027	氧气管道的埋地敷设要求	X	

续表

行为 领域	代码	鉴定范围 （重要程度比例）	鉴定比重	代码	鉴定点	重要程度	备注
专业知识 B 78% （104：18：05）	C	管道组对、安装 （36：04：02）		028	氧气管道的架空敷设要求	X	
				029	车间氧气管道的安装要求	Y	
				030	蒸汽冷凝水捕集管设计规定	X	
				031	浆液管道配管设计规定	X	
				032	锅炉汽水管道的安装要求	Y	
				033	施工现场的安全规则	X	
				034	施工现场的安全布置方法	X	
				035	现场防火防爆的要求	X	
				036	管道施工机具的安全要求	X	
				037	工艺管道施工的动火原则	X	
				038	工艺管道施工一级动火的规定	X	
				039	工艺管道施工二级动火的规定	X	
				040	工艺管道施工三级动火的规定	X	
				041	施工动火的审批程序及权限	X	
				042	施工动火的安全要求	X	
	D	安装设备 （06：03：01）	7%	001	丙烯、乙烯装置制冷系统的内容	X	
				002	聚丙烯装置的概述	Z	
				003	塔体的安装规定	X	JS
				004	塔内件的安装要求	X	
				005	塔盘的安装规定	X	
				006	塔体支撑圈的安装规定	Y	
				007	工业炉附属钢结构的安装要求	X	
				008	工业炉反应器炉体内壁的安装要求	X	
				009	球形储罐的安装质量要求	Y	
				010	浮顶储罐的安装质量要求	Y	
	E	试运 （05：01：01）	5%	001	工程项目联合投产前的技术准备要求	Z	
				002	工程项目联合投产的试运步骤	X	
				003	大型石化装置工艺管道的试压规定	X	
				004	立式储罐的充水试压要求	X	
				005	压力容器试验的准备工作	X	
				006	压力容器水压试验的操作要求	X	
				007	压力容器气压试验的操作要求	Y	
	F	工艺管道预制 （02：01：00）	2%	001	集中供热锅炉锅筒工艺的预制要求	X	
				002	集中供热锅炉对流管束的预制要求	X	
				003	立式低压容器接管的预制要求	Y	

续表

行为领域	代码	鉴定范围（重要程度比例）	鉴定比重	代码	鉴定点	重要程度	备注
专业知识 B 78% (104：18：05)	G	安装质量控制 (05：00：00)	3%	001	浮顶储罐壁板的组装质量控制要求	X	JS
				002	浮顶罐组装中单盘的组装方法	X	
				003	浮顶储罐焊接质量的控制要求	X	
				004	空气预热器的安装质量控制要求	X	
				005	塔体筒节的预制安装质量要求	X	
	H	事故处理 (23：03：01)	17%	001	液体泄漏量的分类	Z	
				002	泄漏的时间分类	X	
				003	泄漏的密封部位分类	X	
				004	泄漏的危害性分类	X	
				005	泄漏的危害性质	X	
				006	泄漏的检测方法	X	
				007	运行管道泄漏带压技术黏接密封技术的原理	X	
				008	修补剂填塞黏接的应用方法	X	
				009	注剂式带压密封技术的基本原理	X	
				010	注剂式带压密封技术对夹具的要求	X	JD
				011	法兰泄漏的形式	X	
				012	管道法兰泄漏顶压工具的应用方法	X	
				013	黏接式顶压工具的应用方法	X	
				014	多功能顶压工具的应用方法	Y	
				015	多功能顶压工具的特点	X	
				016	带压逆向焊接密封技术的应用方法	X	
				017	带压逆向焊接密封技术对焊条的要求	Y	
				018	带压逆向焊接密封技术对焊缝位置的要求	X	
				019	带压逆向焊接密封技术规范的选择方法	X	
				020	带压逆向焊接密封技术的原理	X	
				021	引流器的结构形式	X	
				022	直管道泄漏的引流焊接密封方法	X	
				023	法兰泄漏的引流焊接密封方法	X	
				024	管道弯头泄漏的引流焊接密封方法	X	
				025	阀门泄漏的分析处理方法	X	
				026	长输管道常见事故的特点	Y	
				027	事故处理的注意事项	X	

行为领域	代码	鉴定范围（重要程度比例）	鉴定比重	代码	鉴定点	重要程度	备注
专业知识B 78%（104：18：05）	I	生产组织管理（12：02：00）	6%	001	施工总结的编写内容	X	JD
				002	全面质量管理的基本内容	X	JS
				003	质量保证体系的内容	X	JD
				004	PDCA 循环运作的基本内容	X	JD
				005	应用 PDCA 循环应注意的问题	Y	
				006	建立质量管理小组的基本要求	X	JD
				007	班组管理内容	X	
				008	班组物料管理内容	X	
				009	班组生产管理的内容	X	
				010	班组设备管理的内容	Y	
				011	HSE 管理体系的原理	X	
				012	计算机数制的内容	X	JS
				013	Word 的文件排版方法	X	JD
				014	Excel 电子表格的操作特点	X	
	J	论文写作（03：01：00）	2%	001	论文的含义	X	
				002	论文的写作特点	Y	
				003	论文的撰写要求	X	
				004	论文的写作格式	X	
	K	技术创新与应用（00：03：00）	2%	001	施工技术创新的含义	Y	
				002	新成型工艺的特点	Y	
				003	鼓形空心旋转体零件成型适用的方法	Y	
	L	培训与考核（04：00：00）	2%	001	岗位培训的特点	X	
				002	教学工作中的重要环节	X	
				003	教学方法的运用	X	
				004	培训大纲的编写要求	X	

注：X—核心要素，掌握；Y—一般要素，熟悉；Z—辅助要素，了解。

附录9　技师操作技能鉴定要素细目表

行业:石油天然气　　　　工种:油气管线安装工　　　　等级:技师　　　　鉴定方式:操作技能

行为领域	鉴定范围			鉴定点		
	代码	名称	鉴定比重	代码	名称	重要程度
技能操作 A 55%	A	工艺管道安装、质量控制	30%	001	计算平面管网用料并编制提料表	X
				002	计算计量阀组用料并编制提料表	X
				003	制作同心斜三通三法兰管件	X
				004	制作偏心正骑马鞍三法兰管件	X
				005	制作L形双法兰管件	X
				006	工艺管道安装	Y
	B	事故分析处理	30%	001	法兰泄漏封堵处理	X
				002	管汇变形控制与处理	X
				003	运行管道事故分析与处理	X
				004	煤气管道积水阻塞的原因与处理	Y
				005	煤气管道积萘的原因与处理	Z
				006	给水管道漏水的原因与处理	X
综合能力 B 45%	A	施工管理	40%	001	编写油泵房管道试压方案	X
				002	编写注水管道清洗方案	X
				003	编写天然气管道吹扫方案	X
				004	编写阀组间管道安装质量方案	X
				005	编制管汇制作措施	X
				006	编写施工材料计划方案	Y
				007	编写厂、站泵房工艺管道安装质量控制措施	X
				008	理论、技能培训与指导	X

注:X—核心要素,掌握;Y——一般要素,熟悉;Z—辅助要素,了解。

附录10 高级技师操作技能鉴定要素细目表

行业:石油天然气　　　工种:油气管线安装工　　　等级:高级技师　　　鉴定方式:操作技能

鉴定范围			鉴定点			
代码	名称	鉴定比重	代码	名称		重要程度
行为领域	A 工艺管道预制组对、设备安装	30%	001	根据锅炉房管道施工图煨制管道工艺流程		X
			002	根据室外供热管线施工图煨制管道工艺流程		X
			003	根据泵房施工图煨制管道工艺流程		X
			004	橇装工艺管道安装		X
			005	水平固定管段任意角度弯连接		X
			006	垂直固定管段任意角度弯连接		X
			007	封闭任意角度弯管段		X
			008	制作等径裤衩三通三法兰三通管		Y
			009	制作异径偏心偏骑三法兰马鞍(加支管)		X
			010	制作异径四法兰同心四通		X
	B 事故分析处理	30%	001	编写管道系统设备故障的原因分析与处理		Y
			002	运行燃气管道事故分析处理		X
			003	编写室内给水管道螺纹连接处漏水原因及防治方法		Y
			004	编写热水管道通暖后局部不热的原因及防治措施		X
综合能力 B 45%	A 施工管理	40%	001	编写施工总结主要步骤及内容		X
			002	编写长输管道施工组织设计主要步骤及内容		Y
			003	编写油气干线连头技术措施		Y
			004	计算机操作		Y
			005	理论、技能培训与指导		Y
			006	编写技术论文及答辩		X

注:X—核心要素,掌握;Y——一般要素,熟悉;Z—辅助要素,了解。

附录11 操作技能考核内容层次结构表

级别	技能操作				综合能力	合计
	施工准备基本技能	管道预制组对、设备安装	工艺管道安装、质量控制	事故分析处理	施工管理、论文答辩	
初级工	20分 30~60min	40分 60~120min	40分 60~90min	—	—	100分 150~270min
中级工	20分 60~90min	40分 60~90min	40分 60~150min	—		100分 180~330min
高级工	20分 30~50min	30分 60~90min	50分 90~120min	—		100分 180~260min
技师	—	—	30分 60~120min	30分 30~90min	40分 90~120min	100分 310~480min
高级技师	—	—	30分 60~120min	30分 30~90min	40分 90~120min （论文答辩为否定项）	100分 310~480min

参 考 文 献

［1］ 游德文,管道安装工程.北京:化学工业出版社,2004.

［2］ 王旭，王裕林.管道工识图教材.上海:上海科学技术出版社,2002.

［3］ 王裕林,管道工程计量.上海:上海科学技术出版社,2014.

［4］ 鲁国梁，王辉.管工.北京:化学工业出版社.2001.

［5］ 胡忆沩，鲁国梁.管工(高级工).北京：化学工业出版社.2005.

［6］ 国家职业资格培训教材编审委员会编.管工(初级、中级、高级、技师、高级技师).机械工业出版社,2005.

［7］ 张忠孝.管道工长手册(第二版).北京:中国建筑工业出版社,2009.

［8］ 机械工业技师考评培训教材编审委员会.冷作工技师培训教材.北京:机械工业出版社,2008.

［9］ 张艳玲,李国庆.金属焊接与切割作业.哈尔滨:哈尔滨地图出版社,2007.